"十二五"职业教育国家规划教材

经全国职业教育教材审定委员会审定

生化分离技术

第三版

于文国　主编

鞠加学　主审

化学工业出版社

·北京·

本书主要介绍液体的混合、固液分离、沉淀、萃取、离子交换、吸附、色谱、电泳、膜分离、结晶、蒸发、干燥、处理等单元技术。各单元技术主要介绍单元操作的主要任务、基本原理、工艺计算、主要设备结构与操作、生产工艺及其操作过程、影响因素及其控制手段、常见问题分析及主要处理方法等。

教材内容适合于高等职业技术院校生化制药技术、生物制药技术、化学制药技术、生物化工工艺、药物制剂技术等工艺类专业的教学及制药生产企业职工培训，也可供从事生产、科研开发等工作的有关技术人员阅读、学习和参考。

图书在版编目（CIP）数据

生化分离技术/于文国主编．—3版．—北京：化学工业出版社，2014.7（2024.2重印）
"十二五"职业教育国家规划教材
ISBN 978-7-122-20563-6

Ⅰ.①生… Ⅱ.①于… Ⅲ.①生物化学-分离-教材
Ⅳ.①TQ033

中国版本图书馆CIP数据核字（2014）第087085号

责任编辑：于 卉　　　　　　　　　　文字编辑：周 佩
责任校对：吴 静　　　　　　　　　　装帧设计：刘剑宁

出版发行：化学工业出版社（北京市东城区青年湖南街13号　邮政编码100011）
印　　装：北京虎彩文化传播有限公司
787mm×1092mm　1/16　印张19¼　字数495千字　2024年2月北京第3版第8次印刷

购书咨询：010-64518888　　　　　　　售后服务：010-64518899
网　　址：http://www.cip.com.cn
凡购买本书，如有缺损质量问题，本社销售中心负责调换。

定　价：49.00元　　　　　　　　　　　　　　　　　　　版权所有　违者必究

前　言

作为 21 世纪"朝阳产业"的生物技术产业，是应用技术的集成产业，正呈现良好的发展态势：生产能力逐步提升，生产规模也不断扩大，产品种类也不断增加。随着生物技术产业的稳步发展，生产企业也正经历着前所未有的技术变革——节能减排，绿色生产，应用新技术、新工艺与新设备，实现低成本高效益。如何适应生物技术产业技术变革的需要，必须提高生产一线人员的技术水平与职业素质。高等职业教育肩负着面向生产、建设、服务和管理第一线培养高素质技术技能人才的使命，提升人才培养质量已成为其首要任务。教学改革是提升教育质量的有效方式，而开发适宜教材是高职教育教学改革的一项主要工作。

高职教材内容必须加强实践性知识，注重内容的实用性及新技术的引入，才能有利于一线高素质技术技能人才的培养。《生化分离技术》第三版内容在保留第二版教材主体风格和内容的基础上，与生产企业优秀技术人员合作，对教材内容进行了针对性的修订。主要体现在以下几方面：增加了液体混合技术内容，对各单元分离技术补充了主要工作任务、生产工艺组成、生产工艺过程、生产设备结构及操作维护、新型分离技术等内容，典型产品分离技术一章删除某些与实际生产不相符的内容，增加工艺过程控制与操作知识。修订后的教材从培养学生分析问题、技术操作、技术应用能力入手进行具体内容设计，理论适度，实践性知识突出，利于培养学生从事产品分离岗位工艺操作与优化能力。

全书共十三章，绪论，第一、第二、第六、第十二章由于文国编写；第三、第四章由焦明哲编写；第七、第八、第九章由卞进发编写；第五、第十、第十一章由李勤编写。河北淀粉糖业有限公司高级工程师鞠加学任主审。

限于笔者业务水平，以及编写时间仓促，不妥与疏漏之处敬请广大读者批评指正。

编　者
2015 年 5 月

第一版前言

生物技术产业作为 21 世纪的"朝阳产业",正在迅猛地发展。近年来,中国生物技术产业也正经历着前所未有的技术变革,并呈现出良好的发展态势。随着中国生物技术产业的稳步发展,对适应生产第一线的应用型高素质人才的需求也逐年递增。因此,开发适应高等职业技术教育的教材是搞好职业教育所必需的,是人才培养的基石。中国高等职业教育还处在一个起步阶段,适合于职业教育的相关教材种类少,特别是生物技术类专业教材更是非常匮乏。因此,加强此类教材建设是职业教育的迫切需要。本教材正是在这种形势下,经全国多所职业技术院校共同讨论研究下开发的,用以适应高等职业生物技术类人才培养的教学需要。

生化分离技术作为生物技术的一个分支体系,是利用待分离的物系中的目标组分与共存杂质之间在物理、化学及生物学性质上的差异进行分离的技术。本教材根据教育部高职高专生物技术类专业人才培养方案及指导性教学大纲而编写,是生物技术类专业开设的一门主干专业课。本书以生化产品生产中共性分离工艺技术的理论和实践为主线,兼顾典型产品分离等内容进行编写,编写内容突出实用性,尽量避免过多的理论分析及复杂计算。

本教材重点介绍了生产普遍应用的生化分离技术的基本原理、基本方法、基本工艺、操作要点、影响因素、问题分析及其处理手段等,对用于科研或正在工业化的生化分离技术进行简要介绍。教材中未介绍分离技术中所用到的相关设备知识,有关设备的内容重点在配套教材《生化设备》一书中介绍。因此,在工艺专业的教学中两本教材要配套使用。

全书共分十二章,绪论、第一章、第五章、第十一章由于文国编写,第二章、第三章由焦明哲编写,第六章、第七章、第八章由卞进发编写,第四章、第九章、第十章由李勤编写。全书由于文国统稿,乔德阳主审。

本书不妥之处敬请广大读者批评指正。

编 者

第二版前言

随着经济不断向前发展，生产技术领域发生了显著变化。新技术不断出现，老技术也不断更新优化。生化分离技术作为产物制备过程中的重要工程技术，也在不断地革新变化。高等职业技术院校肩负着培养面向生产、建设、服务和管理第一线需要的高技能人才的使命。只有培养掌握生产技术，并能应用技术解决具体问题的高技能人才，才能促进产业发展，适应社会经济发展的需要。

教材作为推广技术的一种载体，必须紧跟技术发展，瞄准技术领域现状，突出适用性内容，才能更好地辅助教学，适应培养一线岗位工作人员业务能力的需要。本教材作为普通高等教育"十一五"国家级规划教材，在第一版教材内容基础上进行了适当修订。在加强介绍普遍应用的分离技术同时，也注重新的分离技术的介绍。教材内容以培养学生技术应用能力为目标，从生化产品分离岗位一线工作出发，以分离岗位工作所需的知识、技能为导向，设计适当理论知识，突出实践性知识，旨在使学生学习后能做、会做、做好，并具备一定的创新能力。

为了更好地跟踪生化分离技术应用现状，笔者深入多家有代表性的大中型企业进行调研，在企业通过与技术人员及生产操作人员进行深入的交流与研讨，掌握了大量的生产一线技术资料，为修订教材内容积累了丰富的素材，使得本版教材内容更加实用，生产实际知识得以加强。希望这版教材有助于培养学生的生产技能，同时，恳请广大读者提出宝贵意见。

本书配有电子课件，请选用此教材的老师到化学工业出版社教学资源网www.cipedu.com.cn上下载。

编 者
2010 年 2 月

目　录

- 绪论 ··· 1
  - 第一节　生物技术产品与生化分离过程 ·· 1
    - 一、生物技术产品的特性 ··· 1
    - 二、生化分离过程的重要性及其特点 ··· 2
    - 三、生化分离过程的基本原理 ·· 3
    - 四、生化分离过程的选择与设计 ·· 4
  - 第二节　生化分离的一般过程及单元操作 ··· 5
    - 一、生化分离的一般工艺过程 ·· 5
    - 二、发酵液的预处理和固液分离 ·· 5
    - 三、细胞破碎和其碎片的分离 ·· 6
    - 四、初步纯化（提取） ··· 6
    - 五、高度纯化（精制） ··· 9
    - 六、成品加工 ·· 9
  - 第三节　生化分离技术的发展 ·· 9
  - 思考题 ·· 10
- 第一章　液体混合技术 ··· 11
  - 第一节　液体混合单元的主要任务 ··· 11
  - 第二节　混合的基本原理 ·· 11
    - 一、混合的基本理论 ··· 11
    - 二、液体混合的机理 ··· 12
    - 三、提高湍动程度措施 ··· 14
  - 第三节　混合设备 ··· 15
    - 一、机械搅拌混合器 ··· 15
    - 二、射流混合器 ·· 17
    - 三、管道混合器 ·· 18
    - 四、强制循环混合器 ··· 18
    - 五、叶轮混合器 ·· 18
    - 六、气流混合器 ·· 19
    - 七、多室混合器 ·· 19
  - 第四节　混合技术实施 ·· 19
  - 思考题 ·· 20
- 第二章　固液分离技术 ··· 21
  - 第一节　固液分离单元的主要任务 ··· 21
  - 第二节　发酵液的预处理技术 ·· 22
    - 一、预处理的原理及方法 ·· 22
    - 二、发酵液的相对纯化 ··· 26
    - 三、发酵液预处理工艺及操作 ·· 27
  - 第三节　过滤分离技术 ·· 27

一、过滤分离原理 ………………………………………………………………… 27
　　　二、过滤设备 …………………………………………………………………… 30
　第四节　沉降分离技术 …………………………………………………………… 34
　　　一、沉降基本原理 ……………………………………………………………… 34
　　　二、沉降设备 …………………………………………………………………… 35
　第五节　固液分离技术的实施 …………………………………………………… 38
　　　一、板框过滤分离工艺及操作 ………………………………………………… 38
　　　二、真空转鼓过滤工艺及操作 ………………………………………………… 39
　　　三、预处理及固液分离技术应用实例 ………………………………………… 40
　第六节　其他固液分离方法 ……………………………………………………… 41
　　　一、错流过滤 …………………………………………………………………… 41
　　　二、双水相萃取 ………………………………………………………………… 41
　　　三、吸附法 ……………………………………………………………………… 41
　思考题 ……………………………………………………………………………… 41

第三章　细胞破碎技术 43
　第一节　细胞壁的结构与组成 …………………………………………………… 43
　　　一、细菌 ………………………………………………………………………… 43
　　　二、真菌和酵母 ………………………………………………………………… 44
　　　三、藻类 ………………………………………………………………………… 44
　第二节　细胞破碎技术实施 ……………………………………………………… 45
　　　一、细胞破碎工艺及其操作 …………………………………………………… 45
　　　二、细胞破碎中的工艺问题及处理 …………………………………………… 50
　第三节　包含体 …………………………………………………………………… 50
　　　一、包含体的形成、分离及洗涤 ……………………………………………… 50
　　　二、包含体的变性溶解 ………………………………………………………… 51
　　　三、蛋白质的复性 ……………………………………………………………… 51
　思考题 ……………………………………………………………………………… 54

第四章　萃取和浸取技术 55
　第一节　溶剂萃取单元的主要任务 ……………………………………………… 55
　　　一、萃取的目的 ………………………………………………………………… 55
　　　二、萃取单元的主要任务 ……………………………………………………… 56
　第二节　溶剂萃取原理 …………………………………………………………… 56
　　　一、基本概念 …………………………………………………………………… 56
　　　二、溶剂萃取的基本原理 ……………………………………………………… 57
　　　三、溶剂萃取方式及有关计算 ………………………………………………… 62
　第三节　溶剂萃取技术实施 ……………………………………………………… 68
　　　一、萃取单元工艺构成 ………………………………………………………… 68
　　　二、萃取设备 …………………………………………………………………… 69
　　　三、溶剂萃取工艺及其操作 …………………………………………………… 73
　　　四、溶剂萃取的工艺问题及处理 ……………………………………………… 76
　第四节　浸取技术 ………………………………………………………………… 76
　　　一、浸取单元的主要任务 ……………………………………………………… 77
　　　二、浸取理论 …………………………………………………………………… 77

  三、浸取设备 …………………………………………………………………… 81
  四、浸取方法及操作 ……………………………………………………… 84
  五、浸取工艺 ……………………………………………………………… 85
  六、浸取的工艺问题及处理 ……………………………………………… 87
 第五节　新型萃取技术 ……………………………………………………… 88
  一、双水相萃取 …………………………………………………………… 88
  二、超临界流体萃取 ……………………………………………………… 92
  三、反胶团萃取 …………………………………………………………… 96
 思考题 ………………………………………………………………………… 100

第五章　沉淀技术 …………………………………………………………… 102
 第一节　蛋白质沉淀的基本原理 …………………………………………… 102
  一、蛋白质的溶解性 ……………………………………………………… 102
  二、蛋白质胶体溶液的稳定性 …………………………………………… 103
  三、沉淀动力学 …………………………………………………………… 103
 第二节　蛋白质沉淀技术实施 ……………………………………………… 104
  一、基本方法 ……………………………………………………………… 104
  二、沉淀工艺及其操作 …………………………………………………… 110
  三、沉淀技术的应用 ……………………………………………………… 111
 思考题 ………………………………………………………………………… 111

第六章　吸附及离子交换技术 ……………………………………………… 112
 第一节　吸附技术 …………………………………………………………… 112
  一、吸附单元的主要任务 ………………………………………………… 112
  二、吸附的基本原理 ……………………………………………………… 113
  三、常用吸附剂 …………………………………………………………… 116
  四、吸附技术的应用 ……………………………………………………… 118
  五、吸附设备 ……………………………………………………………… 119
  六、吸附工艺及操作 ……………………………………………………… 121
  七、吸附的工艺问题及处理 ……………………………………………… 125
 第二节　离子交换技术 ……………………………………………………… 126
  一、离子交换单元的主要任务 …………………………………………… 126
  二、离子交换基本原理 …………………………………………………… 126
 第三节　离子交换树脂及离子交换设备 …………………………………… 131
  一、离子交换树脂的分类 ………………………………………………… 131
  二、离子交换树脂的命名 ………………………………………………… 132
  三、离子交换树脂的理化性质 …………………………………………… 132
  四、离子交换树脂的功能特性 …………………………………………… 134
  五、离子交换树脂的选择 ………………………………………………… 136
  六、有关计算 ……………………………………………………………… 136
  七、离子交换设备 ………………………………………………………… 137
 第四节　离子交换技术的实施 ……………………………………………… 141
  一、离子交换工艺及其操作 ……………………………………………… 141
  二、离子交换的工艺问题及处理 ………………………………………… 147
 第五节　离子交换技术的工业应用 ………………………………………… 147

一、离子交换技术在水处理上的应用……………………………………………… 147
　　二、离子交换技术在药物生产上的应用……………………………………………… 150
　第六节　离子交换技术的发展……………………………………………………………… 151
　　一、新型离子交换树脂的开发及应用……………………………………………… 151
　　二、离子交换技术与其他分离技术的结合……………………………………… 152
　思考题……………………………………………………………………………………… 152

第七章　膜分离技术 …………………………………………………………………… 154
　第一节　膜分离单元的主要任务………………………………………………………… 154
　　一、膜的分类及性能……………………………………………………………… 154
　　二、膜组件………………………………………………………………………… 155
　　三、膜在生物技术行业中的应用………………………………………………… 158
　　四、膜分离单元的主要任务……………………………………………………… 159
　第二节　膜分离过程……………………………………………………………………… 159
　　一、膜分离过程的传质形式及机理……………………………………………… 159
　　二、膜分离过程的类型…………………………………………………………… 162
　第三节　膜分离技术的实施……………………………………………………………… 164
　　一、微滤…………………………………………………………………………… 164
　　二、超滤…………………………………………………………………………… 168
　　三、反渗透………………………………………………………………………… 170
　　四、纳滤…………………………………………………………………………… 172
　　五、透析…………………………………………………………………………… 173
　　六、电渗析………………………………………………………………………… 174
　　七、渗透蒸发……………………………………………………………………… 179
　　八、渗透蒸馏……………………………………………………………………… 181
　第四节　膜分离过程中的问题及处理…………………………………………………… 183
　　一、压密作用……………………………………………………………………… 183
　　二、膜的水解作用………………………………………………………………… 183
　　三、浓差极化……………………………………………………………………… 184
　　四、膜的污染……………………………………………………………………… 184
　第五节　液膜分离技术…………………………………………………………………… 186
　　一、液膜类型及膜相组成………………………………………………………… 187
　　二、乳化液膜的分离机制………………………………………………………… 188
　　三、乳化液膜分离工艺流程及应用……………………………………………… 190
　思考题……………………………………………………………………………………… 191

第八章　色谱分离技术 ………………………………………………………………… 192
　第一节　色谱分离的基本原理及分类…………………………………………………… 192
　　一、色谱分离的基本原理………………………………………………………… 192
　　二、色谱法的分类………………………………………………………………… 196
　第二节　凝胶过滤色谱…………………………………………………………………… 197
　　一、原理与操作…………………………………………………………………… 197
　　二、凝胶色谱的应用及特点……………………………………………………… 199
　第三节　离子交换色谱…………………………………………………………………… 201
　　一、原理与操作…………………………………………………………………… 201

二、离子交换色谱的应用及特点 ·· 201
　第四节　疏水性相互作用色谱 ·· 202
　　一、原理与操作 ·· 202
　　二、疏水性相互作用色谱的应用及特点 ·································· 203
　第五节　亲和色谱 ·· 204
　　一、原理及操作 ·· 204
　　二、亲和色谱的应用及特点 ·· 205
　第六节　反相色谱 ·· 205
　思考题 ·· 206

第九章　电泳技术 ·· 207
　第一节　电泳的基本原理 ·· 207
　　一、电泳的理论基础 ·· 207
　　二、影响电泳迁移速率的因素 ··· 207
　第二节　电泳及其应用 ·· 209
　　一、电泳的分类 ·· 209
　　二、几种典型的电泳技术 ··· 210
　　三、电泳的应用与操作过程 ·· 213
　　四、电泳应用实例 ··· 216
　思考题 ·· 216

第十章　结晶技术 ·· 218
　第一节　结晶单元的主要任务 ··· 218
　第二节　结晶基本原理 ·· 219
　　一、饱和和过饱和溶液的形成 ··· 219
　　二、成核 ·· 221
　　三、晶体生长 ··· 223
　　四、晶习及产品处理 ·· 224
　第三节　结晶的类型 ··· 226
　　一、结晶分类 ··· 226
　　二、分批结晶 ··· 226
　　三、连续结晶 ··· 227
　　四、重结晶 ·· 228
　　五、分级重结晶 ·· 228
　第四节　结晶操作控制 ·· 229
　　一、溶液的浓度及纯度 ·· 229
　　二、过饱和度 ··· 229
　　三、温度 ·· 229
　　四、晶浆浓度 ··· 230
　　五、流速 ·· 230
　　六、结晶时间 ··· 230
　　七、溶剂与pH ·· 230
　　八、晶种 ·· 230
　　九、搅拌与混合 ·· 231
　　十、操作压力 ··· 231

  第五节 结晶技术的实施 ………………………………………………………… 231
   一、结晶工艺及其操作 …………………………………………………………… 231
   二、结晶设备 ……………………………………………………………………… 235
   三、结晶的工艺问题及处理 ……………………………………………………… 240
  第六节 结晶技术应用实例 ………………………………………………………… 242
   一、青霉素钾盐的结晶工艺 ……………………………………………………… 242
   二、四环素碱的结晶工艺 ………………………………………………………… 243
  思考题 …………………………………………………………………………………… 244

第十一章 蒸发与干燥技术 245

  第一节 蒸发技术 …………………………………………………………………… 245
   一、蒸发单元的主要任务 ………………………………………………………… 245
   二、蒸发的基本原理 ……………………………………………………………… 246
   三、蒸发的操作方法 ……………………………………………………………… 247
   四、蒸发设备 ……………………………………………………………………… 249
   五、蒸发工艺及其操作 …………………………………………………………… 254
   六、蒸发工艺问题及处理 ………………………………………………………… 256
  第二节 干燥技术 …………………………………………………………………… 257
   一、干燥单元的主要任务 ………………………………………………………… 257
   二、干燥的基本原理 ……………………………………………………………… 257
   三、干燥的操作方法 ……………………………………………………………… 259
   四、干燥设备 ……………………………………………………………………… 260
   五、干燥工艺及其操作 …………………………………………………………… 268
   六、干燥工艺问题及处理 ………………………………………………………… 271
   七、干燥过程应用实例 …………………………………………………………… 272
  思考题 …………………………………………………………………………………… 273

第十二章 典型产品的分离工艺 274

  第一节 青霉素的分离工艺 ………………………………………………………… 274
   一、青霉素的分离原理 …………………………………………………………… 274
   二、青霉素的分离工艺及操作 …………………………………………………… 277
  第二节 维生素 C 的分离工艺 ……………………………………………………… 282
   一、维生素 C 的分离原理 ………………………………………………………… 282
   二、维生素 C 的分离工艺及操作 ………………………………………………… 283
  第三节 谷氨酸的分离工艺 ………………………………………………………… 285
   一、谷氨酸的分离原理 …………………………………………………………… 286
   二、谷氨酸的分离工艺及操作 …………………………………………………… 287
  思考题 …………………………………………………………………………………… 290

附录一 室温（25℃）达到预定饱和度时每升硫酸铵原始水溶液应加入固体
    硫酸铵的质量（g） ……………………………………………………………… 291
附录二 0℃下达到预定饱和度时每 100mL 硫酸铵原始水溶液应加入固体
    硫酸铵的质量（g） ……………………………………………………………… 292
参考文献 ……………………………………………………………………………………… 293

绪 论

【学习目标】
① 了解生化产品及生化分离过程的基本特点，以及生化分离技术发展趋势；
② 理解生化分离过程的基本原理；
③ 掌握生化分离过程选择与设计基本方法；
④ 熟悉生化分离的一般工艺过程及单元操作技术。

生化分离技术是指从含有目标产物的发酵液、酶反应液或动植物细胞培养液中，提取、精制并加工制成高纯度的、符合规定要求的各种产品的生产技术，又称为下游加工技术。生化分离过程有别于一般的化学分离过程，它是依据生物产品的特殊性而采取的一定技术处理手段的加工过程。

第一节 生物技术产品与生化分离过程

一、生物技术产品的特性

生物技术产品是指在生产过程应用微生物发酵技术、酶反应技术、动植物细胞培养技术等生化反应技术制得的产品。它包括常规的生物技术产品（如用发酵生产的有机溶剂、氨基酸、有机酸、蛋白质、酶、多糖、核酸、维生素和抗生素等）和现代生物技术产品（如用基因工程技术生产的医疗性多肽和蛋白质等）。它们的生产不同于一般化学品生产，而产品本身又具有许多特殊性。有的是胞内产物，如胰岛素、干扰素等；有的是胞外产物，如抗生素、胞外酶等；有的是相对分子质量较小的物质，如抗生素、有机酸、氨基酸等；有的是相对分子质量很大的物质，如酶、多肽、重组蛋白等。概括起来生物技术产品主要有以下几方面特性。

① 生化产品具有不同的生理功能，其中有些是生物活性物质，如蛋白质、酶、核酸等。这些生物活性物质都有复杂的空间结构，而维系这种特定的三维结构主要是靠氢键、离子键、二硫键、疏水作用和范德华力等。这些生物活性物质对外界条件非常敏感，过酸、过碱、高温、重金属、剧烈的振荡和搅拌、空气和日光等都可能导致其生物活性丧失。

② 生化产品有些是胞内产品，有些是胞外产物。胞外产物直接由细胞产生，直接分泌至培养液中。而胞内产物较为复杂，有些是游离在胞浆中，有些结合于质膜上或存在于细胞器内。对于胞内的物质的提取要先破碎细胞，对于膜上的物质则要选择适当的溶剂使其从膜上溶解下来。

③ 生化产品通常是由产物浓度很低的发酵液或培养液中提取的，除少数特定的生化反应系统（如酶在有机相中的催化反应）外，其他大多数生化反应过程中的溶剂全部是水。产物（溶质和悬浮物）在溶剂（水）中的浓度很低，原因主要是受到细胞本身代谢活动限制及外在条件对传质传热的影响；而杂质的浓度很高，并且这些杂质有很多与目标产物的性质很相近，有的还是同分异构体（如手性药物的制备过程）。

④ 发酵液或培养液是多组分的混合物，且是复杂的多相系统，固液分离很困难。由于各种细胞代谢活动是非常复杂的网络体系，导致在生产过程中会产生一系列复杂的产品混合物。另外，细胞本身组成成分也非常复杂，不同的细胞具有不同的细胞组成，细胞在培养过程中由于衰老和死亡，使细胞自溶而将相应组成成分释放到培养液中。这些混合物不仅包含大分子物质，如核酸、蛋白质、多糖、类脂、磷脂和脂多糖等，而且还包含小分子物质，即大量存在于代谢途径的中间产物，如氨基酸、有机酸和碱。另外，混合物不仅包含可溶性物质，而且还包含以胶体悬浮液和粒子形态存在的组分，如细胞和细胞碎片、培养基残余组分、沉淀物等。总之，组分的总数相当大，即使是一个特定的体系，也不可能对它们进行精确测定，何况各组分的含量还会随着细胞所处环境的变化而变化。

其次，在下游加工过程之前，由于对发酵液进行预处理，还会由于添加化学品或其他物理、化学和生物方面的原因而引起培养液组分的变化及发酵液流体力学特性的改变。分散在培养液中的固体和胶状物质，具有可压缩性，其密度又与液体接近，加上黏度很大，属于非牛顿型流体，使从培养液中分离固体很困难。

⑤ 生化产物的稳定性差，易随时间变化，如易受空气氧化、微生物污染、蛋白质水解、自身水解等。无论是大分子产物还是小分子产物都存在着产物的稳定性问题。产物失活的主要机制是化学降解或因微生物引起的降解。在化学降解的情况下，产物只能在一定的温度和 pH 范围内保持稳定。蛋白质一般稳定性范围很窄，超过此范围，将发生功能的变性和失活；对于小分子生化产物，可能由于它们结构上的特性，例如青霉素的 β-内酰胺环，在极端 pH 条件下会受损；对于手性分子的产物可能由于 pH、温度和溶液中存在某些物质所催化而被外消旋，导致有活性的产物大量损失。微生物降解是由于产品被自身的代谢酶所破坏，或由于污染杂菌而被其他微生物的代谢活动所分解。

⑥ 生物技术产品的生产多为分批操作，生物变异性大，各批发酵液或培养液不尽相同。另外由于生物技术产品多数是医药、生物试剂或食品等精细产品，必须达到药典、试剂标准和食品规范的要求，因此对最终的产品质量要求很高。

二、生化分离过程的重要性及其特点

要想从各种杂质的总含量大大多于目标产物的悬浮液中制得最终所需的产品，必须经过一系列必要的分离纯化过程才能实现。因此，生化分离技术是生物技术产品制备过程中的必要技术手段，具有十分重要的地位，但由于生化产品的特点导致生化分离过程实施十分艰难且需付出昂贵的代价。据各种资料统计，分离纯化过程的成本在产品总成本中占有的比例越来越高，如化学合成药的分离成本是合成反应成本的 1～2 倍；抗生素类药物的分离纯化费用约为发酵部分的 3～4 倍；对维生素和氨基酸等药物的分离纯化费用而言，约为 1.5～2 倍；对于新开发的基因药物和各种生物药品，其分离纯化费用可占整个生产费用的 80%～90%。由此可以看出，分离与纯化技术直接影响着产品的总成本，制约着产品生产工业化的进程。没有下游加工过程的配套就不可能有工业化结果，没有下游加工过程的进步就不可能有工业化的经济效益。开发和研究新的、先进的、适合于不同产品的分离纯化技术和过程是提高经济效益及顺利实现产品工业化的重要途径。

在分离与纯化过程中，要克服分离步骤多、加工周期长、影响因素复杂、控制条件严格、生产过程中不确定性较大、收率低且重复性差的弊端，就必须综合运用多种现代分离与纯化技术手段，才能保证产品的有效性、稳定性、均一性和纯净度，使产品质量符合标准要求。下游加工过程呈现如下几方面特点。

① 发酵液或细胞培养液中杂质复杂，它们的确切组分不十分清楚，这给生化分离过程

设计造成很大困难。生化分离实际上是利用各种物质的性质差别进行的分离,对成分的数据的缺乏是现在下游加工过程共同的障碍。

② 产物的起始浓度低,最终产品要求纯度高,常需应用多种分离技术,进行多步分离,致使产物收率较低,加工成本增大。例如发酵液中抗生素的质量百分含量为 1%～3%、酶为 0.1%～0.5%、维生素 B_{12} 为 0.002%～0.005%、胰岛素不超过 0.01%、单克隆抗体不超过 0.0001%,而杂质含量却很高,并且杂质往往与目标药物成分有相似的结构,从而加大了分离的难度。因此,要想从原料液中得到纯度较高的产物就必须应用多种分离技术,进行多步分离,才能对目标产物进行高度浓缩与纯化。这必将使产物最终收率降低,加工成本增大。如有的产品达到要求要 9 步分离才能完成,即使每步的收率达 90%,最终的收率也只能达到 38%。

③ 生化分离过程通常在十分温和的条件下操作,以避免因强烈外界因子的作用而丧失产品的生物活性,同时生产要尽可能迅速,缩短加工时间。生物物质很不稳定,还有活性要求,从某种程度上来说,生物产品不是以数量的多少来衡量,而是生物活性的量化。遇热、极端 pH、有机溶剂都会引起失活或分解,如蛋白质的生物活性与一些辅因子、金属离子的存在和分子的空间构型有关。剪切力会影响蛋白质的空间构型,促使其分子降解,从而影响蛋白质活性,这是分离过程中要考虑的。另外,料液中有效组分通常性质不稳定,在各种分离过程中会发生水解,使其生物活性丧失。因此,对生化分离过程的操作条件应严格限制,同时尽可能缩短加工时间。

④ 发酵和培养很多是分批操作,生物变异性大,各批发酵液不尽相同,这就要求下游加工设备有一定的操作弹性,特别是对染菌的批号,也要能处理。发酵液的放罐时间、发酵过程中消沫剂的加入都对提取有影响。另外,发酵液放罐后,由于条件改变,可能会按另一条途径继续发酵,同时也容易感染杂菌,破坏产品。所以在防止染菌的同时,整个提取过程还要尽量缩短发酵液存放的时间。另外发酵废液量大,生化需氧量(BOD)较高,必须经过生物处理后才能排放。

⑤ 某些产品在分离与纯化过程中,还要求无菌操作或除去对人体有害的物质。对基因工程产品,还应注意生物安全问题,即在密闭环境下操作,防止因生物体扩散对环境造成危害。生物产物一般用于医药、食品及化妆品,与人类生命息息相关。因此,要求分离纯化过程必须除去原料液中含有的热原及具有免疫原性的异体蛋白等有害人类健康的物质,并且防止这些物质在操作过程中从外界混入,但可允许少量对人体无害的杂质存在。

由于生化产品生产所用原料的多样性、反应过程的复杂性、产品质量要求的高标准性,生化分离过程应做到以下几点:迅速加工,缩短停留时间;控制好操作温度和 pH 值;减少或避免与空气接触氧化和受污染的机会;设计好组分的分离顺序;选择合适的分离纯化方法。

三、生化分离过程的基本原理

生物反应产物一般是由细胞、游离的细胞外代谢产物、细胞内代谢产物、残存底物及惰性组分组成的混合液。因此,要想从混合液中得到目标产物,必须利用混合液中目标产物与共存杂质之间在物理、化学以及生物学性质上的差异,选择合理的生化分离技术,使目标产物与杂质在分离操作中具有不同的传质速率或平衡状态,从而实现分离。物理性质主要包括:粒度大小、密度、相态、黏度、溶解度、电荷形式、极性大小、稳定性、沸点和蒸汽压等。化学性质主要包括:相对分子质量、等电点、化学平衡、反应速率、离子化程度、酸性、碱性、氧化性与还原性等。生物学性质主要包括:疏水性、亲和作用、生物学识别、酶反应等。

生化分离技术按其分离原理可分为机械分离与传质分离两大类。机械分离针对非均相混合物，根据物质的大小、密度的差异，依靠外力作用，将两相或多相分开，此过程的特点是相间不发生物质传递，如过滤、沉降、膜分离等分离过程。传质分离针对均相混合物，也可用于非均相混合物，通过加入分离剂（能量或物质），使原混合物体系形成新相，在推动力的作用下，物质从一相转移到另一相，达到分离与纯化的目的，此过程的特点是相间发生了物质传递。

某些传质分离过程利用溶质在两相中的浓度与达到相平衡时的浓度之差为推动力进行分离，称为平衡分离过程，如蒸馏、蒸发、吸收、吸附、萃取、结晶、离子交换等分离纯化过程。某些传质分离过程依据溶质在某种介质中移动速率的差异，在压力、化学位、浓度、电势和磁场等梯度所造成的推动力下进行分离，称为速率控制分离过程，如超滤、反渗透、电渗析、电泳和磁泳等分离纯化过程。有些传质分离过程还要经过机械分离才能实现物质的最终分离，如萃取、结晶等传质分离过程都需经离心分离来实现液液、固液两相的分离。因此，机械分离的好坏也会直接影响到传质分离速度和效果，必须同时掌握传质分离和机械分离的原理和方法，合理运用各种分离技术，才能优化产品生产工艺过程。

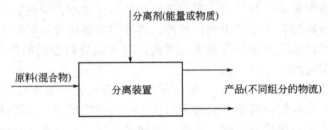

图 0-1　分离纯化过程的一般原则

图 0-1 表示了分离纯化过程的一般原则。原料是某种混合物，产品为不同组分或相的物流。分离剂是分离过程的辅助物质或推动力，它可以是某种形式的能量，也可以是某一种物质，如蒸馏过程的分离剂是热能，液液萃取过程的分离剂是萃取剂，离子交换过程的分离剂是离子交换树脂。分离装置主要提供分离场所或分离介质。

原料来源的不同，对分离程度的要求不同，所选用的分离剂不同，分离装置将有很大差异。另外，对于某一混合物的分离要求，有时用一种分离方法就能完成，但大多数情况下，需要用两种、甚至多种分离方法才能实现分离。有时分离在技术上可行，但经济上不一定可行，需要将几种分离技术优化组合，才能达到高效分离的目的。综上所述，对于某一混合物的分离过程，其分离工艺和设备可以是多种多样的。

四、生化分离过程的选择与设计

由于含有目标生物物质的原料液是一个多组分、多相态的混合料液。因此，选择什么样的生化分离过程，如何选择各过程的技术处理方法，以得到所需的目标物质，则要考虑很多因素，下面这些因素更应重点考虑。

① 产物所存在的位置（细胞内或细胞外）。
② 原料中产物和主要杂质浓度。
③ 产物和主要杂质的物理、化学及生物学特性的差异。
④ 产品的用途和质量标准等。
⑤ 生化分离过程自身规模和目标产物的商业价值也是选择分离纯化技术的重要因素。如各种形式的色谱分离技术多用于价格昂贵的医药产品及生理活性物质（如人干扰素）的分

离纯化，但其分离过程成本较高，并且规模放大困难，不适用低价格生物产物的分离纯化。

⑥ 工艺要求。生物分离过程涉及许多问题，但在工业生产中尤其要注重以下几点。

a. 目标产物的纯度。这是分离的目标，纯度越高，分离过程难度越大。

b. 提高每一步的收率。过程的总收率为 $\eta = \prod_{i=1}^{N} \eta_i$，所以在保证统一计划的前提下，要通过提高每一步的收率来提高总收率。

c. 缩短流程和简化工艺过程，减少投资及运行成本。

d. 改善对环境的影响和原料的循环利用问题。

通过综合考虑上述相关因素，选择合理的分离方法，设计适宜的分离过程。一般分离过程设计原则是：①尽可能简单、低耗、快速、成熟；②分离步骤尽可能少；③避免相同原理的分离技术多次重复出现；④尽量减少新化合物进入待分离的溶液；⑤合理的分离步骤次序（原则：先低选择性，后高选择性；先高通量，后低通量；先粗分，后精分；先低成本，后高成本；先除去固体杂质，然后对液相物料进行处理，或者先使固体物料中的有效组分进入液相，再对液相进行后序分离操作）。

第二节　生化分离的一般过程及单元操作

一、生化分离的一般工艺过程

一般来说，生化分离过程主要包括四个方面：①原料液的预处理和固液分离；②初步纯化（提取）；③高度纯化（精制）；④产品加工这四个步骤。其一般工艺过程如图 0-2 所示。但就具体产品的提取和精制工艺要根据发酵液的特点和产品的要求来决定。如有的可以直接从发酵液中提取，可省去固液分离过程。

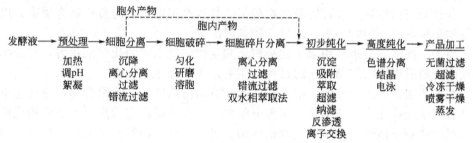

图 0-2　生化分离的一般工艺过程

二、发酵液的预处理和固液分离

发酵液中含有菌（细胞）体、胞内外代谢产物、残余的培养基以及发酵过程中加入的其他一些物质等。发酵液的预处理和固液分离过程是下游加工的第一步操作。常用的预处理方法有酸化、加热、加絮凝剂等。如在活性物质稳定的范围，通过酸化、加热以降低发酵液的黏度；对于杂蛋白的去除，常采用酸化、加热或在发酵液中加絮凝剂的方法；有的产品的预处理过程更复杂，还包括细胞的破碎、蛋白质复性等。

固液分离方法主要分为两大类：一类是限制液体流动，颗粒在外力（如重力和离心力）的作用下自由运动，传统方法如浮选、重力沉降和离心沉降等；另外一类是颗粒受限，液体自由运动的分离方法，如过滤等。发酵液的分离过程中，当前较多使用的还是过滤和离心分离。随着新技术的发展，一种新的过滤方法引入固液分离领域，即错流过滤。这种分离方法采用了膜作为过滤介质，有过滤速度快、收率高、滤液质量好等优点。

三、细胞破碎和其碎片的分离

细胞破碎主要是用于提取细胞内的发酵产物。细胞破碎是指选用物理、化学、酶或机械的方法来破坏细胞壁或细胞膜，使产物从胞内释放到周围环境中的过程。在基因工程里，大肠杆菌是最常用的宿主，细胞破碎能释放细胞内产物并保持其生物活性。细胞破碎的方法按照是否外加作用力可分为机械法和非机械法两大类。大规模生产中常用高压匀浆器和球磨机。其他方法像超声波破碎法、冻融法、干燥法以及化学渗透法等还停留在实验室阶段。这几年，一种新的方法——双水相萃取技术引起了广泛的关注，它可以通过选择适当的条件，使细胞碎片集中于一相而达到分离的目的。

四、初步纯化（提取）

发酵产物存在于发酵液中，要得到纯化的产物必须将其从发酵滤液中提取出来。这个过程为初步纯化的过程。初步纯化的方法有很多，常用的有吸附法、离子交换法、沉淀法、溶剂萃取、双水相萃取、超临界流体萃取、反胶团萃取、超滤、反渗透、液膜萃取等。

（1）**吸附法** 是指利用吸附剂与生物质之间的分子引力而将目标产物吸附在吸附剂上，然后分离洗脱得到产物的过程，主要用于抗生素等小分子物质的提取。常用的吸附剂有活性炭、白土、氧化铝、各种离子交换树脂等。其中以活性炭应用最广，但由于其选择性不高，吸附性能不稳定，可逆性差，影响连续操作等，限制了它的使用。吸附法只有在新抗生素生产中或其他方法都不适用时才采用。例如维生素 B_{12} 用弱酸 122 树脂吸附，丝裂霉素用活性炭吸附等。随着大网格聚合物吸附剂的合成和应用成功，吸附又呈现了新的广阔的应用前景。

大网格聚合物是指大网格离子交换树脂去掉功能基团，仅保留其多孔骨架，不能发生离子交换，其性质与活性炭、硅胶等吸附剂相似。如很早用做脱色的酚醛缩合树脂，用来提取某些产物如维生素 B_{12} 的丙烯酸-二乙烯苯羧基树脂等。

（2）**离子交换法** 是指利用离子交换树脂和生物物质之间的化学亲和力，有选择地将目的产物吸附，然后洗脱收集而纯化的过程，主要用于小分子的提取。

离子交换树脂是人工合成的不溶于酸、碱和有机溶剂的高分子聚合物，它的化学性质稳定，并具有离子交换能力。其结构由两部分组成：一部分是固定的高分子基团构成树脂的骨架，起着保持树脂不溶性和化学稳定性的作用；另一部分为能够移动的活性离子，起着与外界离子交换或吸附的作用。其通式可表示成：R—活性基团。

采用离子交换法分离的生物物质必须是极性化合物，即能在溶液中形成离子的化合物。如生物物质为碱性则可用酸性离子交换树脂提取；如果生物物质为酸性，则可用碱性离子交换树脂来提取。例如链霉素是强碱性物质，可用弱酸性树脂来提取，这主要是从容易解吸的角度来考虑的，否则如果采用强酸性吸附树脂，则吸附容易，洗脱困难。

尽管发酵液中生物物质的浓度很低，但是只要选择合适的树脂和操作条件，也能选择性地将目的产物吸附到树脂上，并采用有选择的洗脱来达到浓缩和提纯的目的。

（3）**沉淀法** 是指通过改变条件或加入某种试剂，使发酵溶液中的溶质由液相转变为固相的过程。沉淀法广泛应用于蛋白质的提取中，主要起浓缩作用，而纯化的效果较差。根据加入的沉淀剂不同，沉淀法可以分为以下几类。

① 盐析法 加入高浓度的盐类使蛋白质沉淀，其机理为蛋白质分子的水化层被除去，蛋白质、酶等的胶体性质被破坏，中和了微粒上的电荷，促使蛋白质等沉淀。最常用的盐类

是硫酸铵,加入的量通常应达到20%~60%的饱和浓度。

② 有机溶剂沉淀法　加入有机溶剂会使溶液的介电常数降低,从而使水分子的溶解能力减弱,引起蛋白质产生沉淀。缺点是有机溶剂常引起蛋白质失活。多用于生物小分子、多糖及核酸等产品的分离纯化。

③ 等电点沉淀法　是利用两性电解质在电中性时溶解度最低的原理进行分离纯化的过程。抗生素、氨基酸、核酸等生物物质都是两性电解质。本方法适用于憎水性较强的两性电解质(如蛋白质)的分离,但对一些亲水性强的物质(如明胶),在低离子强度溶液中,效果不明显。该法常和盐析法、有机溶剂法和其他沉淀剂联合使用,以提高沉淀效果。

④ 非离子型聚合物沉淀法　是通过加入很少量的非离子多聚物沉淀剂,改变溶剂组成和生物大分子的溶解性而使其沉淀的方法。非离子多聚物包括各种不同分子质量的聚乙二醇(PEG)、壬苯乙烯化氧(NPEO)、葡聚糖右旋糖酐硫酸钠等。这些多聚物中应用最多的是PEG。

⑤ 聚电解质沉淀法　通过在溶液中加入聚电解物质如离子型的多糖化合物、阳离子聚合物和阴离子聚合物来沉淀分离蛋白质的方法。其作用方式和机理与絮凝剂类似,同时还兼有一定盐析和简单水化作用。

除以上5类以外,还有生成盐复合物沉淀法、选择性变性沉淀法和针对某一种或某一类物质的沉淀法等。

沉淀法也用于小分子物质的提取中,但具有不同的作用机理。在发酵液中加入一些无机酸、有机离子等,能和生物物质形成不溶解的盐或复合物沉淀,而沉淀在适宜的条件下,又很容易分解。例如四环类抗生素在碱性条件下能和钙、镁、钡等在重金属离子或溴化十五烷吡啶形成沉淀,青霉素可与N,N'-二苄基乙二胺形成沉淀,新霉素可以和强酸性表面活性剂形成沉淀。另外,对于两性抗生素(如四环素)可调节pH至等电点而沉淀,弱酸性抗生素如新生毒素,可调节pH至酸性而沉淀。

(4) 溶剂萃取　由于蛋白质遇有机溶剂会引起变性,所以溶剂萃取法一般仅用于抗生素等小分子生物物质的提取。其原理为:当抗生素以不同的化学状态(游离状态或成盐状态)存在时,在水及与水不互溶的溶剂中有不同的溶解度。例如青霉素在酸性环境下成游离酸状态,在醋酸丁酯中溶解度较大,所以能从水转移到醋酸丁酯中;而在中性环境下成盐状态,在水中溶解度较大,因而能从醋酸丁酯中转移到水中。

(5) 双水相萃取　双水相萃取技术又称水溶液两相分配技术,是通过在水溶液中加入两种亲水聚合物或者一种亲水性聚合物和盐,到一定浓度时,就会形成两相,利用目标生物质在两相中分配不同的特性来完成浓缩和纯化的技术。双水相萃取技术可用于细胞碎片除去的固液分离,蛋白质和酶的分离提取。对于小分子的分离研究也不断深入,如用于抗生素的提取等。采用与其他分离技术集成进一步完善了双水相技术,如亲水配基的引入等。较典型的双水相分配系统有聚乙二醇(PEG)和葡聚糖(DEX),以及聚乙二醇和磷酸盐系统。该方法的萃取效果取决于目标物质在两相中的分配。影响分配系数的因素很多,如聚合物的种类、浓度、相对分子质量,离子的种类及离子强度,pH和温度等。而且这些因素相互间又有影响。

(6) 超临界流体萃取　对一般物质,当液相和气相在常压下平衡时,两相的物理性质如黏度、密度等相差显著。压力升高,这种差别逐渐缩小,当达到某一温度与压力时,差别消失,成为一相,这时称为临界点,其温度和压力分别称为临界温度和临界压力。当温度和压力略超过或靠近临界点时,其性质介于液体和气体之间,称为超临界流体。如CO_2的临界温度为31.1℃,临界压力为7.3MPa,常用作该项技术的萃取剂。适用于萃取非极性物质,对极性物质萃取能力差,但可加入极性的辅助溶剂(称为夹带剂)来补救。

超临界流体的密度和液体相近，黏度和气体相近，溶质在其中的扩散速度可为液体中的100倍，这是超临界流体的萃取能力和萃取速度优于一般溶剂的原因。而且流体的密度越大，萃取能力也越大。变化温度和压力可改变萃取能力，使对某物质具有选择性。该技术已用于咖啡脱咖啡因，啤酒花脱气味等。

（7）反胶团萃取　反胶团萃取是利用表面活性剂在有机相中浓度达到一定值后，其憎水性基团向外与有机相接触，其亲水性基团向内形成极性核心，形成聚集体（称反胶团），这种聚集体分散在有机相中，聚集体内部溶解一定量的水或水溶液称为微水相或"水池"，可溶解肽、蛋白质和氨基酸等生物活性物质。当含有此种反胶团的有机溶剂与蛋白质等的水溶液接触后，蛋白质及其他亲水性物质能通过整合作用进入"水池"，实现与其他物质的分离，并得到初步的浓缩。由于水层和极性基团的存在，为生物分子提供了适宜的亲水微环境，保持了蛋白质的天然构型，不会造成失活。

（8）超滤　利用超滤膜作为分离介质对生物物质进行浓缩和提纯的过程。适用于超滤的物质相对分子质量在500～1000000，或分子大小近似地在1～10nm。在小分子物质的提取中，超滤用于去除大分子杂质；在大分子物质的提取中，超滤主要用于脱盐浓缩。与其他膜过滤一样，超滤的主要缺点是浓差极化和膜的污染、寿命较短、通量低等问题。

（9）反渗透　反渗透是利用一种半透膜，在外加作用力的条件下，使溶液中的溶剂通过膜，而溶质不能通过膜，来实现溶液浓缩或除去溶剂的过程。反渗透法比其他的分离方法（如蒸发、冷冻等方法）有显著的优点：整个操作过程相态不变，可以避免由于相的变化而造成的许多有害效应，无需加热，设备简单、效率高、占地小、操作方便、能量消耗少等。

（10）纳滤　纳滤是介于反渗透与超滤之间的一种以压力为驱动的新型膜分离过程。纳滤膜的截断分子质量大于200Da或100Da（道尔顿）。这种膜截断分子质量范围比反渗透膜大而比超滤膜小，因此纳米过滤膜可以截留能通过超滤膜的溶质而让不能通过反渗透膜的溶质通过。根据这一原理，可用纳滤来填补由超滤和反渗透所留下的空白部分。

（11）液膜萃取　液膜萃取又称液膜分离，是一种以液膜为分离介质、以浓度差为推动力的膜分离操作。液膜是悬浮在液体中的很薄的一层乳液微粒。它能把两个组成不同而又互溶的溶液隔开，并通过渗透现象起到分离的作用。乳液微粒通常是由溶剂（水和有机溶剂）、表面活性剂和添加剂制成的。溶剂构成膜基体；表面活性剂起乳化作用，它含有亲水基和疏水基，可以促进液膜传质速度，提高其选择性；添加剂用于控制膜的稳定性和渗透性。通常将含有被分离组分的料液作连续相，称为外相，接受被分离组分的液体，称内相，成膜的液体处于两者之间称为膜相，三者组成液膜分离体系。它与溶剂萃取虽然机理不同，但都属于液液系统的传质分离过程。液膜分离技术具有良好的选择性和定向性，分离效率高，能实现浓缩、净化和分离的目的。

（12）渗透蒸发　渗透蒸发膜分离是以一种选择性膜（非多孔膜或复合膜）相隔，膜的前侧为原料混合液，经过选择性渗透，然后在膜的后侧通过减压或用干燥的惰性气体吹扫，不断地将蒸汽抽出，经过冷凝捕集，从而达到分离的目的。

（13）渗透蒸馏　渗透蒸馏又称为等温膜蒸馏，是基于渗透与蒸馏概念而开发的一种渗透过程与蒸馏过程耦合的新型膜分离技术。是指被处理物料中易挥发性组分选择性地透过疏水性的膜，在膜的另一侧被脱除剂吸收的膜分离操作。在通常情况下，被处理物料与脱除剂均为水溶液，渗透蒸馏过程能够顺利进行是由于被处理物料中的易挥发组分在疏水膜的两侧存在渗透活度差，当被处理液中的易挥发组分在疏水膜两侧的渗透活度相等，即蒸汽压力差不再存在时，则渗透蒸馏过程将停止进行。渗透蒸馏包括三个连续的过程，被处理物料中，易挥发组分的汽化，易挥发组分选择性地通过疏水性膜，透过疏水性膜的易挥发性组分被脱除剂所吸收。

五、高度纯化（精制）

发酵液经过初步纯化后，体积大大缩小，目标生物物质的浓度已提高，但纯度达不到产品要求，必须进一步进行精制。初步纯化中的某些操作，也可应用于精制中。对于易挥发的有机小分子物质精制可用精馏的方式，对于生物大分子（蛋白质）和难挥发的小分子物质的精制方法有类似之处，但侧重点有所不同，大分子物质的精制依赖于色谱分离，而难挥发的小分子物质的精制常常利用结晶操作。

（1）精馏　通过采用加热、冷凝与回流的方式，使液体混合物经过多次部分汽化和多次部分冷凝，最终获得较纯液体的操作。

（2）分子蒸馏　分子蒸馏是一种在高真空下操作的液液分离技术，它不同于传统蒸馏依靠沸点差分离原理，而是靠不同物质分子运动平均自由程的差别实现分离。在高真空度下，蒸气分子的平均自由程大于蒸发表面与冷凝表面之间的距离，当液体混合物受热，轻、重分子会逸出液面而进入气相，由于轻、重分子的自由程不同，则从液面逸出后移动距离不同，轻分子优先达到冷凝表面被冷凝排出，而重分子达不到冷凝表面沿混合液排出，从而实现液体混合物的分离。

（3）色谱分离　是一种高效的分离技术。过去仅用于实验室中，最近10多年来，规模逐渐扩大而应用于工业上。操作是在柱中进行的，包含两个相——固定相和移动相，生物物质因在两相间分配情况不同，在柱中随流动相的运动速度也不同，从而获得分离。

（4）结晶　是指物质从液态中形成晶体析出的过程。结晶的前提条件是溶液要达到过饱和，可用的方法有：

① 加入某些物质，使溶解平衡发生改变。例如调 pH；加入反应剂、盐析剂或溶剂等；
② 将溶液冷却或将溶剂蒸发等。

六、成品加工

产品的最终规格和用途决定了加工方法，经过提取和精制以后，最后还需要一些加工步骤。例如浓缩、无菌过滤和去热原、干燥、加入稳定剂等。如果最后的产品要求是结晶性产品，则浓缩、无菌过滤和去热原等步骤在结晶之前，干燥一般是最后一道工序。

（1）浓缩　浓缩可以采用升膜或降膜式的薄膜蒸发来实现。对热敏性物质，可采用离心薄膜蒸发器，而且可处理黏度较大的物料。膜技术也可应用浓缩，对大分子溶液的浓缩可以用超滤膜，对小分子溶液的浓缩可用反渗透膜。

（2）无菌过滤和去热原　热原是指多糖的磷类脂质和蛋白质等物质的结合体。注入体内会使体温升高，因此应除去。传统的去热原的方法是蒸馏或石棉板过滤，但前者只能用于产品能蒸发或冷凝的场合，后者对人体健康和产品质量都有一定问题。当产品相对分子质量在1000以下，用截断相对分子质量为1000的超滤膜除去热原是有效的，同时也达到了无菌要求。

（3）干燥　是除去残留的水分或溶剂的过程。干燥的方法很多，如真空干燥、红外线干燥、沸腾干燥、气流干燥、喷雾干燥和冷冻干燥等。干燥方法的选择应根据物料性质、物料状况及当时具体条件而定。

第三节　生化分离技术的发展

随着科学技术的发展，对生化分离技术提出了越来越高的要求。近几年，不断有新的分离技术出现,生化分离技术主要呈现以下发展方向。

① 新技术、新方法的开发及推广使用　这些年来,科学工作者在探索基础理论方面作了大量的工作。如基础数据的获得、数学模型的建立等。随着材料工作者的进入,膜技术应用领域也在不断拓展。随着膜本身质量的改进和膜装置性能的改善,在生化分离过程的各个阶段,将会越来越多地使用膜技术。例如 Millipore 公司进行研究提取头孢菌素 C 的过程,利用微滤进行发酵液的过滤,利用超滤去除一些蛋白质杂质和色素,利用反渗透进行浓缩等。另外,如分子蒸馏、双水相萃取、超临界萃取、反胶团萃取、液膜萃取及亲和技术等也逐渐用于工业化生产。

② 生物分离过程的高效集成化　目前,应用的单元分离技术,如亲和法、双水相分配技术、反胶团法、液膜法、各类高效色谱法等都是适用于分离过程的新型分离技术。在高效集成化方面,如将亲和技术和双水相分配技术组合的亲和分配技术,将亲和色谱和膜分离结合的亲和膜分离技术,将离心的处理量、超滤的浓缩效能及色谱分离的纯化能力合而为一的扩张床吸附技术,将膜技术和萃取、蒸馏、蒸发技术相结合形成了膜萃取、膜蒸馏及渗透蒸发技术,将色谱技术与离子交换技术等结合形成离子交换色谱、等电聚焦色谱等。通过分离技术的集成,利用每种方法的优点,补充其不足,使分离效率更高。

③ 上下游技术的集成耦合　如很多发酵过程存在着最终产物的抑制作用,近年来,研究开发了各种发酵过程可以消除产物的抑制作用,可以采用蒸发、吸附、萃取、透析、过滤等方法,使过程边发酵边分离。萃取发酵法生产乙醇和丙酮丁醇,固定化细胞闪蒸式酒精发酵就是典型的范例。

④ 新型分离介质材料的开发　色谱分离中主要困难之一是色谱介质的机械强度差。色谱介质经历了天然多糖类化合物(纤维素、葡聚糖、琼脂糖)、人工合成化合物(聚丙烯酰胺凝胶、甲基丙烯酸羟乙酯、聚甲基丙烯酰胺)、天然与人造混合型几个阶段,主要着重于开发亲水性、孔径大、机械强度好的介质。特别是,加强了对天然糖类为骨架的介质改进。目前已研究出高交联度的产品或能与无机介质(如硅藻土)相结合的产品。

⑤ 清洁生产　随着人们生活水平的逐渐提高,人们越来越关注我们所处的环境。减少环境污染、清洁生产已越来越得到社会的认同。因此,开发或应用高效、环境友好的绿色分离技术,使生化分离过程在保证产品质量的同时,符合环保的要求,保证原材料、能源的高效利用,并尽可能确保未反应的原料和水的循环利用。

综上所述,生化分离技术的发展方向是解决传统分离技术中存在的分离效率低、步骤多、消耗大、环境污染大等问题,使分离技术从宏观水平向着分子水平发展;从多步串联操作走向集成化方向发展;从低选择性朝着高选择性的技术发展;从环境污染向清洁生产方向发展;从上、下游独立操作向集成操作发展;从使用传统分离介质向应用新型高性能介质方向发展。

思 考 题

1. 生化分离技术指的是什么?生化分离过程有哪些特点?
2. 生化分离过程的基本原理是什么?如何选择生化分离过程?
3. 生化分离工艺过程一般包括哪几个方面?
4. 初步纯化与高度纯化有哪些单元操作方法?
5. 生化分离技术的发展趋势体现在哪些方面?

第一章 液体混合技术

【学习目标】
① 了解混合单元的主要任务；
② 理解混合的基本原理；
③ 掌握常用的液体混合设备结构及特点；
④ 会从事液体混合操作，提高混合效果。

第一节 液体混合单元的主要任务

混合技术通常指用机械或流体动力的方法使两种或多种物料相互分散而达到一定均匀程度的单元操作。本章所提到的液体混合通常指将固体、气体或液体物料分散在某种液体中的操作。

混合单元在工业生产中的应用十分普遍，其主要任务是利用一定的装置将两种或以上的物料混合均匀，来实现不同的生产目的。①促进固体、气体物料在液体中溶解、分散或促进液体物料在另外的液体物料中分散均匀，改变料液的物理性质，制备各种均匀的混合物，如溶液（不同浓度、配比或 pH）、乳浊液、悬浮液及浆状、糊状混合物等；②加速传热、传质和化学反应，为某些单元操作（如萃取、吸附、换热等）或化学反应过程（如硝化、磺化、皂化等）提供良好的条件。

第二节 混合的基本原理

一、混合的基本理论

1. 混合中的扩散理论

液体的混合主要靠机械搅拌器、气流、待混液体的射流或湍动等方式，使待混物料受到搅动，以达到均匀混合。搅动引起部分液体流动，流动液体又推动其周围的液体，结果在容器内形成循环液流（总体流动），由此产生的液体之间的扩散称为主体对流扩散。当搅动引起的液体流动速度很高时，在高速液流与周围低速液流之间的界面上出现剪切作用，从而产生大量的局部性漩涡。这些漩涡迅速向四周扩散，又把更多的液体卷进漩涡中来，在小范围内形成的紊乱对流扩散称为涡流扩散。

机械搅拌器的运动部件在旋转时也会对液体产生剪切作用，液体在流经器壁、安装在容器或管道内的各种固定构件时，也要受到剪切作用，这些剪切作用都会引起许多局部涡流扩散。搅动引起的主体对流扩散和涡流扩散，剪切作用引起的涡轮扩散，增加了不同液体间物质扩散的表面积，减少了扩散距离，从而缩短了物质扩散的时间。若待混液体的黏度不高，可以在不长的搅拌时间内达到混合均匀；若黏度较高，则需较长的混合时间。

各种物料在混合器中的混合程度,取决于待混物料的比例、物理状态和特性,以及所用混合机械的类型和混合操作持续的时间等因素。在制备均匀混合物时,混合效果以混合物的混合程度即所达到的均匀性来衡量,一般常用混合的调匀度(主要对均相物系)和混合尺度(主要对非均相物系)作为混合效果的评价准则;在加速物理或化学过程时,混合效果常用传质总系数、传热系数或反应速率增大的程度来衡量。

2. 调匀度

设 A、B 两种液体,各取体积 V_A 及 V_B 置于一容器中,则容器内液体 A、B 的平均体积浓度分别为 $C_{A0} = \dfrac{V_A}{V_A + V_B}$,$C_{B0} = \dfrac{V_B}{V_A + V_B}$。经一定时间混合后,在容器中取样分析,若混合已均匀,则混合液中各处的 A、B 浓度分别为 C_{A0}、C_{B0};若混合尚未均匀,各处 A、B 浓度则分别大小或小于 C_{A0}、C_{B0};令 $I = \dfrac{1 - C_A}{1 - C_{A0}}$(当 $C_A > C_{A0}$ 时),$I = \dfrac{C_A}{C_{A0}}$(当 $C_A < C_{A0}$ 时),称为调匀度。显然,当混合均匀时 $I = 1$,不均匀时 $I < 1$,偏离越远,混合越不均匀。若求反应液体的总体混合效果,可在容器内多个区域取样,分别计算调匀度,再求平均值。

3. 混合尺度

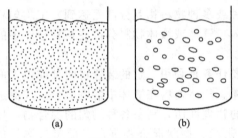

图 1-1 两种微团的均布状态

若将不互溶液体或气体以液滴或气泡的形式分散于另一种不互溶的液体中,此时仅凭调匀度并难以说明物系的均匀程度。例如,A、B 两种液体通过搅拌达到如图 1-1 所示的两种状态。在两种状态中,液体 A 都已成微团均布于另一种液体 B 中,但液体微团的尺寸却相差很大。若取样体积远大于微团尺寸,每一样品皆包含为数众多的微团,则两种状态的分析结果相同,平均调匀度都应接近于 1。但是,如果样品体积小到与图 1-1(b) 中的微团尺寸相近,则图 1-1(b) 所示状态的平均调匀度将明显下降,而图 1-1(a) 所示状态调匀度仍可保持不变。换言之,同一个混合状态的调匀度是随所取样品的尺寸而变的,说明单凭调匀度不能反映混合物的状态。因此,对多相分散物系,引入混合尺度概念。混合尺度是指混合现象所发生的空间范围。因此,混合均匀所对应的混合尺度越小,混合程度越高。

对于液体系统的混合,宏观混合指流体在宏观尺度上的混合,是由流体的宏观流动所造成的,它包括设备内因总体流动、湍流脉动和速度梯度形成的剪切力所导致的混合。微观混合指两种物质在分子尺度上的交替排列或互相分隔,只能依靠分子扩散才能达到。不同生产过程对混合尺度有不同的要求。

二、液体混合的机理

对于互溶的液体,搅动或剪切作用产生的扩散使液体混合均匀。对于密度、成分不同,互不相溶的液体(或气体),搅动产生的剪切作用和强烈的湍动将量小的液体撕碎成小液滴,并使其均匀地分散到主液体中,这要求搅动产生的液体主体流动速度必须大于液滴的沉降速度或上浮速度。少量不溶解的粉状固体与液体的混合机理,与互不相溶的液体的混合机理相同,只是搅动不能改变粉状固体的粒度,若混合前固体颗粒不能使其沉降速度小于液体的流动速度,无论采用何种搅动方式都不能形成均匀的悬浮液。

1. 低黏度均相液体的混合

总体流动将液体破碎成较大的液团并带至容器内各处,更小尺度上的混合则是由高度湍动液流中的旋涡造成的,并非搅拌桨叶直接打击的结果。不同尺寸和不同强度的旋涡对液团有不同程度的破碎作用。旋涡尺寸越小,破碎作用越大,所形成的液团也越小。通常搅拌条件下最小液团的尺寸约为几十微米。大尺度的旋涡只能产生较大尺寸的液团,因为小尺寸液团将被大旋涡卷入与其一起旋转而不被破碎。旋涡的尺寸和强度取决于总体流动的湍动程度。液体流的湍动程度越高,旋涡的尺寸越小,数量也越多。因此,为达到更小尺度上的宏观混合,除选用适当的搅拌器外,还可采用其他措施人为地促进总体流动的湍动。

2. 高黏度及非牛顿型均相流体的混合

对高黏度流体在经济的操作范围内不可能获得高度湍动而只能在层流状态下流动,此时的混合主要依赖于充分的总体流动,同时希望在桨叶端部造成高剪切区,借剪切以分割液团,达到预期的宏观混合。为此,常使用大直径搅拌器,如框式、锚式和螺带式等。为加强轴向流动,采用带上、下往复运动的旋转搅拌器则效果更佳。多数非牛顿液体具有明显剪切稀化特性,桨叶端部的液体由于高速度梯度使黏度减小而易于流动;但在桨叶以外区域则呈现高黏度而更难流动。这对混合及釜内进行的过程产生严重影响。所以也用大直径搅拌器以促进总体流动,使釜内的剪切力场尽可能均匀。

3. 不互溶液体或气液的混合

两种不互溶液体搅拌时,其中必有一种被破碎成液滴,称为分散相,而另一种液体称为连续相。气体在液体中分散时,气泡为分散相。为达到小尺度的宏观混合,必须尽可能减小液滴或气泡的尺寸。液滴或气泡的破碎主要依靠高度湍动。液滴是一个具有明显界面的液团。为使液滴破碎,首先必须克服界面张力使液滴变形。当总体流动处于高度湍动状态时,会在液滴表面产生不均匀的压强分布和表面剪应力将液滴压扁并扯碎。总体流动的湍动程度越高,产生的液滴尺寸越小。实际搅拌器内不仅发生大液滴的破碎过程,同时也存在小液滴相互碰撞而合并的过程。破碎与合并过程同时发生,必然导致液滴尺寸的不均匀分布。其中大液滴是由小液滴合并而成,而小液滴则是大液滴破碎的结果。实际的液滴尺寸分布决定于破碎和合并过程之间的抗衡。此外,在搅拌釜各处流体湍动程度不均也是造成液滴尺寸不均匀分布的重要因素。在叶片附近的区域内流体的湍动程度最高,液滴破碎速率大于合并速率,液滴尺寸较小;而在远离叶片的区域内流体湍动程度较弱,液滴合并速率大于破碎速率,液滴尺寸变大。实际过程通常希望液滴大小分布均匀。则可以针对上述导致液滴分布不匀的原因,采用下列措施:①尽量使流体在设备内的湍动程度分布均匀;②在混合液中加入少量的保护胶或表面活性物质,使液滴在碰撞时难以合并。

气泡在液体中的分散原因原则上与液滴分散相同,只是气液表面张力比液液界面张力大,分散更加困难。此外,气液密度差较大,大气泡更易浮升溢出液体表面。单位体积的气体,小气泡不但具有较大的相际接触面积,而且在液体中有较长的停留时间。减少气泡尺寸是促进气液混合的最有效方式。

4. 固液的混合

细颗粒投入液体中搅拌时,首先发生固体颗粒的表面润湿过程,即液体取代颗粒表面层的气体,并进入颗粒之间的间隙;接着是颗粒团聚体被流体动力所打散,即分散过程。通常的搅拌不会改变颗粒的大小,因此与气泡和液滴分散一样,只能达到小尺度的宏观混合。

对粗颗粒,如果搅拌转速较慢,颗粒会全部或部分沉于釜底,这大大降低固液接触界面。只有足够强的扫底总体流动和高度湍动才能使颗粒悬浮起来。当搅拌器转速由小增大到某一临界值时,全部颗粒离开釜底悬浮起来,这一临界转速称为悬浮临界转速。实际操作必

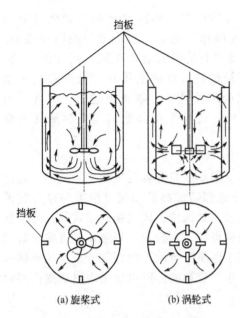

图 1-2 加装挡板后液体流动情况

须大于此临界转速,才能使固液两相有充分的接触界面。过高的转速虽然可以在总体上提高釜内搅拌的均匀性,但对提高固液两相界面的作用不大。

三、提高湍动程度措施

液体湍动程度对混合效果的影响较大,下面谈几点常用的生产措施。

1. 提高液体的流速

一般液体的流速越高,液体的湍动程动越大。对于管式容器,对液体进行前期加压处理,混合时进行减压处理,或者采用提高流量或减小液体通道孔径的办法来提高液体流速;对于釜式容器往往采取提高搅拌器的转速或加大搅拌器直径。

2. 阻止容器内液体的圆周运动

避免容器内液体的圆周运动,可以采用容器内加装挡板、导流筒、搅拌器偏心或偏心倾斜安装的方法。

挡板一般是指竖向固定在釜内壁上的长条形板,沿釜内壁周向均匀分布。在釜内装设挡板,既能提高液体的湍动程度,又能使切向流动变为轴向和径向流动,制止打旋现象的发生。挡板的数目视釜径而定,一般为 2~4 块,图 1-2 为加装挡板后液体流动情况。打旋是指当搅拌器置于容器中心搅拌低黏度液体时,若叶轮转速足够高,液体就会在离心力的作用下涌向釜壁,使釜壁处的液面上升,而中心处的液面下降,结果形成了一个大旋涡的现象。叶轮的转速越大,形成的旋涡就越深,但各层液体之间几乎不发生轴向混合,且当物料为多相体系时,还会发生分层或分离现象。更严重的是当液面下凹至一定深度后,叶轮的中心部位将暴露于空气中,并吸入空气,使被搅拌液体搅拌效率下降。此外,打旋还会引起异常作用力和功率波动,加剧搅拌器的振动,甚至使其无法工作。

导流筒为一圆筒体,其作用是使桨叶排出的液体在导流筒内部和外部形成轴向循环流动,抑制圆周运动的扩展。目的是控制流体流型和使釜内流体均匀地通过导流筒内的强烈混合区,提高混合效果。对某些特殊场合,如含有易于悬浮的固体颗粒的液体的搅拌,安装导流筒是非常有益

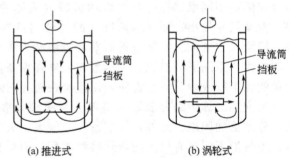

图 1-3 导流筒的安装方式

的。对于推进式搅拌器,导流筒应套在叶轮外部;而对涡轮式搅拌器,则应安装在叶轮上方。导流筒的安装方式如图 1-3 所示。

将搅拌器偏心或偏心且倾斜安装,借以破坏循环回路的对称性,可以有效地阻止圆周运动,增加湍动,消除液面凹陷现象。对于较大的设备,也可将搅拌偏心水平地安装在设备的下部。见图 1-4。

3. 改变液体流动方向

在器内设置一定的混合元件,如孔板、折流挡板、螺旋片以及 X 形、L 形、Y 形等混合元件可以不断地改变液体流动方向,提高液体的湍动程度。

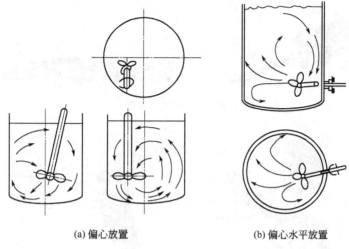

(a) 偏心放置　　　　　　　(b) 偏心水平放置

图 1-4　偏心安装方式

第三节　混合设备

根据被混合物料的相态和性质,液体混合设备主要有以下几种。

一、机械搅拌混合器

这种混合器由搅拌桨(搅拌器)和容器组成,机械搅拌是将液体、气体或固体粉粒分散到液体中去的一种最常用方法。

工业上常用的机械搅拌混合器是一个圆筒形罐体(图 1-5)。一般配有罐盖,但由于操作情况不同,也可以敞口或半敞口。有时罐外装有夹套,或在罐内设有蛇管等换热器件,用以加热或冷却罐内物料。罐壁内侧常装有几条垂直挡板,用以消除液体高速旋转所造成的液面凹陷旋涡,并可强化液流的湍动,以增强混合效果。搅拌器一般装在转轴顶部,通常从罐顶插入液层(大型搅拌罐也有用底部伸入式的)。有时在搅拌器外围设置圆筒形导流筒,促进液体循环,消除短路和死区。对于高径比大的罐体,为使全罐液体都得到良好搅拌,可在同一转轴上安装几组搅拌器。搅拌器轴用电动机通过减速器带动,带动搅拌器的另一种方法是磁力传动,即在罐外施加旋转磁场,使设在罐内的磁性元件旋转,带动搅拌器搅拌液体。

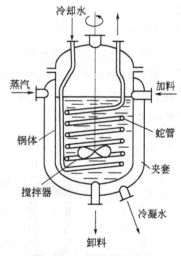

图 1-5　机械搅拌混合器

搅拌器的类型主要有下列几种。

(1) 桨式搅拌器　有平桨式和斜桨式两种。平桨式搅拌器由两片平直桨叶构成。斜桨式搅拌器(图 1-6)的两叶相反折转 45°或 60°,因而产生轴向液流。桨式搅拌器结构简单,常用于低黏度液体的混合以及固体微粒的溶解和悬浮。

(2) 旋桨式(推进式)搅拌器　由 2~3 片推进式螺旋桨叶构成(图 1-7),工作转速较高,适用于搅拌低黏度(<2Pa·s)液体、乳浊液及固体微粒含量低于 10%的悬浮液。搅拌器的转轴也可水平或斜向插入罐内,此时液流的循环回路不对称,可增加湍动,防止液面凹陷。

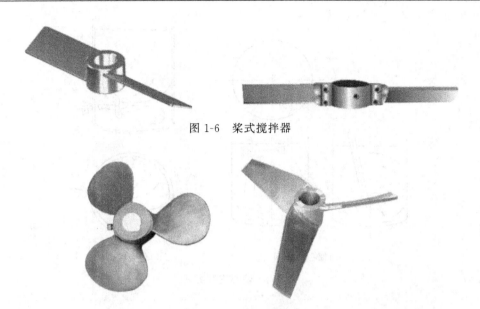

图1-6 桨式搅拌器

图1-7 旋桨式搅拌器

(3) 涡轮式搅拌器　由在水平圆盘上安装平直的或弯曲的叶片所构成（图1-8）。涡轮在旋转时造成高度湍动的径向流动，适用于气体及不互溶液体的分散和液液相反应过程。被搅拌液体的黏度一般不超过25Pa·s。

图1-8 涡轮式搅拌器

(4) 框式、锚式搅拌器　桨叶外缘形状与搅拌罐内壁一致（图1-9），其间仅有很小间隙，可清除附在罐壁上的黏性反应产物或堆积于罐底的固体物，保持较好的传热效果。可用于搅拌黏度高达200Pa·s的流体。但是在搅拌高黏度液体时，液层中有较大的停滞区，不能使液体得到很好的混合。

图1-9 框式、锚式搅拌器

(5) 螺杆、螺带式搅拌器　这类搅拌器如图1-10所示。螺带一般贴近罐壁，与罐壁形成自然配合操作，而螺杆位于轴心，物料沿容器壁面螺旋上升，再向中心凹穴处汇合，形成上下对流循环。螺带的形式和层数应根据容器的几何形状和液层高度来确定。适用于高黏度或粉状物料的混合、传热、反应、溶解等操作。

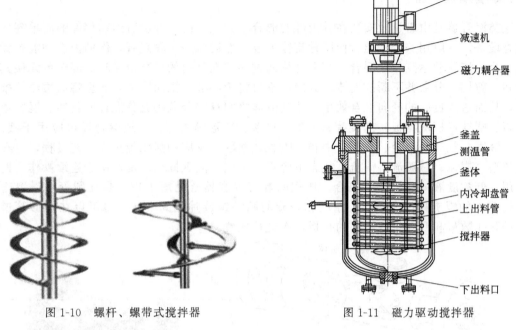

图 1-10　螺杆、螺带式搅拌器

图 1-11　磁力驱动搅拌器

（6）磁力驱动搅拌器　磁力驱动搅拌器（图 1-11）在磁力耦合器的基础上，经过技术革新，成功将其运用于化工搅拌器转轴的驱动上，它以静密封代替了动密封，彻底解决了机械密封和填料密封难以解决的密封失效和泄漏污染问题。

二、射流混合器

工作流体从圆形管口或渐缩喷嘴高速喷出，形成射流。由于射流与周围流体交界处的湍流脉动，促成不同组成、不同温度的流体发生混合。

射流混合装置的主要部分是带有吸入室的两个同心喷嘴（图 1-12）。当流体流经第一喷嘴以高速射入吸入室时，吸入外部低速流体。液体的高速射流穿过低速的液体时，一方面推动前方的液体运动，一方面在界面上产生高剪切力，从而形成大量旋涡，进一步将周围液体卷入射流中，从而得到混合。射流混合与常用的机械搅拌混合相比，可降低能耗且无转动部件，特别适用于大容器内低黏度液体的混合。此外，在搅拌罐中可利用撞击射流促进颗粒悬浮，还可以利用热风经小孔或喷嘴直接吹向湿表面，以强化干燥过程。

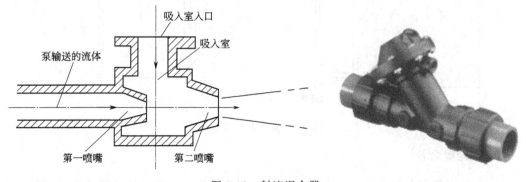

图 1-12　射流混合器

三、管道混合器

这类混合器是由管道及安装在其内部的混合单元组成的一种没有运动部件的简单高效静态混合设备。一般用一个三通管使两种流体汇合,然后流经一段直管,借助内部的混合元件使混合物湍流脉动达到相互混合。当混合物通过固定在管内的混合单元时,混合单元使其产生旋转、剪切、分散并不断改变流动方向,不仅将中心液流推向周边,而且将周边流体推向中心,从而造成良好的径向混合效果,达到流体之间良好分散和充分混合的目的。混合单元有孔板、圆缺形折流挡板、螺旋片、X形、L形、Y形等类型。管道混合器可应用于液液、液气、液固、气气的混合、乳化、中和、吸收、萃取、反应和强化传热等工艺过程,可在不同的流型(层流、过渡流、湍流)状态下应用,可用于间歇操作,也可用于连续操作。此法主要用于低黏度液体或气体的混合。典型的静态混合器(见图1-13)是在圆管中设置若干个扭转180°的螺旋片作为元件,左旋和右旋的两种螺旋片相间安装,也可以在圆形管道内将两种开孔数量和开孔位置不同的孔板依次交替放置。

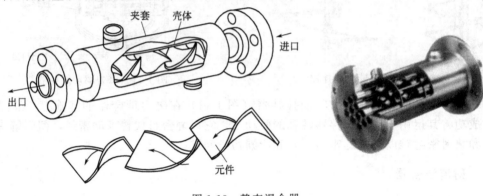

图 1-13 静态混合器

四、强制循环混合器

这种混合器如图1-14所示,是由容器和循环泵等组成。循环泵强制待混物料反复循环流动,产生湍流以达到混合。为了强化混合,有的混合器在循环泵出口处装有混合元件,例如喷淋头或混合管等。

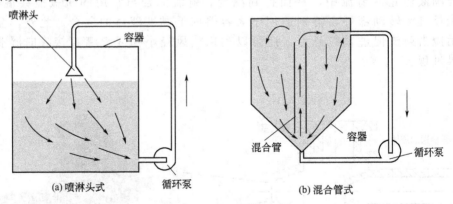

图 1-14 强制循环混合器

五、叶轮混合器

其工作原理是靠各种类型输送泵在一定转速下液体通过叶轮的搅拌混合作用将第二种液

体同时吸入泵内达到混合目的。

六、气流混合器

气流混合器就是通常所说的空气搅拌器，以空气通入液体介质中作搅拌，借鼓泡作用达到混合目的。一般在存放待混物料的容器内装有鼓泡器或混合管两种形式（图1-15）。鼓泡器式混合器借气泡在液体内上升的过程造成湍动。混合管式混合器使气液混合以减小密度，引起液体循环流动，从而使待混物料得以混合。其搅拌强弱的程度，以每分钟每立方米容积中通入的空气量来测定，空气量 0.4m³ 为微弱搅拌，0.8m³ 为中强搅拌，1.0m³ 为剧烈搅拌。气流搅拌混合器仅适用于低黏度液体的混合。它的优点是可用于有腐蚀性或有毒物料的混合，不适用于挥发性强的液体搅拌。缺点是搅拌强度低。

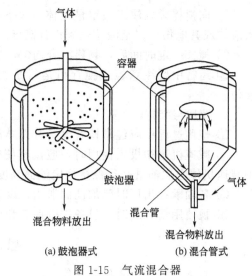

图 1-15 气流混合器

七、多室混合器

多室混合器也是一种静态的管道混合器，常用于萃取操作。多室混合器含有筒形壳体，该壳体两端设有进料管和出料管，壳体内设有一定数量的隔板将壳体内部隔断成多个混合室，隔板一半为实体，另一半为均布有通孔的筛板，相邻的混合室之间通过筛板连通。隔板中部穿有中心管，该中心管长度与筒形壳体长度匹配，靠近出料管一端封死，靠近进料管一端通过弯管穿出筒形壳体，该中心管在各个混合室内的部分均设有气孔，每个混合室上部设有排气管。每个混合室两端的两个隔板的实体板和筛板互相交错对应布置。物料从进料口进入混合器的喷头，以较高的速度喷出，达到第一次混合。同时高速冲出的液流打在第一块混合萃取板上又返回，形成一次剧烈的涡流，又一次强化了混合。在每块混合萃取板上开了许多 3~5mm 的小孔，小孔总数和开孔的大小，控制在保证液流在其中的流速达 1~1.5m/s 之间，形成湍流，再一次进行了混合。到萃取扩散室后，流速减慢，两相进行初步分离，经下一块混合萃取板再到下一间萃取扩散室，又一次得到混合和分离，如此反复多次，达到混合萃取的目的。这种混合方式可使相界面不断更新，给传质以较大的推动力，促进溶质由一相向另一相迅速传递。

第四节　混合技术实施

下面以机械搅拌混合器为例，说明混合操作过程。

1. 开机前的准备工作
① 向减速机和轴承内按要求加注润滑油。
② 检查设备有无异常情况，螺栓紧固是否牢固。
③ 点动启动按钮，观察电机的转向是否正确。
④ 接通电源空机运转 2h，正常后向罐内注入液体至设计高度，继续运行 2~4h，观察有无异常振动、减速机升温（不超过60°）等情况，正常后即可投入使用。
⑤ 检查减速箱油质、油位是否正常。

2. 操作程序及注意事项

① 向搅拌罐内注入一定量液体，按下"启动"按钮，搅拌机开始工作，继续向罐内注入液体或其他物料，至液位达到设计高度。

② 搅拌一定时间后，物料混合均匀，按下"停止"按钮，搅拌机停止运转。

③ 运行中要注意检查搅拌机运行是否稳定，有无异常振动及噪声。注意观察搅拌罐液位。

3. 使用与维护

① 使用过程中应经常检查设备有无异常噪声、螺栓是否松动，并及时处理。

② 减速机最初投入使用时，应按其使用说明书加注润滑油，加至油标中心位置。运转中减速机体内贮油量必须保持规定油面高度，不宜过多或过少，按润滑台账要求定期加油。

③ 各轴承在出厂时已加注润滑脂，以后每3个月须加注钙基润滑脂进行补充。

④ 视使用情况及时对设备进行保养和更换易损件，并做好防腐工作。

思 考 题

1. 混合单元的主要任务是什么？
2. 简述均相和非均相液体混合的基本原理。
3. 解释名词：混合尺度、宏观混合、微观混合、打旋现象。
4. 混合操作的主要设备有哪些？各有何特点？
5. 用于液体搅拌的搅拌器类型有哪些？各有何特点？
6. 以机械搅拌混合操作为例，简述其操作过程。
7. 强化液体湍动程度的措施有哪些？

第二章 固液分离技术

【学习目标】
① 了解固液分离单元的主要任务;
② 了解发酵液预处理目的及生产中常用的絮凝剂;
③ 掌握预处理技术的基本原理、方法及基本工艺,能够正确从事发酵液的预处理操作;
④ 掌握固液分离的原理、固液分离方法的选择原理;
⑤ 掌握传统固液分离技术基本工艺及操作,能够正确从事固液分离操作;能够正确分析影响固液分离的有关因素,并能对分离过程中有关问题进行正确处理。

固液分离技术是除去料液中固态杂质或得到固体产物的关键技术。固液分离是重要的单元操作,是非均相分离的重要组成部分,在国民经济各部门如化工、轻工、制药、矿山、冶金、能源、环境保护等应用非常广泛。

第一节 固液分离单元的主要任务

生化产品的固液分离方法与化工单元操作中的非均相物系分离方法基本相同,但又有其特殊性。生化产品固态杂质多指发酵液或细胞培养液中的菌体、细胞、细胞碎片以及凝沉后的蛋白质、核酸或盐类等杂质,固体产物多是指结晶后的蛋白质、酶、核酸、小分子有机物或其盐等。这些杂质种类多、黏度大和成分复杂,其固液分离很困难。特别是当固体微粒主要是细胞、细胞碎片、核酸及沉淀蛋白质类物质时,由于这些物质具有可压缩性,给固液分离增加了困难。固液分离的好坏,将影响料液的进一步处理。因此,对发酵液或细胞培养液在进行固液分离前,进行有效的预处理非常必要。对于分离固体产物时,由于受固体颗粒形状、粒度及硬度以及料液中其他杂质的影响,固液分离的好坏,将影响产品的收率及产品的纯度。

生化产品通常利用机械方法进行固液分离。按其所涉及的流动方式和作用力的不同,可分为过滤、沉降。过滤是以某种多孔性物质作为介质,在外力的作用下,悬浮液中的流体通过介质孔道,而固体颗粒被截留下来,从而实现固液分离的过程。沉降是依靠外力的作用,利用分散物质(固相)与分散介质(液相)的密度差异,使之发生相对运动,而实现固液分离的过程。

不同性状的发酵液应选择不同的固液分离方法和设备,如霉菌和放线菌为丝状菌,体形较大,其发酵液大多采用板框或真空过滤方法处理;而细菌和酵母菌为单细胞,体形较小,外形尺寸大多在 $1\sim10\mu m$ 范围,其发酵液一般采用高速离心机进行离心沉降或离心过滤。但若对其发酵液采用适当的方法进行预处理,则细菌和酵母菌发酵液也可采用板框或真空过滤方法进行固液分离。如生产菌菌体较小的氨基酸发酵液,采用絮凝和添加助滤剂等方法进行预处理后可用板框过滤机或带式过滤机进行菌体分离。对于结晶物质的分离,多采用真空、离心过滤或离心沉降的方式。因此,做好固液分离工作,完成相应工作任务,对优化产品的生产非常必要。因前后工序的紧密程度、生产操作复杂程度、生产规模及所处理的料液成分差异，固液分离单元任务有所不同，下面就发酵液的预处理及固液分离操作的任务进行描述。

因发酵液的成分及后序提取分离处理工艺不同，发酵液预处理操作的任务也有所区别，有的操作任务多，有的少。和预处理操作相关的主要任务有以下几项：

① 采取一定手段，改变发酵液的理化性质（主要温度、黏度、浓度、pH等）；
② 加入调节剂，尽可能使目标物质转入便于后处理的一相中（多数是液相）；
③ 加入调节剂，加速小颗粒物的聚集，便于固液分离；
④ 加入沉淀剂，除去部分可溶性杂质；
⑤ 加入助滤剂，提高固液分离的速率。

固液分离操作的主要任务是：

① 操作分离装置将待处理的固液混合物进行分离，确保分离后的液相或固相符合工艺要求；
② 对分离得到的固相物进行洗涤，回收（或除去）固体颗粒层吸附的组分及饼层空隙内残留的溶液；
③ 联系上下工段，协调解决生产工艺问题，提高分离装置的分离效率及生产能力；
④ 将分离后的液相物料送入相应工段进一步处理；
⑤ 将分离出的固相物排出分离装置，转入相应的处理工段；
⑥ 检查分离装置工况，进行设备维护，保障安全生产。

第二节 发酵液的预处理技术

对发酵液进行预处理，其目的就是采取适当的手段改变料液的性质，加快悬浮液中固形物沉降的速度，利于固液分离；除去大部分可溶性杂质，并尽可能使产物转入便于以后处理的相中（多数是液相），以利于固液分离及后提取工序的顺利进行。改变料液的性质主要是采用物理、化学或生物的方法以改善料液的过滤特性。加快悬浮物的沉降主要是通过凝聚或絮凝的方法，使菌体及固体微粒聚集成较大的胶团，以利于固液分离。常见的可溶性杂质主要包括蛋白质、多肽、多糖、脂类或脂蛋白、多酚类、核酸、小分子物质及盐类等。这些杂质成分有些会对进一步的提取分离工艺或对产品质量构成危害，例如发酵液中含有的阳离子和蛋白质，当用离子交换法提取目标产物成分时，由于阳离子和蛋白质的存在，大大降低了离子交换树脂的吸附量；当用溶剂萃取法提取时，蛋白质的存在则会产生乳化现象，使水相和有机溶剂相不易分层，给液液分离带来困难，同时影响产品纯度和收率。因此，在预处理阶段就要根据目标物质成分的性质和分离纯化的要求，结合所含杂质的种类和特点，选用适当的方法将其除去。

一、预处理的原理及方法

1. 降低液体黏度

由流体力学基本知识可知，滤液通过滤饼的速率与液体的黏度成反比，可见降低液体黏度可有效提高过滤速率。降低液体黏度常用的方法有加水稀释法和加热法。

加水稀释法可有效降低液体黏度，但会增加悬浮液的体积，使后处理任务加大，并且只有当稀释后过滤速率提高的百分比大于加水比时，从经济上才能认为有效。如果目标物质的后序分离工艺或时间很长，稀释有助于降低其浓度，减少其在分离过程中的分解或水解。

升高温度可有效降低液体黏度,从而提高过滤速率,常用于黏度随温度变化较大的流体。另外,应用加热法的同时,可控制适当温度和受热时间,使蛋白质凝聚形成较大颗粒,进一步改善发酵液的过滤特性。如链霉素发酵液,调酸至 pH3.0 后,加热至 70℃,维持半小时,液相黏度下降至 1/6,过滤速率可增大 10～100 倍。使用加热法时必须注意:①加热的温度必须控制在不影响目的产物活性的范围内或不会使其发生水解;②对于发酵液,温度过高或时间过长,可能造成细胞溶解,胞内物质外溢,而增加发酵液的复杂性,影响其后的产物分离与纯化。

升高温度的方法有:①让发酵液通过螺旋板、列管等换热器,用热介质进行加热;②如果目标物质受温度变化影响较小,发酵液又需适当稀释时,可在发酵液内直接通入蒸汽或热水进行加热。

2. 调整 pH

pH 值直接影响发酵液中某些物质的电离度和电荷性质,适当调节 pH 可改善其过滤特性。对于氨基酸、蛋白质等两性物质作为杂质存在于液体中时,常采用调 pH 至等电点使两性物质沉淀。另外,在膜分离中,发酵液中的大分子物质易与膜发生吸附,常通过调整 pH,改变易吸附分子的电荷性质,以减少吸附造成的堵塞和污染。此外,细胞、细胞碎片及某些胶体物质等在某个 pH 下也可能趋于絮凝而成为较大颗粒,有利于固液分离。但 pH 值的确定应以不影响目标产物稳定性为前提条件。

pH 值的调节一般是在发酵液中加入一定浓度的酸(碱)溶液,如果需要也可加入一定量的酸(碱)缓冲溶液。

3. 凝聚和絮凝

凝聚和絮凝的主要作用为增大混合液中悬浮粒子的体积,提高固液分离速度,同时可除去一些杂质。这两种方法主要用于细胞、菌体、细胞碎片及蛋白质等胶体粒子的去除。

(1) 凝聚作用　凝聚作用是指在某些电解质作用下,使胶体粒子聚集的过程。这些电解质称为凝聚剂。胶体粒子能保持分散状态的原因是其带有相同电荷和扩散双电层的结构。发酵液中蛋白质带有电荷(通常带有负电荷),通过静电引力的作用使溶液中带相反电荷的粒子(即正离子)被吸附在其周围,在界面上形成双电层。但是这些正离子还受到使它们均匀分布开去的热运动的影响,具有离开胶粒表面的趋势,在这两种相反作用的影响下,双电层就分裂成两部分,在相距胶核表面约一个离子半径的 Stern 平面以内,正离子被紧密束缚在胶核表面,称为吸附层或紧密层;在 Stern 平面以外,剩余的正离子则在溶液中扩散开去,距离越远,浓度越小,最后达到主体溶液的平均浓度,称为扩散层。这样就形成了扩散双电层的结构模型,如图 2-1 所示。

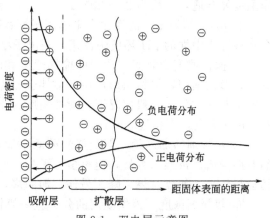

图 2-1　双电层示意图

当分子热运动使粒子间距离缩小到使它们的扩散层部分重叠时,即产生电排斥作用,使两个粒子分开,从而阻止了粒子的聚集。双电层电位越大,电排斥作用就越强,胶粒的分散程度也越大,发酵液越难过滤。胶粒能稳定存在的另一个原因是其表面的水化作用,使粒子周围形成水化层,阻碍了胶粒间的直接聚集。凝聚剂的加入可使胶粒之间双电层电位下降或者使胶体表面水化层破坏或变薄,导致胶体颗粒间的排斥作用降低,吸引作用加强,破坏胶体系统的分散状态,导致颗粒凝聚。影响凝聚作用的主要因素是无机盐的种类、化合价及无机盐用量等。

常用的凝聚剂有 $AlCl_3 \cdot 6H_2O$、$Al_2(SO_4)_3 \cdot 18H_2O$、$K_2SO_4 \cdot Al_2(SO_4)_3 \cdot 24H_2O$、$FeSO_4 \cdot 7H_2O$、$FeCl_3 \cdot 6H_2O$、$ZnSO_4$ 和 $MgCO_3$ 等。电解质凝聚能力可用凝聚值来表示,使胶粒发生凝聚作用的最小电解质浓度(mol/L)称为凝聚值。根据 Schuze-Hardy 法则,阳离子的价数越高,该值就越小,即凝聚能力越强。阳离子对带负电荷的发酵液胶体粒子凝聚能力的次序为:$Al^{3+} > Fe^{3+} > H^+ > Ca^{2+} > Mg^{2+} > K^+ > Na^+ > Li^+$。凝聚剂的加入量越大,凝聚效果越好,但凝聚剂的加入也给料液中引入了其他无机杂质,对后序的分离纯化不利。

(2) 絮凝作用　絮凝作用是利用带有许多活性官能团的高分子线状化合物吸附多个微粒的能力,通过架桥作用将许多微粒聚集在一起,形成粗大的松散絮团的过程。所利用的高分子化合物称为絮凝剂。絮凝剂一般具有长链状结构,实现絮凝作用关键在于其链节上的多个活性官能团,包括带电荷的阴离子(如—COOH)或阳离子(如—NH_2)基团以及不带电荷的非离子型基团。它们通过静电引力、范德华力或氢键作用,强烈地吸附在胶粒表面。根据絮凝剂所带电性的不同,分阴离子型、阳离子型和非离子型三类。对于带有负电性的微粒,加入阳离子型絮凝剂,具有降低离子排斥电位和产生吸附架桥作用的双重机制;而非离子型和阳离子型絮凝剂,主要通过分子间引力和氢键等作用产生吸附架桥。影响絮凝作用的主要因素如下。

① 高分子絮凝剂的性质和结构　线性结构的有机高分子絮凝剂,其絮凝作用大,而成环状或支链结构的有机高分子絮凝剂的效果较差。絮凝剂的分子量越大、线性分子链越长,絮凝效果越好;但分子量增大,絮凝剂在水中的溶解度降低,因此要选择适宜分子量的絮凝剂,以利于配制适当浓度的絮凝剂溶液。

② 絮凝操作温度　当温度升高时,絮凝速度加快,形成的絮凝颗粒细小。因此絮凝操作温度要合适,一般为 20~30℃。

③ pH　溶液 pH 的变化会影响离子型絮凝剂功能团的电离度,因此阳离子型絮凝剂适合在酸性或中性的 pH 环境中使用,阴离子型絮凝剂适合在中性或碱性的环境中使用。

④ 搅拌速度和时间　适当的搅拌速度和时间对絮凝是有利的。搅拌有助于絮凝剂迅速分散,形成絮团,但絮团形成后,搅拌会打碎絮团。因此,控制好搅拌速度与时间对提高絮凝效果非常重要,一般情况下,搅拌速度为 40~80r/min,不要超过 100r/min;搅拌时间以 2~4min 为宜,不超过 5min。

⑤ 絮凝剂的加入量　絮凝剂的最适添加量往往要通过实验方法确定,虽然较多的絮凝剂有助于增加桥架的数量,但过多的添加反而会引起吸附饱和,絮凝剂争夺胶粒而使絮凝团的粒径变小,絮凝效果下降。另外,加的多,也会使发酵液黏度增加,不利于过滤。

⑥ 絮凝剂浓度　因絮凝剂的分子量一般较大,配制浓度有严格的要求,当浓度过大时,黏度很大,使用极不方便,若过低,生产处理量加大,因此应选择合适的浓度,并尽可能的偏小,因为在稀溶液中有利于絮凝作用。

凝聚和絮凝这两种作用是人们在研究作用机理时,为了方便描述而分别提出并进行讨论,但在实际应用中,絮凝剂与无机电解质凝聚剂经常搭配在一起使用,加入无机电解质使悬浮粒子间的排斥能力降低而凝聚成微粒,然后加入絮凝剂,两者相辅相成,二者结合的方法称为混凝。混凝可有效提高凝聚和絮凝效果。

工业上使用的絮凝剂按组成不同又可分为无机絮凝剂、有机絮凝剂和生物絮凝剂。

① 有机高分子絮凝剂　如人工合成的絮凝剂:二甲基二烯丙基氯化铵与丙烯酰胺的共

聚物或均聚物、聚二烯基咪唑啉、聚丙烯酸类衍生物、聚苯乙烯类衍生物、聚丙烯胺类衍生物、聚乙烯吡啶类衍生物等。其中聚丙烯酰胺具有一定毒性,不能用于药品、食品生产;而聚丙烯酸类衍生物阴离子型絮凝剂无毒,可用于食品和医药工业。天然有机高分子絮凝剂:聚糖类胶黏物、海藻酸钠、明胶、骨胶、壳多糖等。

② 无机絮凝剂 如明矾、氯化铁等小分子絮凝剂;聚合铝盐、聚合铁盐等高分子絮凝剂。

③ 生物絮凝剂 生物絮凝剂是一类由微生物产生的具有絮凝能力的生物大分子,主要有蛋白质、黏多糖、纤维素和核酸等。具有高效、无毒、无二次污染等特点,克服了无机絮凝剂和人工合成有机高分子絮凝剂本身固有的缺陷,其发展潜力越来越受到重视。

4. 加入助滤剂

助滤剂是有一定刚性的颗粒状或纤维状固体,其化学性质稳定,不与混合体系发生任何化学反应,不溶解于溶液相中,在过滤操作的压力范围内是不可压缩的固体。加入助滤剂可以改变滤饼的结构,降低滤饼的可压缩性,从而降低过滤阻力。常用的助滤剂有硅藻土、纤维素、石棉粉、珍珠岩、白土、炭粒、淀粉等。最常用的是硅藻土。

助滤剂的使用方法有两种:一种方法是将助滤剂在支持介质(滤布)的表面上预涂助滤剂薄层 1~2mm,以保护支持介质的毛细孔道在较长时间内不被悬浮液中的固体粒子所堵塞,从而提高或稳定过滤速度;另一种方法是将助滤剂分散在待过滤的悬浮液中,使形成的滤饼具有多孔性,降低滤饼的可压缩性,以提高过滤速度和延长过滤操作周期。前者会使滤速降低,但滤液透明度明显增加;后一种方法主要是助滤剂的加入量,一般助滤剂的用量若等于悬浮液中固体含量时,过滤速度最快,另外在使用时需要一个带搅拌器的混合槽,充分搅拌混合均匀,防止分层沉淀。生产上也可两种方法同时使用。选择和使用助滤剂时要考虑以下几个方面。

① 根据目的产物的性质选择助滤剂品种 当目的产物存在于液相时,要注意目的产物是否会被助滤剂吸附,是否可通过改变 pH 来减少吸附;当目的产物存在于固相时,一般使用淀粉、纤维素等不影响产品质量的助滤剂。

② 根据过滤介质和过滤情况选择助滤剂品种 当使用粗目滤网时易泄漏,采用石棉粉、纤维素、淀粉等作助滤剂可有效地防止泄漏。当使用细目滤布时,宜采用细硅藻土,若采用粗粒硅藻土,则料液中的细微颗粒仍将透过助滤层而到达滤布表面,从而使过滤阻力增大。当使用烧结或黏结材料制成的过滤介质时,宜使用纤维素助滤剂,这样可使滤饼易于剥离,并可防止堵塞毛细孔。滤饼较厚时,为了防止龟裂,可加入 1%~5% 纤维素或活性炭。助滤剂中某些成分会溶于酸性或碱性溶液中,故对产品质量有较高要求时,助滤剂在使用前需用酸或碱进行洗涤,再用清水漂洗至无离子。

③ 粒度选择 助滤剂的粒度及粒度分布对过滤速率和滤液澄清度影响很大。当粒度一定时,过滤速率与澄清度成反比,过滤速率大,澄清度差;过滤速率小,则澄清度好。助滤剂的粒度必须与悬浮液中固体粒子的尺寸相适应,如颗粒较小的悬浮液应采用较细的助滤剂。商品硅藻土助滤剂有多种规格,粒度分布不同,因此使用前应针对不同料液的特性和过滤要求,通过实验,确定其最佳型号。

④ 用量的确定 助滤剂的用量必须适宜。用量过少,起不到有效的助滤作用;用量过大,不仅浪费,而且会因助滤剂成为主要的滤饼阻力而使过滤速率下降。当采用预涂助滤剂的方法时,间歇操作助滤剂的最小厚度为 2mm;连续操作则要根据所需过滤速率来确定。当助滤剂直接加入发酵液时,一般采用的助滤剂用量等于悬浮液中固形物含量,其过滤速率最快,如用硅藻土作助滤剂时,通常细粒用量为 $500g/m^3$;中等粒度用量为 $700g/m^3$;粗粒

用量为 700~1000g/m³。

5. 加入反应剂

有时加入某些不影响目的产物的反应剂，可消除发酵液中某些杂质对过滤的影响，从而提高过滤速率。

加入反应剂和某些可溶性盐类发生反应生成不溶性沉淀，如 $CaSO_4$、$AlPO_4$ 等。生成的沉淀能防止菌丝体黏结，使菌丝具有块状结构，沉淀本身可作为助滤剂，并且能使胶状物和悬浮物凝固，从而改善过滤性能。如在新生霉素发酵液中加入氯化钙和磷酸钠，生成磷酸钙沉淀可充当助滤剂，另外可使某些蛋白质凝固。又如环丝氨酸发酵液用氧化钙和磷酸处理，生成磷酸钙沉淀，能使悬浮物凝固，多余的磷酸根离子还能除去钙、镁离子，并且在发酵液中不会引入其他阳离子，以免影响环丝氨酸的离子交换吸附。

6. 降低温度

从发酵罐放出的发酵液通常在 25~35℃ 范围内，降低其温度有利于减少目标产物在后序提取或分离过程中发生分解或水解。如果发酵液中目标产物易于水解或存在那些具有促进目标产物分解的酶时，发酵液放罐后要预先进行降温处理，才能进行其他操作。降温操作通常让发酵液通过螺旋板换热器或列管式换热器与冷介质进行热交换，以达到工艺指标。

二、发酵液的相对纯化

1. 无机离子的去除

发酵液中主要的无机离子有 Ca^{2+}、Mg^{2+}、Fe^{2+} 等。无机离子去除通常采用离子交换法、沉淀法。离子交换法（见第六章）是借助于离子交换树脂使液相中的有害离子转移到树脂上而与溶液分开的一种方法。沉淀法是在溶液中加入化学反应剂，使无机离子生成沉淀而与溶液分开。如 Ca^{2+} 的去除主要采用草酸，但由于草酸的溶解度小，不适合用量较大的场合。当发酵液中 Ca^{2+} 浓度较高时，可采用可溶性盐，如草酸钠等，反应生成草酸钙还能促使蛋白质凝固，改善发酵液过滤性能。Mg^{2+} 的去除一般采用加入三聚磷酸钠，它和 Mg^{2+} 形成可溶性配合物后，即可消除对离子交换的影响。

$$Mg^{2+} + Na_5P_3O_{10} \Longrightarrow MgNa_3P_3O_{10} + 2Na^+$$

用磷酸盐处理，也能大大降低 Ca^{2+}、Mg^{2+} 的浓度，此法可用于环丝氨酸的生产。对于发酵液中的铁离子，可加入黄血盐，使其形成普鲁士蓝沉淀而除去。反应如下：

$$3K_4Fe(CN)_6 + 4Fe^{3+} \Longrightarrow Fe_4[Fe(CN)_6]_3 \downarrow + 12K^+$$

对于某些重金属离子如 Cu^{2+}、Ni^{2+}、Zn^{2+} 等可加入配位剂，生成沉淀物质除去。

2. 杂蛋白的去除

利用各种沉淀方法，可以去除液相中各种蛋白质。常用的有等电点沉淀法、变性沉淀法、盐析法、有机溶剂沉淀法、反应沉淀法等。这些沉淀方法既可以作为除杂质的方法，也可以作为提取目标产物的技术手段。有关沉淀法除蛋白质详见第五章。

此外，也可采用吸附法除去杂蛋白。一般是在含杂蛋白的发酵液中加入某些吸附剂或沉淀吸附剂。如在四环类抗生素生产中，采用黄血盐和硫酸锌的协同作用生成亚铁氰化锌钾 $K_2Zn_3[Fe(CN)_6]_2$ 的胶状沉淀来吸附蛋白质；在枯草芽孢杆菌发酵液中，加入氯化钙和磷酸氢二钠，两者生成庞大的凝胶，把蛋白质、菌体和其他不溶性粒子吸附并包裹在其中而除去，从而可加快过滤速率。

3. 多糖的去除

酶解法可将混合液中的不溶性多糖物质酶解，使其转化为溶解度较大的单糖，从而改变流体的流动特性，提高过滤速率。例如万古霉素用淀粉作培养基，发酵完成后，发酵液中多余的淀粉使混合液黏度较大,当加入0.025%的淀粉酶后,搅拌30min,再加2.5%助滤剂(硅藻土),可使过滤速率提高5倍。

4. 有色物质的去除

发酵液中有色物质可能是由于微生物生长代谢过程分泌的,也可能是培养基(如糖蜜、玉米浆等)带来的,色素物质化学性质的多样性增加了脱色的难度。色素物质的去除,一般以使用离子交换树脂、离子交换纤维、活性炭等材料的吸附法来脱色最为普遍。例如活性炭可用于柠檬酸发酵液的脱色,盐型强碱性阴离子交换树脂可用于解朊酶和果胶酶溶液的脱色,磷酸型阴离子交换树脂被用于谷氨酸发酵液的脱色等。一般发酵液的脱色往往是在过滤除去菌体后进行。

三、发酵液预处理工艺及操作

发酵液预处理一般是在调节罐内进行。来自发酵罐的发酵液通过空气压送或泵输送至调节罐,加入一定体积后,在搅拌的情况下视工艺需要,通过计量(流量计或称量器)加入一定量水、酸(碱)、凝聚剂、絮凝剂、助滤剂或化学反应剂等(为了方便,将上述物质统称为调节剂),符合工艺要求后通过空气压送或泵输送至过滤机进行过滤,除去料液中的沉淀物。调节罐一般是带有搅拌的空罐,对其可进行如下操作。

① 检查 检查调节罐上压缩空气阀、进料阀、出料阀均应关闭,排气阀应打开,压力表指针在零位,调节罐及搅拌电机接地接零完好,搅拌开关、电机接口、电源线绝缘良好。如果发酵液或所加调节剂中含有易燃、易爆物质,应检查调节罐上所有静电连接齐全、完好。

② 加料调节 打开调节罐上发酵液进料阀,加料至一定体积后关进料阀,启动机械搅拌,加入一定量调节剂(通过加料管线或罐口)。搅拌一定时间后,停机械搅拌。

③ 压料 通知过滤岗位准备接料,准备好后,打开调节罐出料阀,关闭排气阀,打开调节罐压缩空气阀,开始压料(或启动输送泵开始打料,此时调节罐的排气阀应打开)。料压完后,关闭压缩空气阀和罐出料阀,打开罐排气阀,待压力表指针降至零位,站在调节罐侧面打开罐盖,进行清洗。如果用泵打料,应在罐压力表为零时,关闭泵出口阀,停泵,关调节罐出料阀,站在调节罐侧面打开罐盖,进行清洗。

第三节 过滤分离技术

一、过滤分离原理

实现过滤操作的外力是过滤介质两侧的压力差,一般压力差越大,过滤速度越大。压力差可以通过重力、离心力、加压、抽真空来获得。当介质上悬浮液重量越大、离心机转速越高、外界施加压力越大、真空度越高,则压力差越大。依据过滤介质所起主要作用不同可分为饼层过滤或深床过滤。依据提供外力的方式不同又可分为常压过滤、加压过滤、减压过滤(又称真空抽滤)和离心过滤。依据过滤时外加压力和流速的不同,可分为:①恒压过滤,用压缩空气或真空作为推动力;②恒速过滤,通常用定容泵来输送料液;③变速-变压过滤操作方式,用离心泵来实现。在生化产品的生产中,真空抽滤应用较多。

过滤过程中所采用的过滤介质起着使滤液通过、截留固体颗粒并支撑滤饼的作用。要求其具有多孔性、耐腐蚀性及足够的机械强度。工业上常用的过滤介质有:织物介质、多孔性固体介质、粒状介质、各种膜等。织物介质如金属丝网、天然或合成纤维织布、金属织布、石棉板、玻璃纤维纸等;多孔性固体介质如陶瓷滤材;粒状介质如硅藻土、膨润土、活性炭

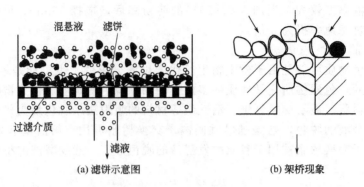

图 2-2 饼层过滤示意图

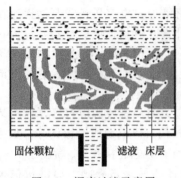

图 2-3 深床过滤示意图

等；各种性能的膜包括微孔膜、超滤、半透膜等。

在饼层过滤中，固体堆积在过滤介质上并架桥形成饼层，如图 2-2 所示。沉积于过滤介质上的饼层起主要过滤作用。饼层过滤的推动力是压力差，饼层过滤的阻力来自滤饼层。当悬浮液通过过滤介质（主要是滤布）时，固体颗粒被过滤介质所阻拦而逐渐形成滤饼，滤饼至一定厚度时即起过滤作用，此时滤布主要起支撑作用。这种方法常用于分离固体含量大于 0.001g/mL 的悬浮液。一个完整的饼层过滤过程主要包括三个步骤：①滤饼的形成；②滤饼的洗涤；③滤饼的清除。滤饼的形成是从被处理的料液接触过滤介质时开始的，随着过滤时间的增长，饼层厚度逐渐增大；滤饼的洗涤是回收饼层中的有用物质或者是除去饼层中的杂质，洗涤液的体积与流速决定着回收率的高低及洗涤时间的长短；滤饼的清除主要是在过滤一定时间后，过滤阻力增大，滤速明显减小时，将饼层从过滤介质上除去，以便使过滤能够在较高过滤速度下进行。

在深床过滤中，颗粒沉积在床层内部的孔道壁上但并不形成滤饼，如图 2-3 所示。过滤介质起主要过滤作用。所用介质为硅藻土、砂、颗粒活性炭、玻璃珠、塑料颗粒、烧结陶瓷、烧结金属等，填充于过滤器内构成过滤层。当悬浮液通过过滤层时，固体颗粒被阻拦或吸附在滤层颗粒上，使滤液得以澄清。这种方法适合于固体含量少于 0.001g/mL、颗粒直径在 5～100μm 的悬浮液的过滤分离，如河水、麦芽汁、酒类和饮料的过滤澄清。

1. 发酵液的过滤特性和滤饼的比阻

微生物发酵液多属于非牛顿型流体，滤渣为可压缩性的。衡量过滤特性的主要指标是滤饼的质量比阻 r_B，它表示的是单位滤饼厚度的阻力系数，与滤饼的结构特性有关。对于不可压缩滤饼，比阻值是常数。对于可压缩滤饼，比阻是操作压力的函数，可用式（2-1）表示。

$$r_B = r(\Delta p)^m \tag{2-1}$$

式中 r——不可压缩滤饼的比阻，对一定的料液其值为常数，m/kg；

m——压缩指数，一般取 0.5～0.8，对于不可压缩性滤饼为 0，无量纲；

Δp——压力差，Pa。

发酵液滤饼的比阻与一般可压缩滤饼相比，有其特殊性。一般可压缩滤饼的比阻是操作压力的函数，在不变的压差之下，滤饼比阻是一定值，即在不变压力差下过滤时，过滤速度的逐渐下降是由于滤饼厚度的逐渐增加所致，而作为单位滤饼厚度的过滤阻力即滤饼的比阻是不变的。但对于发酵液滤饼，即使在恒定的操作压差下，当滤饼中所含固形物浓度达到某一界限值时，滤饼的比阻就不是一定值，而会突然升高。因此，过滤速度不但随滤饼厚度的增加而下降，还会因滤饼比阻的突然升高而额外下降。奥尔洛夫斯基很早以前曾提出过假设，认为这是由于有机物质的胶体粒子借静电吸引而结合的水分子所致。对发酵液进行预处理，也可以降低结合水的百分率，提高自由水的百分率，使发酵液滤饼更接近一般可压缩滤饼的性质。

对于可压缩滤饼，如果过滤介质的阻力相对较小，可以忽略不计，则恒压下的过滤方程式为：

$$q^2 = 2\frac{\Delta p}{\mu r_B X_B}\tau \tag{2-2}$$

式中　q——到瞬间 τ 时，通过单位过滤面积的滤液量，m^3/m^2；

　　　Δp——过滤压力差，Pa；

　　　r_B——滤饼的质量比阻，m/kg；

　　　X_B——通过单位体积滤液所形成的滤渣质量，kg/m^3；

　　　τ——过滤时间，s；

　　　μ——滤液黏度，Pa·s。

质量比阻可根据式(2-2)，利用图解法求得，以 τ/q 为纵坐标，以 q 为横坐标所得的直线斜率为 M，则 r_B 可按下式进行计算：

$$r_B = \frac{2M\Delta p}{\mu X_B} \tag{2-3}$$

根据滤饼的质量比阻，可以衡量各种不同发酵液过滤的难易程度。

2. 影响过滤性能的因素

影响过滤性能的因素很多，主要有如下几点。

(1) 混合物中悬浮微粒的性质和大小　一般情况下，悬浮微粒越大，粒子越坚硬，大小越均匀，固液分离越容易，过滤速度越大。颗粒坚硬的粒子，在施加压力时固体颗粒不变形，形成不可压缩滤饼，不可压缩滤饼颗粒之间的空隙不会因受压力而变小，因而不会产生过滤速度减小的现象。颗粒较软的粒子，加压时颗粒会发生较大的形变，形成可压缩性滤饼。可压缩性滤饼受压时会缩小原来颗粒之间的空隙，以至阻碍滤液的通过，因而过滤速度减小甚至停止过滤。如发酵液中的细菌菌体较小，压缩易变形，分离较困难，过滤速度就会相对减小。而胶体粒子通常悬浮于流体中，必须运用凝聚与絮凝技术，增大悬浮粒子的体积，以利于固液分离，从而获得澄清的滤液。

(2) 混合液的黏度　流体的流动特性对固液分离影响很大，其中流体的黏度越大，固液分离越困难，过滤速度就会降低。通常混合液的黏度与其组成和浓度密切相关，组成越复杂，浓度越高，其黏度越大。在微生物发酵制药生产中，菌体种类和浓度不同，其黏度差别很大。另外，培养基中若用淀粉作碳源，黄豆饼作氮源，其发酵液的黏度也较大。若发酵终点控制不当，菌体发生自溶，也会使发酵液变黏。

(3) 操作条件　固液分离操作中温度、pH、操作压力、离心机转速、滤饼厚度等的控制也会影响固液分离速率。温度升高，流体黏度降低；调整pH，也可改变流体黏度，从而使固液分离效率得到提高。提高操作压力一般可提高过滤速度，但如果滤饼的可压缩性较大时，提高压力往往会使滤饼进一步压缩，过滤阻力增大，反而使滤速下降。提高离心机转速，可增大离心力，提高滤速。降低滤饼层的厚度会减小过滤阻力，提高滤速。

(4) 助滤剂的使用　当固体颗粒较软，易受压变形时，采用一般过滤分离很困难，常采用加助滤剂的方式,以顺利完成过滤分离操作。助滤剂是一种不可压缩的多孔微粒,它能使滤饼疏松,滤速增大。助滤剂使用可使悬浮液中大量的细微胶体粒子被吸附到助滤剂的表面上,从而使滤饼的可压缩性下降,过滤阻力降低。助滤剂的选择以不吸附或少吸附目标产品为准。

(5) 固液分离设备和技术　采用不同的固液分离技术,如过滤、沉降和离心分离,其分离效果不同。同一种分离技术,选用的设备结构、型号不同,其分离效果也不同。在选择固液分离设备时,要根据被分离混合物的性质、分离要求、操作条件等因素综合考虑。

3. 改善过滤性能的方法

在生产中常会遇到难以过滤的发酵液,因此需要通过改善过滤性能,降低滤饼比阻的方法来提高过滤速率,工艺上一般采用降低混合液黏度的方法、增大被分离颗粒的粒度或者在混合液中加入助滤剂的方法、提高离心机的转速或提高操作压力、增大真空度、降低滤饼层的厚度,或除去滤饼等方法以改善过滤性能。

二、过滤设备

工业上较为常用的过滤设备有板框过滤机、真空转鼓过滤机、离心过滤机。

1. 板框过滤机

板框过滤机由过滤机构、压紧机构和机座等部分组成。过滤机构的部件是板和框,它们交替安放在导轨上。滤板和滤框都呈四方形,并带有两个把手和两个带圆孔的方耳。滤框是中空的,与一个方耳的圆孔用小孔连通。滤板表面铸有平行纹路的沟槽,以支承滤布。在板和框的四角都钻有垂直于板和框平面的垂直孔1、2、3、4。在滤框内的1号转角上钻有与1号垂直孔相通的暗道;只在3号内转角上钻有与3号垂直孔相通的暗道,这种板叫洗涤板;只在2、4号内转角上钻有与2、4号垂直孔相通的暗道,这种板叫滤板;洗涤板和滤板的两侧面都刻有凹槽形流道,并与暗道相通。板与框的结构如图2-4所示。另外,在板与框之间滤布的四角上,也钻有相应的孔。

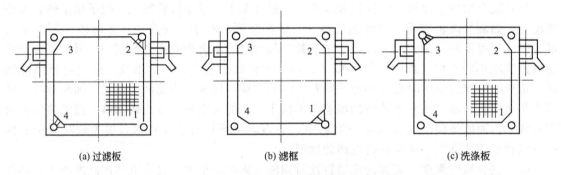

图2-4　板与框结构示意图
1—料液通道;2—滤液出口;3—洗液通道;4—滤液或洗液出口

当按照滤板—滤布—滤框—滤布—洗涤板—滤布—滤框—滤布—滤板的顺序组装时,将得到由1、2、3、4号垂直孔组成的四条通道。其中1号是待过滤料浆的通道,2、3、4号是过滤液流出的通道,另外,3号通道也是注进洗涤水的通道。滤板与滤框两上角的圆孔经装合后各相互连成一通道。过滤时,滤浆由上部进口用泵输入过滤机1号通道充满各个滤框,透过覆盖于滤板上的滤布,沿滤板、洗涤板上的沟槽进入暗道再进入2、3、4号滤液通道排出,而固体微粒则为滤布阻隔形成滤渣被截留在框内,当无滤液流出时,表明滤框中已充满滤渣,这时应停止过滤。若滤渣需要洗涤,则在过滤终了后通入洗涤水,洗涤水由右上角3号通道透过滤渣及滤布沿滤板2、4号滤液通道流出,洗涤结束再放松压紧机构,取出滤框，除去滤渣并洗净滤框和滤布，整理滤板、滤框，重新装合，以进行下一个操作循环。压紧机构使板和框紧紧挤压在一起，可以采取液压或手动（包括丝杆和手轮）方式。板框过滤机结构如图2-5所示。

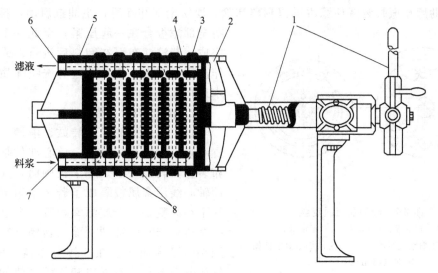

图2-5 板框过滤机
1—压紧装置；2—可动头；3—滤框；4—滤板；5—固定头；6—滤液出口；7—滤浆进口；8—滤布

板框过滤机主要用于培养基制备的过滤及霉菌、放线菌、酵母菌和细菌等多种发酵液的固液分离，比较适合固体含量1%～10%的悬浮液的分离。板框过滤机过滤面积大，过滤推动力能大幅度调整，能耐受较高的压力差，固相含水分低，能适应不同过滤特性的发酵液的过滤，但传统手工操作板框过滤机劳动强度大，需人工拆卸，为此开发了自动板框过滤机，使板框的拆装、滤饼卸出和滤布的清洗等操作都能自动进行。图2-6为一种自动板框过滤机。

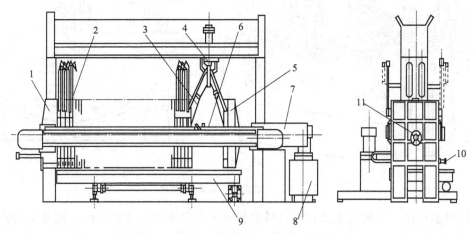

图2-6 滤布固定式自动板框过滤机示意图
1—止推板；2—滤板组件；3—主滤布；4—滤布振打装置；5—压紧板；6—滤板移动装置；7—压紧装置；8—液压系统；9—滤液收集槽；10—滤液阀；11—进料口

厢式压滤机工作时首先将滤板压紧，然后启动进料泵将料浆压入各个滤室内进行过滤，固体颗粒留在滤室内，滤液穿过滤布，经过滤板的排液沟槽流到滤板排液口，排出机外；过滤结束，启动洗涤泵将洗液通入滤室洗涤滤饼，然后通入压缩空气进行吹风干燥；吹风结束后,将滤液槽从压滤机底部移开,接着主油缸启动,将压紧板拉回,第一滤室里的滤饼从张开的滤布上落下,当压紧板到达预定位置时,位于横梁两侧的拉板装置将滤板一块接一块地依次拉开,因滤板间的滤布呈人字形张开,故滤饼很容易因自重自然下落,对于难剥离的滤饼,可借助滤布振打装置使滤饼迅速剥离卸除。滤饼全部卸除后,主油缸启动,推动压紧板将全部滤板合在一起压紧,至此一个工作循环完成。清洗滤布可在卸料后进行,或若干个工作循环后清洗一次。通过清洗喷嘴喷射出高压水进行清洗。

2. 真空转鼓过滤机

真空转鼓过滤机由转鼓、液槽、抽真空装置和喷气喷水装置组成。核心部件是转鼓和分布装置。转鼓外形是一个长圆筒,其内部顺圆筒轴心线用金属板隔成了若干个扇形小区,每一个小区就是一个过滤室,每一个过滤室都有一个通道与转鼓轴颈端面(转动盘)连通,轴颈端面紧密地接触在气体分布器(固定)上。气体分布器是分布真空和压缩气体的设备,设计有三个或四个气室。转动盘与固定盘结构如图 2-7 所示。随着转鼓的转动,每一个过滤室相继与分布器的各室接通,这样就使过滤面形成四个工作区,如图 2-8 所示。

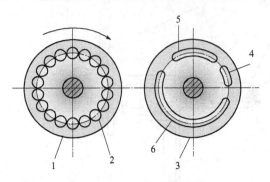

图 2-7 转动盘与固定盘
1—转动盘;2—通道;3—固定盘;
4—通入压缩空气凹槽;5—吸走洗涤液真空凹槽;
6—吸走滤液的真空凹槽

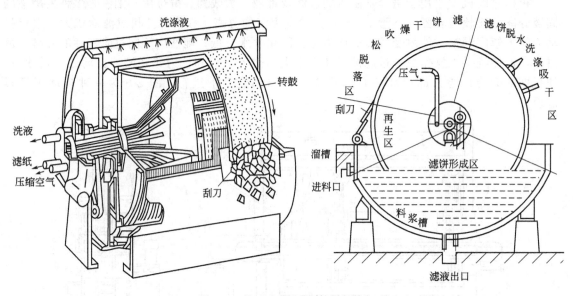

图 2-8 外滤式真空转鼓过滤机

① 滤饼形成区 当转鼓上的过滤室转到料浆槽并浸没在料浆液中时,过滤室与分配器 6 室相通,6 室与真空相连,在真空抽吸下,料浆槽中悬浮液的液相部分透过过滤层进入过滤室,并通过分配器流出机外进入滤液贮槽,而悬浮液中的固相则被滤布阻挡在滤布表面,形成滤饼层。

② 洗涤吸干区 随着转鼓的转动,滤饼离开料浆槽进入滤饼脱水区,在此区由于抽吸的作用,滤饼脱水,随后洗涤液通过喷嘴均匀喷洒在滤饼上,以透过滤饼置换其中的滤液,再经过一段吸干段,被抽吸干燥,在此区,进一步降低了滤饼中溶质的含量。此区与分配器

的 5 室相通，5 室以不同的管路与真空系统相连接。

③ 吹松脱落区　当已经淋洗干燥了的滤饼转到此区时，过滤室与分布器的Ⅲ室相通。4 室与压缩空气相通，压缩空气促使转鼓表面上的滤饼层与滤布分层，并脱落下来，随后刮刀开始清除剩余的滤饼。

④ 再生区　在此区，压缩空气通过分布器的第四室进入再生区的过滤室，吹落滤布上的微细颗粒，使滤布再生，以备进行下一轮过滤操作。对发酵液的过滤大多采用预涂助滤剂或在用刮刀卸渣时保留一层滤饼预留层，这种场合就不用再生区。

应用真空转鼓过滤时，当料浆打入液槽后，启动真空系统及转鼓后，因为转鼓在不断地转动，每个过滤室相继通过上述四个过滤区域，就构成了一个连续进行的操作循环，这种循环将周而复始地进行，直至过滤操作结束。分布器控制着连续操作的各个工序，分布室的气密性和耐用性非常重要，它直接影响整个过滤操作的效果，因此分布器技术参数是进行设备选型的一个重要指标。

真空转鼓过滤机特别适合于固体含量较大（>10%）的悬浮液的分离，由于受推动力（真空度）的限制，一般不适合于菌体较小和黏度较大的细菌发酵液的过滤，而且采用真空转鼓过滤机过滤所得固相的干度不如加压过滤。目前，在标准型转鼓真空过滤机的基础上，又开发出一些新设备，如无格式转鼓真空过滤机、滤布循环行进式（RCF）转鼓真空过滤机等。新机型的特点是结构简单、单位面积过滤能力大、洗涤能力强、效率高。

3. 离心过滤机

离心过滤是基于固体颗粒和周围液体密度存在差异，在离心场中使不同密度的固体颗粒所受离心力大小不同，致使其径向运动速度不同而实现分离的过程。工业上较为常见的离心过滤设备是三足式离心过滤机、活塞推料离心机。

(1) 三足式离心过滤机　三足式离心过滤机结构如图 2-9 所示。整机由外壳、转鼓、传动主轴、底盘等部件组成，机体悬挂在机座的三根支杆上。由于有弹簧装置起减振作用，在运行时非常平稳。三足离心过滤机的转鼓为一圆筒，圆筒上开有小孔，圆筒转鼓内表面铺有滤布。转鼓由传动轴驱动做一定速度的旋转，混悬液进入转鼓后也随之旋转，从而产生了强大的离心力。在离心力的作用下，液体穿过过滤介质经转鼓上的小孔流出，固体则吸附在滤布上形成滤饼层，从而实现固液的分离。以后液体要依次流经饼层、滤布再经小孔排出，滤饼层随过滤时间的延长而逐渐加厚，至一定厚度后停止过滤，进行卸料处理后再转入过滤操作。有从上部卸料和从下部卸料两种方式。从上部卸料的称为人工上部卸料三足式离心过滤机，从下部卸料的称为人工下部卸料三足式离心过滤机。

人工卸料三足式离心机对物料适应性强，操作方便，结构简单，制造成本低，是目前工业上广泛采用的离心分离设备。其缺点是需间歇或周期性循环操作，卸料阶段需减速或停机，不能连续生产。又因转鼓体积大，分离因数小，对微细颗粒分离不完全，需要用高分离因数的离心机配合使用才能达到分离目的。

(2) 活塞推料离心机　单级活塞推料离心机如图 2-10 所示。悬浮液通过进料管送到圆锥形加料斗中，在转筒内壁有滤网，在离心力的作用下，滤液沿加料斗内壁流动，穿过滤网，由滤液出口连续排出。积于滤网上的滤渣，在与加料斗一起做往复运动的活塞推进器的作用下，将转筒内的滤渣逐渐推至出口，途中受到冲洗管出来的水的喷洗，洗水由另一出口排出。

过滤介质一般为板状或条形滤网，滤网间隙较大，适合过滤固相颗粒大于 0.1mm、固相浓度大于 30% 的结晶颗粒或纤维状物料。

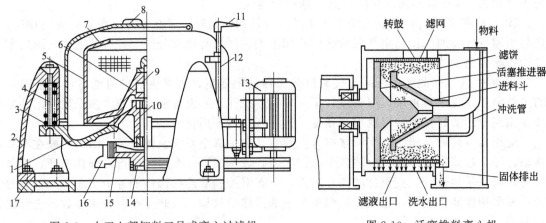

图 2-9 人工上部卸料三足式离心过滤机

1—底盘；2—支柱；3—缓冲弹簧；4—摆杆；5—转鼓体；
6—转鼓底；7—拦液板；8—机盖；9—主轴；10—轴承座；
11—制动器把手；12—外壳；13—电机；14—V带带轮；
15—制动轮；16—滤液出口；17—机座

图 2-10 活塞推料离心机

活塞推料离心机对悬浮液固相浓度的波动很敏感。浓度过低，来不及分离的液体将会冲走滤网上已经形成的滤渣层而达不到过滤要求；浓度过高，由于料浆流动性差，使物料在滤网上局部堆积，引起振动。为此，悬浮液需经过预浓缩处理，以得到合适的进料浓度。另外对于胶状悬浮物、无定形物料及摩擦系数大的物料不宜选用活塞推料离心机。

活塞推料离心机具有自动操作分离效率高、生产能力大、操作连续、功耗均匀、滤渣湿含量低、颗粒破碎度小等优点，但只宜用于中、粗颗粒及浓度较高的悬浮液的过滤脱水。

第四节　沉降分离技术

沉降法分离固体悬浮液，依据所提供的外力形式不同，分为重力沉降与离心沉降。如果料浆中固体颗粒含量较低，往往在沉降槽中通过重力沉降使料浆变得稠厚（集中在沉降槽的下部），再用离心手段进行固液分离。

一、沉降基本原理

1. 重力沉降

颗粒受到重力加速度的影响而沉降的过程叫重力沉降。如果颗粒在重力沉降过程中不受周围颗粒和器壁的影响，称为自由沉降。而固体颗粒因相互之间影响而使颗粒不能正常沉降的过程称为干扰沉降。固液混合物料在进行重力沉降之前一般需进行混凝、絮凝等预处理。

固体颗粒在静止流体中，受到的作用力有重力、浮力和阻力。如果合力不为零，则颗粒将做加速运动，表现为固体颗粒开始沉降。当颗粒加速沉降时，所受到的摩擦力和其他流体阻力的作用越来越大，直到作用在颗粒上的合力渐趋为零。所以颗粒的沉降过程分为加速阶段和匀速沉降阶段。其中加速阶段时间很短，颗粒在短时间内即达到最大速率。随着合力减小为零，颗粒进入匀速沉降阶段，保持匀速运动直至下沉到容器底部。因此颗粒在匀速沉降阶段的速率就近似地看作整个沉降过程的速率 u_t。其表达式：

$$u_t = \sqrt{\frac{4gd(\rho_s - \rho)}{3\zeta\rho}} \tag{2-4}$$

式中　ρ_s——固体颗粒密度，kg/m^3；
　　　ρ——流体的密度，kg/m^3；
　　　d——颗粒直径，m；
　　　g——重力加速度，m/s^2；
　　　ζ——沉降系数。

影响颗粒沉降速率的因素是多种多样的。从式(2-4)可知，流体的密度越大，沉降速率越小，颗粒的密度越小，沉降速率越小。颗粒形状也是影响沉降的一个重要因素。对于同一性质的固体颗粒，由于非球形颗粒的沉降阻力比球形颗粒的大得多，因此其沉降速率较球形颗粒的要小一些。

当容器较小时，容器的壁面和底面均能增加颗粒沉降时的拽力，使颗粒的实际沉降速率较自由沉降速率低。

当颗粒的体积浓度＞0.2％时，颗粒之间的相互干扰也是降低沉降速率的重要因素。

如果颗粒是在流动的流体中沉降，则颗粒的沉降速率需要根据流体的流动状态来确定。

2. 离心沉降

离心沉降在实现固液分离时，不需要过滤介质，离心机的转鼓上不开设小孔，在离心力的作用下，物料按密度的大小不同分层沉降而得以分离，固体沉降于筒壁或转鼓壁上，余下的即为澄清的液体，可用于液固、液液、液液固物料的分离。离心沉降在生物产品分离中应用十分广泛，与其他固液分离方法相比，离心沉降具有分离速率快、分离效率高、液相澄清度好等优点。缺点是设备投资高、能耗大，此外连续排料时固相干度不如过滤设备。

当颗粒处于离心场时，将受到四个力的作用，即重力 F_g、惯性离心力 F_c、向心力 F_f 和阻力 F_d。后面三种力是颗粒在径向上受到的力，而重力垂直向下，与其他三种力相比，重力太小，可不予考虑。根据牛顿运动定律，当颗粒所受的惯性离心力、向心力和阻力平衡时，颗粒在径向上将保持匀速运动而沉降到器壁。在匀速沉降阶段的径向速率就是颗粒在此位置上的离心沉降速率 u_r。其计算式为：

$$u_r = \sqrt{\frac{4d(\rho_s - \rho)u_T^2}{3\zeta \rho R}} \tag{2-5}$$

式中　u_T——固体颗粒切向速率，m/s；
　　　R——颗粒与中心轴的距离，m。

其中 $\frac{u_T^2}{R}$ 是离心场的离心加速度。由上式可看到离心沉降速率随旋转半径 R 的变化而变化。半径增大则沉降速率减小。

离心加速度与重力加速度之比叫离心分离因数，用 K_c 表示。它是离心分离设备的重要性能指标。其定义式为：

$$K_c = \frac{u_T^2}{Rg} \tag{2-6}$$

K_c 值愈高，离心沉降效果愈好。常用离心机的 K_c 值在几十至几千之间，高速管式离心机的 K_c 可达到数万至数十万，分离能力强。K_c 值的大小说明了离心机的分离能力要比重力沉降设备的分离能力强。

二、沉降设备

工业上进行重力沉降的设备主要有沉降室和沉降槽。沉降室多用于分离气体中的固体颗粒，而沉降槽多用于液体悬浮物中固体颗粒的分离。沉降槽分为间歇式与连续式两种，连续式沉降设备又可根据结构上的差异分为短形水平流动池、圆形水平流动池、垂直流动式沉降池及斜板式沉降池。离心沉降分离设备常用的有高速管式离心机、碟片式离心机、倾析式离心机（又称螺旋卸料沉降离心机）与旋风分离器。其中旋风分离器主要用于气体中颗粒的分离。

1. 高速管式离心机

高速管式离心机属于高转速离心机，是一种能产生强离心力场的机械设备。其整机由细长的管状机壳和转鼓、传动装置、集液盘、进液轴承座等部件构成。转鼓上部是挠性主轴，下部是阻尼浮动轴承，主轴由连接座缓冲器与被动轮连接，电动机通过传送带、张紧轮将动力传递给被动轮，从而使转鼓绕自身轴线高速旋转，形成强大离心场。在轴的纵向上安装有肋板或桨叶，起带动液体转动的作用，如图2-11所示。常见的转鼓直径为0.1～0.15m，其转速一般可达10000～50000r/min，分离因数可达15000～65000。

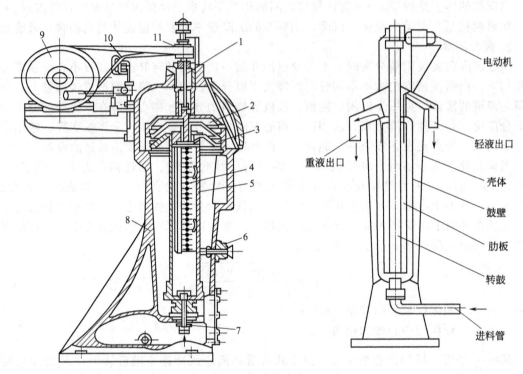

图2-11 高速管式离心机
1—主轴；2—重液收集器；3—轻液收集器；4—桨叶；5—转鼓；
6—制动装置；7—进料管；8—机座；9、10—带轮；11—张紧装置

高速管式离心机的工作过程是：启动转鼓，待运转平稳后，从下部通入待分离物料。分离液体混合物时，进入转鼓内的液体被肋板带动做高速旋转，强大的离心力将密度大的液体甩向转鼓壁，形成重液，并被挤压向上，从重液出口排出；液体在高速旋转时，质轻的液体分布在转轴周围，并被挤压向上，从轻液出口排出。在分离固液混悬体系时，将重液出口关闭，只开启轻液出口，固体颗粒沉积在鼓壁上，经一段时间后，停机清理沉渣后待用。

管式离心机除可用于微生物细胞的分离外，还可用于细胞碎片、细胞器、病毒、蛋白质、核酸等生物大分子的分离。但由于管式离心机的转鼓直径小，容量有限，因而生产能力小。管式离心机可用于固液、液液分离。用于液液分离时为连续操作，用于固液分离时为间歇操作。一般适合分离固形物含量<1%的发酵液。

2. 碟片式离心机

碟片式离心机主要由外壳、转轴、转鼓及几十到一百多倒锥形碟片等主要部件组成。底部凸出，与外壳铸在一起，壳上有圆锥形的盖，由螺帽坚固在外壳上。壳由高速旋转的倒锥形转鼓带动，其内设有数十片乃至上百片锥角为 $60°\sim120°$ 的锥形碟片，碟片直径一般为 $0.2\sim0.6m$，其上有沿圆周分布垂直贯通的孔，碟片之间的间距为 $0.5\sim1.25mm$，如图 2-12 所示。碟片的作用是缩短固体颗粒（或液滴）沉降距离，扩大转鼓的沉降面积，提高离心分离能力。当启动离心机并转动平稳后，待分离物料由转鼓中心进料口进入高速旋转的转鼓内碟片之间，由于固、液密度不同，在碟片空间内离心力的作用下，把物料分成固相和液相两部分。相对密度小的液体有规律地沿碟片上表面向轴心方向移动，在轻液出口排出；相对密度较大的固相则有规律地沿着上一

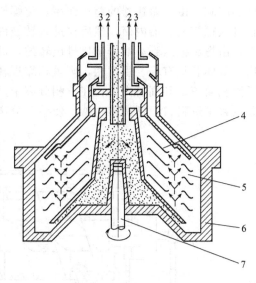

图 2-12 碟片式离心机碟片组件
1—进料口；2—轻液出口；3—重液出口；4—碟片；
5—颗粒沉降区；6—转鼓；7—转轴

碟片的底面下滑到碟片边缘，其排出方式在结合处理料液性质的不同或适应不同分离目的的要求，对碟片式离心机结构进行以下几方面微调来实现。

① 在上部液体出口设置向心泵，将出口料液分为重液和轻液。含固相的液体称为重液，不含固相的液体称为轻液，重轻两种液体分别从不同的出口排出，如图 2-12 所示。需要注意的是，在分离含固体颗粒的混悬液时，要求固体颗粒要小，浓度要低。

② 比液体重的固相物沉向转鼓内壁形成沉渣，轻液沿锥形碟片外（上）锥面向轴心流动至上部经轻液向心泵，由轻液出口排出。重液沿碟片内（下）锥面流向鼓壁，然后向上流经重液向心泵，由重液出口排出。从而完成沉渣、重液与轻液的分离。待分离后的液相的澄清度不合要求时，需停机后人工卸除沉渣。适用于处理进料中固相含量很低的场合（小于2%）。当然这种离心机液相出口也可设为一相出口，用于固液分离。

③ 在转鼓直径最大的地方，沿转鼓周边装有若干喷嘴，喷嘴口径 $0.5\sim3.2mm$。当固相在离心力作用下下滑到碟片外边缘，经转鼓壁上的喷嘴喷出，实现液固的连续分离。一般固相中含液量较高，适用于颗粒直径为 $0.1\sim100\mu m$、体积浓度小于 25% 的悬浮液。

④ 在转鼓直径最大的地方开口（排渣口），在转鼓底部装有可上下移动的环板状活门。活门在上时，关闭排渣口，停止卸料；在下时则开启排渣口卸渣。适合处理直径为 $0.1\sim500\mu m$、固相含量小于 10% 的悬浮液。

碟片式离心机也可以用来分离两种不同密度的液体，即进行液液分离。其分离原理和过程与固液分离过程一致。碟片式离心机的转速一般为 $4000\sim7000r/min$，分离因素可达 $4000\sim10000$，适应于含细菌、酵母菌、放线菌等多种微生物细胞的悬浮液及细胞碎片悬浮液的分离。特别适用于一般离心机难于处理的两相密度差较小的液液分离，其分离效率高，可连续操作。

3. 螺旋卸料沉降离心机

螺旋卸料沉降离心机可分为卧式和立式，二者工作原理基本相同，主要是转鼓的位置布置和支撑方式不同。图 2-13 为卧式螺旋卸料沉降离心机，主要由机壳、转鼓、螺旋推料器、差速器等构成。转鼓和螺旋推料器同轴心安装在主轴承上，螺旋叶片外缘与转鼓内壁之间有

微小间隙，由于差速器的差动作用，使螺旋和转鼓有一转速差。被分离的悬浮液从中心加料管进入螺旋输送器内筒，然后再进入转鼓内。固体粒子在离心力的作用下沉降到转鼓内表面上，由螺旋推送到小端排渣口排出转鼓，而液体则被挤向转鼓中心，由转鼓大端的溢流孔排出。液体若是有轻、重两相，则重相靠近转鼓壁，轻相靠近转鼓中心，在两相分离机中设置了液相溢流口和固饼出口；在三相分离中，设置了轻相液体和重相液体排出口和固饼出口，并设置了进料口、螺旋推料器，使整个分离过程连续进行。

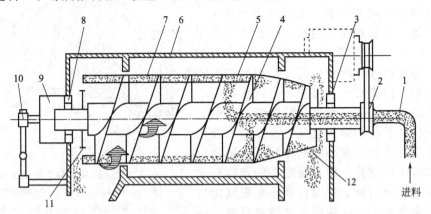

图 2-13 卧式螺旋卸料沉降离心机

1—进料管；2—V形带轮；3、8—轴承；4—输料螺旋；5—进料孔；6—机壳；7—转鼓；9—行星差速器；10—过载保护装置；11—溢流孔；12—排渣口

调节转鼓的转速、转鼓与螺旋的转速差、进料量、溢流孔径等参数，可以改变分离液的含固量和沉渣的含湿量。

卧式螺旋卸料沉降离心机主要有以下优点：①操作自动连续，分离效果好，能长期运行，维护方便；②对物料的适应性强，能分离的固相粒度范围和浓度变化范围大；③结构紧凑，能够进行密闭操作，可在加压和低温下分离易燃、易爆、有毒的物料；④分离因数较高，单机生产能力大（悬浮液生产能力可达 $200m^3/h$）；⑤应用范围广，能完成固相脱水（特别是含有可压缩性颗粒的悬浮液）、细粒级悬浮液的液相澄清、粒度分级和液液固三相分离等分离过程。主要缺点是固相沉渣的含湿量一般比过滤离心机高（大致接近于真空过滤机），洗涤效果不好，结构较复杂，价格较高。

螺旋卸料沉降离心机的分离因数较低，大多在 1500~3000，一般适合于处理含固形物较多的悬浮液的分离。不适合于含细菌、酵母菌等微小微生物的悬浮液的分离。液相的澄清度也相对较差。

第五节　固液分离技术的实施

一、板框过滤分离工艺及操作

如图 2-14 所示为板框压滤机工作流程示意图。应用板框进行料浆分离时，离心泵将料浆送入 1 号通道，料浆从框的 1 号暗道流进框内，滤液透过滤布进入板的凹槽流道，顺着与垂直相通的暗道流过滤液通道而排出滤液；滤渣则留在框中。当框内积累了一定量的滤渣后，停止输送料浆，关闭连接 1 号通道的 5 号阀门，用清水泵从 3 号通道输入清水，对框内滤渣进行洗涤，洗涤完成后，卸开板与框，卸去滤渣，更换滤布后重新装合，进行下一轮的过滤操作。下面以液压板框过滤机为例，其操作过程如下。

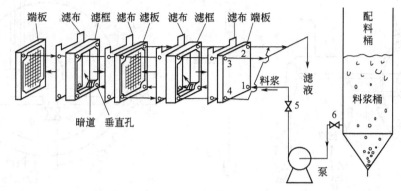

图 2-14　板框压滤机工作流程
1—料浆通道；2~4—滤液通道；5,6—阀门

① 检查过滤机及附属设备是否正常，确认正常后，接通电源，按"启动"按钮，启动油泵。

② 将所有滤板移至推板端，并使其位于两横梁中央。

③ 按"压紧"按钮，活塞推动压紧板，将所有滤板压紧，达到液压工作压力值后，旋转锁紧螺母锁紧保压，按"关闭"按钮，油泵停止工作。

④ 暗流，打开滤液阀放液；明流，开启水嘴放液。接着开启进料阀，进料过滤。

⑤ 关闭进料阀，停止进料。

⑥ 可洗式：开启洗水泵，再开启洗涤水阀门，进水洗涤滤饼。

⑦ 洗涤后通入压缩空气进行吹压，将残留的部分水分再次挤压排出。

⑧ 隔膜型：打开压缩空气阀门，向隔膜充气，使滤饼再次压榨，降低含水率。

⑨ 启动油泵，按下"压紧"按钮，待锁紧螺母松动后，即将螺母旋至活塞杆前端（压紧板端），再按"松开"按钮，活塞带压紧板回至合适工作间隙后，关闭电机。移动各滤板卸渣。

⑩ 检查滤布、滤板，清洁结合面上的残渣。再次将所有滤板移至止推板端并位居两横梁中央时，即可进入下一个工作循环。

二、真空转鼓过滤工艺及操作

真空转鼓过滤工艺及操作如图 2-15 所示，操作过程如下。

(1) 开车前的检查

① 开车前应检查过滤机、真空泵各部位是否良好，确认正常后方可按工艺顺序要求开车。

② 检查1、2、3、4、5、6、7均应关闭。

③ 检查一次水压力应≥0.15MPa，若压力不足应找泵房或调度协调。

④ 检查滤布是否完好或偏位，及时修复或摆正。

⑤ 加注润滑油（油杯顺时针方向转 1/4~1/2 圈），油杯转不动时应找机修加油。

⑥ 检查真空、压力表有效期，及时校验，若有损坏立即更换。

⑦ 电机、减速机地脚螺栓及各管路连接应紧固完好。

⑧ 对于过滤易结晶的固体物料，应检查进料管上的蒸汽阀门及下料管上的蒸汽阀门是否有泄漏（在距蒸汽阀门约 20cm 处应不热，否则为泄漏），若有应更换或修理。

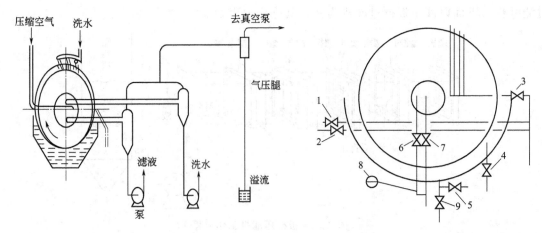

图 2-15 真空转鼓过滤工艺及操作示意图

1,2—洗布水阀；3—洗涤水阀；4—进料阀；5—排污阀；6,7—真空阀；8—真空表；9—回流阀

（2）作业中安全操作

① 听到开车信号后，打开 4 向鼓槽内进液，当鼓槽内液面接近转鼓底面且真空度≤－0.08MPa 时，打开 6 和 7，随之启动转鼓开关并调节调速器至适度然后打开扩幅辊电机，当鼓面形成滤饼时，打开 3 和 4、5，调节刮刀的松紧度，使转鼓的吸滤、吸干、洗涤、卸渣等处于正常工作状态。

② 注意检查转鼓及电机、减速机有无异常声音、温度过高（手背感觉放不住）或电流变化，若有应及时处理。

③ 随时检查真空度所应达到的数值，若不到应与真空岗位联系，调整到位。

④ 严禁对运转设备搞卫生。停车后要经常清理鼓槽。

⑤ 做好现场卫生，应保证地面不滑，防止滑倒摔伤。

⑥ 设备运转过程中，每隔半小时要巡检一次。滤完料后，停转鼓和扩幅辊电机，关闭6、7，通知真空岗位停车。

三、预处理及固液分离技术应用实例

以链霉素发酵液的预处理及固液分离技术为例，其工艺过程如下：

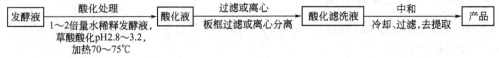

由于链霉素在发酵终了时，部分链霉素留在菌丝内部，为了使其释放至液体中，将发酵液酸化至 pH3 左右，以提高链霉素的收率。同时以直接蒸汽加热，可使蛋白质凝固，提高过滤速度。根据在稀溶液中优先吸附高价离子的原则，需将发酵液进行稀释（一般用回流水或三次水来稀释），一般稀释到 6000u/mL 左右，若采用反吸附，则不需过滤，可将发酵液直接以水稀释到 3000u/mL 左右。由于链霉素的进一步提取采用的是离子交换法，而发酵原液中除蛋白质外，尚含有钙、镁等金属离子，对离子交换吸附有影响，因此必须在预处理时除去这些金属离子。例如酸化用的草酸还能将 Ca^{2+} 去除，再用磷酸除去 Mg^{2+}，即在发酵液中加入磷酸，在酸性时凝聚部分蛋白质过滤分离后，再加入碱调 pH8.8～9.0，借磷酸根的作用使钙、镁等离子生成不溶性的磷酸盐而析出，并随同碱性蛋白质一起被过滤去除。

经过上述酸化、加热、分离、冷却、中和等处理，能将发酵液中的大量菌丝体、蛋白质

和碱土金属等杂质去除，可保证下一步离子交换过程的顺利进行。

第六节　其他固液分离方法

一、错流过滤

在一般过滤中，滤液的流动方向与滤饼基本垂直，称为封头过滤（dead-end filtration）或死端过滤。当采用这种方式来分离细菌、细胞碎片、蛋白质等悬浮液时，由于其固体颗粒细微，可压缩性大，所形成的滤饼阻力大，随着过滤的进行，过滤速率迅速下降。

错流过滤（cross-flow filtration）又称切向流过滤、交叉过滤或十字流过滤，是一种维持在恒压下的高速过滤技术。其操作特点是使悬浮液在过滤介质表面做切向流动，利用流动的剪切作用将过滤介质表面的固体（滤饼）移走。当移走固体的速率与固体的沉积速率相等时，过滤速率就近似恒定。较为常用的实现错流过滤的方法有：用泵循环使悬浮液流经过滤介质或在介质表面加以搅拌造成流动，产生错向流。实现错流过滤的操作有微滤、超滤等。详见第七章。

二、双水相萃取

双水相萃取是向水相中加入溶于水的某种高分子化合物（如聚乙二醇、葡聚糖）后，形成密度不同的两相，轻相中富含某种高分子化合物，重相中富含盐类或另一种高分子化合物，从而达到和分离某种高分子化合物的目的。可用于分离细胞碎片和蛋白质等。有关双水相萃取详见第四章。

三、吸附法

向细胞碎片悬浮液中加入某种固体吸附剂，或者用细胞碎片悬浮液通过装有吸附剂的固定床，即可达到除去细胞碎片的目的。该法优点是设备简单、能耗低，主要缺点是很难选择合适的吸附剂，以保障目的产物不被除去。吸附技术详见第六章。

固液分离设备类型很多，性能差异很大，选择时要考虑多方面的因素。首先要根据混合物的性质和分离要求，考虑选用过滤还是沉降，是否选用惯性离心力作为推动力。若固液分离要求较完全，则选用过滤操作；若固液密度差较大，可考虑选用沉降，否则宜选用过滤；若固体颗粒较小，流体黏度较大，则需选用离心分离；对于易挥发或易燃烧的流体，一般不宜选用真空过滤；而对于有毒的混合液，则一般选用密闭操作的固液分离设备。另外，还要根据工艺过程特点和生产规模进一步选择确定设备类型。一般当固体含量较高、生产规模较大时，宜选用连续式的、劳动强度小的设备；如果生产工艺本身就是间歇式的，则选用间歇设备可以节省设备费用和操作费用。

目前，生化产品生产中固液分离设备的选择和使用多依据经验，而对于欲分离物料的固液两相的物性了解不深，如对料液中固相粒子的大小、分布、形状、密度、可压缩性、液相的黏度、电位、密度以及pH等都未做详细测定，因此在进行生产工艺的确定、分离设备的选型、操作条件的确定等方面都无法做到科学与合理。

思　考　题

1. 预处理的目的是什么？
2. 预处理方法的选择依据有哪些？

3. 发酵液的相对纯化的方法有哪些？

4. 什么是凝聚作用和絮凝作用？常用的凝聚剂和絮凝剂有哪些？分析影响絮凝的有关因素。

5. 简述发酵液预处理工艺及基本操作。

6. 固液分离的基本原理是什么？过滤分离分为哪几类？分析影响过滤性能的有关因素。

7. 常见的过滤分离设备有哪些？简单画出其基本结构图，并说明各主要部件的作用。

8. 什么是滤饼的比阻？影响滤饼比阻的因素有哪些？

9. 助滤剂是如何起作用的？在生产中如何使用助滤剂？

10. 沉降分离的操作方式有哪些？有哪些常用设备？简述碟片式离心机及螺旋卸料离心机的基本结构及工作原理。

11. 简述板框过滤基本工艺及操作。

12. 简述真空转鼓过滤基本工艺及操作。

第三章 细胞破碎技术

【学习目标】
① 了解细胞的结构和化学组成，了解包含体的形成过程；
② 理解各种细胞破碎方法，能够应用有关方法进行细胞破碎；
③ 掌握包含体蛋白分离的基本过程，能够分析影响包含体蛋白复性的有关因素，能够根据包含体蛋白的特性制定或调整分离方案。

工业上用微生物生产化学物质可分为两类：一类是微生物菌体在细胞内合成后，再分泌到培养基中的代谢产物和胞外酶等，这类胞外物质，用适当的溶剂和方法可直接提取；另一类是微生物菌体细胞内所含的蛋白质、核酸和胞内酶等，这类胞内物质，由于细胞壁的阻碍作用，不能分泌到胞外。随着基因重组技术的出现，利用微生物菌体可生产出多种活性物质，这些活性物质也多为胞内的。要得到胞内物质，必须破碎细胞壁，使胞内物质释放出来，再加以提纯，得到需要的产品。要破坏细胞壁，就要了解它的结构，以便研究和应用细胞破碎方法。

第一节 细胞壁的结构与组成

细胞壁是微生物菌体比较复杂的结构。不仅取决于微生物的类型，还取决于培养发酵液的组成、细胞所处的生长阶段、细胞的存贮方式以及其他一些因素。不同微生物菌体细胞壁的结构有一定差异。

一、细菌

细菌的细胞壁坚韧而有弹性，由不同的肽链结合组成质量均匀的网状结构，其厚度因细菌不同而有差异，可抵御外界的机械损伤，并可承受细胞内强大的渗透压。

细胞壁的主要成分是肽聚糖，由 N-乙酰葡糖胺 [见图 3-1(a)] 和 N-乙酰胞壁酸 [见图 3-1(b)] 构成双糖单元，以 β-1,4-糖苷键连接成大分子。N-乙酰胞壁酸分子上四肽侧链，相邻葡聚糖纤维之间的短肽通过肽桥或肽键连接起来，组成机械性很强的网状结构，像胶合板一样，黏合成多层。各种细菌细胞壁酞聚糖结构均相同，但在四肽侧链的组成及其连接方式上随菌种不同而有差异。

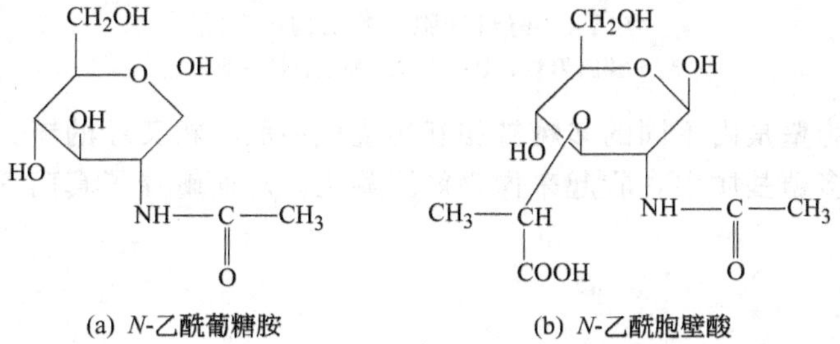

(a) N-乙酰葡糖胺　　　(b) N-乙酰胞壁酸

图 3-1 细菌细胞壁的主要组分

革兰阳性菌细胞壁（见图 3-2）较厚，约 20～80nm。含 15～50 层肽聚糖片层，每层厚度 1nm，约占细胞干重的 50%～80%。此外，尚有壁磷壁酸和膜磷壁酸。

革兰阴性菌细胞壁（见图 3-3）细胞壁较薄，有 1～2 层肽聚糖片，在肽聚糖层外尚有脂蛋白、脂质双层、脂多糖三部分。脂蛋白的功能是将外膜固定于肽聚糖层，脂类和蛋白质等在稳定细胞结构上非常重要，如果被抽提，细胞壁将变得很不牢固。

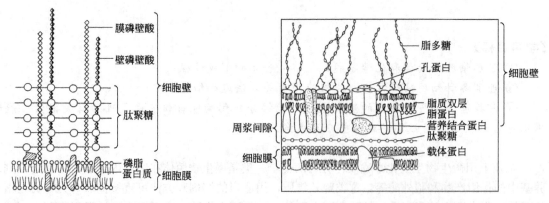

图 3-2　革兰阳性菌细胞壁结构模式图　　　　图 3-3　革兰阴性菌细胞壁结构模式图

二、真菌和酵母

真菌的细胞壁含有几丁质（N-乙酰葡萄糖胺的一种聚合物）、纤维素、葡聚糖、甘露聚糖、半乳聚糖，此外还有蛋白质、类脂、无机盐等。而酵母的细胞壁（见图 3-4）由特殊的纤丝状物质构成，主要成分是甘露聚糖（31%）、葡聚糖（29%）、蛋白质（13%）和类脂质（8.5%）。酵母中的葡聚糖为 β-1,6-葡聚糖通过 β-1,3-键与 D-葡萄糖中第一侧链交联而成，不溶于水。

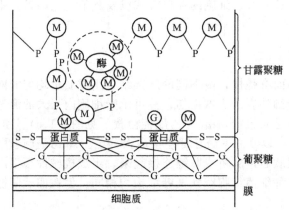

图 3-4　酵母细胞壁的结构示意图
M—甘露聚糖；P—磷酸二酯键；G—葡聚糖

所有的真菌细胞壁是由不同的多糖链相互缠绕成一股又粗又壮的链，嵌入在蛋白质及类脂和一些小分子的多糖基质中，看起来像钢筋混凝土，从而解释了真菌细胞壁的机械强度和硬度。

三、藻类

藻类的细胞壁更为复杂，其主要结构成分是纤丝状的多糖类物质。

第二节 细胞破碎技术实施

细胞破碎是指选用物理、化学、酶或机械的方法来破坏微生物菌体的细胞壁或细胞膜，设法使胞内产物最大程度地释放到液相中，破碎后的细胞浆液经固液分离除去细胞碎片后，再采用不同的分离手段进一步纯化。细胞破碎的方法很多，有机械法和非机械法。机械法主要是利用高压、研磨或超声波等手段在细胞壁上产生的剪切力达到破碎目的，包括高压匀浆法、珠磨法和超声破碎法。非机械法包括酶溶法、化学渗透法等。

一、细胞破碎工艺及其操作

1. 球磨法

球磨机是破碎微生物细胞的常用设备，一般有立式（见图3-5）或卧式（见图3-6）两种。主要由破碎腔及夹套组成，夹套内通冷却剂可以移出细胞破碎时产生的热量。破碎腔内装有直径约1mm的无铅小玻璃球或小钢球。细胞破碎液出口处设置了珠液分离器滞留珠子，使珠液分离破碎能够连续进行。球磨机由电动机带动搅拌碟片高速搅拌微生物细胞悬浮物和小磨球而产生撞击和剪切力，将细胞破碎。

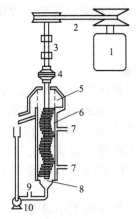

图3-5 Netzsch Molinex KE5 搅拌磨
1—电动机；2—三角皮带；3—轴承；4—联轴节；5—筒状筛网；6—搅拌碟片；7—降温夹套冷却水进出口；8—底部筛板；9—温度测量口；10—循环泵

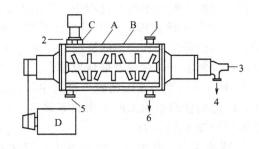

图3-6 Netzsh LM20 砂磨机
A—带有冷却夹套的研磨筒；B—带有冷却转轴及圆盘的搅拌器；C—环状震动分离器；D—变速电动机；1，2—物料进出口；3，4—搅拌器冷却剂进出口；5，6—外筒冷却剂进出口

采用球磨机进行细胞破碎，首先对设备进行检查，合乎生产要求后可先向夹套内通入冷却介质，再将需破碎的物料和一定数量的小玻璃球或小钢球加入破碎腔，启动电机进行搅拌，最初搅拌速度不要太快，观察温度，随时调节冷却介质的量，使操作温度稳定在适当的范围，逐步提高搅拌速度至相应的数值。如果球磨机可实现连续操作，需控制好加料量与出料量。如果为间歇操作，一段时间后，从出料口放出细胞破碎液，停止搅拌，视情况对破碎腔是否进行清洗，然后进入下一批次操作。

破碎作用遵循一级动力学定律：

$$\frac{dR}{dt}=k(R_m-R) \tag{3-1}$$

式中 R——t时间内释放的蛋白质数量，mg/g；

R_m——100%破碎细胞释放的蛋白质数量，mg/g；

k——破碎的比速率，s^{-1}；

t——球磨机工作的时间，s。

将式(3-1)由开始工作到 t 时刻积分，可得：

$$\int_0^R \frac{\mathrm{d}R}{R_m - R} = kt$$

$$\ln \frac{R_m}{R_m - R} = \ln \frac{1}{1-x} = kt \tag{3-2}$$

式中 x——t 时刻释放蛋白质的分数，$x = \frac{R}{R_m}$，x 数值越大，表示破碎程度越高。

一般用破碎率 Y 表示破碎程度。破碎率定义为被破碎细胞的数量占原始细胞的百分数。

$$Y = \frac{N_0 - N}{N_0} \times 100\% \tag{3-3}$$

式中 N_0——原始细胞数量；

N——经 t 时刻操作后保留下来的未受损害完整细胞的数量。

N_0 和 N 可由直接计数法和间接法求得。

直接计数法是直接对稀释后的样品用血细胞计数器或平板菌落计数法进行计数。

间接计数法是在细胞破碎后，将悬浮液离心分离，除去细胞碎片、未破碎的细胞及其他悬浮物，然后对清液进行蛋白质含量或酶的活性进行分析。通过细胞释放出来的化合物的量 R 与所有细胞理论最大释放量 R_m 的比值 R/R_m，求出破碎率。

破碎率是选择细胞破碎设备的重要依据之一。

在用球磨法破碎细胞的过程中，影响因素有以下几个方面。

① 搅拌器外缘速率　搅拌器速度增加，剪切力增大，细胞破碎量增大，但是高的能量消耗，高的热量产生和磨球的磨损以及因剪切力引起产物失活，因此对于给定处理量和对蛋白质的释放要求下，存在着最佳效率点。实际生产中，搅拌器外缘速率控制在 $5\sim15m/s$。

② 细胞的浓度　在细胞破碎过程中，产生的热量随浓度的增大而提高，增加了冷却的费用，因此最佳的细胞浓度由实验来确定。用 Netzsh LM20 研磨和破碎酵母或细菌时，细胞浓度控制在 40% 左右。

③ 球粒大小和装填量　磨球越小，细胞破碎速度越快。但磨球太小易漂浮，难以停留在磨腔中。因此实验室规模的研磨机中，球径为 0.2mm 较好，而工业化规模操作中，球径 $>0.4mm$。且不同的细胞，应选择不同的球径。球粒的体积占研磨机腔体自由体积的百分比同样影响破碎效果，一般控制在 80%~90%，并随球粒直径大小而变化。

④ 温度　操作温度控制在 $5\sim40℃$ 范围内对破碎物影响不大。但在研磨过程中会产生热量积累，为控制磨室温度，在搅拌器和磨室外筒分别设计有冷却夹套，通过冷却剂来调节磨室的温度。

⑤ 流量　高流量有利于降低能耗、降低细胞的破碎程度和提高产量。

⑥ 微生物特性　一般来说酵母比细菌细胞处理效果好。因为细菌细胞仅为酵母细胞的 1/10，而且细菌细胞的机械强度比酵母要高。一台 20L 球磨机在最适条件下，每小时可加工 200kg 面包酵母，而在同样条件下，处理细菌细胞仅为 $10\sim20kg$。

2. 高压匀浆法

高压匀浆法是液体剪切破碎方法中的一种。主要设备是高压匀浆机，它有一个高压位移泵和一个可调节进料速度的针形阀（见图 3-7）。当菌体悬浮液经过高压泵加压后，通过阀芯与阀座之间的通道时，悬浮液突然改变方向，向撞击环撞击。在通过阀门时产生高剪应力、空穴效应，向环撞击时产生巨大的冲击力。三种作用将细胞破碎，细胞破碎液受压力作用排出器外。在操作方式上，可以采用单次通过匀浆机或多次循环通过等方式，也可连续操作。其破碎率服从一级反应定律。

$$\ln \frac{R_\mathrm{m}}{R_\mathrm{m}-R}=kNp^d \tag{3-4}$$

式中　R——蛋白质释放量，mg/g；

R_m——蛋白质最大释放量，mg/g；

N——悬浮液通过匀浆器的次数；

p——操作压力，atm❶；

k——与温度有关的速度常数；

d——指数，对于有机体是抵抗破碎能力的一种量度，不同的有机体其值不同，如酿酒酵母 $d=2.9$，大肠杆菌 $d=2.21$。

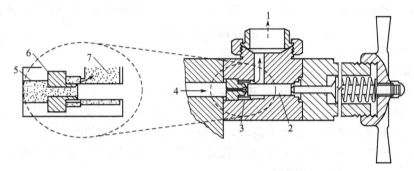

图 3-7　高压匀浆机的排出阀装置图

1—出阀口；2—阀体；3—撞击环；4—入阀口；5—细胞悬浮液；6—阀座；7—匀浆

在高压匀浆机操作中，主要影响因素如下。

① 温度　破碎率随着温度的升高而增加。当悬浮液中酵母浓度 $450\sim75\mathrm{kg/m^3}$，操作温度由 5℃提高到 30℃时，破碎率约提高 1.5 倍。但是高温破碎只适用于非热变性产物，如果温度高于 40℃时，蛋白质在破碎过程中会发生变性。因此，进口处用干冰来调节温度，使出口处的温度维持在 20℃左右。

② 压力　操作压力的合理选择非常重要。提高压力需增加消耗，压力每升高 100MPa 会多消耗 3.5kW 能量；压力每升高 10MPa，温度将提高 2℃；另外压力过高将引起高压匀浆机排出阀座剧烈磨损。通常非结合的酶，操作压力为 $5.45\times10^7\mathrm{Pa}$，菌体浓度 10%～20%（质量分数），处理一次即可。在操作压力为 55MPa 的条件下，通过 6 次匀浆假丝酵母得到 30%可利用蛋白质。

一般来讲，在工业规模的细胞破碎中，高压匀浆机最适合于酵母和细菌，对于酵母等难破碎的及浓度高或处于生长静止期的细胞，常采用多次循环的操作方法。

3. 超声破碎法

超声破碎法是另一种液相剪切破碎法，它是用超声波振荡器发射的 15～25kHz 的超声波探头处理细胞悬浮液。超声波振荡器有不同的类型，常用的为电声型，它是由发生器和换能器组成，发生器能产生高频电流，换能器的作用是把电磁振荡转换成机械振动。超声波振荡器可分为槽式和探头直接插入介质两种形式，一般破碎效果后者比前者好。其实验室装置见图 3-8。

---

❶ 1atm=101325Pa。

当通过超声探头向悬浮液输入声能,大量声能转化成弹性波形式的机械能,引起局部的剪切梯度,使细胞破碎。在超声波破碎过程中,蛋白质释放遵循一级反应定律:

$$1-x=\exp(-kt) \quad (3-5)$$

式中 x——释放蛋白质的分率;
       k——蛋白质释放常数,$\min^{-1}$;
       t——超声波发射时间,min。

蛋白质释放常数 k 取决于输入声能,由实验确定。对于啤酒酵母悬浮液(200kg 湿重/m³ 悬浮液),用 190W 的 20Hz 声频的超声波处理时,k 值由下式确定:

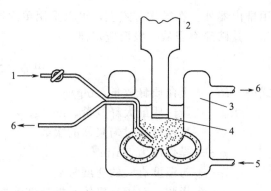

图 3-8 连续破碎池的结构简图
1—细胞悬浮液;2—超声探头;3—冷却水夹套;
4—超声嘴;5—入口;6—出口

$$k=b(P-P_0)^{0.9} \quad (3-6)$$

式中 b——常数;
       P——输入功率,$J/(kg \cdot s)$;
       P_0——由超声波引起的空穴的临界功率,$J/(kg \cdot s)$。

当超声波声能通过探头向悬浮液传递能量,所产生的气泡破裂时,绝大部分释放出的能量都以热的形式被液体吸收。为避免高温,在破碎池中设计了冷却水夹套,并在开始时先把悬浮液冷却至 0~5℃,并不断将冷却液连续通过夹套,短期的声波破碎与短期的冷却交替进行操作,以防止高温使蛋白质变性。

为提高破碎效率,在破碎池中可添加细小的球粒(可以是钢制的或玻璃的),以产生"研磨"效应,提高细胞破碎率。

超声波破碎是实验室常用的一种方法,由于向大量的悬浮液中输入足够的能量有一定的困难,因此在工业还未采用。

4. 酶溶法

酶溶法是利用细胞壁水解酶使细胞壁溶解,释放出胞内物质的方法。根据菌体不同的细胞壁结构选用特定的溶解酶。

细胞壁溶解酶有内-N-乙酰胞壁酰胺酶和内-N-乙酰氨基葡萄糖苷酶,水解 N-乙酰胞壁酸与 N-乙酰氨基葡萄糖之间的 β-1,4 键;N-乙酰胞壁酸-L-丙氨酸酰胺酶系切开肽聚糖与肽之间结合点的酶,又称自溶素,在微生物细胞的自溶上起着重要的作用。肽酶切开肽聚糖中肽段部分的肽键,单独存在时有一定的溶菌作用,而在有葡聚糖酶共存时可明显促进真菌细胞壁的溶解。针对细菌细胞壁的结构和组成,使用酶溶解细菌细胞壁时,通常选用两种以上的酶协同作用,使溶解作用增强。

酵母细胞壁溶解酶主要成分是 β-1,3-葡聚糖酶,当它与磷酸甘露聚糖酶、蛋白酶同时作用时,对溶解酵母的作用显著增强。而 β-1,3-葡聚糖酶与甲壳质酶协同作用时可溶解由甲壳质和葡聚糖构成的霉菌细胞壁。

酶溶法的优点有:①对设备的要求低,能耗小;②抽提的速率和收率高;③产品的完整性好;④对 pH 值和温度等外界条件要求低;⑤由于细胞壁被溶解,不残留碎片,有利于提纯。但是酶溶法受酶的费用限制。

5. 化学渗透法

用某些化学试剂溶解细胞壁或抽提细胞中某些组分的方法称为化学渗透法。例如在发酵液中添加酸碱、脂溶性有机溶剂(甲苯、丁醇、丙酮、氯仿等)和某些表面活性剂,改变菌体细胞壁或膜的通透性，使细胞壁破裂，使胞内物质释放出来。

酸碱用来调节溶液的 pH 值，改变细胞所处的环境，从而改变两性产物——蛋白质的电荷性质，使蛋白质和蛋白质之间或蛋白质与其他物质之间的作用力降低而溶解到液相中去，便于后面的提取。

有机溶剂被细胞壁吸收后，会使细胞壁膨胀或溶解，导致破裂，把胞内产物释放到水相中去。选用溶剂的基本原则是与细胞壁中脂质类似的溶解度参数的溶剂作为细胞破碎的溶剂。

表面活性剂是指不仅能溶于水或其他有机溶剂，同时又能在相界面上定向并改变界面性质的某些有机化合物。表面活性剂分子中间同时具有憎水基团和亲水基团，当表面活性剂在溶液中达到一定浓度时，它的分子会产生聚集，生成胶束，憎水端向内，亲水端向外。憎水基团聚集在胶束内部将溶解的脂蛋白包在中心，而亲水基团则向外层，使膜的通透性改变或使细胞壁溶解，从而使胞内物质释放到水相中。此法特别适用于膜结合蛋白酶的溶解。表面活性剂按分子结构中带电性的特征可分为：阴离子型（如直链烷基苯磺酸盐），亲水基团带有负电荷；非离子型，如碳原子数在 12 以上的高碳脂肪醇，在分子中没有带电荷的基团，其水溶性来自于分子中所具有的聚氧乙烯醚基和端点羟基；阳离子表面活性剂，亲水基团带有正电荷；两性表面活性剂，在水中同时具有可溶于水中的正电性和负电性基团。一般来说，使用离子型表面活性剂比非离子型提取效果要好一些。

6. 其他方法

除上述各种方法外，常用的方法还有以下几种。

（1）反复冻融法　将待破碎细胞在 $-20 \sim -15$ ℃条件下冷冻，然后在室温下融化，冷冻时膜的疏水键被破碎而疏水性增强，胞内水形成冰晶粒而使细胞内盐分浓度加大，反复冻融多次，使细胞破裂将胞内物质释放出来。

（2）干燥法　将待破碎细胞用不同方法进行干燥，菌体细胞失水，细胞内盐分浓度增大，细胞渗透性发生变化，然后用丙酮、乙醇或缓冲溶液等溶剂抽提胞内物质。干燥的方法有空气干燥、真空干燥、冷冻干燥等。对不稳定生化物质进行干燥时，常加入半胱氨酸、巯基乙醇和亚硫酸钠等还原剂进行保护。

（3）渗透压冲击法　将两种不同成分或不同浓度的溶液，中间用半透膜隔开，则两种溶液因性质不同可由一方向另一方渗透，这种现象叫渗透现象，其推动力是渗透压。菌体细胞膜是天然半透膜，把待破碎细胞经一定浓度甘油或蔗糖溶液处理，在高渗压溶液中细胞脱水，细胞质变稠，发生质壁分离。然后转入低渗透压溶液中或缓冲溶液中，细胞快速吸水膨胀而破裂，使胞内物释放到溶液中。用此法处理大肠杆菌时，可使磷酸酯酶、核糖核酸酶和脱氧核糖核酸酶等释放至溶液中。蛋白质释放量一般为菌体蛋白总量的 4%～7%。但此法对革兰阳性菌不适用。

（4）冷热交替法　将待破碎细胞在 90℃维持数分钟，立即放入冰水浴使之冷却，如此反复多次，绝大部分细胞可以被破碎。从细菌或病毒中提取蛋白质和核酸时可用此法。

无论是运用机械法还是非机械法都要既能破坏微生物菌体的细胞壁，又要得到不发生变性的蛋白产物。因此，选择合理的破碎方法非常重要，通常选择破碎方法遵循以下原则。

① 提取的产物在细胞质内，选用机械破碎法。

② 在细胞膜附近则可用温和的非机械法。

③ 提取的产物与细胞壁或膜相结合时，可采用机械法和化学法相结合的方法，以促进产物溶解度的提高或缓和操作条件。

④ 为提高破碎率，可采用机械法和非机械法相结合的方法。如面包酵母的破碎，可先用细胞壁溶解酶预处理，然后用高压匀浆机在 95MPa 压力下匀浆 4 次，总破碎率可接近

100%,而单独用高压匀浆机破碎率只有32%。

(5) X-Press法 将浓缩的菌体悬浮液冷却至-25℃形成冰晶体,利用500MPa以上的高压冲击,使冷冻细胞从高压阀小孔挤出,由于冰晶体的磨损,使包埋在冰中的微生物变形而破碎。

该法主要用于实验室,具有使用范围广、破碎率高、细胞碎片粉碎程度低及活性保留率高等优点。不适用于对冷冻敏感的物质。

二、细胞破碎中的工艺问题及处理

机械法进行细胞破碎常见的工艺问题主要是细胞破碎率低或细胞破碎液温度过高。

1. 细胞破碎率低

细胞破碎率低的主要原因有:①细胞液浓度过低;②细胞液破碎循环次数少;③操作压力低;④流出液量过大;⑤搅拌速度低;⑥磨球量小等。针对上述因素,提高破碎率可采取如下措施:对于第一种情况可对细胞液进行过滤或离心浓缩,特别是对细菌,由于粒度小,更应提高细胞液浓度;第二种情况可加大循环次数;第三、四种情况主要针对高压匀浆机,可适当提高操作压力,减小细胞破碎液流出量;第四、五种情况主要针对球磨机,可适当提高转速,加大磨球数量。

2. 细胞破碎液温度过高

细胞破碎液温度高会引起释放的胞内物质变性失活或分解,因此应避免细胞在破碎过程中温度升得过高。细胞破碎液温度过高的主要原因有:①料液温度高;②细胞浓度高;③操作压力高;④搅拌转速大;⑤冷却介质流量小或温度高等。针对上述因素,降低细胞破碎液温度可采取如下措施:第一种情况可对料液预先处理降低温度,如与干冰混合或采用冷却介质进行间接换热降温;第二种情况需对待处理的细胞浆液进行适当稀释;第三种情况在保证破碎率的前提下可适当降低操作压力;第四种情况在保证破碎率的前提下可适当降低转速;第五种情况需加大冷却介质流量或降低冷却介质温度。

第三节 包 含 体

利用DNA重组技术,把重组体DNA引入宿主细胞,使其在细胞内表达,便可得到一定的蛋白质。目前已成功利用大肠杆菌发酵生产胰岛素、人的生长激素、人胸腺激素α1、α-干扰素、β-干扰素、γ-干扰素、牛生长激素、乙型肝炎病毒抗原和口蹄疫病毒抗原等。外源基因在大肠杆菌中的高表达常常导致包含体的形成。所谓包含体是指蛋白质分子本身及与其周围的杂蛋白、核酸等形成不溶性的无活性的聚集体,其中大部分是克隆表达的目标产物蛋白。这些目标产物蛋白在一级结构上是正确的,但在立体结构上却是错误的,因此没有生物活性。在利用大肠杆菌生产蛋白的过程中,重组蛋白大多数情况是以包含体形式存在。要从包含体中分离出具有生物活性的产物,通常的处理步骤为:收集菌体细胞→细胞破碎→离心分离→包含体的洗涤→目标蛋白的变性溶解→目标蛋白的复性。

一、包含体的形成、分离及洗涤

形成包含体的因素主要有以下几个方面。

① 重组蛋白的表达率过高,超过了细菌的正常代谢,由于细菌的蛋白水解能力达到饱和,导致重组蛋白在细胞内沉淀下来。

② 由于合成速度太快,以致没有足够时间进行肽链折叠,二硫键不能正确配对,导致

重组蛋白溶解度变小。

③ 与重组蛋白的氨基酸组成有关，一般来说含硫氨基酸越多越易形成包含体。

④ 重组蛋白是宿主菌的异源蛋白，大量生成后，缺乏后修饰所需酶类和辅助因子，如折叠酶及分子伴侣等，导致中间体大量积累导致沉淀。

⑤ 与重组蛋白的本身的溶解性有关。

⑥ 在细菌分泌的某个阶段，蛋白质间的离子键、疏水键或共价键等化学作用导致了包含体形成。

由于重组蛋白形成包含体，包含体又位于细胞质中，因此可选择破碎细胞的方法，得到包含体。例如人 γ-干扰素的提取中，先把发酵液冷却至 10℃ 以下，离心（4000r/min）分离，除去上层清液，得到菌体，将细胞悬浮于 10 倍体积磷酸盐缓冲液（PBS）中，于冰浴下进行超声破碎，反复 5 次，每次 5s，离心（4000r/min）分离后，用 0.1% Triton X-100 的溶液充分搅拌均匀，进行洗涤。洗涤三次后，离心（10000r/min 20min），可得到包含体。细胞破碎后离心分离的包含体沉淀物中，除目标蛋白质外，还有其他蛋白质、核酸等的存在，经过洗涤，可以除去吸附在包含体表面的不溶性杂蛋白、膜碎片等，达到纯化包含体的目的。洗涤多采用较温和的表面活性剂（如 Triton X-100）或低浓度的弱变性剂（如尿素）等。洗涤剂的浓度非常重要，通常不要太高，以免包含体也发生溶解。

二、包含体的变性溶解

包含体中不溶性的活性蛋白产物必须溶解到液相中，才能采用各种手段使其得到进一步纯化。一般的水溶液很难将其溶解，只有采用蛋白质变性的方法才能使其形成可溶性的形式。常用的变性增溶剂有十二烷磺酸钠（SDS）、尿素、有机溶剂（乙腈、丙酮）、pH＞9.0 的碱溶液或盐酸胍等。

十二烷基磺酸钠（SDS）是曾经广泛使用的变性剂。它可在低浓度下溶解包含体，主要是破坏蛋白质肽链间的疏水相互作用。但是结合在蛋白质上的 SDS 分子难以除去。一般 SDS 的使用浓度为 1%～2%（10～20g/L）。

尿素和盐酸胍可打断包含体内的化学键和氢键。用 8～10mol/L 的尿素溶解包含体，其溶解速度较慢，溶解度为 70%～90%。在复性后除去尿素不会造成蛋白质的严重损失，同时还可选用多种色谱分离方法对提取到的包含体进行纯化。但用尿素溶解，蛋白质很难恢复活性。盐酸胍对包含体的溶解效率很高，达 95% 以上，溶解速度快。缺点在于成本较高，且除去盐酸胍时，蛋白质会有较大的损失，而且盐酸胍对后期离子交换提纯有干扰作用。

对于含有半胱氨酸的蛋白质，其包含体形式通常含有链间形成错配的无活性的二硫键，因此还要加入还原剂使二硫键处于可逆断裂状态。常用的还原剂有二巯基乙醇（2-ME）、二硫基苏糖醇（DTT）、二硫赤藓糖醇、半胱氨酸等。对于目标蛋白无二硫键的包含体加入还原剂也有增溶作用，可能是含有二硫键的杂蛋白影响了包含体的溶解。

三、蛋白质的复性

由于包含体中的重组蛋白缺乏生物活性，加上剧烈的处理条件，使蛋白质的高级结构破坏，因此蛋白质的复性特别重要。所谓复性是指变性的包含体蛋白质在适当条件下使伸展的肽键形成特定三维结构，同时除去还原剂使二硫键正常形成，使无活性的分子成为具有特定生物学功能的蛋白质。

1. 复性方法

（1）稀释复性　在蛋白变性溶解液中直接加入水或缓冲液（或缓慢地连续或不连续地将

变性蛋白加入到复性缓冲液中），然后静置一定时间，通过稀释蛋白变性溶解液中变性剂的浓度来消除变性剂对蛋白的影响，进而使蛋白重新折叠恢复具有活性的空间立体结构的方法。目前稀释法主要有一次稀释、分段稀释和连续稀释3种方式。

（2）透析复性　将变性溶解的包含体蛋白溶液置于透析袋内，通过逐渐降低外透液浓度来控制变性剂去除速度，使蛋白恢复其生物活性的方法。

（3）超滤复性　将变性溶解的包含体溶液通过超滤膜除去变性剂而使蛋白复性的方法。

（4）色谱柱复性　将变性溶解的包含体蛋白上样并吸附在经缓冲液平衡的色谱柱上，然后用清洗缓冲液洗掉未被吸附的变性剂和杂蛋白质等，最后用复性缓冲液将吸附的蛋白洗脱并实现复性的一种方法。这种复性法主要有离子交换色谱（IEC）、凝胶过滤色谱（GFC）、疏水色谱（HIC）、亲和色谱法（AFC）等。

（5）膨胀床吸附复性　将变性的包含体蛋白溶液以一定的流速通过吸附床，通过控制流速实现床层的膨胀但不流化，细胞碎片和不被吸附的物质从床层的空隙间通过后流出床层，而变性蛋白吸附在床层内的吸附剂上，然后用一定的缓冲液洗涤床层除去杂质后，再用洗脱液将变性蛋白洗脱下来并得以复性的一种方法。

（6）温度跳跃式复性　让蛋白质先在低温下折叠复性以减少蛋白质聚集的形成，当形成聚集体的中间体已经减少时，迅速提高温度以促进蛋白质折叠复性。

（7）双水相法　在双水相系统中加入盐酸胍，再把变性还原的蛋白质溶液加入其中，变性蛋白在向某一水相中分配过程中由于逐渐脱离原变性剂的影响而得以进行复性，这种方法要求复性的变性蛋白质的浓度必须低。

（8）反胶团法　将变性溶解的包含体蛋白溶液引入到含有反胶团的溶液中（或在蛋白质的变性溶液中加入形成反胶团的有机溶液），蛋白将会插入到反胶团中，并与形成反胶团的表面活性剂的极性头作用，逐渐进行复性。这种方法通过相转移使变性溶解的蛋白进入到反胶团中，利用反胶团的包裹作用，将变性的蛋白质一个一个地包裹起来，有效地避免了蛋白质间的相互聚集，同时利用交换缓冲液而逐渐降低反胶团中的变性剂浓度，并加入氧化还原剂使变性蛋白的二硫键再氧化重排而获得天然构象，复性后除去表面活性剂，就可以获得高生物活性的蛋白质。

2. 影响复性的因素

蛋白质复性是一个非常复杂的过程，除与复性过程中有关的操作条件或环境因素有关外，在很大程度上还与蛋白质本身的性质有关。复性过程的关键是控制好条件，不使蛋白分子形成无活性的聚集体，而使蛋白分子内的次级键与二硫键能正确形成，进而折叠成特有的空间结构。下面简要介绍影响蛋白质复性的主要因素。

（1）变性蛋白的情况　变性蛋白分子内不应存在二硫键，如果在蛋白变性溶解过程中没有控制好还原剂的加入量使二硫键彻底还原，将会使蛋白复性效率下降。

（2）蛋白质的复性浓度　正确折叠的蛋白质的得率低通常是由于多肽链之间的聚集作用所造成的，蛋白质的浓度是使蛋白质聚集的主要因素。高浓度时，分子间距离较短，相互间容易作用而结合，形成沉淀，故复性时蛋白质浓度宜低。低浓度时，获得的蛋白质复性效率比高浓度要好得多，但浓度过低又给后处理带来不便，一般选择质量浓度为 0.01~0.1mg/mL，以促进分子内相互作用力，而避免分子间相互作用力引起聚集。

（3）pH 值　复性缓冲液的 pH 值必须在 7.0 以上，这样可以防止自由硫醇的质子化作用影响正确配对的二硫键的形成，过高或过低会降低复性效率，最适宜的复性 pH 值一般是 8.0~9.0。选择 pH 值，应避免在蛋白质等电点处进行复性。在等电点时蛋白质的溶解度最小，静电排斥力几乎为零，相互间疏水作用区域就容易发生作用而形成聚集体。

(4) 氧化还原电势　较好地控制氧化还原电势对于形成正确的二硫键非常必要。氧化还原电势过小，不容易形成二硫键；氧化还原电势过高，蛋白间易形成二硫键，使二硫键发生错配。常用的控制方法有空气氧化法、氧化还原电对法等。

(5) 添加剂　在蛋白质复性过程中常用的添加剂有如下几类。

① 聚乙二醇（PEG 6000～20000）　这类物质含有疏水和亲水两种基团，疏水的基团同蛋白折叠中间体作用，亲水的基团朝着溶液中，防止折叠体之间相互作用，阻止聚集的产生。另外，聚乙二醇还可增加溶液黏度，使折叠体的运动受阻，折叠体与折叠体之间就不易结合，从而促进蛋白质的复性过程。一般其质量分数在 0.1% 左右，具体用量可根据实验条件确定。

② 二硫键异构酶（PDI）和脯氨酸异构酶（PPI）　PDI 可以使错配的二硫键打开并重新组合，从而有利于恢复到正常的结构，此外在复性过程中蛋白质的脯氨酸两种构象间的转变需要较高能量，常是复性过程中的限速步骤。而 PPI 的作用是促进两种构象间的转变，从而促进复性的进行。

③ 盐酸胍、脲、烷基脲以及碳酸酰胺类等　这类物质在非变性浓度下是很有效的促进剂，它们自身并不能加速蛋白质的折叠，但可能通过破坏错误折叠中间体的稳定性，或增加折叠中间体和未折叠分子的可溶性来提高复性产率。

④ 氨基酸　主要作用是创造一个适合于活性蛋白质存在的溶液环境，使形成活性蛋白质在溶液中更容易保存，避免相互聚集。精氨酸（L-Arg）成功应用于很多蛋白的复性，如在组织纤溶酶原激活剂（t-PA）的复性中，可以抑制二聚体的形成。另外，L-Arg 也可特异性结合于错配的二硫键和错误的折叠结构，使折叠错误的分子不稳定，从而推动分子形成正确结构。甘氨酸、天冬氨酸等也有助溶作用，可用于蛋白质复性。

⑤ 甘油等　增加溶液的黏度，减少分子碰撞机会，可避免蛋白分子间相互碰撞形成无活性的聚集体，一般使用质量分数在 5%～30%。

⑥ 辅助因子　添加蛋白质活性状态必需的辅助因子（如辅酶、辅基等）或蛋白配体等，很多时候对蛋白质正确的折叠是有利的。如蛋白质的辅助因子 Zn^{2+} 或 Cu^{2+} 可以稳定蛋白质的折叠中间体，从而防止了蛋白质的聚集。

⑦ 小分子的去污剂和环糊精（β-CD）　在变性的蛋白溶液中先后加入小分子去污剂和环糊精可促进蛋白质复性。去污剂捕获非天然状态的蛋白质形成蛋白质–去污剂复合物，从而阻止了蛋白质的凝聚，当加入环糊精使去污剂从蛋白质上剥离后，蛋白质就逐渐复性。

⑧ 分子伴侣　分子伴侣可与多肽链短暂暴露的疏水区结合，防止不正确的聚集作用和错误的装配，促进蛋白质的折叠复性。常用的分子伴侣有 GroES/GroEL、Dnak/Dnal、SecB、PapD、TrxA/TrxC。

⑨ 磺基甜菜碱 NDSBs　NDSBs 可促进蛋白质复性。它是由一个亲水的硫代甜菜碱及一个短的疏水基团组成，故不属于去垢剂，不会形成微束，易于透析去除，常用的有 NDSB-195、NDSB-201、NDSB-256。

⑩ SDS 等　在某些变性的蛋白复性液中加入适量的 SDS，SDS 与蛋白质的疏水区相互作用，从而有效地溶解蛋白质聚集体，利于变性蛋白复性。但有时 SDS 也会不利于复性。

(6) 杂质的含量　杂蛋白在变性剂溶液中也是以变性状态存在的，杂蛋白与重组蛋白一起复性时可形成杂交分子而聚集，故复性时要求目标蛋白具有一定的纯度。

(7) 变性剂移除（或稀释）速度　变性剂移除（或稀释）速度过快，会使变性蛋白单体之间迅速聚集，形成无活性的聚集体；相反，适当降低变性剂移除（或稀释）速度，则有助于蛋白进行特定空间结构的折叠，形成活性蛋白。

(8) 复性时间 有些蛋白空间结构复杂,分子间次级键数量多且复杂,不易形成正确配对,因此需要足够长的时间进行空间结构的构成,如果不提供足够长的复性时间及控制复性速度将很难得到有活性的蛋白。

(9) 温度 温度升高可提高蛋白质复性速率,但也会造成蛋白分子间次级键和二硫键的错误配对,引起空间结构变化。另外,温度升高也会引起蛋白分子间的聚集,生成无活性的蛋白聚集体,通常复性温度要求在常温或较低的温度范围。

(10) 前体肽 在复性过程中加入前体肽,有助于蛋白分子的正确折叠,生成有活性的蛋白分子,前体肽在蛋白折叠过程中起到了一个分子内伴侣的作用。具有前体肽助折叠机制的有各种蛋白酶,如丝氨酸蛋白酶、半胱氨酸蛋白酶、金属蛋白酶和天冬氨酸蛋白酶。

包含体蛋白复性是一个非常复杂的问题,应结合变性蛋白本身特性选择适当的复性方法,在复性过程中控制好适当的外部条件,使复性过程能够正确形成二硫键及分子内次级键,避免在复性过程中折叠速度过快形成无活性结构的蛋白分子或分子间聚集形成蛋白聚集体。

思 考 题

1. 不同的菌体细胞壁有何不同?
2. 细胞破碎的方法有哪些?各有何特点?
3. 如何选择破碎细胞壁的方法?
4. 球磨法破碎大肠杆菌细胞,破碎速率常数 $k=0.048\text{min}^{-1}$。

(1) 若采用间歇破碎法,试计算破碎率达 85% 时所需时间。

(2) 若采用连续破碎法操作,破碎室有效体积为 20L,稳态操作条件下,试计算使破碎率达 85% 以上的最大料液流量。

5. 在球磨法和高压匀浆法破碎细胞的操作中,主要影响因素是什么?
6. 包含体是如何形成的?
7. 常用的包含体的溶解剂有哪些?各有何优缺点?
8. 蛋白质的复性指的是什么?复性的方法有哪些?影响复性的因素有哪些?

第四章 萃取和浸取技术

【学习目标】
① 了解萃取和浸取单元的主要任务，熟悉萃取设备主要结构；
② 理解溶剂的互溶剂性规律及分配定律，会用有机溶剂进行溶质萃取，能对影响萃取效率的有关因素进行正确分析，正确处理萃取过程中相关问题；
③ 理解浸取理论，熟悉浸取设备结构，会用溶剂进行固体物料中溶质的提取，能对影响浸取效率的有关因素进行正确分析，正确处理浸取过程中相关问题；
④ 理解双水相萃取系统构成原理，掌握双水相萃取操作；
⑤ 了解超临界流体的性质，掌握超临界流体萃取操作；
⑥ 了解反胶团概念及基本性质，理解反胶团的溶解作用，掌握反胶团萃取操作。

利用溶质在两相之间分配系数的不同而使溶质实现分离的方法称为萃取。在萃取操作中至少有一相是流体，一般称该流体为萃取剂。以液体为萃取剂时，如果含有目标产物的原料也为液体，则称此操作为液液萃取；如果含有目标产物的原料为固体，则称此操作为浸取；以超临界流体为萃取剂时，含有目标产物的原料可以是液体也可以是固体，则称此操作为超临界萃取。另外在液液萃取中，根据萃取剂的种类和形式的不同又可分为有机溶剂萃取、双水相萃取、反胶团萃取等。

萃取是一种初级分离技术。萃取过程本身并未完成目标产物的分离任务，得到的仍是一均相混合物，要获得目标产物及回收萃取剂还需借助蒸馏或蒸发等其他单元操作来完成。可以这样说萃取操作是将难分离的混合物，借助萃取剂的作用，转化为较易分离的混合物的单元操作，具有如下特点：①传质速度快、生产周期短，便于连续操作、容易实现自动控制；②分离效率高、生产能力大；③采用多级萃取可使产品达到较高纯度，便于下一步处理；④容易产生乳化，需要添加破乳剂，必要时需要高速离心机；⑤需要一整套回收萃取剂装置；⑥需要各项防火、防爆等措施。

第一节 溶剂萃取单元的主要任务

一、萃取的目的

在萃取操作中，一般要达到以下目的。
① 分离　在制药过程中，无论是发酵方法、化学合成方法，还是中药提取过程，都有副产物的存在。因此，把产品从混合物中分离出来，是首先要解决的问题。
② 相转移　萃取是相与相之间的接触，药物要从液体混合物（某一液相）进入到萃取剂（另一不互溶液相）中，必定要发生物质在相与相之间的转移。
③ 浓缩　因被萃取的物质在萃取剂中的溶解度相对原溶剂而言有较大的提高，因此，被萃取物由混合物向萃取剂转移的同时，浓度有较大程度的提高，为下步的分离精制打下

二、萃取单元的主要任务

萃取单元是实施萃取技术的工艺操作单元,包括萃取设备、配套的辅助设备(如分离设备、混合设备、贮存设备、输送设备等),以及连接设备的管路及其上的各种管件(如法兰等)、阀门、仪表(温度表、流量计、压力表等)。在制药生产中,处理物料量大的萃取单元,一般要采用自动化、连续化作业,以提高生产的稳定性与生产能力。这时,萃取设备可以采用高速的萃取离心机。处理物料量小时,可采取间歇生产,萃取设备一般以萃取罐、萃取塔为主。萃取单元的主要任务如下。

① 对混合物进行分析,选择适宜的萃取剂。

② 按生产能力,综合考虑安全、生产成本、工艺的可控性,来选择操作方式:逆流萃取或并流萃取,单级萃取或多级萃取。

③ 将萃取剂与待处理的料液混合,实现待处理料液中相应溶质在两个液相间的转移,从而实现相应溶质与其他组分的分离。另外,控制好相应的工艺条件,尽可能提高溶质的萃取率和减少对药物的破坏。

④ 将萃取后的两个液相进行分离,从成本考虑以及结合循环经济,尽可能做到萃取剂的循环使用。

⑤ 注重安全生产,因萃取剂中易燃物较多,在生产过程中,一般要注意防火防爆方面的措施。

第二节 溶剂萃取原理

一、基本概念

将所选定的某种溶剂,加入到一种与其不互溶的液体混合物中,根据混合物中不同组分在该溶剂中的溶解度不同,将需要的组分分离出来,这个操作过程称为溶剂萃取。萃取操作的实质是溶质在两个不互溶的液相之间通过传质实现再分配的过程,通过萃取操作溶质优先溶于溶解度高的液相中。在萃取操作中,一相以细小液滴或股流形式分散在另一相中,称为分散相,另一相在设备内占有较大体积,不间断,连成一体,称为连续相。

萃取操作的基本过程如图 4-1 所示。原料液(液体混合物)由 A、B 两组分组成,若待分离的组分为 A,则称 A 为溶质,B 组分为原溶剂(或称稀释剂),加入的溶剂 S 称为萃取剂。首先将原料液和溶剂加入混合器中,然后进行搅拌。萃取剂与原料液互不相溶,混合器内存在两个液相。通过搅拌可使其中一个液相以小液滴的形式分散于另一相中,造成很大的相接触面积,有利于溶质 A 由原溶剂 B 向萃取剂 S 扩散。A 在两相之间重新分配后,停止搅拌,将两液相放入澄清器内,依靠两相的密度差进行沉降分层。上层为轻相,通常以萃取剂 S 为主,并溶入较多溶质 A,同时含有少量 B,为萃取相,以 E 表示;下层为重相,以原溶剂 B 为主及未扩散溶质 A,同时含有少量的 S,称为萃余相,以 R 表示。在实际操作中,也有轻相为萃余相,重相为萃取相的情况。

萃取相和萃余相都是 A、B、S 的均相混合物,为了得到分离后的 A 组分,应除去溶剂 S,称为溶剂回收。回收后的溶剂 S,可供循环使用。通常用蒸馏的方法回收 S,如果溶质 A 很难挥发,也可用蒸发的方法回收 S。萃取相脱去溶剂 S 后,称为萃取液,以 E' 表示;萃余相脱去 S 后,称为萃余液,以 R' 表示。

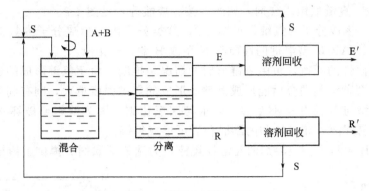

图 4-1 萃取过程示意图

由此可见,一个完整的萃取过程应包括:原料液 A+B 与萃取剂 S 的充分混合,以完成溶质 A 由原溶剂 B 转溶到萃取剂 S 的传质过程;萃取相与萃余相的分离过程;从两相中回收溶剂 S 最后得到产品的过程。下面以溶剂萃取为例,介绍萃取过程的理论基础。

二、溶剂萃取的基本原理

1. 物质的溶解和相似相溶原理

一种物质(溶质)均匀地分散在另一种物质(溶剂)中的过程,称为溶解。萃取过程是溶质溶解在萃取溶剂中的过程。目前还不能定量地解释溶解的规律,用得较多的是相似相溶原理:相似物易溶解在相似物中。相似体现在两个方面:一是结构相似,如分子的组成、官能团、形态结构和极性相似;二是溶质 A 与溶剂 S 的相互作用力相似,即能量相似。两种物质如相互作用力相似,则能互相溶解。而分子间作用力与分子的极性紧密相关,故两种物质极性相似,则能互相溶解。

2. 溶剂的互溶性规律

在萃取操作中,萃取剂与原溶剂的互溶度对萃取操作有重大影响,因此必须对溶剂的互溶性规律有所了解。

物质分子之间的作用与物质种类有关,分子间力包括氢键和分子间作用力。氢键键能比化学键键能小得多,但氢键键能加上范德华力对分子物理性质的影响很大。化合物分子中凡是和电负性大的原子相连的氢原子都有可能再和同一分子或另一分子内的另一个电负性较大的原子相连接,这样形成的键,叫做氢键。也就是说一个氢原子可以和两个电负性大的原子相结合。如 A—H……B,这里……表示氢键。形成氢键必须有两个条件:可接受电子的电子受体,A—H……B 中的 H 可接受电子;可提供孤对电子的电子供体,A—H……B 中的 B 有孤对电子。F、O、N 形成的氢键强,S、Cl 形成的氢键较弱。

按照生成氢键的能力,可将溶剂分成四种类型。

(1) N 型溶剂　不能形成氢键,如烷烃、四氯化碳、苯等,称惰性溶剂。

(2) A 型溶剂　只有电子受体的溶剂。如氯仿、二氯甲烷等,能与电子供体形成氢键。

(3) B 型溶剂　只有电子供体的溶剂,如酮、醛、醚、酯等,萃取溶剂中的磷酸三丁酯(TBP)胺等。

(4) AB 型溶剂　同时具备电子受体 A—H 和电子供体 B 的溶剂,可缔合成多聚分子。因氢键的结合形式不同,又可分为如下三类。

① AB(1)型　交链氢键缔合溶剂,如水、多元醇、氨基取代醇、羟基羧酸、多元羧酸、多酚等。

② AB(2)型 直链氢键缔合剂,如醇、胺、羧酸等,见图4-2。

③ AB(3)型 生成分子内氢键,见图4-2,这类分子因已生成分子内氢键,同类分子间不再生成氢键,故AB(3)型溶剂的性质与N型或B型分子相似。

各类溶剂互溶性的规律,可由氢键形成的情况来推断。由于氢键形成的过程,是释放能量的过程,如果两种溶剂混合后能形成氢键或形成的氢键强度更大,则有利互溶,否则不利于互溶。AB(1)型与N型几乎不互溶,如水与四氯化碳,因为溶解要破坏水分子之间的氢键;A型、B型易互溶,如氯仿和丙酮混合后可形成氢键。

图4-3粗略地表示了各类溶剂的互溶性规律,为选择萃取剂S提供了依据。

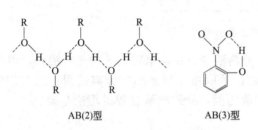

图4-2 AB(2)型、AB(3)型举例

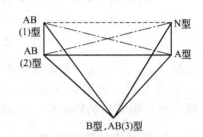

图4-3 溶剂互溶性规律
—— 表示完全混溶;—·— 表示部分混溶;
----- 表示不相混溶;

3. 溶剂的极性

溶剂萃取的关键是萃取剂S的选择,萃取剂S既要与原溶剂互不相溶,又要与目标产物有很好的互溶度。根据相似相溶原理,分子的极性相似,是选择溶剂的重要依据之一。极性液体与极性液体易于相互混合,非极性液体与非极性液体易于相互混合。盐类和极性固体易溶于极性液体中,而非极性化合物易溶于低极性或没有极性的液体中。

衡量一个化合物摩尔极化程度的物理常数是介电常数ε。两物质的介电常数相似,两物质的极性相似。物质的介电常数ε,可通过该物质在电容器二极板间的静电容量C来确定。

$$\varepsilon = \frac{C}{C_0} \tag{4-1}$$

式中,C_0是同一电容器在没有任何介质时的静电容量值。

在实际操作中,是在同一电容器中测出试样的电容量和一个已知介电常数的标准溶液的电容量,加以比较,获得试样的介电常数。

$$\frac{\varepsilon_1(\text{待测试样的介电常数})}{\varepsilon_2(\text{标准溶液的介电常数})} = \frac{C_1(\text{测出的待测溶液的电容量})}{C_2(\text{测出的标准溶液的电容量})}$$

介电常数可通过查物理化学手册得到。

通过测定萃取目标物质的介电常数,寻找极性相近的溶剂作为萃取剂,是溶剂选择的重要方法之一。

4. 分配定律和分离因数

在恒温恒压条件下,溶质A在互不相溶的两相中达到分配平衡时,如果其在两相中以相同的分子形态存在,则其在两相中的平衡浓度之比为常数,称为分配常数。这就是溶质的分配平衡定律,简称为分配定律。其数学表达式:

$$K = \frac{c_2}{c_1} \tag{4-2}$$

式中 K——分配常数;

c_2——A在萃取相E中的浓度,mol/L;

c_1——A 在萃余相 R 中的浓度，mol/L。

分配常数是以相同分子形态存在于两相中的溶质浓度之比。但在多数情况下，特别是在化学萃取中，溶质在各相中并非以同一种分子形态存在。因此，萃取过程中常用溶质在萃取相 E 和萃余相 R 中的总浓度之比表示溶质的分配平衡，该比值称为分配系数，用 k 表示。

对溶质 A 在两相中的分配系数：

$$k_A = \frac{\text{A 在 E 相中的总浓度}}{\text{A 在 R 相中的总浓度}} = \frac{\text{A 在 E 相中的摩尔分数}}{\text{A 在 R 相中的摩尔分数}} = \frac{y_A}{x_A}$$

对原溶剂 B 在两相中的分配系数：

$$k_B = \frac{\text{B 在 E 相中的总浓度}}{\text{B 在 R 相中的总浓度}} = \frac{\text{B 在 E 相中的摩尔分数}}{\text{B 在 R 相中的摩尔分数}} = \frac{y_B}{x_B}$$

显然分配常数 K 是分配系数的特殊情况。不同体系有不同的分配系数值。对同一体系，分配系数一般不是常数，其值随系统的温度和溶质的组成变化而变化。当溶质的组成变化不大时，在恒温恒压条件下，k 为常数，其值由实验决定。

一般情况下，习惯上取 E 相中的溶质 A 的组成为分子，因此 k_A 值越大，表示萃取效果越好。

在萃取操作中，不仅要求萃取剂 S 对溶质 A 的效果好，而且要求萃取剂 S 尽可能与原溶剂 B 不互溶，这种性质称为溶剂的选择性，通常用分离因数 β 来表示。分离因数 β 也称为分离因子，或选择性系数。

$$\beta = \frac{k_A}{k_B} = \frac{y_A/x_A}{y_B/x_B} = \frac{y_A/y_B}{x_A/x_B} \tag{4-3}$$

式中 β——分离因数，萃取剂 S 对溶质 A 和原溶剂 B 的选择性系数；

y_A——溶质 A 在萃取相 E 中的摩尔分数；

y_B——原溶剂 B 在萃取相 E 中的摩尔分数；

x_A——溶质 A 在萃余相 R 中的摩尔分数；

x_B——原溶剂 B 在萃余相 R 中的摩尔分数。

分离因数 β 值越大，说明萃取分离的效果越好。若 $\beta=1$，表示 A、B 两组分在 E 相和 R 相中分配系数相等，不能用萃取的方法对 A、B 进行分离。

5. 萃取系统的组成

萃取是由水溶液和有机溶剂组成的两个液相的传质过程。在这两个液相中含有下列一些物质，但并不一定是在每一个萃取过程中都有。

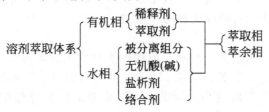

各种物质作用如下。

① 萃取剂 它是能和被萃取物质形成溶于有机相的萃合物的有机化合物。

② 稀释剂 改变萃取剂的物理性能，使两相易于分层的有机溶剂。或者对溶质具有很高溶解能力的有机溶剂。有时有机相中只含有稀释剂，而不含萃取剂。

③ 无机酸（碱） 调节水溶液的酸（碱）度或参与萃取反应使组分能够得到较好的分离。

④ 盐析剂 溶于水相使萃合物转入有机相。

⑤ 络合剂　与被分离的离子形成络合物，溶于水中，从而提高分离效果。

经过萃取后得到的萃取相，可以用反萃取、蒸馏等方法将溶质分出和回收溶剂。

6. 萃取过程中的传质

萃取过程多为物理传质过程，即溶质从一个液相向另一个液相中的传递过程，但也有的过程伴有化学反应，即溶质与萃取剂发生化学反应生成萃合物后，再扩散到另一个液相中。就萃取过程的传质而言，目前还没有成熟的理论进行解释。笔者认为萃取过程类似于用一定浓度的溶液吸收气体中一个或多个组分的过程，对于不发生萃取反应的传质过程可近似用双膜理论解释。首先溶质分子从一个液相主体通过本相液膜向相界面扩散，在相界面处两个液相中溶质达到平衡，然后溶质从相界面通过另一个液相的液膜向另一个液相的主体扩散。第一类扩散速率与溶质在液相中的含量、溶液黏度、溶液的湍动程度、溶液温度等有关。提高液相中溶质含量、降低液体黏度、提高本相液体湍动程度、降低液膜厚度、提高温度有助于提高本相的扩散速率。第二类扩散速率与溶质在液相中的溶解度、溶液黏度、溶液的湍动程度、溶液温度等有关。采取溶解度更大的溶剂、降低液体黏度、提高本相液体湍动程度、降低液膜厚度、提高温度有助于提高本相的扩散速率。依据双膜理论，要想提高整个扩散过程的速率，关键是提高两类扩散中速率小的一类。

在溶质扩散速率一定的情况下，单位时间内溶质的扩散量，即传质速度取决于两相之间的接触面积，两个液相之间的接触面积越大，单位时间内溶质的传递量越大。从理论上讲，当两相之间溶质浓度的比值达到相应的分配系数时，就达到了传质平衡，溶质在两相中的含量将保持不变，溶质的扩散量也达到最大值。当然，要达到萃取平衡需要很长的时间，生产上很难实现，只有采取措施，加速传质，使整个传质过程尽可能快的接近平衡。

从上述分析可以看出，凡是有助于提高传质速度的措施都有利于快速达到萃取平衡。如提高温度、提高两个液相的相对运动速度（提高流速或加强搅拌）、提高分散相的分散程度增大相接触面积等（减小分散相的粒度）、增大萃取剂量、采用溶解度更大的溶剂等。

7. 萃取分率

萃取的目的是使一个液相中的某种溶质尽可能多的溶解在另一个与其不互溶的液相中，从而实现这种溶质与原溶液中其他组分分离的目的。进入至萃取相中的溶质量与没有进行萃取操作前原溶液中溶质量的比值称为萃取分率或溶质的萃取收率。这个数值越大，萃取效果越好。因此，凡是有助于提高溶质进入萃取相的措施，均有助于提高萃取分率。如：提高萃取速度、延长萃取时间、加大萃取剂量、采取溶解度值更大的萃取剂等。当然萃取过程中，在提高萃取分率的同时，应尽可能减少其他杂质的萃取量，尽可能减少萃取剂用量以利于溶剂的回收，尽可能缩短萃取时间以提高生产能力。

8. 影响因素

影响萃取因素很多，如温度、时间、原液中被萃取组分浓度、萃取剂及稀释剂的性质、两相体积比、盐析剂种类及浓度、原液 pH 值、不连续相的分散程度。另外，萃取操作方式及选用的萃取设备也影响萃取效率。因此，在采取萃取操作过程中应综合考虑各方面的因素，以满足生产的需求。

（1）萃取剂　根据萃取原理，分配定律和分离因数等知识，萃取剂对溶剂萃取的影响主要体现在以下几个方面。

萃取剂 S 的选择性。萃取剂 S 对溶质 A 的分配系数要大，对原溶剂 B 的分配系数要小，分离因数 β 值大，萃取剂 S 的选择性就好。只有选择性好，才能利用不同溶质在两相中的分配平衡的差异实现萃取分离。

萃取剂 S 与原溶剂 B 的互溶度要小。互溶度越小，溶质 A 在萃取相 E 中的浓度就越高。

萃取剂 S 与原溶剂 B 之间要有密度差。有利于萃取后的萃取相 E 与萃余相 R 分层。同时界面溶剂的张力要适中。溶剂的界面张力过小，分散后的液滴不易凝聚，产生乳化现象不利于分层，使两相分离困难；溶剂的界面张力过大，两相分散困难，单位体积内的相界面面积小，对传质不利，但细小的液滴易凝聚对分离有利。一般情况下，倾向于选择界面张力较大的溶剂。

（2）温度　温度升高，溶解度增加，但温度过高，两相互溶度增大，可能导致萃取分离不能进行；温度降低，溶解度减小，但温度过低，溶剂黏度增大，不利于传质。因此要选择适宜的操作温度，有利于目标产物的回收和纯化。由于生物产物在较高温度下的不稳定，萃取操作一般在室温或较低温度下进行。

（3）原溶液 pH 值　pH 值对分配系数有显著影响。如青霉素在 pH=2 时，醋酸丁酯萃取液中青霉素烯酸可达青霉素含量的 12.5%，当 pH>6.0 时，青霉素几乎全部分配在水相中。可见选择适当的 pH 值，可提高青霉素的收率。红霉素是碱性电解值，在醋酸戊酯和 pH=9.8 的水相之间分配系数为 44.7，而 pH=5.5 时，分配系数降至 14.4。

通过调节原溶剂 B 的 pH 值可控制溶质的分配行为，提高萃取剂 S 的选择性，同样可以通过调节 pH 值来实现反萃取操作。反萃取是在萃取分离过程中，当完成萃取后，为进一步完成纯化目标产物或便于完成下一步分离操作的实施，往往需要将目标产物转移到水相。这种调节水相条件，将目标产物从有机相转入水相的萃取操作称为反萃取。例如在 pH 值 10～10.2 的水溶液中萃取红霉素，而反萃取则在 pH=5.0 的水溶液中进行。

（4）盐析剂　无机盐类如硫酸铵，氯化钠等在水相中的存在，一般可降低溶质 A 在水中的溶解度，使溶质 A 向有机相中转移。如萃取青霉素时加入 NaCl，萃取维生素 B_{12} 时添加 $(NH_4)_2SO_4$ 等。但盐析剂的添加要适量，用量过多时可能促使杂质也转入有机相。

（5）萃取时间　延长萃取时间有助于提高被萃取组分向有机相扩散，从而提高被萃取组分的萃取分率，但过分延长萃取时间对萃取分率的提高效果并不明显，特别是当萃取趋于萃取平衡时，萃取速率很小，延长时间没有实际意义，反而会降低设备的生产能力，同时加大了杂质在萃取相中的含量。

（6）两相的体积比　增大萃取剂与原溶剂的体积比，有助于提高被萃取组分向有机相的扩散，提高萃取分率，但两相的体积比过大，也会使被萃取组分在萃取相中浓度的降低，不利于后序的处理，也加大有机溶剂回收的成本，同时也会使杂质成分在有机相中含量加大。

（7）不连续相的分散程度　不连续相的分散程度越大，越有利于提高两相的接触面积，有助于传质，提高萃取速度，提高被萃取组分的萃取分率，但过分分散对于两相分层不利，会使两相分层所需时间延长，也不利于萃取操作。不连续相的分散程度与两相的湍动程度有关，一般提高流速、加强搅拌，减小喷头喷嘴的孔径等有助于提高不连续相的分散程度。

（8）原液中被萃取组分的浓度　提高原液中被萃取组分的浓度，有助于提高萃取速度，有利于快速达到萃取平衡。但被萃取组分浓度提高也可能使杂质浓度提高，影响萃取质量。

9. 溶剂回收

萃取剂回收是萃取操作过程中实现萃取剂循环利用，减少萃取操作生产成本的主要辅助过程。回收萃取剂所用的方法主要是蒸馏。根据物系的性质，可以采用简单蒸馏、恒沸蒸馏、萃取蒸馏、水蒸气蒸馏、精馏等方法分离出萃取剂。对于热敏性药物，可以通过降低萃取相温度使溶质结晶析出，达到与萃取剂分离的目的，或者通过反萃取的措施使被萃取组分与萃取剂分开。对于后两种方法，分开后的溶剂可以循环利用，但一段时间后由于萃取剂中所含杂质含量升高，对萃取操作有很大影响，仍需要通过蒸馏进行萃取剂的提纯和浓缩。

10. 萃取剂的选择

在选择萃取剂时除了考虑分配系数 k 值较大之外，还是综合考虑分离系数 β。此时，要从溶质与其他杂质的极性、空间结构的不同，来进行综合考虑。在溶质与杂质极性相差不大时，要尽量选择与溶质官能团相近，而与杂质官能团相差较大的萃取剂来进行实验筛选。如果溶质与杂质极性相差不大，且官能团也相近时，这时要尽量选择与溶质空间结构相近的萃取剂。总之，萃取剂选择时要求与溶质尽量相近，而与其他杂质相差较大。在萃取剂选取时，不但要考虑分配系数与分离系数，还要考虑以下几点。

① 要有一定的密度差。密度差越大越容易分离，一般说至少要＞0.1。

② 溶解度。要求不溶于水或略溶于水，否则萃取剂损耗量大，收率亦受影响。

③ 安全。挥发性小、燃点与闪点高、无特殊味、刺激性小，有较高的化学稳定性，不易燃，不易爆，毒性低，对设备的腐蚀性小。

④ 不与目标产物发生化学反应。

⑤ 价格低廉，来源方便，容易回收和利用。在萃取操作中，萃取剂的回收操作往往是费用最多的环节，回收萃取剂的难易，直接影响萃取操作的经济效益。回收萃取剂的主要方法是蒸馏和蒸发。用蒸馏的方法回收萃取剂，萃取剂与溶质的相对挥发度要大，不形成恒沸物，且最好是含量低的组分是易挥发的，以便节约能源。用蒸发的方法回收萃取剂，萃取剂的沸点越小越易蒸发，以节省操作费用。

三、溶剂萃取方式及有关计算

在工业生产操作中，完整的萃取操作应该包括：①混合——原料液与萃取剂的充分混合，完成溶质 A 由原溶剂 B 转移到萃取剂 S 的过程；②分离——萃取相与萃余相分离过程；③萃取剂 S 的回收——从萃取相和萃余相中回收萃取剂 S，供循环使用的过程。

萃取操作流程按不同的分类方法，可分为间歇和连续、单级和多级萃取流程。在多级萃取流程中，又可分为多级错流和多级逆流萃取流程。

不论是何种萃取方式，萃取效率（级效率）是实际萃取级与理论级的比值。经过萃取后，萃取相 E 与萃余相 R 为互成平衡的两个液相，则称为理论级。而工业生产中的萃取设备，若要达到理论级的状态是不太可能的。因为萃取过程是传质过程，随着过程的进行，传质推动力越来越小，意味着要达到平衡需要无限长时间，而工业萃取过程，两相接触的时间是有限的；其次两相完全分离也是不可能的。引入理论级的概念是为了便于研究萃取级的传质情况，并可作为实际萃取级传质优劣的标准。实际萃取级则是通过实验得到的。

在萃取操作过程的计算中，每一级均按理论级计算。

1. 单级萃取

单级萃取是液液萃取中最简单的操作形式，一般用于间歇操作，也可用于连续操作。单级萃取流程见图 4-1，单级萃取常用设备——单级混合澄清器见图 4-4。

下面以间歇操作为例，说明单级萃取操作的计算。

假定萃取剂全部进入萃取相，料液中溶剂全部进入萃余相，对图 4-1 所示萃取过程进行物料衡算，溶质 A 在萃取前的总质量应等于萃取后的总质量。

$$Hx_F + Ly_F = Hx + Ly \quad (4-4)$$

式中 H——料液中溶剂的质量或物质的量；

L——萃取剂 S 的质量或物质的量；

x_F——初始料液 B 中溶质 A 的浓度；

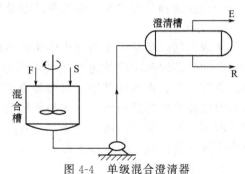

图 4-4 单级混合澄清器

y_F——萃取剂 S 中溶质 A 的浓度；

x——萃取平衡后萃余相 R 中溶质 A 的浓度；

y——萃取平衡后萃取相 E 中溶质 A 的浓度。

在单级萃取中，初始萃取剂 S 中溶质 A 的浓度一般为零（$y_F=0$）。上式变为：

$$Hx_F = Hx + Ly \tag{4-5}$$

对于稀释溶液，当两相萃取平衡时：

$$y = kx \tag{4-6}$$

把 $x = \dfrac{y}{k}$ 代入上式，可得：$y = \dfrac{kx_F}{1+\varepsilon}$

同理可得：$x = \dfrac{x_F}{1+\varepsilon}$

式中 ε——萃取因子，$\varepsilon = \dfrac{kL}{H}$，为萃取平衡后萃取相 E 与萃余相 R 中溶质量之比。

单级萃取中，萃取相中溶质 A 的量为 Lx，溶质 A 的总量为 Hx_F，其收率或萃取分率 η 为二者的比值。

$$\eta = \dfrac{Lx}{Hx_F} = \dfrac{\varepsilon}{1+\varepsilon} \tag{4-7}$$

未被萃取的分率为：$\varphi = 1 - \eta = \dfrac{1}{1+\varepsilon}$

当分配平衡关系为非线性方程时，用图解法求算萃取平衡浓度就比较方便。在图解法中，溶质平衡关系式 $y=kx$ 称为平衡线方程，质量衡算关系式 $Hx_F = Hx + Ly$ 称为操作线方程。直线坐标系上描点作图，得到两条曲线分别称为平衡线和操作线，两条线的交点坐标即为萃取平衡时溶质在两相中的浓度。如图 4-5 所示。

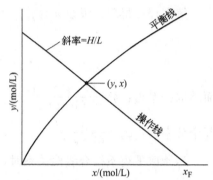

图 4-5 单级萃取的图解计算

2. 多级错流萃取

单级萃取效率不高，萃余相中溶质 A 的组成仍然很高。为使萃余相中溶质 A 的组成达到要求值时，可采取多级错流萃取。其流程如图 4-6 所示。

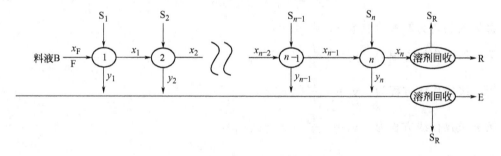

图 4-6 多级错流萃取流程示意图

多级错流萃取是由几个萃取器串联组成，原料液自第一级进入，各级均加入新鲜萃取剂 S_1，S_2，…，S_n。由第一级放出的萃余相 R_1 引入第二级，作为第二级的原料液，由新鲜萃取剂 S_2 萃取，依此类推，直到第 n 级引出的萃余相 R_n 中含溶质 A 的含量达到规定的值。各级所得的萃取相 E_1，E_2，…，E_n 汇集在一起进入回收设备，回收萃取剂 S 供循环使用。经过 n 级错流萃取，最终溶质 A 在萃余相的浓度为 x_n，在萃取相的浓度为 y_n。

$$y_n = \sum_{i=1}^{n} L_i y_i \Big/ \sum_{i=1}^{n} L_i$$

设溶质 A 在两相中的分配均达到平衡状态，则：

$$y_i = k x_i \quad (i=1,2,\cdots,n)$$

设通入各级萃取中溶剂的用量相等，则第一级的物料衡算式为：

$$H x_F + L y_0 = H x_1 + L y_1$$

其中，y_0 为萃取剂 S 中溶质 A 的浓度。当 $y_0=0$ 时，$H x_F = H x_1 + L y_1$

因为 $y_1 = k x_1$，所以 $H x_F = H x_1 + L k x_1$，则：

$$x_1 = \frac{x_F}{1+\varepsilon}$$

对于第二级同样得到：$x_2 = \dfrac{x_1}{1+\varepsilon} = \dfrac{x_F}{(1+\varepsilon)(1+\varepsilon)} = \dfrac{x_F}{(1+\varepsilon)^2}$

对于第 n 级同理可得：$x_n = \dfrac{x_F}{(1+\varepsilon)(1+\varepsilon)\cdots(1+\varepsilon)} = \dfrac{x_F}{(1+\varepsilon)^n}$

解方程可得理论级数 n 为：

$$n = \frac{\lg \dfrac{x_F}{x_n}}{\lg(1+\varepsilon)} \tag{4-8}$$

而萃取分率为：$\eta = \dfrac{(1+\varepsilon)^n - 1}{(1+\varepsilon)^n}$

萃余分率为：$\varphi_n = \dfrac{1}{(1+\varepsilon)^n}$

当萃取平衡不符合线性关系时，用图解法比解析法更方便。设平衡线方程为：

$$y_i = k x_i$$

若通入每一级中的萃取溶剂的用量相等，第 i 级的物料衡算式为：

$$H x_{i-1} + L y_0 = H x_i + L y_i$$

由此可得第 i 级的操作线方程：

$$y_i = -\frac{H}{L}(x_i - x_{i-1}) + y_0$$

若各级加入的均为新鲜萃取剂 S，则 $y_0 = 0$。

第一级操作线方程为：$y_1 = -\dfrac{H}{L}(x_1 - x_F)$

第二级操作线方程为：$y_2 = -\dfrac{H}{L}(x_2 - x_1)$

第 n 级操作线方程为：$y_n = -\dfrac{H}{L}(x_n - x_{n-1})$

各操作曲线的斜率均为 $-\dfrac{H}{L}$，分别通过 x 轴上的点 $(x_F, 0)$，$(x_1, 0)$，$\cdots$，$(x_{n-1}, 0)$。具体解法见图 4-7。

① 首先在直角坐标图上，根据平衡线方程的数据，作出平衡线。

② 确定第一操作线的初始点 $(x_F, 0)$。以 $-\dfrac{H}{L}$ 为斜率，自 F_1 点 $(x_F, 0)$ 作直线与平衡线交于 E_1，E_1 点的坐标为 (x_1, y_1)，得出第一级中萃余相与萃取相平衡时溶质的浓度。

③ 第二级的进料浓度为 x_1，由 E_1 点作垂线交 x 轴于 F_2 点 $(x_1, 0)$，F_2 是第二级操

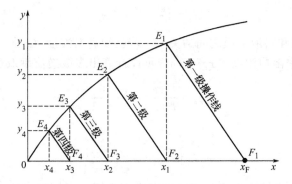

图 4-7 互不相溶体系多级错流萃取的图解示意图

作线的初始点。从 F_2 点开始以斜率 $-\dfrac{H}{L}$ 作直线与平衡线相交于 E_2 点，E_2 点坐标 (x_2, y_2)，即为第二级萃余相和萃取相的平衡溶质浓度。

④ 依照②、③步骤，依次作操作线，直到某操作线与平衡线交点的横坐标值（萃余相浓度）小于生产指标为止。此时重复所做的操作线即为所需的级数。

若入口处萃取剂 S 已带有少量溶质 A，则 $y_0 \neq 0$，在相图上有一截距存在，垂线不与 x 轴相交，而是与平行 x 轴，截距为 y_0 的直线相交，其余步骤与上述相同。若萃取剂 S 的入口处流量 L 不等时，则各操作线斜率不同。

多级错流萃取流程特点是萃取的推动力大，萃取效果好，但所用萃取剂量较大，回收萃取剂时能耗大，不经济，工业上此种流程较少。

3. 多级逆流萃取

将若干个单级萃取器分别串联起来，料液和萃取剂分别从两端加入，使料液和萃取液逆向流动，充分接触，即构成多级逆流萃取操作。图 4-8 为多级逆流萃取示意图。萃取剂 S 从第 1 级加入，逐次通过第 2、3、…、n 各级萃取相 E，从 n 级流出，浓度为 y_n；料液 B 从第 n 级加入，逐次通过 $n-1$、…、2、1 各级，萃余相 R 由第一级排出，浓度为 x_1。

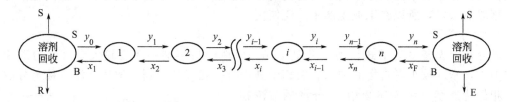

图 4-8 多级逆流萃取示意图

设各级中溶质的分配均达到平衡，第 i 级的物料衡算式为：
$$Sy_i + Bx_i = Sy_{i-1} + Bx_{i+1}$$

平衡线方程为：$y_i = kx_i$

对于第一级 ($i=1$)，$y_0 = 0$，解得：
$$x_2 = (1+\varepsilon)x_1$$

对于第 2 级：$x_3 = (1+\varepsilon)x_2 - \varepsilon x_1 = (1+\varepsilon+\varepsilon^2)x_1$

同理，对于第 n 级：
$$x_{n+1} = (1+\varepsilon+\varepsilon^2+\cdots+\varepsilon^n)x_1$$
$$x_{n+1} = \left(\dfrac{\varepsilon^{n+1}-1}{\varepsilon-1}\right)x_1 \tag{4-9}$$

$$x_F = \left(\frac{\varepsilon^{n+1}-1}{\varepsilon-1}\right)x_1 \tag{4-10}$$

该式为最终萃余相和料液溶质之间的关系。若已知进料液度（x_F）、萃取因子（ε）和级数（n），即可计算萃余相中溶质浓度（x_1）。同样可以计算出多级逆流萃取过程的萃余分率 φ_n 为：

$$\varphi_n = \frac{Bx_1}{Bx_F} = \frac{\varepsilon-1}{\varepsilon^{n+1}-1}$$

萃取分率 η 为：

$$\eta = (1-\varphi_n) = \frac{\varepsilon^{n+1}-\varepsilon}{\varepsilon^{n+1}-1}$$

当萃取平衡关系为非线性方程时，解析方法不适用。可用图解法。见图 4-9。

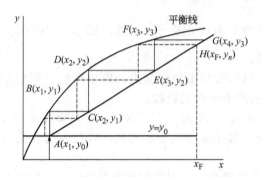

平衡线方程：$y_i = kx_i$

对整个流程作物料衡算，得出操作线方程：

$$y_n = \frac{B}{S}(x_F - x_1) + y_0 \tag{4-11}$$

① 先在直角坐标上绘出平衡线。

② 确定操作线的起始点 $A(x_1, y_0)$、$H(x_F, y_n)$，作出操作线。或根据 $A(x_1, y_0)$ 和斜率绘出操作线。

③ 在两曲线之间作梯形线，至 x 小于给定值为止。梯级数即为理论级数。实际所需级数总大于理论级数（如虚线所示）。

图 4-9 互不相溶体系多级逆流萃取示意图

若平衡线为一过原点直线可用解析法求解。

工业生产的萃取操作中，溶剂 S 与原溶剂 B 完全不互溶情况很少，为方便计算，通常将 S 与 B 互溶度很小的体系，近似按完全不互溶处理。

在多级逆流萃取中，萃余相在最后一级与纯溶剂相接触，使其所含溶质 A 减少到最低程度，同时在各级中分别与平衡浓度更高的物料接触，有利于传质的进行。该流程消耗溶剂少，萃取效果好，所以在工业生产中广泛使用。

4. 微分萃取

微分萃取设备多为塔式设备，见图 4-10。原料液与溶剂中密度较大者（称为重相）从塔顶加入，密度较小者自塔底加入。两相中其中有一相经分布器分散成液滴（称为分散相），另一相保持连续（称为连续相），分散的液滴在沉降或上浮过程中与连续相逆流接触，进行溶质 A 由 B 相转移到 S 相传质过程，最后轻相由塔顶排出，重相由塔底排出。塔内溶质在其流动方向的浓度变化是连续的；需用微分方程来描述塔内溶质的质量守恒定律，因此称为微分萃取。图 4-11 是部分塔式设备示意图。

微分接触逆流萃取通常是在塔内进行的，萃取相与萃余相中的溶质沿塔高连续变化，微分萃取的计算实质上就是塔高度的计算。根据分配平衡，物料平衡和微分体积 $A\Delta Z$ 范围内重相中的物料衡算，可得出塔高的计算公式为：

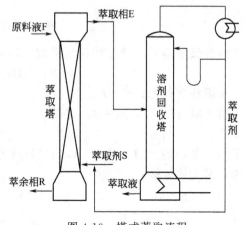

图 4-10 塔式萃取流程

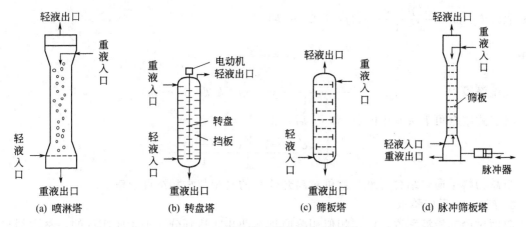

图 4-11 部分塔式萃取设备示意图

$$L=[HTU][NTU] \quad (4-12)$$

式中 L——微分萃取器的高度（或塔高）；

HTU——传质单元高度，代表萃取设备的效率，数值越小，达到一定程度的萃取所需塔的高度越小；

NTU——传质单元数，反映了分离的难易。

5. 分馏萃取

分馏萃取是对多级逆流萃取的溶质进入体系的位置进行了改进，料液从中间位置引入。图 4-12 是分馏萃取流程示意图。如图所示，进料部位将萃取流程分为萃取段和洗涤段。重相从右端第 n 级进入，此重相与进料的组成相同但不含溶质，在与萃取相逆流接触的过程中，除去目标产物中不希望有的第二种溶质，相当于"洗涤"。第二种物质随重相离开接触器，结果使目标产物纯度增加而浓度减小，重相在此称为洗涤剂；萃取剂 S 从左端第一级进入，将"洗涤剂"带走的目标产物萃取出来，减少目标产物损失，此段称为萃取段，进入进料混合器，对目标产物萃取，萃取后再进入洗涤段对目标产物进行纯化。与多级逆流接触萃取相比，萃取段萃取溶质，洗涤段提纯溶质。分馏萃取显著提高了目标产物的纯度。

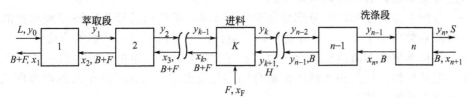

图 4-12 分馏萃取流程示意图

在分馏萃取计算中，平衡关系式为：

$$y=kx$$

对进料级左端萃取级作物料衡算得：

$$x_{i+1}(B+F)+y_{i-1}S=x_i(B+F)+y_iS \quad (i=1,2,\cdots,k-1)$$

对进料级右端洗涤段做物料衡算得：

$$x_{i+1}B+y_{i-1}S=x_iB+y_iS \quad (i=1,2,\cdots,n)$$

对整个系统的物料衡算得：

$$x_F F+y_0 S+x_{n+1}B=x_1(B+F)+y_n S$$

入口处萃取剂 S 不含目标产物 $y_0=0$；入口处洗涤剂不含目标产物 $x_{n+1}=0$。

在萃取段中：$x_i = \dfrac{(\varepsilon')^i - 1}{\varepsilon' - 1} x_1 \quad (i=1,2,\cdots,k)$

其中 $$\varepsilon' = \dfrac{kS}{B+F}$$

在洗涤段中：$y_i = \dfrac{(1/\varepsilon)^{n-i+1} - 1}{1/\varepsilon - 1} y_n \quad (i=k,k+1,\cdots,n)$

将三式结合可消去其中的 x_k 和 y_k 后，得：

$$y_n = k \left[\dfrac{(\varepsilon')^k - 1}{(1/\varepsilon)^{n-k+1}} \right] \left[\dfrac{(1/\varepsilon) - 1}{\varepsilon' - 1} \right] x_1 \tag{4-13}$$

与总物料平衡式结合起来，就可对离开体系的轻相与重相浓度求解。

6. 离子对/反应萃取

前面讨论的液液萃取，依据相似相溶原理在两相间达到分配平衡而实现的，萃取剂与溶质之间不发生化学反应，这类萃取称为物理萃取。而化学萃取则是利用脂溶性萃取剂与溶质之间的化学反应生成脂溶性复合物实现溶质向有机相的分配。

离子对/反应萃取属于化学萃取范畴。在萃取过程中，萃取剂与溶质通过配合反应、酸碱反应或离子交换反应生成可溶性的配合物，实现从水相向有机相转移。

离子对/反应萃取剂中主要有两类萃取剂。

(1) 胺类萃取剂 用溶解在稀释剂中的长链脂肪胺从水溶液中萃取带质子的有机化合物，如从发酵液中大规模回收柠檬酸。典型的胺类萃取剂如三辛胺（TOA）和二辛胺（DOA）。

(2) 有机磷类萃取剂 典型的有机磷类萃取剂有磷酸三丁酯（TBP）、氧化三辛基磷（TOPO）和二（2-乙基己基）磷酸（DEHPA）。最初有机磷类萃取剂主要用于贵金属和重金属离子的萃取；后来用于萃取有机物，其分配比与醋酸丁酯等碳氧类萃取剂相比要高出很多。

上述两类萃取剂都需溶解在稀释剂中。常用的稀释剂有煤油、己烷、四氯化碳等有机溶剂，以改善萃取相的物理性质。稀释剂除应具有萃取剂的选择性、毒性、水溶性、稳定性、黏度、密度等要求外，有两点是很重要的。

第一，分配系数。在萃取时分配系数要大于 1.0，而在把目标产物转移到水相的反萃取过程中，分配系数应小于 1.0，只有这样，才能提高反萃相中目标产物的浓度。

第二，当被萃取的溶质达到临界值时，离子对/反应萃取体系会形成第三相。所有的离子对都有一定的极性，因此在非极性的稀释剂中稳定性差，超过了离子对的溶解度就会从有机物中分离出形成第三相。

离子对/反应萃取体系具有选择性高，溶剂损耗小，产物稳定等优点，但由于对溶剂的毒性会引起产品残留毒性影响健康，所以国内外尚无应用实例。

第三节 溶剂萃取技术实施

一、萃取单元工艺构成

工业上萃取操作包括三个步骤：①混合，料液和萃取剂充分混合形成乳浊液；②分离，将乳浊液分成萃取相和萃余相；③溶剂回收。因此，萃取单元工艺构成应满足上述三个步骤操作的需要。一般萃取单元工艺包括贮存设备、输送设备、萃取设备、分离设备、回收设备，设备间相互连接所需的管件、阀门、管道以及用于生产控制等所需的电器仪表等。贮存设备通常为立式或卧式贮罐，用以贮存待处理料液或萃取剂等。输送设备一般采用单级或多级离心泵。萃取设备通常在搅拌罐或萃取塔中进行，也可以将料液和萃取剂以很高的速度在管道内混合，湍流程度很高，称为管道萃取；也有利用在喷射泵内涡流混合进行萃取的，称为喷射萃取。分离设备通常利用澄清器或离心机（碟片式或管式）。近来也有将混合和分离同时在一个设备内完成的，例如波德皮尔尼克萃取机、阿法-拉伐萃取机等各种萃取设备。溶剂回收一般采用精馏或蒸馏设备。

二、萃取设备

在生产上要获得较满意的萃取效果，除了工艺上要注意的一些因素外，在萃取过程中要考虑混合效率和分离效果。混合效率影响传递，但混合效率过高，产生乳化，影响分离。液液萃取过程从单元操作来分，包括两个步骤，即萃取与分离。

以上两步单元操作有的是分开进行的，即混合装置混合后经分离机分离。有的是在一台设备中同时进行，即所谓离心萃取机。萃取操作的设备包括混合设备和分离设备两类及兼有混合和分离两种功能的设备。

1. 萃取设备选择

萃取设备的类型较多，特点各异，物系性质对操作的影响错综复杂。对于具体的萃取过程，选择萃取设备的原则是：在满足工艺条件和要求的前提下，使设备费和操作费之和趋于最低。萃取设备的选用，在很大程度上取决于技术人员的实践和经验。对于分离目标要求较高的特定对象，则应当进行萃取实验研究，取得相应的萃取动力学、热力学数据，避免选型失误。通常选择萃取设备时应考虑以下因素。

(1) 需要的理论级数　当需要的理论级数不超过 2~3 级时，各种萃取设备均可满足要求；当需要的理论级数较多（如超过 4~5 级）时，可选用筛板塔；当需要的理论级数很多（如 10~20 级）时，可选用有外加能量的设备，如混合澄清器、脉冲塔、往复筛板塔、转盘塔等。

(2) 生产能力　处理量较小时，可选用填料塔、脉冲塔；处理量较大时，可选用混合澄清器、筛板塔、转盘塔或离心萃取器。

(3) 物系的物性　对密度差较大、界面张力较小的物系，可选用无外加能量的设备；对密度差较小、界面张力较大的物系，宜选用有外加能量的设备；对密度差甚小、界面张力小、易乳化的物系，应选用离心萃取器。有较强腐蚀性的物系，宜选用结构简单的填料塔或脉冲填料塔。物系中有固体悬浮物或在操作过程中产生沉淀物时，需定期清洗，此时一般选用混合澄清器或转盘塔。往复筛板塔和脉冲筛板塔本身具有一定的自清洗能力。

(4) 物系的稳定性和液体在设备内的停留时间　在生产中要考虑物料的稳定性。要求在设备内停留时间短的物系，如抗生素的生产，宜选用离心萃取器；反之，若萃取物系中伴有缓慢的化学反应，要求有足够长的反应时间，则宜选用混合澄清器。

(5) 其他　在选用萃取设备时，还应考虑其他一些因素。如能源供应情况，在电力紧张地区应尽可能选用依靠重力流动的设备。当厂房面积受到限制时，宜选用塔式设备；而当厂房高度受到限制时，则宜选用混合澄清器。

2. 混合设备

传统的混合设备是搅拌罐，利用搅拌将料液和萃取剂相混合。其缺点为间歇操作，停留时间较长，传质效率较低。但由于其装置简单，操作方便，仍广泛应用于工业中。较新的混合设备有下列三种：管式混合器、喷嘴式混合器、气流搅拌混合罐。

3. 分离设备

(1) 混合-澄清槽　在混合器内装有搅拌器，可使液体湍动，使一相形成小液滴，分散于另一相中，以增大接触面积，有利于充分传质。在单级澄清槽中，液滴沉降并聚集，最后两相分离成界面清楚的两层，如图 4-13(a)。

还可以由若干单级设备串联成多级混合-澄清槽。轻液相与重液相在槽内逆向流动，如图 4-13(b)。各级当然也可以水平方向串联，节省空间高度，级数可增可减，但占地面积大。每一级需要装置搅拌器，级间液体输送需要动力设备。

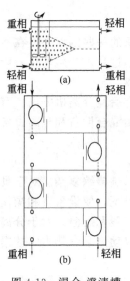

图 4-13　混合-澄清槽

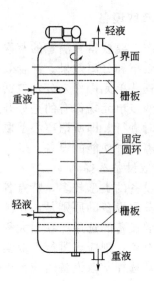

图 4-14　转盘萃取塔

(2) 塔式萃取设备　常见的塔式萃取设备有转盘萃取塔、筛板萃取塔、振动筛板塔、填料萃取塔等。筛板萃取塔和填料萃取塔的结构、原理与用于蒸馏、吸收的筛板塔、填料塔相似，这里不再详细介绍，下面仅对转盘萃取塔做简单介绍。

如图 4-14 所示，在转盘萃取塔内，塔壁内按一定距离装置许多固定环，将塔内空间分成许多区间，又在可旋转的中心轴上按同样间距在每一区间上装圆形盘，圆盘随轴转动，从而增大了相互间接触表面及其湍动程度。固定环起到抑制塔内轴向混合的作用，圆形转盘呈水平安装，旋转不产生轴向力，两相在垂直方向上的流动仍靠密度差来推动。转盘塔的特点：①结构不复杂；②能量消耗少；③生产能量大；④适用范围广。

(3) 碟片式离心机　此类离心机适用于分离乳浊液或含少量固体的乳浊液。其结构大体可分为三部分：第一部分是机械传动部分；第二部分是由转鼓碟片架、碟片分液盖和碟片组成的分离部分；第三部分是输送部分，在机内起输送已分离好的两种液体的作用，由向心泵等组成。

OEP-10006 离心机的工作原理：欲分离的料液自碟片架顶加入，进入转鼓后，因离心力之故，料液便经过碟片架底部之通道流向外围，固体渣子被甩向鼓壁。转鼓内有一叠碗盖形金属片，俗称为碟片（如图 4-15），每片上各有两排孔，它们至中心的距离不等，这样将碟片叠起来时便形成两个通道。碟片之间间隙至少为欲分离的最大固体颗粒直径的两倍。因离心作用，液体分流于各相邻两碟片之间的空隙中，而且在每一层空隙中，轻液流向中心，重液流向鼓壁，于是轻重液分开，最后分别借向心泵输出。底部碟片和其他碟片不同，只有一排孔。但底片有两种，区别在于孔的位置不同，分别和其他碟片上两排孔的位置相对应。应按轻重液的比例不同而选用不同的底片。见图 4-16(a) 和 (b)。

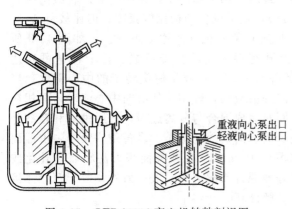

图 4-15 OEP-10006 离心机转鼓剖视图

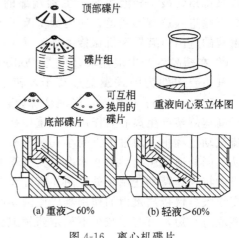

图 4-16 离心机碟片

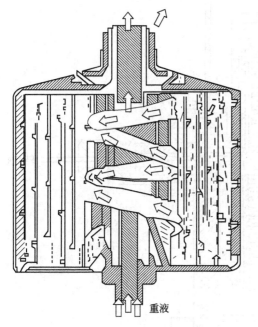

图 4-17 ABE-216 离心萃取机转鼓剖视图

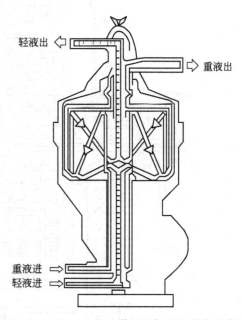

图 4-18 ABE-216 离心萃取机轻重液走向示意图

为了方便清洗和检修转鼓,在设备主体外面装有升降器,以此吊装转鼓。

(4) 离心萃取机 当参与萃取的两液体密度差很小,或界面张力甚小而易乳化,或黏度很大时,两相的接触状况不佳,特别是很难靠重力使萃取相与萃余相分离,这时可以利用比重力大得多的离心力来完成萃取所需的混合和澄清两过程。

① ABE-216 离心萃取机的结构及工作原理 ABE-216 离心萃取机(图 4-17)的主要组成部分为高速旋转的转鼓,转鼓中有 11 个同心圆筒,从中心往外排列顺序为第 1、2、3……11 同心圆筒,每个筒均在一端开孔,单数筒的孔在下端,双数筒在上端。第 1、2、3 筒的外圆柱上各焊有 8 条钢筋,第 4~11 筒的外圆柱上均焊有螺旋形的钢带,将筒与筒之间的环形空间分隔成螺旋形通道。第 4~10 筒的螺旋形钢带上开有不同大小的缺口,使螺旋形长通道中形成很多短路。在转鼓的两端各有轻重液的进出口。重液进入转鼓后,经第 4 筒上端开孔进入第 5 筒,沿螺旋形通道往外顺次流经各筒,最后由第 11 筒经溢流环到向心泵室,被

向心泵排出转鼓。轻液由装于主轴端部的离心泵吸入，从中心管进入转鼓，流至第 10 筒，从其下端进入螺旋形通道，向内顺次流过各筒，最后从第 1 筒经出口排出转鼓。转鼓两端有轻重液的进出口装置和机械传动部分（见图 4-18），整个设备结构比较紧凑，但比较复杂。

② 在药品生产中应用较多的是 Podbielniak 离心萃取机（简称 POD 机），如图 4-19 所示。其主要构件为卧式螺旋形转子，转子系由开有很多孔的长带卷成，转子转速可高达 2000～5000r/min。操作时，轻液从螺旋转子的外沿引入，重液从螺旋转子的中心引入；当转子高速旋转产生离心力作用时，重相从中心向外沿流动，轻相从外沿向中心流动，两相在逆流流动过程中，通过带上的小孔被分散，可同时完成混合与分离过程，最后重液和轻液分别从不同的通道引出。离心萃取机具有萃取效率高、溶剂消耗量小、设备结构紧凑、占地面积小的特点，特别适用于处理两相密度差小（可至 $10kg/m^3$），或界面张力甚小而易乳化或黏度很大、仅依靠重力的作用难以使两相间很好地混合或澄清的料液；另外，由于两液体接触萃取时间短，可有效减少不稳定药物成分的分解破坏。

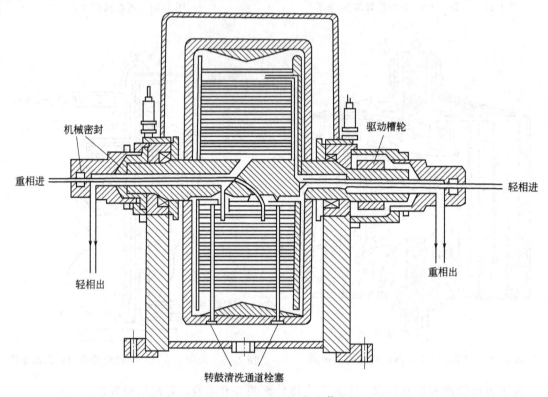

图 4-19　Podbielniak 离心萃取机

③ 倾析式离心机　三相倾析式离心机可同时分离重液、轻液和固体，主要应用于生物技术中。倾析器是 20 世纪 80 年代首先由德国的 Westfalia 公司研制的新型设备，英国 Beecham（比切姆）公司、日本东洋酿造公司已将其用于青霉素生产。

a. 结构与特点　逆流萃取倾析器是具有圆锥形转鼓的高速度离心萃取分离机。它由圆柱-圆锥形转鼓及螺旋输送器、差速驱动装置、进料系统、润滑系统及底座组成。作为萃取机与通常卧式螺旋离心机的不同点是，该机在螺旋转子柱的两端分别设计配置有调节环和分离盘，以调节轻重相界面，并在轻相出口处配有向心泵，在泵的压力作用下，将轻液排出。进料系统上设有中心套管式复合进料口，使轻重两相均由中心进入，且在中心管和外套管出口端分别配置了轻相分布器和重相布料孔，其位置是可调的，通过二者位置可把转鼓柱端分为重相澄清区、逆流萃取区和轻相澄清区。

倾析器运转过程中监测手段较齐全，自动控制程度较高；倾析器转鼓前后轴承温度系用数字温度显示；料液 pH 值的控制靠玻璃电极；发酵液流量的控制靠电磁流量变送器；破乳剂、新鲜醋酸丁酯、低单位醋酸丁酯等料液流量的变化靠控制器控制气动薄膜阀等，从而达到要求的流量。

b. 倾析器的工作原理　转鼓与螺旋输送器在摆线针形行星宙轮的带动下（图 4-20、图 4-21），以一定的差转速同

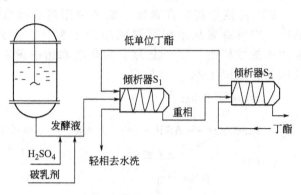

图 4-20　倾析器工艺流程

时高速旋转，形成一个大于重力场数千倍的离心力场。料液从重相进料管进入转鼓的逆流萃取区后受到离心场的作用，在此与中心管进入的轻相相接触，迅速完成相之间的物质转移和液液固分离，固体渣子沉积于转鼓内壁，借助于螺旋转子缓慢推向转鼓锥端，并连续地排出转鼓。而萃取液则由转鼓柱端经调节环进入向心泵室，借助向心泵的压力排出。

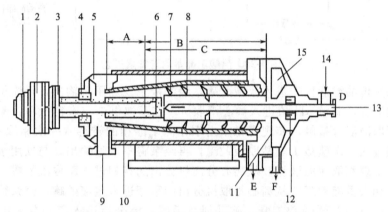

图 4-21　Westfalia 生产的三相倾析式离心机

1—V 带；2—差速变动装置；3—转鼓皮带轮；4—轴承；5—外壳；6—分离盘；7—螺旋输送器；
8—轻相分布器；9—排渣口；10—转鼓；11—调节环；12—转鼓主轴承；13—轻相送料管；
14—重相送料管；15—向心泵
A—干燥段；B—澄清段；C—分离段；D—入口；E—重液出口；F—轻液出口

三、溶剂萃取工艺及其操作

溶剂萃取的关键是要使两不相溶的液相能够充分混合及混合后两液相间的彻底分层。混合的目的是实现溶质从一个液相主体向另一液相主体的传递，混合程度影响溶质的传递速度，搅拌强度、流速、喷嘴孔径的大小、设备结构、离心力的大小等因素影响混合程度。分层的目的是使两个不相溶的液相能够较彻底分开，减少相互夹带，从而实现溶质从一个液相转入至另一个液相，达到与其他组分分开的目的。静置时间、分散相的粒度、表面活性物质含量、离心力的大小、静置空间的大小、设备结构等因素都会影响分层的效果。一般混合与分层可以在不同的设备内完成，如搅拌罐、澄清罐，也可以在一个设备内实现，如各种萃取塔、离心萃取机等。根据上述原则，溶剂萃取工艺配置主要有溶剂的贮罐、离心泵、流量计、萃取设备、分层设备等。下面以醋酸丁酯为萃取剂，从发酵液中萃取青霉素为例，简要

介绍溶剂萃取工艺及其操作。

从发酵液中提取青霉素主要是利用溶媒萃取法,采用二级逆流萃取工艺。在酸性环境中,将青霉素从水相萃取到醋酸丁酯相,达到转移、浓缩、提纯的目的,实现青霉素初步提取精制。生产上为了提高萃取相中青霉素的纯度,用水对萃取相再进行洗涤。具体工艺见图4-22。

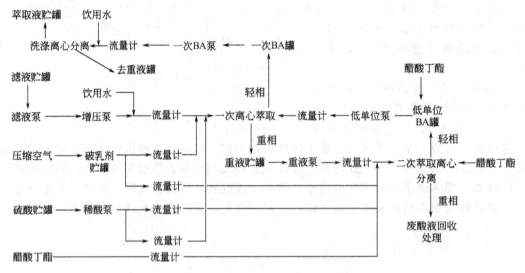

图4-22 醋酸丁酯萃取青霉素工艺

来自过滤岗位的滤液首先进入滤液贮罐,经滤液泵及加压泵输出,经流量计计量后与破乳剂及稀硫酸混合,调整pH值进入离心萃取机,在萃取机中与来自低单位醋酸丁酯(BA)萃取液罐的萃取液混合接触,实现青霉素由水相向丁酯相的转移(一次萃取)。从离心萃取机分出的轻相进入一次醋酸丁酯萃取液贮罐,再经泵将萃取液输出,与饮用水混合,经离心分离机分离,实现萃取相的洗涤。从离心分离机分出的轻相进入萃取液贮罐,然后去冷脱工段;分出的重相去重液贮罐。从离心萃取机分出的重相进入重液贮罐,经泵输送及流量计计量,然后与经计量的新鲜醋酸丁酯、破乳剂及稀硫酸混合后进入离心分离机(实现二次萃取),分出的轻相进入低单位醋酸丁酯萃取液贮罐(在此可加入新鲜的醋酸丁酯),然后经泵输送进入离心萃取机,分出的重相去废酸回收岗位。具体操作过程如下。

1. 原辅材料的准备

配制一定浓度的破乳剂,用于萃取过程消除乳化;配制一定浓度的稀硫酸,用于调节pH值。向醋酸丁酯罐加入足量的醋酸丁酯用于萃取。

2. 开车前的检查

① 按照离心萃取机、离心分离机各自的操作规程进行认真检查。与萃取机相连的滤液、醋酸丁酯、稀硫酸、破乳剂的流量计进出料阀及旁加水阀均应关闭,滤液增压泵出料阀应关闭,萃取机上重相、轻相进出料阀、回流阀、各取样阀均应关闭。

② 滤液罐上相应阀门应关闭,滤液泵进出料阀等均应关闭。所有电气设备绝缘良好,接地接零完好,所有静电连接齐全、完好。压力表均指示在"零"位。

③ 破乳剂贮罐进出料阀、压缩空气阀均应关闭,排气阀打开,接地及静电连接齐全、完好,压力表均指示在"零"位。

④ 一次BA罐上的冷却水阀、罐底阀、出料阀、回流阀及一次BA泵进出料阀均应关闭。水洗一次BA流量计进出料阀、水流量计进出料阀均应关闭。

⑤ BA泵、一次BA加压泵、滤液泵、增压泵、一次BA泵、重液泵等按泵标准操作规程进行检查。

3. 开车

① 接过滤岗位通知萃取可以开车后,启动离心萃取机,之后启动离心分离机。萃取机转速正常后,开始从过滤岗位向滤液贮罐进料。

② 依次打开滤液流量计出、进料阀和旁加饮用水阀,调节滤液流量计控制流量,打开醋酸丁酯流量计进出料阀,启动低单位醋酸丁酯泵,调节醋酸丁酯流量计控制流量。萃取机轻相背压达到一定数值后,打开轻相出料阀,打开稀硫酸、破乳剂流量计阀进料阀,调节流量使重相pH符合要求。

③ 打开滤液贮罐罐底出料阀及滤液泵前进料阀,启动滤液泵,从滤液管道排污阀排气,排净后关闭排污阀。打开增压泵进料阀,启动增压泵,依次打开增压泵出料阀、流量计下滤液进料阀,关闭旁加饮用水阀,调节流量,调节稀硫酸及破乳剂流量计流量使重相pH值符合工艺要求,并调节轻重相出料阀,使重相不夹带、轻相不乳化。

④ 二次萃取离心分离机转速正常后,打开轻相出料阀,随后,依次打开重相出料阀、进料阀。接到一次萃取人员进料通知后,打开重液罐冷却水系统,启动重液泵,依次打开重液流量计进出料阀、醋酸丁酯换热器冷却水系统,启动醋酸丁酯泵。依次打开稀硫酸、破乳剂、醋酸丁酯流量计进料阀,调节稀硫酸流量使重相pH值符合工艺要求,调节破乳剂流量及重相出料背压,使重相不夹带醋酸丁酯,轻相不乳化。控制低单位BA罐、重液罐、废酸水池的液位,严禁溢出或拉空。

⑤ 打开萃取液罐上的进料阀。水洗离心分离机转速正常后,关闭重相取样阀,依次打开重相出料阀、轻相出料阀至最大,开进料阀门,开换热器冷盐水阀;启动一次BA泵,打开一次BA出进料阀门,启动一次BA增压泵,打开其进出料阀,打开物料与水流量计进出料阀,按比例调节流量;检查水洗轻相、重相出料,调节背压,使轻相澄清,重相不夹带醋酸丁酯。

4. 生产中的巡回检查

① 各设备声音、振动、温度等有关指标应正常。

② 各压力表显示正常。

③ 各物料流量应稳定且符合工艺要求。

④ 滤液罐、醋酸丁酯罐、萃取液罐、一次BA罐、重液罐、破乳剂罐、稀硫酸罐、低BA罐等各罐液位计显示液位稳定在$1/2 \sim 2/3$处。

⑤ 各需检测pH值之处,pH值均应符合工艺要求。

⑥ 冷盐水、冷却水、醋酸丁酯、滤液等各种物料温度符合要求。

⑦ 各离心机、变速器、泵等油位、油质、油温正常。

⑧ 各离心机分离正常,无夹带、乳化现象。

⑨ 各管道及设备无跑、冒、滴、漏。

5. 停车

① 当滤液罐内滤液提完时,由滤液贮罐加水阀向滤液贮罐加水,依次关闭醋酸丁酯预混流量计进出料阀。

② 从滤液流量计观察料液由棕色变白色,依次关闭稀硫酸、破乳剂系统,并通知二次萃取岗位料已提完。按停车操作规程进行一次萃取岗位停车。

③ 接到一次萃取岗位停车通知后,依次关闭醋酸丁酯、稀硫酸、破乳剂系统。停低单位罐系统。重液罐内体积少于150L时关闭重液系统。然后停二次萃取离心分离机,依次关

闭进出料阀。

④ 一次 BA 罐内没料后，依次关闭一次 BA 流量计进出料阀，停一次 BA 系统，2min 后，依次关闭水流量计进出料阀、换热器冷盐水阀、离心机进料阀，停离心机，关闭轻、重相出料阀；打开重相取样阀，放出多余的重液。关闭萃取液罐进料阀。

6. 清场

停车后，检查各设备的油位，温度正常。罐底阀门关闭，检查阀门有无内漏现象。对 POD 机进行停车清洗，对生产现场进行清洗，做好卫生，检查各生产用具正常并放在规定的位置。

四、溶剂萃取的工艺问题及处理

在溶剂萃取过程中，两相界面上经常会产生乳化现象。乳化是指液体以细小液滴的形式分散在另一不相溶的液体中。例如水以细小液滴的形式分散在有机相中，或有机溶剂以细小液滴的形式分散在水相中。在发酵液的溶剂萃取中产生乳化现象后，使水相和有机相分层困难，影响萃取分离操作的进行。它可能产生两种夹带：萃余相中夹带溶剂，目标产物的收益率降低；萃取相中夹带发酵液，给分离提纯制造困难。

一般形成乳状液要有两个条件：互不相溶的两相溶剂和表面活性物质。在发酵液中有蛋白质和固体微粒，这些物质具有表面活性剂的作用。因此溶剂萃取中，乳化现象极易发生。

在形成的乳状液中，如果表面活性物质亲水基团强度大于亲油基团，易形成水包油（O/W）型乳状液；如果表面活性物质亲油基团强度大于亲水基团，易形成油包水（W/O）型乳状液。在发酵液溶剂萃取中，由蛋白质引起的乳状液是水包油型的，这种乳状液可放置数月而不凝聚。一方面由于蛋白质分散在两相界面，形成无定形黏性膜保护作用；另一方面，发酵液中存在一定数量的固体颗粒，对于已产生的乳化层也有稳定作用。

稳定的乳浊液形成的主要因素有：①界面上形成保护膜；②液滴带电荷；③介质的黏度。

乳状液虽有一定的稳定性，但乳状液具有高的分散度，表面积大，表面自由能高，是一个热力学不稳定体系，它有聚结分层、降低体系能量的趋势。

当乳化现象发生时，使两相难以分层而出现两种夹带。若萃取相中夹带原料液相，会给以后的精制造成困难，严重时会引起产品质量的下降，甚至不合格；若原料液相中夹带萃取剂相时，则意味着产物的损失与收率的下降。

因此，防止萃取过程发生乳化和破乳，就成为溶剂萃取提高萃取操作效率的重要课题。

在发酵液溶剂萃取过程中，防止发生乳化现象的手段就是在实施萃取操作前，对发酵液进行过滤和絮凝沉淀处理，除去大部分蛋白质及固体微粒，消除引起水相乳化的因素。发生乳化后，可根据乳化的程度和乳状液的性质，采用适当的破乳手段。乳化程度不严重时，可采用过滤和离心沉降的方法。针对乳状液和界面型活性剂类型，加入相反的界面活性剂，促使乳状液转型。对于水包油（O/W）型乳状油，加入十二烷基磺酸钠，可使乳状液从 O/W 型向 W/O 型转化，但由于溶液条件不允许 W/O 型乳状液的形成，从而达到破乳的目的。破乳的其他方法还有：加入强电解质，破坏乳状液双电层的化学法；加热、稀释、吸附及离心等物理法；加入表面活性更强物质，把界面活性替代出来的顶替法等。但这些方法耗时、耗能、耗物，最好在实施溶剂萃取操作前，对发酵液进行预处理，从源头上消除乳化现象的发生。

第四节 浸取技术

浸取是固液萃取的通称。用萃取剂 S 自固体 B（也称为载体或惰性物质）中溶解某一种

（或多种）溶质 A 的单元操作过程称为浸取。

浸取是溶质 A 从固相转移至液相的传质过程。在浸取操作中首先是萃取剂 S 与固体 B 的充分浸润渗透，溶解溶质 A，然后分离萃取液和固体残渣。同溶剂萃取一样，浸取是生物分离过程中从细胞或生物体中提取目标产物或除去有害成分的重要手段之一。

一、浸取单元的主要任务

就产品的生产及其工艺优化而言，浸取单元的主要任务如下：

① 对药物有效成分进行分析，确定适宜的浸取剂；

② 按生产能力，综合考虑安全、生产成本、工艺的可控性，来选择操作设备与自动化水平；

③ 在生产过程中，尽量减少对有效成分的破坏，确定合理的工艺条件，按照一定的操作规程，将固体物料中的溶质转入浸取剂中，提高浸取率，并将固体残渣与浸取液分离；

④ 从成本考虑以及结合循环经济，尽可能做到浸取剂的循环使用及能量的综合利用；

⑤ 注重安全生产，因浸取剂中易燃物较多，在生产过程中，注意防火防爆方面的措施。

二、浸取理论

浸取的传质过程是以扩散原理为基础。因此，可以借用质量传递理论中的费克定律加以描述。

1. 分子扩散的费克定律

分子扩散是在一相内部有浓度差异的条件下，由于分子的无规则运动而造成的物质传递现象。在密闭的房间里打开一瓶香水，很快就可以闻到香味，这就是分子扩散的结果。取一勺蜂蜜放在一杯水中，过一会儿整杯水都有甜味，但杯底的更甜，这是分子扩散的表现。如果用勺子搅，甜得更快更匀。这便是涡流扩散的效果。凭借分子热运动，在静止或滞流流体里的扩散是分子扩散；凭借流体质点的湍动或旋涡而传递物质的，在湍流流体中的扩散主要是涡流扩散。

费克定律表示了分子扩散与涡流扩散共同的结果：

$$J_A = -(D+D_e)\frac{dc_A}{dz} \tag{4-14}$$

式中　J_A——扩散通量，组分 A 在 z 方向单位时间、单位面积上的扩散量，$kmol/(m^2 \cdot s)$；

　　　D——分子扩散系数，m^2/s；

　　　D_e——涡流扩散系数，m^2/s；

　　　$\dfrac{dc_A}{dz}$——沿 z 方向的浓度梯度，$kmol/m^4$；

　　　c_A——A 组分物质的量浓度；

　　　——表示 A 的扩散方向与浓度梯度方向相反，即扩散方向是沿着组分 A 浓度降低的方向进行。

在浸取中，由于两相均在容器中，涡流扩散系数 D_e 可忽略不计，自固体颗粒单位时间的有效成分量为扩散通量。

$$J = -D\frac{dc}{dz}$$

如图 4-23 是固液浸取示意图。质量传递

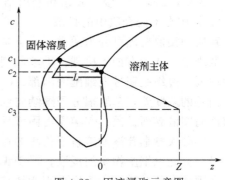

图 4-23　固液浸取示意图

先在有孔固体中进行至界面，物质的扩散距离为 L，有效成分自 c_1 变化至 c_2，然后从固液界面在液体中扩散，距离为 z，有效成分自 c_2 变化到 c_3。

将有效成分分别计算，物质传递在有孔物质中进行时：

$$J = -D\frac{dc}{dL}$$

分离变量： $\quad JdL = -Ddc$

两边积分： $\quad J\int_0^L dL = -D\int_{c_1}^{c_2} dc$

得： $\quad J = \frac{D}{L}(c_2 - c_1)$

式中 L——物质在多孔性物质内的扩散距离。

由界面至液相内部扩散时：

$$J = -D\frac{dc}{dz}$$

$$J\int_0^Z dz = -D\int_{c_2}^{c_3} dc$$

$$J = \frac{D}{Z}(c_3 - c_2) = k(c_3 - c_2)$$

式中 k——传质分数，$k = \frac{D}{Z}$。

解上式，并将 c_2 代入 $J = \frac{D}{L}(c_2 - c_1)$ 中，得：

$$c_1 - c_3 = J\left(\frac{1}{k} + \frac{L}{D}\right)$$

于是得到：

$$J = \frac{1}{\frac{1}{k} + \frac{L}{D}}(c_1 - c_3) = K\Delta c \tag{4-15}$$

式中 K——浸出时传质总系数，$K = \dfrac{1}{\frac{1}{k} + \frac{L}{D}}$，m/s；

Δc——溶质固体与液相主体中目标产物的浓度差，$\Delta c = (c_1 - c_3)$，kmol/m³。

式(4-15)称为固体浸出过程的速率方程。在实际浸取过程中，固体与液体主体中有目标产物的浓度差并非为定值，Δc 可表示如下：

$$\Delta c = \frac{\Delta c_{始} - \Delta c_{终}}{\ln(\Delta c_{始}/\Delta c_{终})} \tag{4-16}$$

式中 $\Delta c_{始}$，$\Delta c_{终}$——浸出开始和浸出结束时固液两相浓度，kmol/m³。

2. 物质在不同介质中的扩散

物质的浸取机理可分为两类。一类是有细胞的固体物料，溶质包含在细胞内部，根据分子扩散理论，认为有如下机理：①萃取剂 S 通过固体颗粒内部的毛细管道向固体内部扩散；②萃取剂穿过细胞壁进入细胞的内部；③萃取剂在细胞内部将溶质溶解并形成溶液，由于细胞壁内外的浓度差，萃取剂分子继续向细胞内扩散，直至细胞内的溶液将细胞胀破；④固体内溶液向固液界面扩散；⑤溶质由固液界面扩散至液相主体，如将人参浸泡于乙醇中，人参的有效成分人参皂苷逐渐溶解于乙醇的过程，符合上述机理。

另一类是无细胞物质的浸取，对于无细胞物质的浸取历程要简单些：①萃取剂穿过液固界面向固体内部扩散；②溶质自固相转移至液相，形成溶液；③毛细通道内溶液中的溶质扩散至固液两界面；④溶质由固液界面向液相主体扩散。

根据浸取机理可知，不同物质的扩散速率是不同的，主要反应在扩散系数和传质系数上。即使是同一物质扩散系数会随介质的性质、温度、压力及浓度的不同而变。下面以无细胞物质浸取为例，讨论物质在不同介质中的扩散。

先讨论溶质在固体中的扩散。溶质在固体中的扩散有两类。一类是遵从费克定律，基本上与固体无关的扩散。当扩散的流体或溶质在固体中形成均匀的溶液，溶质在大量的溶剂中进行扩散时，便发生这种类型的扩散。这种扩散方式与流体内的扩散极为相似，故仍可用费克定律。

$$N_A = D_{AB} \frac{dc_A}{dz} \tag{4-17}$$

式中 D_{AB}——物质 A 通过固体 B 的扩散系数，m^2/s。

另一类是溶质在多孔介质中的扩散。溶质通过固体孔道中的溶剂进行扩散，其路径是一个曲折的孔道，孔道影响了扩散的类型。对于稀溶液，此类溶质稳度扩散可表示为：

$$N_A = \frac{\varepsilon D'_{AB}}{\bar{v}} \times \frac{dc_A}{dz} \tag{4-18}$$

式中 D'_{AB}——双组分混合物的一般分子扩散系数，m^2/s；
ε——多孔介质的自由截面积或孔隙率，m^2/m^2；
$\bar{v}$——曲折因子，由实验确定。

令 $D_{ABP} = \frac{\varepsilon D'_{AB}}{\bar{v}}$，式(4-18) 可记为：$N_A = D_{ABP} \frac{dc_A}{dz}$

式中 D_{ABP}——有效扩散系数，相当于采用单位固体总表面积计的扩散通量与垂直于表面的单位尝试梯度计的扩散系数，m^2/s。

接下来讨论溶质在液相中的扩散系数。对于稀溶液，当大分子溶质 A 扩散到小分子溶剂 B 中时，可将溶质分子看成球形颗粒。这些球形颗粒在连续介质为层流时做缓慢运动。理论上可用下式表示扩散系数。

$$D''_{AB} = \frac{BT}{6\pi\mu_B r_A} \tag{4-19}$$

式中 D''_{AB}——扩散系数，m^2/s；
r_A——球形溶质 A 的分子半径，m；
μ_B——溶剂 B 的黏度，$Pa \cdot s$；
B——玻耳兹曼常数，$B = 1.38 \times 10^{-23} J/K$；
T——热力学温度，K。

当分子半径 r_A 用分子体积表示时，将 $r_A = \left(\frac{3V_A}{4\pi n}\right)^{\frac{1}{3}}$ 代入上式得：

$$D''_{AB} = \frac{9.96 \times 10^{-15} T}{\mu_B V_A^{\frac{1}{3}}} \tag{4-20}$$

式中 V_A——正常沸点下溶质的摩尔体积，$m^3/kmol$；
n——阿伏加德罗常数，$n = 6.02 \times 10^{23}$。

该式适用于相对分子质量大于 1000，且水溶液中 V_A 大于 $0.5 m^3/kmol$ 非水合的大分子溶质。对于溶质较小的稀溶液，D''_{AB} 可用下式表示：

$$D''_{AB} = 7.4 \times 10^{-12} (\alpha M_B)^{\frac{1}{2}} \frac{T}{\mu_B V_A^{0.6}} \tag{4-21}$$

式中 M_B——溶剂的摩尔质量，kg/kmol；
　　　α——溶剂的缔合参数。其值对某些溶剂为：水为 2.6；甲醇为 1.9；乙醇为 1.5；苯、乙醚、庚烷以及其他不缔合溶剂均为 1.0。

结合物质在不同介质中的扩散状况，结合溶质在浸取过程中的机理，总传质系数应由下列扩散系数组成：

内扩散系数 $D_内$，表示溶质内部有效成分的传递速率；

自由扩散系数 $D_自$，在溶质细胞内有效成分的传递速率；

对流扩散系数 $D_对$，在流动的萃取剂中有效成分的传递速率。

总传质系数 H 为：

$$H = \frac{1}{\frac{h}{D_内} + \frac{S}{D_自} + \frac{L}{D_对}} \tag{4-22}$$

式中 L——颗粒尺寸；
　　　S——边界层厚度，其值与溶解过程流速有关；
　　　h——溶质内扩散距离。

在式(4-22)中，$D_自$ 就是 D_{AB}，其值与 $D_内$ 相比大了很多，在带有搅拌的过程中，$D_对$ 值也很大，在此情况下，浸取过程的决定因素就是内扩散系数。

3. 相平衡

严格地讲，溶质在液相中的溶解过程和溶质在液相中的扩散过程事实上是固相和液相这两相间特定组分的平衡过程，即溶质在液相中的溶解扩散和液相中特定组分被固相吸附这两个过程的平衡。在萃取过程一开始，溶解扩散速率大于吸附速率，而当溶剂逐渐变成饱和溶液时，则溶解扩散和吸附这两个速率相等，这时溶剂中的固相溶解浓度不可能再增加。

浸取过程中的相平衡可用分配系数 K_D 表示：

$$K_D = \frac{y}{x} \tag{4-23}$$

式中 y——达到平衡时溶质在液相中的浓度；
　　　x——平衡时溶质在固相中的浓度。

在浸取过程中，若 y 和 x 用体积浓度（kg/m³）表示，K_D 值一般为常数；但如果用质量浓度（kg/kg）表示，则 K_D 会发生变化。因为在浸取过程中，随溶质的浸出，固体内外的溶液密度将发生变化。

4. 影响浸取因素

① 固体物质的颗粒度　根据扩散理论，固体颗粒度越小，固液两相接触界面越大，扩散速率越大，传质速率越高，浸出效果好；另一方面固体颗粒度太小，使液体的流动阻力增大而不利于浸取。

② 溶剂的用量及浸取次数　根据少量多次原则，在定量溶剂条件下，多次提取可以提高浸取的效率。一般第一次提取要超过溶质的溶解度所需要的量。不同的固体物质所用的溶剂用量和浸取次数都需要实验确定。

③ 温度　提高浸取操作温度增大了溶质的溶解度，降低了溶液的黏度，有利于传质的进行。但温度过高，一些无效成分萃出，增加了分离提纯的难度。如溶质是易挥发，易分解的，会造成目标产物损失。

④ 浸取的时间　一般来说浸取时间越长，扩散越充分，有利于浸取。但当扩散达到平衡后，时间的延长不起作用。但是长时间浸取杂质大量溶出，有些苷类易被在一起的酶所分解。若以水作溶剂时，长期浸泡易霉变，影响浸取液的质量。

⑤ 搅拌　搅拌强度越大，越有利于扩散的进行。因此在萃取设备中应增加搅拌、强制

循环等措施,提高液体湍动程度,提高萃取效率。

⑥ 溶剂的 pH　根据需要调整萃取剂的 pH,有利于某些有效成分的提取,如用酸性物质提取生物碱,用碱性物质提取皂苷等。

⑦ 浸取压力　当固体物料组织密实,较难被浸取溶剂浸润时,可采用提高浸取压力的方法,促进浸润过程的进行,可提高固体物料组织内充满溶剂的速度,缩短浸取时间。同时,在较高压力下的渗透,还可能将固体物料组织内的某些细胞壁破坏,利于溶质的浸出。一旦固体物料被完全浸透而充满溶剂后,加大压力对浸出速率的影响将迅速减弱。

⑧ 浸取剂的种类　选择不同的浸取剂会有不同的浸取效果。水是最常用的一种极性浸取溶剂。它价廉易得,对很多物质都具有较大的溶解度,如生物碱类、苷类、蛋白质类等药物在水中都具有较好的溶解度,对于酶类药物和含少量挥发油的药物也能被水浸出。

乙醇是仅次于水的常用半极性浸取溶剂。由于乙醇的溶解性能介于极性与非极性之间,其不仅能溶解溶于水的某些成分,而且也能溶解溶于非极性有机溶剂的某些成分,只是溶解度有些差异。乙醇能与水形成任意组成的混合液,可通过组成的改变,有选择地浸取某些成分。如乙醇含量在 90% 以上时,可有效地浸取有机酸、挥发油、叶绿素等物质;乙醇含量在 50%～70% 时,主要浸取生物碱、苷类等药物;当乙醇含量在 50% 以下时,适于浸取苦味质、蒽醌类化合物等。乙醇作为浸取溶剂,无毒无害,价格低廉,乙醇还具有一定的防腐作用,它比热容小,沸点低,汽化热不大,使分离回收费用低,可降低生产成本。但乙醇具有挥发性和易燃性,生产中应注意安全防护。

丙酮是一种良好的脱脂溶剂。由于丙酮能与水形成任意组成的混合液,所以丙酮也是一种脱水剂,常用于新鲜动物药材的脱水和脱脂。丙酮的防腐性能较好,但有一定的毒性,而且丙酮易于挥发和燃烧,使用时要特别注意。

乙醚是非极性的有机溶剂,可与乙醇及其他有机溶剂任意混溶。其溶解选择性较强,可溶解游离生物碱、挥发油、某些苷类等物质。因乙醚有强烈的生理作用,又极易燃烧,且价格昂贵,一般仅用于生物有效成分的提取、精制。

三、浸取设备

1. 多功能提取罐

如图 4-24 所示,多功能提取罐由罐体、出渣口、提升气缸、加料口、夹层以及出渣口气缸等组成。药材由进料口加入,再通过罐底的喷淋水管加入一定量的水,关闭加料口后即可进行煎煮,煎煮时可向夹层通入蒸汽,也可通过罐底的进汽口直接通入蒸汽,煎煮完毕从底部出液口放出浸取液,由底部出渣口排出药渣。为了防止罐内药渣堆积,造成出渣困难,较大直径的提取罐底部多采用斜锥形或者安装专门破坏拱形药渣的装置。

为了适应较轻药材的提取,可在罐内设置搅拌器和挡板。还可以安装泡沫捕集器、冷凝器、油水分离器等装置,可用于芳香油的回流提取。在过滤器的后面装上泵,还可以实现强制循环。

多功能提取罐可用于中草药煎煮、减压浓缩和真空蒸馏等,因为用途广,故称为"多功能"。

其特点:①提取时间短(一般 30～40min),生产效率高;②热能消耗少;③自动排渣,故排渣快、操作方便、安全、劳动强度小。

2. 可倾式多用提取罐

如图 4-25 所示,可倾式多用提取罐可利用液压并借助齿条-齿轮机构使罐体倾斜 125°,罐盖可用液压升降,故可减轻装料和出渣的劳动强度。罐盖密封后还可进行加压浸取。配以

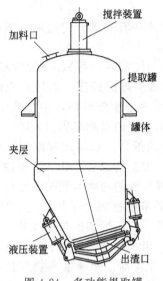
图 4-24 多功能提取罐

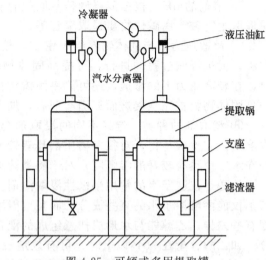
图 4-25 可倾式多用提取罐

汽水分离器、冷凝器、油水分离器等辅助设备后可做多用途提取。

3. 加压浸取器

在加压浸取器中对一些药材进行加压提取，有利于溶剂渗入药材细胞组织，或者能提高有效成分的浸出速率。常用加压方式有：泵加压、蒸汽加压和惰性气体加压。

图 4-26 为利用蒸汽加热的双锥式加压煎煮锅，向煎煮锅内直接通入蒸汽还可以提高煎煮的操作压力。双锥式的煎煮锅在提取过程中可以旋转，强化了固体药材与溶剂之间的相对运动，故可提高浸取速率。惰性气体加压系指往浸出罐压入惰性气体如 CO_2 等。泵加压浸取器，如图 4-27 所示，用循环泵连续将浸出液从提取器底部打至顶部，用阀门控制提取器内保持一定压力（如 0.3~0.6MPa）。泵加压浸取器可以冷浸也可以温浸，温浸时可在夹层中通蒸汽进行间接加热，使器内保持一定温度。

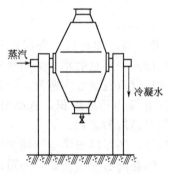
图 4-26 双锥式加压煎煮锅

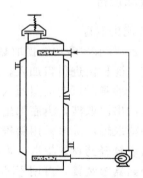
图 4-27 泵加压浸取器

加压提取的特点：①较常压提取缩短时间；②设备密闭，避免蒸汽外溢及跑料；③改善操作条件；④减少用水量。

4. 超声波逆流浸出器

如图 4-28 所示，超声波逆流浸出器为环形管，管内运动着的链条上有许多固定碟片，药粉经加料器加到碟片之间，浸出溶剂加入后流动方向与药粉的运动方向相反，可以实现连续浸出。浸出器下部浸出管装有超声波发生器，在超声波的作用下可使浸出速率大大提高。

5. 平转式逆流浸出器

图 4-29 为一种平转式逆流浸出器。在一个圆柱形容器内有个被隔成若干个扇形格的可水平转动的圆盘，每个扇形格的底为有孔的活底。植物药材在容器上部一个固定位置加入，当圆盘回转将近一周时，扇形格的活底板打开，物料卸到器底的出渣器上排出。在卸料处的邻近扇形格上部喷洒新的浸出溶剂，在其下部收集浸出液，并以与物料回转方向相反的方向用泵将浸出液压送至相邻的扇形格内的物料上，如此反复逆流浸出，最后收集到浓度很高的浸出液。平转式浸出器的结构简单，占地也较少，适用于大量植物药材的提取。

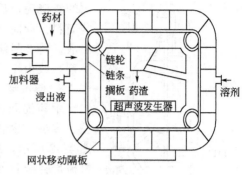

图 4-28 超声波逆流浸出器

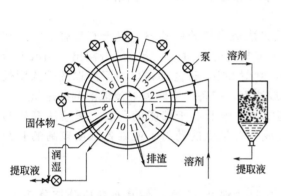

图 4-29 平转式逆流浸出器

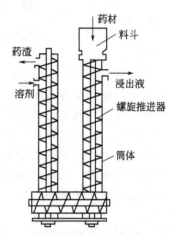

图 4-30 螺旋推进式逆流浸出器

6. 螺旋推进式逆流浸出器（管式逆流浸出器）

如图 4-30 为一种螺旋推进式逆流浸出器，它由三根管子组成，每根管子可根据需要设置蒸汽夹层。药材自加料斗加入，由各螺旋推进器推向出料口。溶剂从出料口附近加入，其流动方向与药材运动方向相反，浸出液在加料斗附近排出。它可以实现连续浸出。

7. 多级逆流渗漉

为适应大批量的生产，要得到较浓的漉液，还可以将 5 个或更多的多功能提取罐串接起来组成多级逆流渗漉装置，如图 4-31 所示。

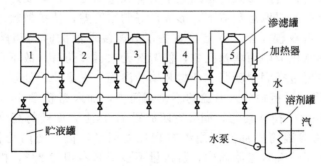

图 4-31 多级逆流渗漉装置

多级逆流渗漉装置的操作过程：原料顺序装满 1～5 号罐，用泵将溶剂从溶剂罐送到 1 号罐，1 号罐渗出液经加热器后流入下一个罐，依次向后直到最后从 5 号罐流出。当 1 号罐内的渗漉完成后，用压缩空气将罐内液体压出，1号罐即可卸渣装新料。此时，来自溶剂罐的新溶剂装入2号罐，最后从5号罐出液。待2号罐渗漉完毕并开始卸渣装新料，即由3号罐注入新溶剂，改由1号罐出渗漉液，依此类推。

8. 醇沉罐

中药提取液经浓缩后进行醇沉，可以将淀粉、蛋白质、树胶、多糖、黏液质、色素等醇不溶物沉淀析出。醇沉罐，如图4-32所示，通常采用底部锥形的夹层罐，夹层内通水冷却，配机械搅拌装置或空气搅拌装置。上清液出液管罐内部分弯成一定角度，旋转出液管可以调整其内口高度，以便出净上清液。

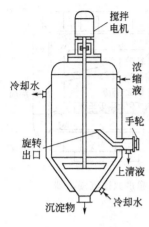

图4-32 醇沉罐

四、浸取方法及操作

浸取方法主要包括浸渍法、煎煮法和渗漉法。

1. 浸渍法

《中华人民共和国药典》中规定了浸渍方法是取适当粉碎的药材，置于有盖容器中，加入规定量的溶剂，密闭搅拌或振摇，浸渍3~5h或规定的时间，使有效成分浸出，倾取上清液，滤过，压榨残渣，收集压榨液和滤液合并，静置24h，过滤即得。由于浸取液的浓度代表着一定量的药材，故对浸取液不应进行稀释或浓缩，制备时应掌握好浸取溶剂的用量。

浸渍法适用于黏性药物、无组织结构的药材、新鲜及易于膨胀的药材。浸渍法简便易行，但由于浸出效率差，故对贵重药材和有效成分含量低的药材，或制备浓度较高的制剂时，应采用重浸渍法或渗漉法为宜。

2. 煎煮法

煎煮法是将经过处理的药材，加适量的水加热煮沸2~3次，使其有效成分充分煎出，收集各次煎出液，沉淀或过滤分离异物，低温浓缩至规定浓度，再制成规定的制剂。需要注意的是在药材煎煮前，必须加冷水浸泡适当时间，以利于有效成分的溶解和浸出，除极难浸透的饮片外，一般浸泡时间为30~60min。

煎煮法适用于有效成分能溶于水，对湿热较稳定的药材。煎煮法浸出的成分比较复杂，一般不用于精制。

3. 渗漉法

渗漉法是往药材粗粉中不断加入浸取溶剂，使其渗过药粉，从下端出口收集流出的浸取液的浸取方法。渗漉时，溶剂渗入药材细胞中溶解大量的可溶性物质之后，浓度增高，比重增大而向下移动，上层的浸取溶剂流下，形成良好的浓度差，使扩散较好地自然进行，故浸出效果优于浸渍法，提取较完全，而且也省去了分离浸取液的时间和操作。对于非组织药材，因溶剂浸泡使其软化成团而堵塞孔隙，使溶剂无法透过药材，故不宜用渗漉法。

渗漉法的操作主要包括润湿膨胀、药材装填、渗漉、洗涤及后处理。

① 润湿膨胀 将药材粗粉放入有盖的不锈钢筒中，加入粗粉量60%~70%的浸取溶剂（一般用70%乙醇溶液），搅拌均匀，润湿密闭放置1h以上，使药材充分膨胀后备用。

② 药材装填 将渗漉筒底部滤板用纱布袋包裹铺平，检查渣门是否关妥，防止渗漏。将已润湿膨胀的药材粗粉装入渗漉筒中，装入量不多于筒容积的2/3，松紧程度视药材及浸取溶剂而定。若为含醇量高的溶剂则可压紧些，若含水量大则宜装得疏松些，装完后用纱布覆盖，并用不锈钢孔板压牢，以防止加入溶剂时将药粉冲浮起来。

③ 渗漉 首先将渗漉筒下面的放料阀打开，然后向筒中缓慢加入浸取溶剂，待筒下部

的空气排除后,关闭出口阀;继续加入浸取溶剂至高出药粉数厘米,加盖浸渍 24~48h,使溶剂充分渗透扩散。浸渍达到工艺规定时间后,开放料阀进行渗漉,浸出液流出速度一般控制在 2~3mL/kg 药粉,并随时补充浸取溶剂,始终保持浸取溶剂液位高于药材,使药材中有效成分充分浸出,浸取溶剂用量一般是药材量的 4~8 倍。

④ 洗涤及后处理　渗漉结束后,用水洗涤药渣,洗液用以回收浸取溶剂等。将洗后的药渣清除,洗净纱布、滤板与渗漏筒,以备下次使用。

此外,还有重渗漉法,此法是将浸出液重复用作新药粉的溶剂,多次渗漉主要是为了提高浸出液的浓度。

五、浸取工艺

1. 浸取流程

(1) 单级浸取和多级错流浸取

① 浸出量　设固体中所含待浸取物质的量为 G,浸取平衡后,放出的浸取剂的量为 G',浸出后剩余在药材中的溶剂量为 g',浸出后残留在固体中的浸出物质量为 g。对浸出的物质进行物料衡算得:

$$\frac{G}{G'+g'}=\frac{g}{g'}$$

$$g=\frac{G}{\alpha+1} \tag{4-24}$$

式中　α——浸出后放出的与剩余在固体中的浸取剂量之比,$\alpha=G'/g'$。

对一定量的浸出溶剂,α 值越大,残留在固体中的溶质 A 的量越少,浸出率越高。

分离出第一次浸取液后,再加入相同数量的新溶剂进行第二次浸取。

$$\frac{g}{G_2+g'_2}=\frac{g_2}{g'_2}$$

$$g_2=\frac{g}{\alpha+1}$$

将 $g=\frac{G}{\alpha+1}$ 代入上式得:

$$g_2=\frac{G}{(\alpha+1)^2} \tag{4-25}$$

式中　G_2——第二次浸取后放出的溶剂量,g;
　　　g'_2——第二次浸取后剩余在固体中溶剂的量,g;
　　　g_2——第二次浸取后剩余在固体中可浸出的溶质的量,g。

第 n 次浸取后,剩余在固体中溶质 A 的量为:

$$g_n=\frac{G}{(\alpha+1)^n} \tag{4-26}$$

式(4-26)还适用于平衡状态下多级错流浸取。条件是各级进料量相等,各级所用的溶剂量相等且不含溶质。

② 浸出率 $\bar{\varepsilon}$　浸取效果可用固体中浸出溶质 A 的浸出率 $\bar{\varepsilon}$ 表示。$\bar{\varepsilon}$ 表示浸取后所放出的萃取液中所含溶质的量与原固体中所含浸出物质总量的比值。若浸取后固体中所含的溶剂量为 1,加入溶剂的总量为 M,则所放出的溶剂量为 $M-1$。在平衡条件下浸取一次的浸出率为:

$$\bar{\varepsilon_1}=\frac{M-1}{M}$$

由浸出率定义可知，浸取后药材中所剩浸出溶质的分率为 $1-\bar{\varepsilon}$。如重复浸取时，第二次浸取所放出的溶质浸取率 $\bar{\varepsilon_2}$ 为：

$$\bar{\varepsilon_2}=\bar{\varepsilon_1}(1-\bar{\varepsilon_1})=\frac{M-1}{M}(1-\bar{\varepsilon_1})=\frac{M-1}{M^2}$$

浸取 n 次后，第 n 次浸取所放出的溶液中溶质的浸取率 $\bar{\varepsilon_n}$ 为：

$$\bar{\varepsilon_n}=\frac{M-1}{M^n} \tag{4-27}$$

由式(4-27)可知，$\bar{\varepsilon_n}$ 与 M^n 成反比，一般取 n 为 4～5，若 n 过大，$\bar{\varepsilon_n}$ 很小，就没有经济价值了。浸出两次后，浸出物质的总浸出率 $\bar{\varepsilon}$ 为：

$$\bar{\varepsilon}=\bar{\varepsilon_1}+\bar{\varepsilon_2}=\frac{M-1}{M}+\frac{M-1}{M^2}=\frac{M^2-1}{M^2}$$

如经 n 次浸取，浸出物质的总浸出率为：

$$\bar{\varepsilon}=\frac{M^n-1}{M^n}$$

（2）多级逆流浸取　图 4-33 为多级逆流浸取流程示意图。新鲜溶剂 S 和新固体分别从首尾两级加入。加入溶剂的称为第一级，加入新固体物料的称为末级，溶剂与浸出液以相反方向流过各级为多级逆流浸取。

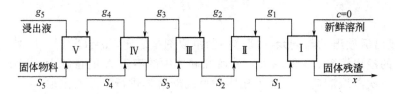

图 4-33　多级逆流浸取流程示意图

设 c 为加到第一级浸出器的溶剂所含溶质量，$c=0$；x 为从第一级浸出器放出的药渣溶剂中所含的溶质量；α 为浸出器放出的溶剂量与固体中所含溶剂量之比；g_1、g_2、g_3、g_4、g_5 为各级浸出器浸取后所含的溶质量；S_1、S_2、S_3、S_4、S_5 为进入各级浸出器固体内所含的溶质量。由 α 的定义 $\alpha_1=g_1/x$，对第一级浸出器作物料衡算：

$$S_1=g_1+x=\alpha_1 x+x=x(1+\alpha)$$

同理，对第二级浸出器有如下关系：

$$g_2=\alpha_2 x(1+\alpha_1)=x(\alpha_2+\alpha_1\alpha_2)$$

由此类推，可得下列关系：

$$g_3=x(\alpha_3+\alpha_3\alpha_2+\alpha_3\alpha_2\alpha_1)$$
$$S_3=x(1+\alpha_3+\alpha_3\alpha_2+\alpha_3\alpha_2\alpha_1)$$

如果为 n 级逆流浸取时，则：

$$g_n=x(\alpha_n+\alpha_n\alpha_{n-1}+\alpha_n\alpha_{n-1}\alpha_{n-2}+\cdots+\alpha_n\alpha_{n-1}\cdots\alpha_3\alpha_2\alpha_1) \tag{4-28}$$
$$S_n=x(1+\alpha_n+\alpha_n\alpha_{n-1}+\alpha_n\alpha_{n-1}\alpha_{n-2}+\cdots+\alpha_n\alpha_{n-1}\cdots\alpha_3\alpha_2\alpha_1) \tag{4-29}$$

式中，S_n 为随固体进入浸出系统的溶质量；x 为随固体萃余物离开系统的溶质量。固体中不能放出溶质分率（浸余率）φ 为：

$$\varphi=\frac{x}{S_n}=\frac{1}{1+\alpha_n+\alpha_n\alpha_{n-1}+\cdots+\alpha_n\alpha_{n-1}\cdots\alpha_3\alpha_2\alpha_1}$$

如果系统中各级浸出器的溶剂比 α 完全相同，上式可简化为：

$$\varphi = \frac{1}{1+\alpha+\alpha^2+\alpha^3+\cdots+\alpha^n} \tag{4-30}$$

式中 φ——浸余率；

n——浸出器的级数。

浸出率：$\bar{\varepsilon} = 1-\varphi$

$$\bar{\varepsilon} = 1-\varphi = \frac{\alpha+\alpha^2+\alpha^3+\cdots+\alpha^n}{1+\alpha+\alpha^2+\alpha^3+\cdots+\alpha^n} \tag{4-31}$$

式中 α——放出的溶剂量和剩余在固体中的溶剂之比；

$\bar{\varepsilon}$——浸出率。

2. 浸取溶剂的选择

浸取溶剂的选择原则与液液萃取剂相似，对溶质的溶解度足够大，以节省溶剂用量；与溶质之间有足够大的沸点差，以便于采取蒸馏方法回收利用；溶质在溶剂中的扩散系数大且黏度小；价廉易得，无毒，腐蚀性小等。常用的浸取溶剂有：水、乙醇、丙酮、乙醚、氯仿等。

六、浸取的工艺问题及处理

1. 增溶作用

由于细胞中各种成分间有一定的亲和力，溶质溶解前必须先克服这种亲和力，方能使这些待浸取的目标产物转入溶剂中，这种作用称为解吸作用。在溶剂中添加适量的酸、碱、甘油或表面活性剂以帮助解吸，增加目标产物的溶解。有些溶剂（如乙醇）本身就具有很好的解吸作用。

① 酸　酸是为了维持一定的pH，促进生物碱生成可溶性生物碱盐类，适当的酸度还可使生物碱更稳定。若浸取溶质为有机酸时，适量的酸可使有机酸游离，再用有机溶剂浸取时效果更好。常用的酸有盐酸、硫酸、冰醋酸、酒石酸等。

② 碱　常用的碱为氨水、氢氧化钙、碳酸钙、碳酸钠等。在从甘草浸取甘草酸时，加入氨水，能使甘草酸完全浸出。碳酸钙为不溶性的碱化剂，而且能除去鞣质、有机酸、树脂、色素等杂质。在浸取生物碱或皂苷常加以利用。氨水和碳酸钙是安全的碱化剂，在浸取过程中用得较多，但没有酸用得普遍。

③ 表面活性剂　阳离子型表面活性剂有助于生物碱的浸取；而阴离子表面活性剂对生物碱有沉淀作用；非离子型表面活性剂毒性较小。因此，利用表面活性剂增强浸取效果时，应根据被浸固体中目标产物的种类及浸取法进行选择。

2. 固体物料的预处理

（1）破碎　动物性固体的目标产物以大分子形式存在于细胞中，一般要求粉碎得细一些，细胞结构破坏愈完全，目标产物就愈能浸取完全。

植物性固体的目标产物的浸出率与粉碎方法有关。锤击式破碎，表面粗糙，与溶剂的接触面大，浸取效率高，可以选用粗粉；用切片机切成片状材料，表面积小，浸出效率差，块粒宜选用中等。根据扩散理论，固体粉碎得愈细，与萃取剂的接触面积愈大，扩散面也愈大，浸取效果愈好。但固体物料过细时，在提高浸出效果的同时，吸附作用同时增加，因而使扩散速率受到影响。又由于固体物料中细胞大量破裂，致使细胞内大量不溶物、黏液质等混入或浸出，使溶液黏度增大，杂质增加，扩散作用缓慢，萃取过滤困难。因此，对固体物料的粉碎要根据溶剂和物料的性质，选择颗粒的大小。

（2）脱脂　动物性固体物料一般都会有大量的脂肪，妨碍有效成分的分离和提纯。因此，要采用适宜的方法进行脱脂。常用的方法有冷凝法。由于脂肪和类脂质在低温时易凝固析出的特点。将浸出液加热，使脂肪微粒乳化后或直接送入冰箱冷藏一定时间，从液面除去脂肪。也可用有机溶剂脱脂。脂肪或类脂质易溶于有机溶剂，而蛋白质类则几乎不溶解，可用丙酮、石油醚等有机溶剂作连续循环脱脂处理。

对于植物性固体物料，不仅要考虑脱脂，还要考虑干燥脱水。一般非极性溶剂难以从含有大量水分的固体物料中浸出目标产物；极性溶剂则不易从含有油脂的固体物料中浸出目标产物。因此，在进行浸取操作前，可根据溶剂和固体物料的性质，进行必要的脱脂和脱水处理。

第五节 新型萃取技术

一、双水相萃取

双水相萃取是在两个水相之间进行的溶质传递过程，是一种新型的溶质分离技术。其特点是分离条件温和，一般在常温、常压下进行，能够保持生物物质的活性和构象。另外，双水相系统不存在有机溶剂残留问题，所用高聚物或盐是不挥发性物质，对人体无害，且溶质在两个水相之间传质和平衡过程速度很快，溶质萃取率高，能耗小，设备费用低。因此，双水相萃取技术有着广泛的应用前景，但由于所用聚合物价格昂贵，不易回收，从而减缓了其工业化的进程。目前，双水相萃取技术主要用于蛋白质特别是胞内蛋白质的分离。

1. 双水相萃取原理

双水相系统是指某些亲水性聚合物之间或亲水性聚合物与无机盐之间，在水中超过一定的浓度后形成不相溶的两相，并且两相中水分均占很大比例。典型的例子是聚乙二醇（PEG）和葡聚糖（DEX）双水相系统、聚乙二醇（PEG）-无机盐双水相系统。对于后一种，其上相富含PEG，下相富含无机盐。

在聚乙二醇和葡聚糖溶解过程中，当各种溶质均在低浓度时，可得到单相均质液体，超过一定浓度后，溶液会变浑浊，静置可形成两个液层。上层富集了聚乙二醇（PEG），下层富集了葡聚糖（DEX），两个不相溶的液相达到平衡。典型双水相系统示意图见图4-34。这两种亲水成分的不相溶性，是因它们各自有不同的分子结构而产生的相互排斥来决定的。葡聚糖是一种几乎不能形成偶极效应的球形分子，而聚乙二醇是一种共享电子对的高密度聚合物。一种聚合物的周围将聚集同种分子而排斥异种分子，当达到平衡时，即形成分别富含不同聚合物的两相。这种聚合物分子的溶液发生分相的现象，称为聚合物的不相容性。高聚物-高聚物双水性萃取系统的形成就是依据这一特性。可形成高聚物-高聚物双水相的物质很多，表4-1列出了常见的双水相系统。其中最常用的是聚乙二醇（PEG）-葡聚糖（DEX）系统。

除上述典型双水相系统外，也存在一些其他类型的双水相系统。如非离子表面活性剂水胶束两相体系，例如TritonX-114表面活性剂形成的水胶团双水相体系；阴阳离子表面活性剂两水相体系，例如SDS和CTAB形成的双水相体系；醇-盐双水相体系，例如丙醇-无机

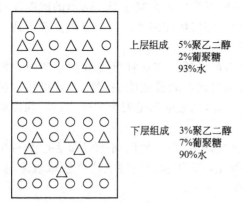

图4-34 典型双水相系统示意图

上层组成　5%聚乙二醇
　　　　　2%葡聚糖
　　　　　93%水

下层组成　3%聚乙二醇
　　　　　7%葡聚糖
　　　　　90%水

表 4-1 常用的双水相体系

聚合物 1	聚合物 2 或盐	聚合物 1	聚合物 2 或盐
葡聚糖	聚丙二醇 聚乙二醇 乙基羟乙基纤维素 羟丙基葡聚糖 聚乙烯醇 聚乙烯吡咯烷酮 甲基纤维素	聚乙二醇	聚乙烯醇 聚乙烯吡咯烷酮 聚蔗糖 硫酸镁 硫酸铵 硫酸钠 甲酸钠
羟丙基葡聚糖	甲基纤维素 聚乙烯醇 聚乙烯吡咯烷酮	甲基纤维素	聚乙烯醇 聚乙烯吡咯烷酮
聚丙二醇	甲基聚丙二醇 聚乙二醇 聚乙烯醇 聚乙烯吡咯烷酮 羟丙基葡聚糖	甲氧基聚乙二醇 聚乙烯吡咯烷酮 聚丙二醇 聚乙二醇	硫酸钾

盐形成的双水相体系等。

双水相系统萃取属于液液萃取范畴，其基本原理仍然是依据物质在两相间的选择性分配，与水-有机物萃取不同的是萃取系统的性质不同。当溶质进入双水相系统后，在上下两相进行选择性分配，从生物转化介质（发酵液、细胞碎片匀浆液）中将目标蛋白质分离在一相中，回收的微粒（细胞、细胞碎片）和其他杂质性的溶液（蛋白质，多肽，核酸）在另一相中。其分配规律服从能斯特分配定律：

$$K=\frac{c_T}{c_B} \tag{4-32}$$

式中 c_T——上相溶质的浓度，mol/L；
c_B——下相溶质的浓度，mol/L。

在相体系固定时，预分离物质在相当大的浓度范围内，分配系数 K 为常数，与溶质的浓度无关，完全取决于被分离物质的本身性质和特定的双水相系统。与常规的分配关系相比，双水相系统表现出更大或更小的分配系数。如各种类型的细胞粒子，噬菌体的分配系数都大于 100 或小于 0.01。

在双水相系统中，两相的水分都在 85%～95%，且成相的高聚物与无机盐都是生物相容的，生物活性物质或细胞在这种环境下，不仅不会丧失活性，而且还会提高它们的稳定性，因此双水相系统在生物技术领域得到越来越多的应用。

2. 相图

水溶性两相的形成条件和定量关系常用相图来表示。图 4-35 所示是由 PEG6000/磷酸盐体系组成的双水相体系，以聚合物 PEG6000 的浓度为纵坐标、以磷酸钾（KPi）的浓度为横坐标作相图。只有在这两种聚合物达到一定浓度时才会形成两相。图 4-35 中曲线 TKB 把均匀区域和两相区域分隔开来，称作双节线。处于双节线下面的区域是均匀的，当它们的组成位于上面的区域时，体系才会分成两相。例如，点 M 代表整个系统的组成，轻相（或上相）组成用 T 点表示，重相（或下相）组成用 B 点表示。T、M、B 三点在一条直线上，其连接的直线称系线，T 和 B 代表成平衡的两相，具有相同的组分，但体积比不同。若令 V_T、V_B 分别代表上相和下相体积，则有：

$$\frac{V_T}{V_B}=\frac{MT(M \text{点与} T \text{点之间的距离})}{BM(B \text{点与} M \text{点之间的距离})} \tag{4-33}$$

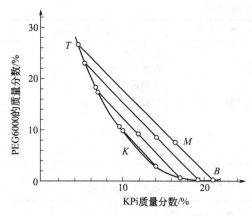

图 4-35 双水相系统相图 PEG6000/KPi

即服从于已知的杠杆规则。当系线长度趋于零时，两相差别消失，任何溶质在两相中的分配系数均为 1，如 K 点（临界点）。

3. 影响双水相萃取的因素

影响双水相萃取的因素很多，主要因素有组成双水相系统的高聚物的平均分子量和浓度、成相盐的种类和浓度、pH 值、体系的温度等。

（1）高聚物的平均分子量和浓度 高聚物的平均相对分子质量和浓度是影响双水相萃取分配系数的最重要因素，在成相高聚物浓度保持不变的前提下，降低该高聚物的相对分子量，则可溶性大分子如蛋白质或核酸，或颗粒如细胞或细胞器易分配于富含该高聚物的相中。对聚乙二醇-葡聚糖系统而言，上相富含聚乙二醇，若降低聚乙二醇的相对分子质量，则分配系数增大；下相富含葡聚糖，若降低葡聚糖的相对分子质量，则分配系数减小，这是一条普遍规律。

当成相系统的总浓度增大时，系统远离临界点。蛋白质分子的分配系数在临界点处的值为 1，偏离临界点时的值大于 1 或小于 1。因此成相系统的总浓度越高，偏离临界点越远，蛋白质越容易分配于其中的某一相。细胞等颗粒在临界点附近，大多分配于一相中，而不吸附于界面。随着成相系统的总浓度增大，界面张力增大，细胞或固体颗粒容易吸附在界面上，给萃取操作带来困难，但对于可溶性蛋白质，这种界面吸附现象很少发生。

（2）盐的种类和浓度 盐的种类和浓度对双水相萃取的影响主要反映在两个方面，一方面由于盐的正负离子在两相间的分配系数不同，两相间形成电势差，从而影响带电生物大分子在两相中的分配。例如在 8% 聚乙烯二醇-8% 葡聚糖，0.5mmol/L 磷酸钠，pH=6.9 的体系中，溶菌酶带正电荷分配在上相，卵蛋白带负电荷分配在下相。当加入浓度低于 50mmol/L 的 NaCl 时，上相电位低于下相电位，使溶菌酶的分配系数增大，卵蛋白的分配系数减小。

另一方面，当盐的浓度很大时，由于强烈的盐析作用，蛋白质易分配于上相，分配系数几乎随盐浓度成指数增加，此时分配系数与蛋白质浓度有关。不同的蛋白质随盐的浓度增加分配系数增大程度各不相同，利用此性质可有效地萃取分离不同的蛋白质。

（3）pH 值 pH 值会影响蛋白质分子中可离解基团的离解度，调节 pH 值可改变蛋白质分子的表面电荷数，电荷数的改变，必然改变蛋白质在两相中的分配。另外 pH 值影响磷酸盐的解离，改变 $H_2PO_4^-$ 和 HPO_4^{2-} 之间的比例，从而影响聚乙二醇-磷酸钾系统的相间电位和蛋白质的分配系数。对某些蛋白质，pH 值的微小变化，会使蛋白质的分配系数改变 2~3 个数量级。

（4）温度 温度影响双组分系统的相图，因而影响蛋白质的分配系数。特别是在临界点附近，系统温度较小的变化，可以强烈影响临界点附近相的组成。当双水相系统离临界点足够远时，温度的影响很小。由于双水相系统中，成相聚合物对生物活性物质有稳定作用，常温下蛋白质不会失活或变性，活性效率依然很高。因此大规模双水相萃取一般在室温下操作，节约了冷却费用，同时室温下溶液黏度较低，有利于相分离。

（5）系线长度对分配平衡的影响 相图中系线长度由组成的总浓度决定。在临界点附近，系线长度趋向于零，上相和下相的组成相同，因此，分配系数应该是 1，随着聚合物和成相盐浓度增大，系线长度增加，上相和下相相对组成的差别就增大，产物如酶在两相中的表面张力差别也增大,这将会极大地影响分配系数,使酶富集于上相。

4. 双水相萃取操作

(1) 双水相体系组成选择　在选择双水相体系组成时,首先要考虑被分离物质在其中的分配系数,只有在较高分配系数的条件下,才能将目的物有效地分离出来。另外,要考虑经济性及对目标物质活性的影响。

(2) 双水相体系的制备　确定体系组成后,将形成双水相的聚合物或盐溶解在水中,搅拌制备双水相。通过控制聚合物或盐的浓度来调整分配系数大小。在保证聚合物或盐浓度不变的情况下,通过调整水量、盐和聚合物量来实现双水相体积变化,以达到一定的萃取率。

(3) 萃取　将原料液与双水相体系在搅拌下进行充分混合,一段时间后,静置分层,将目的相分离出来。

5. 双水相系统的应用实例

双水相萃取分离技术在生化工艺过程、中草药有效成分的提取、双水相萃取分析方面均得到成功应用,部分已实现工业化。

(1) 酶的提取和纯化　双水相的应用始于酶的提取。由于聚乙二醇-精葡聚糖体系太贵,而粗葡聚糖黏度又太大,目前研究和应用较多的是聚乙二醇-盐系统。如用 PEG 1000-磷酸盐组成的水相系统,萃取葡萄糖-6-磷酸脱氢酶,料液中湿细胞含量可高达30%,酶的提取率可达91%。在萃取酶的双水相系统中,酶主要分配在上相,菌体在下相或界面上。如果条件选择合适,不仅可以从发酵液中提取酶,实现它与菌体的分离,而且还可以把各种酶加以分离纯化。

(2) β-干扰素的提取　由于双水相系统萃取操作条件温和,成相的聚合物对生物活性分子有保护作用,所以特别适用于β-干扰素这些不稳定的、在超滤时易失活的蛋白质的提取和纯化。β-干扰素是合成纤维细胞或小鼠体内细胞的分泌物,培养基中总蛋白为1g/L,而它的浓度仅为0.1mg/L,用一般的聚乙二醇-葡聚糖体系,不能将β-干扰素与主要蛋白分开,必须使用带电基团或亲和基团的聚乙二醇衍生物如 PEG-磷酸酯与盐的系统,才能使β-干扰素分配在上相,杂蛋白完全分配在下相而得到分离,并且β-干扰素浓度越高,分配系数越大,纯化系数甚至可高达350。这一技术已用于 1×10^9 U β-干扰素的回收,收率达97%,干扰素的活性≥1×10^6 U/mg 蛋白质。这一方法与色谱分离技术相结合,组成双水相萃取-色谱分离联合流程已成功用于生产。

(3) 中草药有效成分的提取　有文献报道,以聚乙二醇-磷酸氢二钾双水相系统萃取甘草有效成分,在最佳条件下,分配系数达12.80,收率达98.3%。

用 PEG 6000-K_2HPO_4-H_2O 的双水相系统对黄芩苷和黄芩素进行萃取实验。由于芩苷和黄芩素都有一定憎水性,主要分配在富含聚乙二醇(PEG)的上相,两种物质分配系数最高可达30和35,分配系数随温度升高而降低,且黄芩苷降幅比黄芩素大。

虽然有关报道不多,但是展示了双水相系统萃取中草药有效成分有着良好的应用前景。

(4) 生物活性物质的分析检测　双水相系统萃取技术已成功地应用于免疫分析,生物分子间相互作用的测定和细胞数的测定。以免疫分析为例,一般免疫分析是依靠抗体和抗原之间达到一定平衡来分析的而双水相分析检测是根据分配系数的不同为基础进行分析。如强心药物羟基毛地黄毒苷的免疫测定,可用 ^{125}I 标记的黄毒苷与含有黄毒苷的血清样品混合,加入一定量的抗体,保温后加入双水相系统[7.5%(质量分数)PEG 4000,22.5%(质量分数)$MgSO_4$]分相后,抗体分配在下相,黄毒苷在上相,测定上相的放射性则可测定免疫效果。

(5) 相转移生物转化反应　在双水相体系中,加入生物催化剂(细胞或酶)使其分配在某一项中,选择适当的反应条件,加入需参与反应的物质。物质与催化剂在同一相中,反应生成的产物进入另一相,可以实现生物反应-产物分离耦合。由于产物分配进入另一相,可以降低产物对反应的影响,有利促进反应向生成物方向进行。

二、超临界流体萃取

流体在超临界状态下,其密度接近液体,具有与液体溶剂相当的萃取能力;其黏度接近于气体,传递阻力小,传质速率大于其处于液态下的溶剂萃取速率。基于超临界流体的这种优良特性,自20世纪70年代以来,迅速发展为一门综合了精馏与液液萃取两个单元操作的优点的独特的分离工艺。

1. 超临界流体

每一种物质都有其特征的临界参数,在压力-温度相图上(图4-36),称其为临界点。临界点对应的压力称为临界压力,用 p_C 表示,对应的温度称为临界温度,用 T_C 表示。不同的物质有不同的临界点。临界点是气体和液体转化的极限,饱和液体和饱和气体的差别消失。当温度和压力超过临界点值时,物质处于既不是液体也不是气体的超临界状态,称其为超临界流体(SCF)。常用的超临界流体有 CO_2、SO_2、NH_3、H_2O、CH_3OH、C_2H_5OH、C_2H_6、C_3H_8、C_4H_{10}、C_5H_{12}、C_2H_4、$CClF_3$ 等。

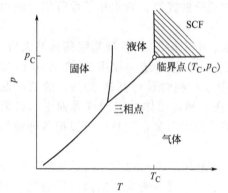

图4-36 临界点附近的 p-T 相图

超临界萃取中应用最多的是 CO_2。CO_2 的临界温度31.3℃,接近于室温,临界压力为7.38MPa,处于中等压力,目前工业水平易于达到,并且无毒、无味、性质稳定、不燃、不腐蚀、易于精制、易于回收。

2. 超临界萃取原理

溶质在一种溶剂中的溶解度取决于两种分子间的作用力,这种溶剂溶质之间的作用力随着分子靠近而强烈的增加,分子间作用力越大,溶剂的溶解度越大。超临界流体的密度越接近液体的密度,因此对溶质的溶解能力与液体基本相同。压力越大,超临界流体的密度越大,对溶质的溶解度也就越大,随着压力的降低,超临界流体的密度减小,溶解度急剧减小。表4-2列出了在超临界乙烯中溶质溶解度的计算值与实测值。

表4-2 超临界乙烯中溶质溶解度的比较(19.5℃)

溶质名称	压力/MPa	蒸气压/Pa	溶解度(质量分数)/%	
			计算值	实测值
癸酸	8.274	0.040	$3.3×10^{-10}$	2.8
十六烷	7.516	0.227	$2.1×10^{-7}$	29.3
己醇	7.930	91.992	$7.9×10^{-4}$	9.0

由此可见,在保持温度恒定条件下,通过调节压力来控制超临界流体的萃取能力或保持密度不变改变温度来提高其萃取能力。

从 CO_2 的 p-T 相图上可以看出,流体在临界区域附近,压力和温度的微小变化,会引起流体密度的大幅度变化,而非挥发性溶质在超临界流体中的溶解度大致和流体的密度成正比,保持温度恒定,增大压力,流体密度增大,对溶质的萃取能力增强;保持压力恒定,提高温度，流体密度相对减小，对溶质的萃取能力降低，使萃取剂与溶质分离。超临界流体萃取正是利用了这种特性，通过改变温度或压力来改变超临界流体密度，从而改变流体对物质的溶解能力，最终实现物质的分离。另外，有时为促进某些物质溶解，可在超临界流体中加入夹带剂或增溶剂。如水、某些低相对分子质量醇或酮等。

超临界流体的密度与液体基本相同，而其黏度比液体小 10～100 倍，其自扩散系数远大于液体的自扩散系数，可以迅速渗透到物体的内部溶解目标物质，快速达到萃取平衡。因此在固体内提取有效成分时，用超临界流体作为萃取剂远优于液体。

固体-流体二元体系的平衡是超临界流体相平衡中最简单的情况，其溶解度可通过相平衡理论计算。

当气固相达到平衡时：

$$f_i^V = f_i^S \tag{4-34}$$

式中 f_i^V——组分 i 在气相中的逸度，atm；
f_i^S——组分 i 在固相中的逸度，atm。

$$f_i^V = p y_i \varphi_i \tag{4-35}$$

式中 p——总压，atm；
y_i——气相组分 i 的摩尔分数，%；
φ_i——组分 i 的逸度系数。

因为气体在固相中的溶解度可以忽略不计，所以固相可以看作是纯相。组分 i 在固相中逸度可表示为：

$$f_i^S = p_i^S \varphi_i^S \exp\left[\frac{V_i^S(p - p_i^S)}{RT}\right] \tag{4-36}$$

式中 p_i^S——纯固态组分 i 的饱和蒸气压，atm；
φ_i^S——组分 i 在压力为 p_i^S 时的逸度系数；
V_i^S——纯固态组分 i 的固态摩尔体积，m³/mol；
p——体系的总压，atm。

综合式(4-33)～式(4-35) 可得固体在超临界流体中的溶解度 y_i：

$$y_i = \frac{p_i^S}{p} \times \frac{\varphi_i^S}{\varphi_i^V} \exp\left[\frac{V_i^S(p - p_i^S)}{RT}\right] \tag{4-37}$$

令

$$E = \frac{\varphi_i^S}{\varphi_i^V} \exp\left[\frac{V_i^S(p - p_i^S)}{RT}\right]$$

则式(4-37) 可简化为：$y_i = \frac{p_i^S}{p} E$

E 称为增强因子，当 $E = 1$ 时，是固体溶解在理想气体中的溶解度，称为理想溶解度。E 值的大小，直接反映了固体溶解在超临界流体中的值较之在相同温度，压力下的理想气体中增大的倍数。

在压力不高的情况下，E 可由简化维里方程得出：

$$\ln E = \frac{V_i^S - 2B_{12}}{V} \tag{4-38}$$

式中 B_{12}——第二维里系数，表示组分 i 与超临界流体（组分 1）相互作用能的大小。作用能越大，B_{12}（为负值）的绝对值就越大，E 也就越大。

3. 影响超临界流体萃取的因素

（1）超临界流体的性质　不同的超临界流体对溶质具有不同的溶解能力，在超临界流体萃取操作中，溶剂的选择很重要。一般要求超临界状态下的流体具有：①较高的溶解能力，且有一定的亲水、亲油平衡；②能容易与溶质分离，无残留，不影响溶质品质；③化学性质稳定，无毒无腐蚀性；④纯度高；⑤来源丰富，价格便宜。选择不同的超临界流体，具有不同的萃取效果。

(2) 操作条件的影响　压力大小是影响流体溶解能力的关键因素之一。例如当压力小于 7MPa 时，萘在 CO_2 中的溶解度极小，当压力升至 25MPa 时，其溶解度可达 70g/L。由超临界流体特性可知，在临界点附近，压力增加，溶解度会有显著的增大。因此，压力一般控制在临界点附近。

温度对超临界流体萃取过程的影响比较复杂。一方面是温度升高，流体密度降低，溶解能力下降；另一方面是温度升高，溶质的溶解度增大。因此，选择合适的超临界流体萃取温度非常重要。

(3) 夹带剂的影响　大量试验研究表明，在超临界流体中加入少量的第二组分溶剂，可以大大提高其溶解能力，这种第二组分溶剂称为夹带剂，也称为提携剂、共溶剂或修饰剂。一般情况下，溶解度随夹带剂加入量的增加而增加；另外，夹带剂的加入使压力对溶解度的影响幅度增大，有利于萃取分离的进行。

夹带剂一般选用挥发度介于超临界流体和被萃取溶质之间的溶剂，多为液体溶剂，加入量一般为 1%～5%。如甲醇、乙醇、丙酮、乙酸乙酯等溶解性能较好的溶剂，均是较好的夹带剂。

4. 超临界流体萃取特点

超临界流体萃取与一般萃取分离技术相比有如下特点：①通常在较低的温度下进行，特别适合于分离热敏性物质；②可同时完成蒸馏和萃取两个过程，可分离较难分离的有机混合物，特别是对同系物的分离与精制；③有较强的传递性能与渗透能力，有利于快速萃取和分离；④具有良好的选择性；⑤在萃取过程中没有相变化，只涉及显热，可节省能源；⑥超临界 CO_2 无毒，适合于食品医药等行业；⑦设备在高压下操作，设备投资大。

5. 超临界流体萃取工艺

超临界流体萃取过程分萃取和分离两个阶段，根据分离条件不同其萃取工艺分为：等温变压法、等压变温法以及吸附法等，见图 4-37。

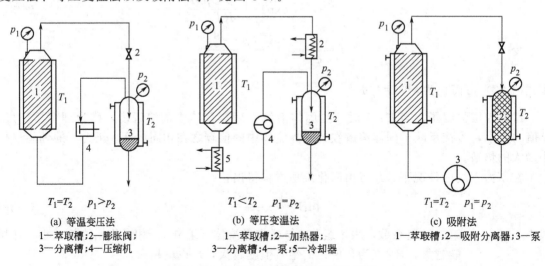

图 4-37　超临界流体萃取典型工艺流程

(1) 等温变压法　萃取和分离在同一温度下进行。萃取完成后，萃取了溶质的超临界流体通过膨胀阀进入分离系统,此时压力下降,超临界流体密度下降,对溶质的溶解度下降,于是溶质析出得以分离。释放了溶质后的萃取剂经压缩机加压后再循环使用。这种方法应用较多,生产中由于高压操作,有适量流体损失,可定期补充适量萃取剂。

(2) 等压变温法　萃取和分离在同一压力下进行。萃取完成后,萃取了溶质的超临界流体经加热器适当升温后进入分离系统,此时温度升高,超临界流体密度下降,对溶质的溶解度下降,于是溶质析出得以分离。释放了溶质的萃取剂经压缩机加压,并经冷却器降温后再循环使用。这种方法分离和萃取均在高压下进行,设备投资较大,且分离中需升温,对热敏性物质不适用,但压缩机功耗小。

(3) 吸附法　分离和萃取均在同一温度、压力下进行。萃取完成后,萃取了溶质的超临界流体经过一装有吸附剂的吸附分离器,使萃取剂与溶质分离。分离后的萃取剂经适当加压后循环使用,吸附了溶质的吸附剂进行解析、再生,将溶质分离出来。此种方法十分节能,但需增加吸附设备及吸附剂处理工艺过程。

6. 超临界流体的应用实例

(1) 用超临界 CO_2 从咖啡中脱除咖啡因　超临界 CO_2 可以有选择性地直接从原料中萃取咖啡因而不失其芳香味。具体过程为将绿咖啡豆预先用水浸泡增湿,用 70～90℃、16～22MPa 的超临界 CO_2 (这时 $\rho_{CO_2} \approx 0.4~0.65 g/cm^3$)进行萃取,咖啡因从豆中向流体相扩散然后随 CO_2 一起进入水洗塔,用 70～90℃ 水洗涤,约 10h 后,所有的咖啡因都被水吸收;该水经脱气后进入蒸馏器回收咖啡因。CO_2 可循环使用。通过萃取,咖啡豆中的咖啡因可以从原来的 0.7%～3% 下降到 0.02% 以下,具体工艺流程见图 4-38。

(2) 用超临界 CO_2 萃取啤酒花　超临界 CO_2 萃取啤酒花的主要理论依据是它在液体 CO_2 中的溶解度随着温度强烈地变化。具体的工艺流程图见图 4-39。首先将非极性的液体 CO_2 泵入装有含酒花软树脂的柱 1 或柱 2 中,CO_2 压力控制在 5.8MPa 并预冷到 7℃,使 α-酸萃取率达到最大;接着,萃取液体进入蒸发器中(分离器),CO_2 在 40℃ 左右蒸发,非挥发性物质在蒸发器底部沉积,CO_2 气流用活性炭吸附的办法去污并在增压后重新用于萃取,每次循环损耗小于 1%。

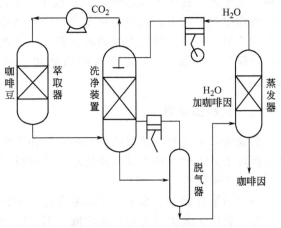

图 4-38　超临界 CO_2 从咖啡中脱除咖啡因示意图

(3) 超临界萃取尼古丁与啤酒花萃取不同,在烟草处理过程中,所需的是经处理后的萃余物-烟草,而尼古丁萃取物是次要的东西。

尼古丁超临界流体萃取分单级和多级过程。单级工艺流程中水含量约定俗成 5%,温度控制在 68～133℃,压力为 30MPa。萃取后的烟草经干燥后进一步加工处理,萃取物-尼古丁可通过减压升温或吸附等方法进行分离。单级萃取的缺点是不利于保留烟草香味。多级萃取工艺流程见图 4-40。第一级中,CO_2 有选择地将香味从新鲜烟草中移去,加入到已脱除尼古丁和香味的烟草中去。第二级中,将烟草增湿,在等温等压的循环操作中脱除尼古丁。第三级中,通过反复溶解和沉淀,将香味均匀分布在烟草中。经这样萃取后的烟草尼古丁含量可降低 95% 左右。

由于超临界流体萃取毒性小、温度低、溶解性能好,非常适合生化产品的分离和提取,

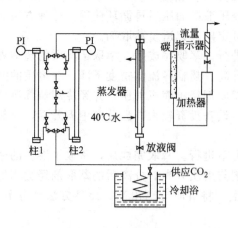
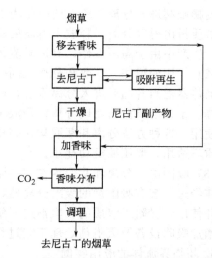

图 4-39 超临界 CO_2 萃取啤酒花的工艺流程图　　图 4-40 超临界 CO_2 多级萃取尼古丁示意图

近年来在生化工程上的应用研究愈来愈多，如超大型临界 CO_2 萃取氨基酸、从单细胞蛋白的游离物中提取脂类、从微生物发酵的干物质中萃取 γ-亚麻酸、用超临界 CO_2 萃取发酵法生产的乙醇，以及各种抗生素的超临界流体干燥，脱除丙酮、甲醇等有机溶剂，避免产品的药性降低等。可以预料，在不久的将来超临界流体萃取技术一定会取得越来越多的可喜成果。

三、反胶团萃取

反胶团萃取是利用表面活性剂在有机相中形成分散的亲水微环境，使蛋白质类生物活性物质溶解于其中的一种生物分离技术。其本质仍是液液有机溶剂萃取。

1. 反胶团

将表面活性剂溶于水中，当其浓度达到一定值后，表面活性剂就会在水溶液中形成聚集体，称为胶团。表面活性剂在水溶液中形成胶团的最低浓度称为临界胶团浓度。由于表面活性剂是由亲水憎油的极性基团和亲油憎水的非极性基团组成的两性分子，在水溶液中，当表面活性剂的浓度超过临界胶团浓度时，其亲水憎油的极性基团向外与水相接触，亲油憎水的非极性基团向内，形成非极性核心，此核心可溶解非极性物质，这种聚集体，就是胶团。而在有机溶剂中加入表面活性剂，当其浓度超过临界胶团浓度时，形成聚集体，称为反胶团。在反胶团中，表面活性剂亲油憎水基向外，亲水憎油基向内，形成一个极性核，此极性核具有溶解极性物质的能力。因此，有机物中的反胶团可溶解水。反胶团中溶解的水通常称为微水相或"水池"。当含有此种反胶团的有机溶剂与蛋白质的水溶液接触后，蛋白质及其他亲水物质能通过整合作用进入"水池"。由于水层和极性基团的存在，为生物分子提供了适宜的亲水微环境，保持了蛋白质的天然构型，不会造成失活。蛋白质在反胶团中的溶解示意图见图 4-41。

胶团或反胶团的形成均是表面活性剂分子自聚集的结果，是热力学稳定的体系。当表面活性剂在有机相中形成反胶团时，水在有机溶剂中的溶解度随表面活性剂的浓度增大而呈线性增大，因此可通过测定有机相中平衡水浓度的变化，确定形成反胶团的最低表面活性剂浓度。

反胶团通常为球形，也有人认为是椭球形或棒形。对于球形反胶团，其内水池的半径可表示为：

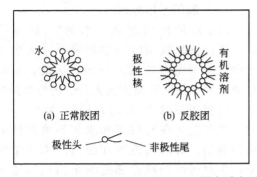 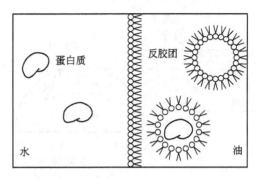

图 4-41　蛋白质在反胶团中的溶解示意图

$$R=\frac{3W_0 M_r}{\alpha_{au} N \rho} \tag{4-39}$$

式中　R——反胶团内水池半径；

　　　W_0——有机相中水与表面活性剂的摩尔比，又称为含水率；

　　　M_r——水的相对分子质量；

　　　ρ——水的密度；

　　　α_{au}——界面处一个表面活性剂分子的面积；

　　　N——阿伏加德罗常数。

反胶团的半径一般为 10～100nm。其大小与溶剂和表面活性剂的种类与浓度、温度、离子强度等因素有关。

在反胶团萃取蛋白质的研究中，常用的是阴离子表面活性剂丁二酸-2-乙基己酸酯磺酸钠（AOT），其结构式如图 4-42 所示。由于 AOT 具有双链，极性基团较小，形成反胶团时不需加入助表面活性剂，形成的反胶团较大，有利于大分子的进入。除 AOT 外，还有 DOLPA（二油基磷酸）。常用的阳离子表面活性剂有：十六烷基三甲基溴化铵（CTAB）、十二烷基二甲基溴化铵（DDAB）、氯化三辛基甲烷（TOMAC）、十二烷基丙酸铵（DAP）等。

图 4-42　AOT 的结构式

反胶团不是刚性球体，而是热力学稳定的体系。在有机相中反胶团以非常高的速度生长和破灭，不停地交换其构成分子，因此反胶团萃取平衡同样是动态平衡。

反胶团系统中的水通常可分为两部分，即结合水和自由水。结合水是指位于反胶束内部形成水池的那部分水，自由水为存在于水相中的那部分水。当反胶团的含水率 W_0 较低时，结合水与自由水的理化性质相差很大。例如以 AOT 为表面活性剂，当 W_0 小于 6～8 时，反胶团微水相的水分子受表面活性剂亲水基团的强烈束缚，表观黏度上升，疏水性也极高。随着 W_0 的增大，这些现象逐渐减弱，当 $W_0>16$ 时，结合水与自由水接近，反胶团内可形成双电层。但即使当 W_0 很大时，结合水的理化性质也不可能与自由水完全相同。

2. 反胶团萃取原理

由于反胶团内存在"水池",故可溶解肽、蛋白质和氨基酸等生物分子,为生物分子提供易于生存的微水环境。因此,反胶团萃取可用于蛋白质类生物大分子的分离纯化。

反胶团萃取蛋白质的过程,如图4-43所示,主要发生在有机相和水相界面间的表面活性剂层。表面活性剂和蛋白质都是带电分子,表面活性剂层在邻近的蛋白质作用下变形;接着在两相界面形成了包含有蛋白质的反胶团;然后反胶团扩散进入有机相,从而

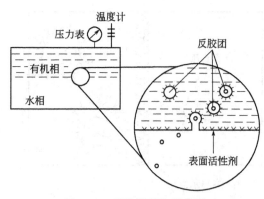

图4-43 反胶团萃取示意图

实现了蛋白质的萃取。如果将得到的萃取液再与水相接触,通过改变水相的pH、离子种类或强度等条件,又可使蛋白质由有机相重新返回水相,实现反萃取过程。

蛋白质在反胶团内的溶解情况,可用"水壳"模型解释:大分子的蛋白质位于"水池"中心,周围存在的水层将其与胶团内壁(表面活性剂)隔开,从而使蛋白质分子不与有机溶剂直接接触。该模型较好地解释了蛋白质在反胶团内的状况。

蛋白质溶解于AOT等离子型表面活性剂形成的反胶团的主要推动力是静电相互作用。阴离子表面活性剂如AOT形成的反胶团内表面带负电荷,阳离子表面活性剂如TOMAC形成的反胶团内表面带正电荷。若水相pH值偏离蛋白质等电点(用pI表示),当pH<pI,蛋白质带正电荷;pH>pI,蛋白质带负电荷。溶质所带电荷与表面活性剂相反时,由于静电引力的作用,溶质易溶于反胶团,溶解率或分配系数较大。如果溶质所带电荷与表面活性剂相同,则不能溶解到反胶团中。根据不同蛋白质在AOT中的溶解度实验,在等电点附近,当pH<pI,即在蛋白质带正电荷的范围内,蛋白质在反胶团中的溶解率接近100%,说明静电相互作用对反胶团萃取起决定性作用。

此外,反胶团与蛋白质等生物分子间的空间相互作用对蛋白质的溶解率也有重要影响。亲水性物质如蛋白质、核酸和氨基酸等,都可以通过溶入反胶团"水池"来达到它们溶于非水溶剂中的目的。反胶团"水池"直径的大小,直接影响蛋白质的萃取率。从球形反胶团半径计算公式可知,随着W_0的降低,反胶团半径减小。分子量大的蛋白质分子进入反胶团时就受到排斥,致使蛋白质的萃取率减小。利用这一特性,通过改变有机相与水相的摩尔比,调节反胶团"水池"的大小形状,就可以对不同分子量的蛋白质利用反胶团萃取实现选择性分离。

综上所述,由于蛋白质与表面活性剂均带有电荷,根据异性电荷相互吸引的原理,反胶团可以对蛋白质进行选择性萃取,改变条件可以改变蛋白质的荷电情况,从而改变选择性和萃取效率。另外,调节水相与有机相的比例可调节反胶团的大小,也可以实现对不同大小的蛋白质进行选择性萃取,特别是对分子量大小相差较悬殊的蛋白质的分离更加适用。

3. 反胶团体系分类

(1) 单一表面活性剂反胶团体系 使用单一的表面活性剂(阴离子或阳离子表面活性剂)构成的反胶团体系。如AOT构成的反胶团体系,反胶团体积相对较大,适用于等电点较高的、相对分子质量较小的蛋白质的分离。

(2) 混合表面活性剂反胶团体系 使用两种或两种以上表面活性剂构成的反胶团体系。一般来说,混合表面活性剂反胶团体系对蛋白质有更高的分离效率。例如将AOT与DEH-PA[二(2-乙基己基)磷酸]构成的混合体系,可萃取相对分子量较大的牛血红蛋白,萃取

率达 80%。

（3）亲和反胶团体系　加有亲和特性助剂的反胶团体系。由于亲和配基与目标蛋白质有特异的结合能力，往往极少量的亲和配基的加入就会使萃取蛋白质的选择性大大提高。如以一种三嗪蓝染料 CB（Cibacron 3GA）为亲和配基，极少量加入 CTAB 体系后，可以萃取原来不能被萃取的牛血清蛋白。

4. 影响反胶团萃取蛋白质的主要因素

反胶团萃取蛋白质，与反胶团内表面电荷与蛋白质的表面电荷间的静电作用，以及反胶团的大小有关。任何可以增强静电作用或导致形成较大的反胶团的因素，都有助于蛋白质的萃取。表 4-3 列出了影响反胶团萃取蛋白质的主要因素。

表 4-3　影响反胶团萃取蛋白质的主要因素

与反胶团有关的因素	与水相关的因素	与目标蛋白质有关因素	与环境有关因素
表面活性剂的种类	pH 值	蛋白质的等电点	系统的温度
表面活性剂的浓度	离子的种类	蛋白质的大小及疏水性	系统的压力
有机溶剂种类	离子的强度	蛋白质的浓度	
助表面活性剂及其浓度		蛋白质表面电荷分布	

通过对上述因素进行系统的研究，确定最佳工作条件，就可得到合适的蛋白质萃取率，从而达到分离纯化的目的。下面对影响反胶团萃取的主要因素进行讨论。

（1）水相 pH 值对萃取的影响　蛋白质溶入反胶团的推动力是静电引力，只有当蛋白质所带电荷与表面活性剂所带电荷相反时，才会有静电吸引使蛋白质进入反胶团，而决定蛋白表面电荷的状态是水相的 pH 值。pH<pI 时，蛋白质带正电荷；pH=pI 时，蛋白质不带电荷；pH>pI 时，蛋白质带负电荷。因此，水相的 pH 值是影响反胶团萃取最主要因素。在 AOT 等于 50mmol/L 的溶液中，pH 值对细胞色素 C、溶菌酶、核糖核酸酶 a 这三种蛋白质反胶团溶解率的影响见图 4-44。

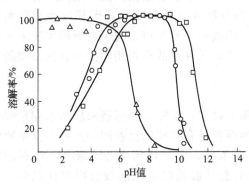

图 4-44　pH 值对蛋白质溶解率的影响
○—细胞色素 C（pI=10.6）；□—溶菌酶（pI=11.1）；
△—核糖核酸酶 a（pI=7.8）

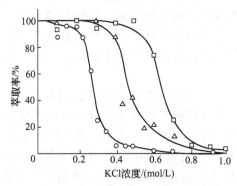

图 4-45　离子强度对蛋白质萃取率影响
○—细胞色素 C（pI=10.6）；□—溶菌酶（pI=11.1）；
△—核糖核酸酶 a（pI=7.8）

由图 4-44 可见，在等电点附近，蛋白质溶解率急剧变化，当 pH<pI，即在带正电荷的范围内，蛋白质溶解率接近 100%。当 pH 值很低时，细胞色素 C 和溶菌酶的溶解率急剧下降。可能是水相中溶解的微量 AOT 与蛋白质发生静电和疏水作用形成缔合体，引起蛋白质变性，不能正常地溶解在反胶团中。

（2）离子的种类和强度的影响　反胶团相接触的水溶液离子强度以几种不同方式影响着蛋白质的分配。①随着离子强度（即盐浓度）增大，反胶团内表面的双电层变薄，减弱了蛋白质与反胶团内表面之间静电吸引，从而降低蛋白质的溶解率。②离子强度增大，也减弱了表面活性剂极性基团之间的斥力，使反胶束变小，使大分子进入胶束的阻力增大。③离子强度增大后，增大了离子向反胶团内"水池"的迁移并取代其中蛋白质的倾向，蛋白质从反胶团内再被盐析出来。离子强度（KCl 浓度）对萃取核糖核酸酶 a、细胞色素 C 和溶菌酶的影响见图 4-45。由图 4-45 可知，在较低的 KCl 浓度下，蛋白质几乎全部被萃取；当 KCl 浓度高于一定值时，萃取率就开始下降，直至几乎为零。当然，不同蛋白质萃取率开始下降时的 KCl 浓度是不同的。

(3) 表面活性剂的种类和浓度的影响　阴离子表面活性剂、阳离子表面活性剂和非离子表面活性剂都可用于形成反胶团，关键是应从反胶团萃取蛋白质的机理出发，选用有利于增强蛋白质表面电荷与反胶团内表面电荷间的静电作用和增加反胶团大小的表面活性剂。除此以外，还应考虑形成反胶团变大（由于蛋白质的进入）所需的能量的大小以及反胶团表面的电荷密度等因素，这些都会对萃取产生影响。

增大表面活性剂的浓度可增加反胶团的数量，从而增大对蛋白质的溶解能力。但表面活性剂浓度过高时，有可能在溶液中形成比较复杂的聚集体，同时会增加对反萃过程的难度。某些蛋白质还存在一个表面活性剂的临界浓度，高于或低于此浓度都会引起萃取率的降低。

(4) 溶剂体系的影响　溶剂的性质，尤其是极性，对反胶团的形成、大小都有很大的影响。常用的溶剂有烷烃类（正己烷、环己烷、正辛烷、异辛烷、正十二烷等），四氯化碳，氯仿等。有时也添加助溶剂。如醇类（正丁醇等）来调节溶剂体系的极性，改变反胶团的大小，增加蛋白质的溶解率。

(5) 温度的影响　温度的变化对反胶团系统中的物理化学性质有剧烈的影响，升高温度能够提高蛋白质在有机相的溶解率。例如增加温度可使 α-胰凝乳蛋白酶和胰增血糖素进入 NH_4^+-三氯甲烷相，并在转移率上分别增加 50% 和 100%。

5. 反胶团技术操作方法

形成含有蛋白质反胶团的方法有三种。①相转移法，将含有蛋白质的水溶液与含有表面活性剂的有机溶剂接触，在缓慢搅拌下，部分蛋白质移入有机相中，直到萃取达到平衡状态。②溶解法，对于水不溶性蛋白质，将含水的反相微胶团有机溶剂与蛋白质固体粉末一起搅拌，形成含蛋白质的反胶团。③注入法，向含有表面活性剂的有机相中注入含蛋白质的水溶液。

6. 反胶团萃取蛋白质工艺过程

用反胶团萃取法从水溶液中分离蛋白质包括两个过程：首先是目标蛋白质从水相选择性地进入有机相的反胶团中；第二过程是用适当水溶液再将有机相的反胶团中蛋白质反萃取到水相。萃取操作可用传统的液液萃取设备：混合-澄清槽、萃取塔与离心萃取器。如利用混合-澄清槽进行萃取：首先，含蛋白质的水溶液与含有反胶团的有机溶液进行搅拌混合，一段时间后送入澄清槽静置分层，分出含有反胶团的有机相，弃去水相；其次，将含反胶团的有机相再与水溶液进行搅拌混合，一段时间后再送入澄清槽进行静置分层，得含蛋白质的水相，含有反胶团的有机相循环利用。

思 考 题

1. 在液液萃取中，选择萃取剂的理论依据和基本原则是什么？
2. 何谓分配定律？分配系数与分离因数有什么区别和联系？
3. 用一单级接触式萃取器，以三氯乙烷为萃取剂，从丙酮-水溶液中萃取出丙酮。若原料液的质量为 120kg，其中含有丙酮 54kg，萃取后所得萃余相中丙酮含量为 10%，试求：

(1) 所需萃取剂（三氯乙烷）的质量；
(2) 所得萃取相的量及含丙酮的质量分率；
(3) 若将萃取相的萃取剂全部回收后，所得萃取液的组成及质量。

丙酮-水-三氯乙烷系统的连接线数据见下表［表中各组成均为质量分数（%）］

水相			三氯乙烷相		
三氯乙烷	水	丙酮	三氯乙烷	水	丙酮
0.44	99.56	0	99.89	0.11	0
0.52	93.52	5.96	90.93	0.32	8.75
0.60	89.40	10.00	84.40	0.60	15.00
0.68	85.35	13.97	78.32	0.90	20.78
0.79	80.16	19.05	71.01	1.33	27.66
1.04	71.33	27.63	58.21	2.40	39.39
1.60	62.67	35.73	47.53	4.26	48.21
3.75	50.20	46.05	33.70	8.90	57.40

4. 影响溶剂萃取的因素有哪些？
5. 不同的萃取方式，各有什么特点？相同级数的错流萃取和逆流萃取，哪一种萃取效率高？达到相同的萃取效率，哪一种萃取方式用的萃取剂少？
6. 分馏萃取与多级逆流萃取在流程上有什么不同？其最显著的特点是什么？
7. 物理萃取和化学萃取有什么区别？
8. 已知在 pH=3.5 时，放线菌素 D 在乙酸乙酯相与水相中的分配系数为 57；原料液的处理量为 $4.5m^3/h$，所用萃取剂的量为 $0.39m^3/h$，试分别计算：
(1) 采用单级萃取时，放线菌素 D 的理论收率；
(2) 采用三级逆流萃取时，放线菌素 D 的理论收率；
(3) 采用三级错流萃取时，各级加入萃取剂的量分别为 $0.2m^3/h$、$0.1m^3/h$、$0.09m^3/h$ 时，放线菌素 D 的理论收率。
9. 乳化现象是如何发生的？在生产中怎样防止乳化现象的发生？如何破乳？
10. 萃取操作主要设备有哪些？各有何特点？
11. 简述用醋酸丁酯萃取青霉素的生产工艺及操作过程，分析为什么要这样操作？
12. 浸取与溶剂萃取有何异同？
13. 简述浸取过程机理。浸取方法有哪些？如何操作？
14. 影响浸取的因素有哪些？如何选择浸取溶剂？
15. 为什么要对浸取物料进行预处理？怎样进行？
16. 浸取设备有哪些？主要结构特点是什么？
17. 举例说明双水相萃取原理。
18. 影响双水相萃取的因素有哪些？
19. 什么是超临界流体萃取？举例说明超临界萃取的流程。
20. 什么是反胶团？反胶团萃取的特点是什么？
21. 影响反胶团萃取的因素有哪些？

第五章 沉淀技术

【学习目标】
① 了解蛋白质的基本性质；
② 掌握蛋白质沉淀的基本原理；
③ 掌握沉淀技术的基本方法；
④ 能够正确进行蛋白质的沉淀分离操作，并能分析影响沉淀的有关因素。

沉淀技术是通过加入试剂或改变条件，使溶液中的溶质离开溶液生成不溶性颗粒而沉降析出的技术。利用沉淀技术进行生化产物分离的主要优点是操作简便、生产所需要的原材料易得、成本低廉，在产物浓度越高的溶液中沉淀越有利、收率越高，既可以用于实验室，也可以进行工业规模化生产。缺点是产品质量较低，一般情况需要精制，过滤比较困难。本章着重介绍蛋白质的沉淀原理及沉淀技术。

第一节 蛋白质沉淀的基本原理

沉淀是溶液中的溶质由液相变成固相析出的过程。在生化分离过程中，通过沉淀，将目的生物大分子转入固相沉淀或留在液相，而与杂质分离。此方法的基本原理是根据不同物质在溶剂中的溶解度不同而达到分离的目的。不同溶解度的产生是由于溶质分子之间及溶质与溶剂分子之间亲和力的差异而引起的。溶解度的大小与溶质和溶剂的化学性质及结构有关，溶剂组分的改变或加入某些沉淀剂以及改变溶液的pH值、离子强度和极性等都会使溶质的溶解度产生明显的改变。蛋白质的沉淀主要是由其性质决定。

一、蛋白质的溶解性

蛋白质是由许多氨基酸缩合形成的一条或几条多肽链所组成的两性高分子聚合物，溶解性是由其组成、构象以及分子周围的环境所决定。在水溶液中，多肽链中的疏水性氨基酸残基向内部折叠的趋势，使亲水性氨基酸残基分布在蛋白质立体结构的外表面。因此，蛋白质表面大部分是亲水的，而其内部大部分是疏水的（见图5-1），亲水和疏水区域的分布和程度将决定蛋白质在水相环境中的溶解程度。在生理pH值条件下，如果这些可离子化的基团和水分子在蛋白质表面同时存在，则离子化基团至少能部分带电并被溶剂化。分子量的大小对蛋白质的溶解度也会有影响，通常情况下分子量小的蛋白质比在结构上类似的大分子量蛋白质更易溶解。

另外，蛋白质的溶解度同样也取决于所处环境的物理化学性质。影响蛋白质溶解度的外部因素主要有温度、pH、介电常数和离子强度。但是在同一特定的外部条件下，不同的蛋白质具有不同的溶解度，这是因为溶解度归根结底取决于溶质本身的分子结构。如分子所带电荷的性质和数量、亲水与疏水基团的比例及两种基团在蛋白质分子表面的排列等。

影响蛋白质溶解度的主要因素分成蛋白质性质和溶液性质两类。蛋白质性质的因素有：分子大小、氨基酸组成、氨基酸序列、可离子化的残基数、极性/非极性残基比率、极性/非极性残基分布、氨基酸残基的化学性质、蛋白质结构、蛋白质电性、化学键性质。溶液性质的因素有：溶剂可利用度（如水）、pH 值、离子强度、温度。由于改变蛋白质性质较难，故对其溶解度的调控，常常是通过改变溶液的性质来实现的。

当然，蛋白质也可用改变其结构的办法来使其不可溶，改变的方法是使埋藏在分子内部的疏水基团暴露出来，但这种分子结构的改变是不可逆转的，会引起蛋白质的变性。利用蛋白质的相对热稳定性，进行选择性变性，以用于蛋白质的分离，但这并不是真正的沉淀过程。

二、蛋白质胶体溶液的稳定性

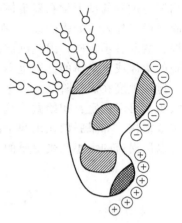

图 5-1 蛋白质分子表面的憎水区域和荷电区域
⚬─ 水分子；⊕ 阳离子；
⊖ 阴离子；▨ 憎水区域；
▓ 荷负电区域；▩ 荷正电区域

蛋白质溶液是一种分散系统。蛋白质分子是分散相，水是分散介质。就其分散程度来说，蛋白质溶液属于胶体系统，但是它的分散相质点是分子，它是蛋白质分子与溶剂（水）所构成的均相系统，分散程度以分散相质点的半径来衡量。根据分散程度可以把分散系统分为 3 类：分散相质点小于 1nm 的为真溶液，大于 100nm 的为悬浊液，介于 1~100nm 的为胶体溶液。从蛋白质相对分子量的测定和形状的观测知道，其分子的大小已达到胶体质点 1~100nm 范围之内，具有胶体性质，如布朗运动、丁达尔现象、电泳现象、黏度大以及不能透过半透膜的性质等。

球状蛋白质的表面多亲水基团，具有强烈地吸引水分子作用，使蛋白质分子表面常为多层水分子所包围。实验证明，每一克蛋白质约可以结合 0.3~0.5g 的水，使蛋白质分子表面形成一层水膜，称水化膜。蛋白质分子表面具有许多可解离的基团，因此在一定的 pH 条件下，能与其周围电性相反的离子形成所谓双电层。由于水化膜和双电层这两种稳定的因素，使蛋白质溶液成为亲水的胶体溶液。由于水化膜和双电子层的存在，蛋白质颗粒彼此不能接近，因而增加了蛋白质溶液的稳定性，阻碍蛋白质胶粒从溶液中沉淀出来。

三、沉淀动力学

溶解度是一个平衡特性，但是溶解度的降低是一个动力学过程。当体系变得不稳定以后，分子互相碰撞并产生聚集作用。通常认为相互碰撞由下面几种运动引起：①热运动（布朗运动）；②对流运动，由机械搅拌产生；③差速沉降，由颗粒自由沉降速度不同造成的。其中①和②两种机理在蛋白质沉淀中起主导作用，而机理③在沉降过程中起主导作用（如在废水处理中）。由布朗运动所造成的碰撞导致异向聚集，而由对流运动所造成的碰撞导致同向聚集。

为了简化沉淀过程的动力学，可把沉淀过程分成下述 6 个步骤：①初始混合，蛋白质溶液与沉淀剂在强烈搅拌下混合；②晶核生成，新相形成，产生极小的初始固体微粒；③扩散限制生长，晶核在布朗扩散作用下生长，生成亚微米大小的核，这一步速度很快；④流动引起的生长，这些核通过对流传递（搅拌）引起的碰撞进一步生长，产生絮体或较大的聚集体，这一步是在较低的速度下进行的；⑤絮体的破碎，破碎取决于它们的大小、密度和机械阻力；⑥聚集体的陈化，在陈化过程中，絮体取得大小和阻力平衡。

沉淀剂的性质和浓度、加入蛋白质溶液的方式、反应器的几何形状和水的力学特性都会影响沉淀过程的动力学和聚集体的数量与大小。沉淀剂的加入可快可慢,可以溶液形式也可以固体形式加入(如硫酸铵)。在搅拌式反应器或管式反应器或活塞式流动反应器中,它们的混合情况各不相同,因此沉淀剂和蛋白质溶液之间的接触状况在这些反应器中很不相同,得到的絮体或聚集体的性质也不相同。

搅拌强度在成核阶段是一个非常重要的因素,可以通过混合速率来控制初始微粒的数量和大小。可以假定:初始微粒是在非常小的液体穴内形成的(湍动的涡流),在此穴中沉淀剂扩散很快。如果脱稳作用快于涡流存在的时间,则沉淀物中所含的蛋白质多少和微粒的大小可以用涡流的大小和蛋白质的含量(蛋白质浓度)来计算。

第二节 蛋白质沉淀技术实施

一、基本方法

蛋白质的沉淀有可逆和不可逆沉淀两种。蛋白质发生沉淀后,若用透析等方法除去使蛋白质沉淀的因素后,可使蛋白质恢复原来的溶解状态,这就是蛋白质的可逆沉淀。重金属盐类、有机溶剂、生物碱试剂等也可使蛋白质发生沉淀,但不能用透析等方法除去沉淀剂而使蛋白质重新溶解于原来的溶剂中,这种沉淀作用称为不可逆的沉淀。生化分离纯化中最常用的几种蛋白质的沉淀方法是:盐析法(中性盐沉淀)、有机溶剂沉淀法、选择性沉淀法(热变性沉淀和酸碱变性沉淀)、等电点沉淀法、有机聚合物沉淀法、聚电解质沉淀法、金属离子沉淀法。

1. 盐析法(中性盐沉淀)

盐析法中常用的中性盐有 $(NH_4)_2SO_4$、Na_2SO_4、NaH_2PO_4 等。

中性盐对蛋白质的溶解度有显著影响,一般在低盐浓度下随着盐浓度升高,蛋白质的溶解度增加,称为"盐溶";当盐浓度继续升高时,蛋白质的溶解度不同程度下降并先后析出,这种现象称"盐析"。盐析沉淀的蛋白质,经透析除盐,可恢复蛋白质的活性。除蛋白质和酶以外,多肽、多糖和核酸等都可以用盐析法进行沉淀分离,20%~40%饱和度的硫酸铵可以使许多病毒沉淀,43%饱和度的硫酸铵可以使 DNA 和 rRNA 沉淀,而 tRNA 保留在上清液中。盐析法突出的优点是:①成本低,不需要特别昂贵的设备;②操作简单、安全;③对许多生物活性物质具有稳定作用。常用于各种蛋白质和酶的分离纯化。

(1) 中性盐沉淀蛋白质的基本原理 蛋白质和酶均易溶于水,因为该分子的—COOH、—NH_2 和—OH 都是亲水基团,这些基团与极性水分子相互作用形成水化层,包围于蛋白质分子周围形成 1~100nm 颗粒的亲水胶体,削弱了蛋白质分子之间的作用力。蛋白质分子表面极性基团越多,水化层越厚,蛋白质分子与溶剂分子之间的亲和力越大,因而溶解度也越大。亲水胶体在水中的稳定因素有两个:即电荷和水膜。因为中性盐的亲水性大于蛋白质和酶分子的亲水性,在加入无机盐量较少时,无机盐离子在蛋白质表面上吸附,使颗粒带相同电荷而互相排斥,同时无机盐离子增加了蛋白质的亲水性,改善了与水膜的结合,增加了蛋白质分子与溶剂分子相互的作用力,使蛋白质的溶解度增加。相反,当加入大量中性盐后,无机盐夺走了水分子,破坏了水膜,暴露出疏水区域,同时又中和了电荷,破坏了亲水胶体,蛋白质分子即形成沉淀。图 5-2 为盐析示意图。

在盐析过程中,蛋白质的溶解度与溶液中盐的离子强度之间的关系可用 Cohn 表达式表示:

$$\lg\frac{S}{S_0} = -K_s I \tag{5-1}$$

式中 S_0——蛋白质在纯水中（$I=0$）的溶解度；
S——蛋白质在离子强度为 I 的溶液中的溶解度；
K_s——盐析常数；
I——离子强度。

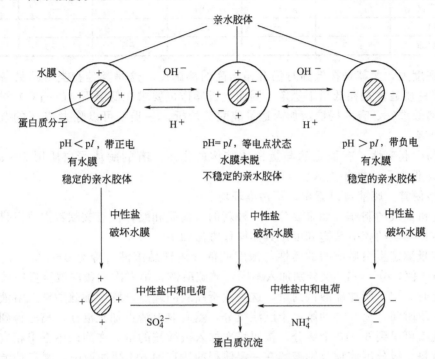

图 5-2 蛋白质盐析原理示意图

其中离子强度 $I=\frac{1}{2}\Sigma Mz^2$，M 为溶液中各种离子的物质的量浓度；z 为各种离子的价数。当温度一定时，对于某一溶质来说，其 S_0 也是一常数，即 $\lg S_0=\beta$（截距常数），所以有：$\lg S=\beta-K_s I$。β 值的大小取决于溶质的性质，与温度和 pH 值有关。

K_s 取决于盐的性质，并且与离子的价数、平均半径有关。一般来说，溶质的 K_s 值越大，盐析的效果越好；同一溶液中，两种溶质的 K_s 值相差越大，则盐析的选择性也就越好。

在一定的 pH 值和温度条件下，改变盐的离子强度 I 值，使不同的溶质在不同的离子强度下有最大的析出，此种方法称为 K_s 分段盐析法。保持溶液的离子强度不变，改变溶液的 pH 值和温度，使不同的溶质在不同的 pH 值和温度条件下有最大的析出，此种方法称为 β 分段盐析法。

表 5-1 列举了一些蛋白质用不同盐类进行盐析时的 K_s 值。一般来说，高价阴离子如硫酸根、磷酸根等有较高的 K_s 值，而高价阳离子如镁离子、钙离子等，则会有较低的 K_s 值。至于蛋白质的性质与 K_s 值之间的关系，目前还没有明显的规律可循，也没有适当的理论加以详述。

（2）中性盐的选择　常用的中性盐中最重要的是 $(NH_4)_2SO_4$，因为它与其他常用盐类相比有十分突出的优点。

表 5-1 蛋白质在不同盐溶液中的盐析常数（K_s）

蛋白质 \ 盐类	NaCl	MgSO$_4$	(NH$_4$)$_2$SO$_4$	Na$_2$SO$_4$	磷酸盐	柠檬酸钠
β-乳球蛋白	—	—	—	0.63	—	—
马血红蛋白	—	0.33	0.71	0.76	1.0	0.69
人血红蛋白	—	—	—	—	2.0	—
马肌红蛋白	—	—	0.94	—	—	—
卵清蛋白	—	—	1.22	—	—	—
纤维蛋白原	1.07	—	1.46	—	2.16	—

① 溶解度大，尤其是在低温时仍有相当高的溶解度，这是其他盐类所不具备的。由于酶和各种蛋白质通常是在低温下稳定，因而盐析操作也要求在低温下（0～4℃）进行。

② 分离效果好。有的提取液加入适量硫酸铵盐析，一步就可以除去 75％的杂蛋白，纯度提高了四倍。

③ 不易引起变性，有稳定酶与蛋白质结构的作用。有的酶或蛋白质用 2～3mol/L 的 (NH$_4$)$_2$SO$_4$ 保存可达数年之久。

④ 价格便宜，废液可以肥田，不污染环境。

(3) 盐析曲线的制作　如果要分离一种新的蛋白质和酶，没有文献数据可以借鉴，则应先确定沉淀该物质的硫酸铵饱和度。具体操作方法如下。

取已定量测定蛋白质或酶的活性与浓度的待分离样品溶液，冷至 0～5℃，调至该蛋白质稳定的 pH 值，分 6～10 次分别加入不同量的硫酸铵，第一次加硫酸铵至蛋白质溶液刚开始出现沉淀时，记下所加硫酸铵的量，这是盐析曲线的起点。继续加硫酸铵至溶液微微混浊时，静止一段时间，离心得到第一个沉淀级分，然后取上清再加至混浊，离心得到第二个级分，如此连续可得到 6～10 个级分，按照每次加入硫酸铵的量，在附录中查出相应的硫酸铵饱和度。将每一级分沉淀物分别溶解在一定体积的适宜的 pH 缓冲液中，测定其蛋白质含量和酶活力。以每个级分的蛋白质含量和酶活力对硫酸铵饱和度作图，即可得到盐析曲线。

(4) 盐析的影响因素　有关影响盐析的因素如下所述。

① 蛋白质的浓度　中性盐沉淀蛋白质时，溶液中蛋白质的实际浓度对分离的效果有较大的影响。通常高浓度的蛋白质用稍低的硫酸铵饱和度即可将其沉淀下来，但若蛋白质浓度过高，则易产生各种蛋白质的共沉淀作用，除杂蛋白的效果会明显下降。对低浓度的蛋白质，要使用更大的硫酸铵饱和度，但共沉淀作用小，分离纯化效果较好，但回收率会降低。通常认为比较适中的蛋白质浓度是 2.5％～3.0％，相当于 25～30mg/mL。

② pH 值对盐析的影响　蛋白质所带净电荷越多，它的溶解度就越大。改变 pH 值可改变蛋白质的带电性质，因而就改变了蛋白质的溶解度。远离等电点处溶解度大，在等电点处溶解度小，因此用中性盐沉淀蛋白质时，pH 值常选在该蛋白质的等电点附近。

③ 温度的影响　温度是影响溶解度的重要因素，对于多数无机盐和小分子有机物，温度升高溶解度加大，但对于蛋白质、酶和多肽等生物大分子，在高离子强度溶液中，温度升高，它们的溶解度反而减小。在低离子强度溶液或纯水中蛋白质的溶解度大多数还是随温度升高而增加的。在一般情况下，对蛋白质盐析的温度要求不严格，可在室温下进行。但对于某些对温度敏感的酶，要求在 0～4℃下操作，以避免活力丧失。

2. 有机溶剂沉淀法

(1) 基本原理　有机溶剂对于许多蛋白质（酶）、核酸、多糖和小分子生化物质都能发生沉淀作用，是较早使用的沉淀方法之一。其沉淀作用的原理主要是降低水溶液的介电常数,溶剂的极性与其介电常数密切相关,极性越大,介电常数越大,如20℃时水的介电常数为80,而乙醇和丙酮的介电常数分别是24和21.4,因而向溶液中加入有机溶剂能降低溶液的介电常数,减小溶剂的极性,从而削弱了溶剂分子与蛋白质分子间的相互作用力,增加了蛋白质分子间的相互作用,导致蛋白质溶解度降低而沉淀。溶液介电常数的减少就意味着溶质分子异性电荷库仑引力的增加,使带电溶质分子更易互相吸引而凝集,从而发生沉淀。另一方面,由于使用的有机溶剂与水互溶,它们在溶解于水的同时从蛋白质分子周围的水化层中夺走了水分子,破坏了蛋白质分子的水膜,因而发生沉淀作用。

有机溶剂沉淀法的优点是:①分辨能力比盐析法高,即一种蛋白质或其他溶质只在一个比较窄的有机溶剂浓度范围内沉淀;②沉淀不用脱盐,过滤比较容易(如有必要,可用透析袋脱有机溶剂)。因而在生化制备中有广泛的应用。

其缺点是对某些具有生物活性的大分子容易引起变性失活,操作需在低温下进行。

(2) 有机溶剂的选择和浓度的计算 有机溶剂的选择首先是要能与水互溶。沉淀蛋白质和酶常用的是乙醇、甲醇和丙酮。沉淀核酸、糖、氨基酸和核苷酸最常用的沉淀剂是乙醇。

进行沉淀操作时,欲使溶液达到一定的有机溶剂浓度,需要加入的有机溶剂的浓度和体积可按下式计算:

$$V = \frac{V_0(S_2 - S_1)}{100 - S_2} \tag{5-2}$$

式中 V——需加入浓度为100%有机溶剂的体积,mL;

V_0——原溶液体积,mL;

S_1——原溶液中有机溶剂的浓度,g/100mL;

S_2——所要求达到的有机溶剂的浓度,g/100mL;

100——指加入的有机溶剂浓度为100%,如所加入的有机溶剂的浓度为95%,式(5-2)的($100-S_2$)项应改为($95-S_2$)。

式(5-2)的计算由于未考虑混溶后体积的变化和溶剂的挥发情况,实际上存在一定的误差。有时为了获得沉淀而不着重于进行分离,可用溶液体积的倍数:如加入一倍、二倍、三倍原溶液体积的有机溶剂,来进行有机溶剂沉淀。

(3) 有机溶剂沉淀的影响因素 有关影响有机溶剂沉淀的因素如下所述。

① 温度 多数蛋白质在有机溶剂与水的混合液中,溶解度随温度降低而下降。值得注意的是大多数生物大分子如蛋白质、酶和核酸在有机溶剂中对温度特别敏感,温度稍高就会引起变性,且有机溶剂与水混合时产生放热反应,因此有机溶剂必须预先冷至较低温度,操作要在冰盐浴中进行,加入有机溶剂时必须缓慢且不断搅拌以免局部过浓。一般规律是温度越低,得到的蛋白质活性越高。

② 样品浓度 样品浓度对有机溶剂沉淀生物大分子的影响与盐析的情况相似:低浓度样品要使用比例更大的有机溶剂进行沉淀,且样品的损失较大,即回收率低,具有生物活性的样品易产生稀释变性。但对于低浓度的样品,杂蛋白与样品共沉淀的作用小,有利于提高分离效果。反之,对于高浓度的样品,可以节省有机溶剂,减少变性的危险,但杂蛋白的共沉淀作用大,分离效果下降。通常,使用5~20mg/mL的蛋白质初浓度为宜,可以得到较好的沉淀分离效果。

③ pH值 有机溶剂沉淀适宜的pH值,要选择在样品稳定的pH值范围内,而且尽可能选择样品溶解度最低的pH值,通常是选在等电点附近,从而提高此沉淀法的分辨能力。

④ 离子强度 离子强度是影响有机溶剂沉淀生物大分子的重要因素。以蛋白质为例,盐浓度太大或太小都有不利影响,通常溶液中盐浓度以不超过5%为宜,使用乙醇的量也以

不超过原蛋白质水溶液的 2 倍体积为宜，少量的中性盐对蛋白质变性有良好的保护作用，但盐浓度过高会增加蛋白质在水中的溶解度，降低了有机溶剂沉淀蛋白质的效果，通常是在低盐或低浓度缓冲液中沉淀蛋白质。

有机溶剂沉淀法经常用于蛋白质、酶、多糖和核酸等生物大分子的沉淀分离，使用时先要选择合适的有机溶剂，然后注意调整样品的浓度、温度、pH 值和离子强度，使之达到最佳的分离效果。沉淀所得的固体样品，如果不是立即溶解进行下一步的分离，则应尽可能抽干沉淀，减少其中有机溶剂的含量，如若必要可以装透析袋透析脱有机溶剂，以免影响样品的生物活性。

3. 选择性沉淀法

这一方法是利用蛋白质、酶与核酸等生物大分子与非目的生物大分子在物理化学性质等方面的差异，选择一定的条件使杂蛋白等非目的物变性沉淀而得到分离提纯，称为选择性变性沉淀法。常用的有热变性、选择性酸碱变性和有机溶剂变性等。多用于除去某些不耐热的和在一定 pH 值下易变性的杂蛋白。

(1) 热变性 利用生物大分子对热的稳定性不同，加热升高温度使某些非目的生物大分子变性沉淀而保留目的物在溶液中。此方法最为简便，不需消耗任何试剂，但分离效率较低，通常用于生物大分子的初期分离纯化。

(2) 表面活性剂 不同蛋白质和酶等对于表面活性剂和有机溶剂的敏感性不同，在分离纯化过程中使用它们可以使那些敏感性强的杂蛋白变性沉淀，而目的物仍留在溶液中。使用此法时通常都在冰浴或冷室中进行，以保护目的物的生物活性。

(3) 选择性酸碱变性 利用蛋白质和酶等在不同 pH 值条件下的稳定性不同而使杂蛋白变性沉淀，通常是在分离纯化流程中附带进行的一个分离纯化步骤。

4. 等电点沉淀法

用于氨基酸、蛋白质及其他两性物质的沉淀，此法多与其他方法结合使用。

等电点沉淀法是利用具有不同等电点的两性电解质，在达到电中性时溶解度最低，易发生沉淀，从而实现分离的方法。由于不同的电解质具有不同的等电点，因此控制不同的等电点，就能将其分离。两性电解质在不同 pH 值的溶液中具有不同的解离状态，电荷情况也不同，能使两性电解质处于荷电性为零的 pH 值，即为两性电解质的等电点，通常以 pI 表示。不同蛋白质的等电点见表 5-2。

表 5-2 不同蛋白质的等电点

蛋白质	pI	蛋白质	pI	蛋白质	pI
鱼精蛋白	12～12.4	醇溶谷蛋白	6.5	鸡卵清蛋白	4.55～4.9
胸腺组蛋白	10.8	乳球蛋白	5.1	牛胰蛋白酶	5.0～8.0
溶菌酶	11.0～11.2	菠萝蛋白酶	9.35	家蚕丝蛋白	2.0～2.4
细胞色素 C	9.8～10.3	血红蛋白	7.1	肌球蛋白	5.4
RNA 酶	7.8	牛胰岛素	5.3～5.4	大豆蛋白	4.3
酪蛋白	4.6	明胶	4.7～5.0	大血清蛋白	4.6

氨基酸、蛋白质、酶和核酸都是两性电解质，可以利用此法进行初步的沉淀分离。但是，由于许多蛋白质的等电点十分接近，而且带有水膜的蛋白质等生物大分子仍有一定的溶解度，不能完全沉淀析出，因此，单独使用此法分辨率较低，效果不理想，因而此法常与盐析法、有机溶剂沉淀法或其他沉淀剂一起配合使用，以提高沉淀能力和分离效果。此法主要用在分离纯化流程中去除杂蛋白，而不用于沉淀目的物。

5. 有机聚合物沉淀法

该法主要使用聚乙二醇（polyethylene glycol，PEG）作为沉淀剂。有机聚合物最早应用于提纯免疫球蛋白和沉淀一些细菌和病毒。近年来广泛用于核酸和酶的纯化。其中应用最多的是聚乙二醇[$HOCH_2(CH_2OCH_2)_nCH_2OH(n>4)$]，它的亲水性强，溶于水和许多有机溶剂，无毒，对热稳定，对大多数蛋白质有保护作用，分子量分布范围广泛，在生物大分子制备中，用得较多的是相对分子质量为6000~20000的PEG。

PEG的沉淀效果主要与其本身的浓度和分子量有关，同时还受离子强度、溶液pH和温度等因素的影响。在一定的pH下，盐浓度越高，所需PEG的浓度越低，溶液的pH越接近目的物的等电点，沉淀所需PEG的浓度越低。在一定范围内，高分子量和高浓度的PEG沉淀的效率高。以上这些现象的理论解释还都仅仅是假设，未得到充分的证实，其解释主要有：①认为沉淀作用是聚合物与生物大分子发生共沉淀作用；②由于聚合物有较强的亲水性，使生物大分子脱水而发生沉淀；③聚合物与生物大分子之间以氢键相互作用形成复合物，在重力作用下形成沉淀析出；④通过空间位置排斥，使液体中生物大分子被迫挤聚在一起而发生沉淀。本方法的优点是：①操作条件温和，不易引起生物大分子变性；②沉淀效能高，使用很少量的PEG即可以沉淀相当多的生物大分子；③沉淀后有机聚合物容易去除。

6. 聚电解质沉淀法

加入聚电解质的作用和絮凝剂类似，同时还兼有一些盐析和降低水化等作用。缺点是往往使蛋白质结构改变。

有一些离子型多糖化合物应用于沉淀食品蛋白质。用得较多的是酸性多糖，如羧甲基纤维素、海藻酸盐、果胶酸盐和卡拉胶等。它们的作用主要是静电引力。如羧甲基纤维素能在pH降低于等电点时使蛋白质沉淀。和其他絮凝剂一样，加入量不能太多，否则会引起胶溶作用而重新溶解。一些阴离子聚合物，如聚丙烯酸和聚甲基丙烯酸，以及一些阳离子聚合物，如聚乙烯亚胺和以聚苯乙烯为骨架的季铵盐曾用来沉淀乳清蛋白质。聚丙烯酸能于pH2.8时沉淀90%以上的蛋白质，聚苯乙烯季铵盐能于pH10.4时沉淀95%的蛋白质。

聚乙烯亚胺[$H_2N(C_2H_4NH)C_2H_4NH_2$]能与蛋白质的酸性区域形成复合物，在中性时，带正电，在污水处理中作絮凝剂，也广泛用于酶的纯化中。

7. 金属离子沉淀法

一些高价金属离子对沉淀蛋白质很有效。它们可以分为三类。第一类为Mn^{2+}、Fe^{2+}、Co^{2+}、Ni^{2+}、Cu^{2+}、Zn^{2+}和Cd^{2+}，能和羧酸、含氮化合物如胺以及杂环化合物相结合。第二类为Ca^{2+}、Ba^{2+}、Mg^{2+}和Pb^{2+}，能和羧酸结合，但不和含氮化合物相结合。第三类为Ag^+、Hg^{2+}和Pb^{2+}，能和巯基相结合。金属离子沉淀法的优点是它们在稀溶液中对蛋白质有较强的沉淀能力。处理后残余的金属离子可用离子交换树脂或螯合剂除去。

在这些离子中，应用较广的是Zn^{2+}、Ca^{2+}、Mg^{2+}、Ba^{2+}和Mn^{2+}，而Fe^{2+}、Pb^{2+}、Hg^{2+}等较少应用，因为它们会使产品损失和引起污染。Zn^{2+}用于沉淀杆菌肽（作用于第4个组氨酸残基上）和胰岛素；Ca^{2+}（$CaCO_3$）用于分离乳酸、血清清蛋白和柠檬酸；硫酸钡在柠檬酸生产中用以去除杂蛋白，而$MgSO_4$用以去除DNA和其他核酸；核酸也可用链霉素硫酸盐除去，用量为0.5~1.0mg/mg蛋白质，用于从发酵液中去除DNA和RNA也很有效。

8. 亲和沉淀法

亲和沉淀是利用亲和反应原理将配基与可溶性载体偶联形成载体-配基复合物（亲和沉淀剂），该复合物可选择与蛋白质结合，当采用物理场（如pH、离子强度和温度等）改变时发生可逆性沉淀，从而利用目标分子与其亲和配体的特异性结合作用及沉淀分离的原理进行目标分子的分离纯化,是蛋白质等生物大分子的新型亲和分离技术之一。

二、沉淀工艺及其操作

沉淀方法有多种,沉淀工艺随沉淀方法的不同而不同,沉淀技术在实施过程中,应考虑3个因素:①沉淀的方法和技术应具有一定的选择性,以使所要分离的目标成分得以很好的分离,选择性愈好,目标成分的纯度就越高;②对于酶类和蛋白质的沉淀分离,除了要考虑沉淀方法的选择性外,还必须注意到所选用的沉淀方法对这类目标成分的活性和化学结构是否有破坏作用;③对用于食品和医药中的目标成分,要考虑残留在目标成分中的沉淀剂对人体是否有害,否则所采用的沉淀法以及所获得的目标成分都会变得无应用价值。下面介绍以硫酸铵为盐析剂的盐析工艺及操作。

(1) 硫酸铵使用前的预处理　采用一般工业制备的硫酸铵即可进行盐析。如果待盐析的蛋白质和酶的活性中心含巯基,如菠萝蛋白酶和木瓜蛋白酶等属于巯基蛋白酶类的制品,则需预处理,去除硫酸铵中的重金属离子,以消除其对酶活性的影响。方法是将硫酸铵配成浓溶液,然后通入 H_2S 气体至饱和。放置过夜后用滤纸滤除重金属沉淀物,滤液在瓷蒸发皿中浓缩结晶,再在100℃下干燥即可使用。

(2) 硫酸铵饱和度的调整

①当盐析要求饱和度高而又不宜增大溶液的体积时,可直接加入硫酸铵的固体盐,不同的饱和度应加入的硫酸铵用量可查附录一或附录二;②当盐析要求的饱和度不高,又必须防止局部浓度过高时,通常是采用加入饱和硫酸铵溶液法。盐析时要求的饱和度以及所需加入饱和硫酸铵溶液体积的计算如下:

$$V=\frac{V_0(S_2-S_1)}{1-S_2} \tag{5-3}$$

式中　V——需加入饱和硫酸铵溶液的体积;
　　　V_0——待盐析溶液的体积;
　　　S_1——原来溶液的硫酸铵饱和度(第一次盐析时通常为零);
　　　S_2——需达到的硫酸铵饱和度。

(3) 盐析操作　计算好硫酸铵用量后,可对含蛋白的溶液进行盐析操作。一般是在搅拌的条件下,缓慢将所需的硫酸铵溶液或固体盐加入至待沉淀的溶液中。盐析反应是微放热反应,如果被沉淀的蛋白质或酶对温度非常敏感,尚需在盐析过程中进行冷却或提前对待处理料液或硫酸铵溶液进行降温处理。当硫酸铵全部加完后,需静置一定时间,使蛋白或酶充分沉淀,当溶液中不再有新的沉淀生成时可进行沉淀分离。在低浓度硫酸铵中盐析可采用离心分离,高浓度硫酸铵常用过滤方法,因为高浓度硫酸铵密度太大,要使蛋白质完全沉降下来需要较高的离心速度和较长的离心时间。

(4) 后处理操作　蛋白质经过盐析沉淀分离后,产品中夹带有盐分,需脱盐处理。比如食品工业用酶的法规规定,食品酶制剂中不允许混有食盐以外的无机盐类。因此盐析得到的产品需通过脱盐方能获得较纯的产品。常用的脱盐处理方法有:透析法、电渗析法和葡聚糖凝胶过滤法。

透析的方法通常都比较简单。实验室少量样品可放入做成的透析袋内,并留出一半左右的体积,然后扎紧口袋,悬挂于盛有纯净溶剂(如水)的大容器内,即可透析。成品的透析器有:透析袋、旋转透析器、平面透析器、连续循环透析器、微量透析器、减压透析器、反流透析器。透析过程中通过搅拌和不断更换新鲜溶剂,可大大提高透析效果。如果透析的样品为酶制剂类,则应置于低温环境下进行,以防酶的失活。

三、沉淀技术的应用

沉淀是一个广泛应用于生物产品（特别是蛋白质）下游加工过程的单元操作。沉淀技术分离蛋白质的主要特点是：浓缩速度快、产物稳定性得到提高、可以作为其他分离方法的前处理。下面介绍盐析法分离血清中各主要蛋白质组分的例子。

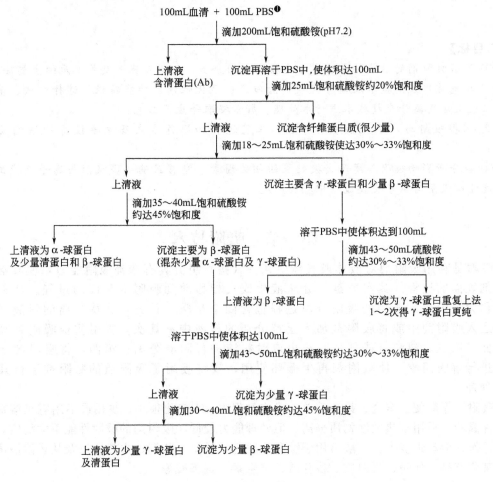

思 考 题

1. 盐溶和盐析的原理是什么？影响盐析沉淀的因素有哪些？
2. 什么是蛋白质的变性和蛋白质的沉淀，其原理是什么？蛋白质的沉淀方法有哪些？
3. 有机溶剂沉淀法的基本原理是什么？分析影响沉淀效果的有关因素。
4. 简述蛋白质盐析沉淀的基本工艺过程。
5. 请指出分离血清中各主要蛋白质组分所用到的沉淀方法及其原理。

---

❶ PBS 为磷酸盐缓冲液，0.2mol/L，pH2.7，并加入氯化钠至 0.15mol/L。

第六章　吸附及离子交换技术

【学习目标】
① 了解吸附剂的性能特点、离子交换树脂的分类、吸附及离子交换单元的主要任务；
② 熟悉常用吸附技术及离子交换树脂命名、理化性质、功能特性、选择方法、基本计算及工业上应用离子交换技术进行水处理、肝素提取等生产工艺；
③ 掌握吸附与离子交换基本原理、工艺过程和操作方式及主要设备的结构及操作要点；
④ 会分析影响吸附与离子交换效果的相关因素，能够正确从事吸附与离子交换工艺操作，能处理吸附与离子交换过程中相关问题。

第一节　吸附技术

吸附是利用吸附剂对液体或气体中某一（些）组分具有选择吸附能力，使其富集在吸附剂表面的过程。其实质是组分从液相或气相移动到吸附剂表面的过程。被吸附的物质称为吸附质。典型的吸附分离过程包含四个步骤：首先，将待分离的料液（或气体）通入吸附剂中或将吸附剂加入至待分离的料液中；其次，吸附质被吸附到吸附剂的表面；第三，料液（或气体）流出或对料液进行固液分离；第四，将吸附剂上的吸附质进行解吸回收，使吸附剂再生循环使用，或将吸附了吸附质的吸附剂进行其他方式的处理。

吸附操作简便、安全、设备简单，操作过程中pH变化很小，少用或不用有机溶剂，操作条件温和，适用于热敏性物质分离，但处理能力较低，吸附剂的吸附性能不太稳定，不能连续操作，劳动强度大。一般常用于除臭、脱色、吸湿、防潮、去热原以及从稀溶液中分离精制某些产品，如酶、蛋白质、核苷酸、抗生素、氨基酸等。

一、吸附单元的主要任务

吸附单元是实施吸附技术的工艺操作单元，包括吸附设备、配套的辅助设备（如贮罐、泵、真空泵或压缩机等），以及连接设备的管路及其上的各种管件（如疏水器、三通等）、阀门、仪表（温度表、流量计、压力表等）。

吸附单元操作的主要任务有三个方面。其一，是通过采取适当的方法使气体或液体中的一个或多个组分尽可能多地从气相或液相转到固体吸附剂上，从而实现与气体或液体中其他组分的分离。其目的主要是除去气体或液体中某种或多种杂质，或者从气体或液体中提取或分离某种或几种有效组分。其二，通过采取适当的方法，使吸附到吸附剂上的组分能够解吸。其目的是回收吸附质，同时使吸附剂重新获得吸附能力。其三，当吸附剂长期使用后，由于各种因素的污染，吸附剂吸附能力下降，需采取有效措施对吸附剂进行处理，使吸附剂恢复一定的吸附能力，重新用于生产，即再生。如果通过再生的方法很难使吸附剂恢复到预期的生产能力，需重新更换吸附剂。

二、吸附的基本原理

1. 吸附的类型

根据吸附剂与吸附质之间存在的吸附力性质的不同，可将吸附分成物理吸附、化学吸附和交换吸附三种类型。

(1) 物理吸附　吸附剂和吸附质之间的作用力是分子间引力（范德华力）。由于范德华力普遍存在于吸附剂与吸附质之间，所以整个自由界面都起吸附作用，故物理吸附无选择性。因吸附剂与吸附质的种类不同，分子间引力大小各异，因此吸附量随物系不同而相差很多。物理吸附所放出的热与气体的液化热相近，数值很小，物理吸附在低温下也可进行，不需要很高的活化能。在物理吸附中，吸附质在固体表面上可以是单分子层也可以是多分子层。此外，物理吸附类似于凝聚现象。因此，吸附速度和解吸速度都较快，易达到吸附平衡，但有时吸附速度很慢，这是由于在吸附颗粒的孔隙中的扩散速度控制所致。

(2) 化学吸附　利用吸附剂与吸附质之间的电子转移、交换或共有形成吸附化学键属于库仑力范围。化学吸附需要很高的活化能，需要在较高的温度下进行。化学吸附放出的热量很大，与化学反应相近。由于化学吸附生成化学键，因而只有单分子层吸附，且不易吸附和解吸，平衡慢。化学吸附的选择性较强，即一种吸附剂只对某种或特定几种物质有吸附作用。

(3) 交换吸附　吸附表面如为极性分子或离子所组成，则它会吸引溶液中带相反电荷的离子而形成双电层，这种吸附称为极性吸附。同时在吸附剂与溶液间发生离子交换，即吸附剂吸附离子后，同时要向溶液中放出相应物质的量的离子。离子的电荷是交换吸附的决定性因素，离子所带电荷越多，它在吸附表面的相反电荷点上的吸附能力就越强。

就吸附而言，各种类型的吸附之间不可能有明确的界限，有时几种吸附同时发生很难区别。溶液中的吸附现象较为复杂。下面重点讨论物理吸附。

2. 物理吸附力的本质

物理吸附作用的最根本因素是吸附质和吸附剂之间的作用力，也就是范德华力。它是一组分子引力的总称，具体包括三种力：定向力、诱导力和色散力。范德华力和化学力（库仑力）的主要区别在于它的单纯性，即只表现为相互吸引。

(1) 定向力　由于极性分子的永久偶极距产生的分子间静电引力称定向力。它是极性分子之间产生的作用力。一般分子的极性越大，定向力越大；温度越高，定向力减小。另外，分子的对称性、取代基位置、分子支链的多少等因素也会影响定向力的大小。

(2) 诱导力　极性分子与非极性分子之间的吸引力属于诱导力。极性分子产生的电场作用会诱导非极性分子极化，产生诱导偶极矩，因此两者之间互相吸引，产生吸附作用。诱导力与温度无关。

(3) 色散力　非极性分子之间的引力属于色散力。当分子由于外围电子运动及原子核在零点附近振动，正负电荷中心出现瞬时相对位移时，会产生快速变化的瞬时偶极矩，这种瞬时偶极矩能使外围非极性分子极化，反过来，被极化的分子又影响瞬时偶极矩的变化，这样产生的引力称色散力。色散力与温度无关，且普遍存在，因为任何系统都有电子存在。色散力与外层电子数有关，随着电子数的增多而增加。

另外，在吸附过程中吸附剂与吸附质之间也可通过氢键发生相互作用。

3. 吸附速度与吸附平衡

吸附过程是一个物质传递过程。吸附质首要从气相或液相主体扩散到吸附剂的外表面（外扩散），吸附在外表面上（表面吸附），或者从吸附剂的外表面向颗粒内部的微孔内扩散

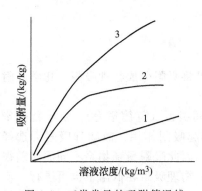

图 6-1 三类常见的吸附等温线
1—线性吸附等温线；
2—朗格缪尔吸附等温线；
3—弗罗因德利希吸附等温线

（内扩散），在向微孔内扩散过程中吸附在内表面上（表面吸附）。因此，吸附质从气相或液相主体吸附到吸附剂上的速度取决于扩散与表面吸附速度。外扩散速度主要取决于流体的湍动程度、流体黏度及吸附质的浓度，湍动程度与吸附质浓度越大、流体黏度越小，外扩散速度越大；内扩散速度主要取决于微孔的大小、微孔的长度及微孔的曲折程度，微孔越大、曲折程度越小、微孔越短，内扩散速度越大；表面吸附速度主要取决于吸附面积的大小、吸附力的大小及反应速度的大小，吸附面积越大、吸附力越大、反应速度越大，表面吸附速度越大。

当固体吸附剂从气相或液中吸附溶质达到平衡时，其吸附量（单位质量的吸附剂所吸附的吸附质量）与气相或液相中吸附质的浓度和操作温度有关，当温度一定时，吸附量与气相或液相中吸附质浓度之间的函数关系称为吸附等温线。若吸附剂与吸附质之间的作用力不同，吸附表面状态不同，则吸附等温线也随之改变。典型的吸附等温线如图 6-1 所示，横坐标表示气相或液相中溶质的浓度，常用单位为单位体积的气体或液体中溶质的质量；纵坐标表示吸附剂表面的溶质的浓度，常用单位是单位质量吸附剂所吸附的溶质的质量。

图 6-1 中曲线 1 为线性等温线，表达的吸附方程为

$$q = Kc \tag{6-1}$$

式中　q——单位质量吸附剂所吸附的吸附质量，kg（溶质）/kg（吸附剂）；
　　　K——吸附平衡常数，m³（溶液）/kg（吸附剂）；
　　　c——平衡时气体或液体中吸附质浓度，kg（溶质）/m³（气体或液体）。

图 6-1 中曲线 2 为 Langmuir（朗格缪尔）吸附等温线，生物制品酶等分离提取时适合此吸附方程，即

$$q = \frac{q_0 c}{K + c} \tag{6-2}$$

式中，q_0 和 K 是经验常数，可由实验来确定，在这种情况中，最容易的方法是将 q^{-1} 对 c^{-1} 作图，截距是 q_0^{-1}，斜率是 K/q_0，q_0 和 K 的单位分别与 q 和 c 的单位一致。

图 6-1 中曲线 3 为 Freundlich（弗罗因德利希）吸附等温线，抗生素、类固醇、激素等产品的吸附分离均符合此吸附方程，即

$$q = Kc^n \tag{6-3}$$

式中，K 为吸附平衡常数；n 为指数，均为实验测定常数。可通过吸附实验，测定不同浓度 c 和吸附量 q 的关系，在双对数坐标中，直线 $\lg q = n \lg c + \lg K$ 的斜率为 n，截距为 $\lg K$。当求出的 $n<1$ 时，则表示吸附效率高，相反，若 $n>1$，则吸附效果不理想。

如果吸附过程中所投入的溶液量为 S（m³），溶液中吸附质起始浓度为 c_0（kg/m³），所加入的吸附剂量为 L（kg），则达到吸附平衡时存在如下平衡关系：

$$S(c_0 - c) = Lq \tag{6-4}$$

4. 影响吸附的因素

固体在溶液中的吸附比较复杂，影响因素也较多，主要有吸附剂、吸附质、溶剂的性质以及吸附过程的具体操作条件等。

（1）吸附剂的性质　吸附剂本身的性质将影响吸附量及吸附速度。吸附剂的表面积越

大、孔隙度越大，则吸附容量越大；吸附剂的孔径越大、颗粒度越小，则吸附速度越大。另外，吸附剂的极性也影响物质的吸附。一般吸附相对分子质量大的物质应选择孔径大的吸附剂，要吸附相对分子质量小的物质，则需要选择比表面积大及孔径较小的吸附剂，而极性化合物，需选择极性吸附剂，非极性化合物，应选择非极性吸附剂。

(2) 吸附质的性质　吸附质的性质也是影响吸附的因素之一。

① 一般能使表面张力降低的物质，易为表面所吸附。

② 溶质从较易溶解的溶剂中被吸附时，吸附量较少。

③ 极性吸附剂易吸附极性物质，非极性吸附剂易吸附非极性物质，因而极性吸附剂适宜从非极性溶剂中吸附极性物质，而非极性吸附剂适宜从极性溶剂中吸附非极性物质。如活性炭是非极性的，在水溶液中是一些有机化合物的良好吸附剂，硅胶是极性的，其在有机溶剂中吸附极性物质较为适宜。

④ 对于同系列物质，吸附量的变化是有规律的，排序愈靠后的物质（分子量越大），极性愈差，愈易为非极性吸附剂所吸附。如活性炭在水溶液中对同系列有机化合物的吸附量，随吸附物相对分子质量增大而增大；吸附脂肪酸时吸附量随碳链增长而加大；对多肽的吸附能力大于氨基酸的吸附能力；对多糖的吸附能力大于单糖等。当用硅胶在非极性溶剂中吸附脂肪酸时，吸附量则随着碳链的增长而降低。实际生产中脱色和除热原一般用活性炭，去过敏物质常用白陶土。

(3) 温度　吸附一般是放热的，所以只要达到了吸附平衡，升高温度会使吸附量降低。但在低温时，有些吸附过程往往在短时间内达不到平衡，而升高温度会使吸附速度增加，并出现吸附量增加的情况。

对蛋白质或酶类的分子进行吸附时，被吸附的高分子是处于伸展状态的，因此，这类吸附是一个吸热过程。在这种情况下，温度升高会增加吸附量。

生化物质吸附温度的选择还要考虑它的热稳定性。如果是热不稳定的，一般在 0℃ 左右进行吸附；如果比较稳定，则可在室温操作。

(4) 溶液的 pH　溶液的 pH 往往会影响吸附剂或吸附质解离情况，进而影响吸附量，对蛋白质或酶类等两性物质，一般在等电点附近吸附量最大。各种溶质吸附的最佳 pH 需通过实验确定。如有机酸类溶于碱，胺类物质溶于酸，所以有机酸在酸性下，胺类在碱性下较易为非极性吸附剂所吸附。

(5) 盐的浓度　盐类对吸附作用的影响比较复杂，有些情况下盐能阻止吸附，在低浓度盐溶液中吸附的蛋白质或酶，常用高浓度盐溶液进行洗脱。但在另一些情况下盐能促进吸附，甚至有些情况下吸附剂一定要在盐的作用下才能对某些吸附物质进行吸附。例如硅胶对某种蛋白质吸附时，硫酸铁的存在，可使吸附量增加许多倍。

(6) 吸附物质浓度与吸附剂量　由吸附等温线方程可知，在稀溶液中吸附量和浓度一次方成正比；而在中等浓度的溶液中吸附量与浓度的 $1/n$ 次方成正比。在吸附达到平衡时，吸附质的浓度称为平衡浓度。普遍规律是：吸附质的平衡浓度越大，吸附量也越大。用活性炭脱色和去除热原时，为了避免对有效成分的吸附，往往将料液适当稀释后进行。在用吸附法对蛋白质或酶进行分离时，常要求其浓度在 1% 以下，以增强吸附剂对吸附质的选择性。

从分离提纯角度考虑，还应考虑吸附剂的用量。若吸附剂用量过少，产品纯度达不到要求，但吸附剂用量过多，会导致成本增高、吸附选择性差及有效成分损失等。因此，吸附剂的用量应综合考虑。

(7) 溶剂　单一溶剂与混合溶剂对吸附作用有不同影响。一般吸附质溶解在单一溶剂中易被吸附，溶解在混合溶剂（不论是极性与非极性物质构成的混合溶剂，还是极性与极性物质构成的混合溶剂）不易吸附。因此，单一溶剂常用于吸附，混合溶剂常用于解吸。

5. 吸附质的解吸

吸附剂吸附了吸附质后，其吸附能力下降，当吸附达到饱和后，吸附剂就失去了吸附能力。为了使吸附剂恢复吸附能力，同时也为了更好地回收吸附质，需进行解吸操作。吸附质的解吸依据操作原理不同，分为如下几种方式。

（1）变温解吸分离 吸附剂在常温或低温下吸附物质后，可通过提高温度使被吸附的物质从吸附剂上解吸下来，吸附剂本身被再生，然后降温（用低温气体吹扫吸附剂层）进行新一轮的吸附操作。如果用蒸汽加热再生，还常常需要增加吸附剂的干燥操作。由于吸附床加热和冷却过程比较慢，所以变温吸附的循环时间较长。生产上很少采用，特别是不适于热敏性吸附质的分离。

（2）变压解吸分离 在较高的压力下完成吸附操作，在较低压力下进行解吸。变压吸附分离一般包括吸附、均压、降压、抽真空、冲洗、置换等步骤。变压吸附分离常用于气体的解吸分离。

（3）洗脱分离 对于热敏性吸附质，常采用混合溶剂对吸附剂进行洗涤，使吸附质从吸附剂上解吸下来，称为洗脱。酸性吸附质一般选择碱性溶剂进行洗脱，碱性吸附质一般用酸性溶剂进行洗脱；极性吸附质选择极性溶剂进行洗脱，非极性的吸附质选择非极性的溶剂进行洗脱。一般改变溶剂的浓度、pH 及组成等有助于解吸。

三、常用吸附剂

工业上常用的吸附剂有以下几种。

1. 活性炭

活性炭吸附力强，分离效果好，价廉易得，工业上较为常用。

① 粉末活性炭 颗粒极细，呈粉末状，其总表面积、吸附力和吸附量大，是活性炭中吸附力最强的一类，但其颗粒太细，影响过滤速度，需要加压或减压操作。

② 颗粒活性炭 颗粒比粉末活性炭大，其总表面积相应减小，吸附力和吸附量不及粉末状活性炭；其过滤速度易于控制，不需要加压或减压操作，克服了粉末状活性炭的缺点。

③ 绵纶活性炭 是以绵纶为黏合剂，将粉末状活性炭制成颗粒，其总表面积较颗粒活性炭大，较粉末状活性炭小，其吸附力较两者弱。因为绵纶不仅单纯起一种黏合作用，也是一种活性炭的脱活性剂。因此，可用于分离前两种活性炭吸附太强而不易洗脱的化合物。如用绵纶活性炭分离酸性氨基酸及碱性氨基酸，流速易控制、操作简便，效果良好。

生产上一般选择吸附力强的活性炭吸附不易被吸附的物质，如果物质很容易被吸附，则要选择吸附力弱的活性炭；在首次分离料液时，一般先选颗粒状活性炭，如果待分离的物质不能被吸附，则改用粉末活性炭；如果待分离的物质吸附后不能洗脱或很难洗脱，造成洗脱溶剂体积过大，洗脱高峰不集中时，则改用绵纶活性炭。在应用中，尽量避免应用粉末活性炭，因其颗粒极细，吸附力太强，许多物质吸附后很难洗脱。

应用活性炭对物质进行吸附一般遵守下列规律：

① 活性炭是非极性吸附剂，因此在水溶液中吸附力最强，在有机溶剂中吸附力较弱；

② 对极性基团（—COOH、—NH_2、—OH 等）多的化合物的吸附力大于极性基团少的化合物，如活性炭对酸性氨基酸和碱性氨基酸的吸附力大于中性氨基酸；

③ 对芳香族化合物的吸附力大于脂肪族化合物；

④ 对相对分子质量大的化合物的吸附力大于相对分子质量小的化合物，如对多糖的吸附力大于单糖；

⑤ 活性炭吸附溶质的量在未达到平衡前一般随温度提高而增加，但要考虑被吸附物的热稳定性；

⑥ 发酵液的pH与活性炭的吸附率有关，一般碱性抗生素在中性情况下吸附，酸性条件下解析；酸性抗生素在中性条件下吸附，碱性条件下解析。

2. 活性炭纤维

活性炭纤维与颗粒状活性炭相比，有如下特点：①孔细，而且细孔径分布范围比较窄；②外表面积大；③吸附与解吸速度快；④工作吸附容量较大；⑤重量轻对流体通过的阻力小；⑥成型性能好，可加工成各种形态，如毛毡状、纸片状、布料状和蜂巢状等。

3. 球形炭化树脂

它是以球形大孔吸附树脂为原料，经炭化，高温裂解及活化而制得。研究表明，炭化树脂对气体物质有良好的吸附作用和选择性。

4. 吸附树脂

某些树脂具有吸附功能，其吸附性能是由表面积、孔径、骨架结构、功能性基团的性质及其极性所决定。如具有亲和性吸附功能的树脂、免疫性吸附功能的树脂、疏水性吸附功能树脂、离子交换功能树脂等。

5. 硅胶

硅胶是SiO_2微粒的堆积物，化学式是$SiO_2 \cdot nH_2O$。其表面大约有5%（质量）的羟基，是硅胶的吸附活性中心。极性化合物如水、醇、醚、酮、酚、胺、吡啶等能与羟基生成氢键，产生的吸附能力很强，对芳香烃、不饱和烃、饱和烃等非极性物质吸附能力弱。

6. 活性氧化铝

活性氧化铝的化学式是$Al_2O_3 \cdot nH_2O$，其表面的活性中心是羟基和路易斯酸中心，极性强，吸附特性与硅胶相似，多用于液体中干燥脱水。由于它的吸附容量大，用于干燥和脱湿具有使用周期长，无需频繁切换再生的优点。

7. 沸石

沸石分子筛是结晶硅酸金属盐的多水化合物，化学通式为$M_{m/2}[mAl_2O_3 \cdot nSiO_2] \cdot lH_2O$的表面上的路易斯中心极性很强，另外其微孔内引力场很强，其吸附能力很强，即使被吸附组分的浓度很低，吸附量仍很大。常用于脱除液体中微量的水。

8. 大孔网状聚合物吸附剂

大孔网状聚合物吸附剂是一种非离子型共聚物，它能够借助范德华力从溶液中吸附各种有机物质。它的脱色去臭效力与活性炭相当，对有机物质具有良好的选择性，物理化学性质稳定，机械强度好，经久耐用，吸附树脂吸附速度快，易解析，易再生，不污染环境，但价格昂贵，吸附效果易受流速和溶质浓度等因素影响。

大孔网聚合物没有离子交换功能，只有大孔骨架，其性质和活性炭、硅胶等吸附剂相似。按骨架极性的强弱可分为非极性、中等极性和极性吸附剂。非极性吸附剂以苯乙烯为单体，二乙烯苯为交联剂聚合而成，故称芳香族吸附剂；中等极性吸附剂是以甲基丙烯酸酯作为单体和交联剂聚合而成，也称脂肪族吸附剂；而含有硫氧、酰胺、氮氧等基团的为极性吸附剂。

大孔网状聚合物吸附剂的吸附能力，不但与树脂的化学结构和物理性能有关，而且与溶质及溶液的性质有关。根据"类似物易吸附类似物"的原则，一般非极性吸附剂适宜从极性溶剂中吸附非极性物质。相反，高极性的吸附剂适宜从非极性溶剂中吸附极性物质。而中等极性的吸附剂则对上述两种情况都具有吸附能力。和离子交换不同，无机盐类对这类吸附剂不仅没有影响，反而会使吸附量增加。另外，吸附剂的孔径对物质的吸附也有很大影响，一一般吸附有机大分子时，孔径必须足够大，但孔径大，吸附表面积就小，因此应综合考虑。吸附剂吸附溶质后一般采用下列几种方式进行解析。

①以低级醇、酮或其水溶液解析。所选择的溶剂应符合两种要求：一种要求是溶剂应能使大孔网状聚合物吸附剂溶胀，这样可减弱溶质与吸附剂之间的吸附力；另一种要求是所选择的溶剂应容易溶解吸附物。

②对酸性溶质可用碱来解析，对碱性物质可用酸来解析。

③如果吸附是在高浓度盐类溶液中进行时，则常常用水洗涤就能解析下来。

四、吸附技术的应用

1. 吸附技术在水处理方面的应用

应用吸附技术可以对水进行净化处理。通常选用的吸附剂为粉末活性炭，它可以去除水中的色、味和有机物等。当待处理的水通过活性炭层或将活性炭加入待处理的水中时，水中的酚类物质、某些重金属离子、油污、某些色素类物质等会吸附在活性炭上，而实现水的净化处理。吸附了杂质的活性炭可燃烧处理，或通过其他方式进行再生处理。

2. 吸附技术在气体处理方面的应用

应用吸附技术可以对气体进行干燥处理。当要求气体中水含量极低时，需对气体进行干燥处理，通常选用活性炭、硅胶、无水氯化钙、活性氧化铝、分子筛等作为吸附剂，让含水量不高的气体通过吸附剂层，以除去其中的水分。吸附了水分的吸附剂可用热氮气进行再生。

应用吸附技术还可以提取气体中的一种或多种成分。当要求对气体进行分离时，可选用分子筛等作为吸附剂，通过高压或低温措施，让气体通过装有吸附剂的固定床，以实现气体中一种或几种组分吸附在吸附剂上，然后通过减压或高温措施实现吸附物质的解吸。从而实现气体中各组分的分离。

应用吸附技术还可以对气体中夹带的少量溶剂进行回收。常用的吸附剂为活性炭，吸附了有机溶剂的吸附剂常用水蒸气进行再生，再生后，吸附剂再用室温的空气冷却，然后转入下一次吸附操作过程。

3. 吸附技术在溶液处理方面的应用

应用吸附技术可以对溶液进行脱色处理。通常选用的吸附剂为活性炭。一般溶液在进行结晶操作前，需用吸附剂脱除溶液中的有色物质，以保证结晶的质量，所选用的吸附剂可以是粉末活性炭或大孔树脂。选用活性炭脱除有色物质时，通常是在搅拌的情况下，将活性炭加入至溶液中，然后进行过滤分离；选用大孔吸附树脂时，可将溶液通过树脂床层。

应用吸附技术可以除去热原性物质。药品生产过程中通常需要除去原料中的热原性物质，生产上一般采用粉末活性炭作吸附剂，对含有热源物质的料液进行处理，使热原性物质吸附在吸附剂上，然后通过过滤使料液与吸附了热原性物质的吸附剂分开。

应用吸附技术可以对有机溶剂进行脱水处理。适用的吸附剂有活性氧化铝、分子筛、离子交换树脂等。待处理的有机溶剂通过固定床吸附剂层后，溶剂中的水被吸附，一段时间后，树脂层被穿透，转入再生工序。再生一般用氮气等惰性气体加热再生，再生后再转入吸附脱水操作。

应用吸附技术可以从溶液中提取有效物质，如抗生素、氨基酸等小分子物质，酶、蛋白质、核酸等生物大分子物质。选用的吸附剂有离子交换树脂、大孔吸附树脂、活性炭、亲和性吸附功能的树脂。通常根据吸附质的性质，选择不同功能的吸附剂装填在吸附柱内，让待分离的料液通过吸附柱，之后对吸附剂进行洗脱处理，回收吸附质，再对吸附剂进行再生处理，再生后的吸附剂可转入下一批次的吸附操作。

五、吸附设备

一般根据待分离物系中各组分的性质和过程的分离要求，在选用适当的吸附剂和解吸方法的基础上，采用相应的吸附工艺过程和设备。常用的吸附设备主要有吸附搅拌罐、固定床吸附塔（器）、移动床和流化床吸附塔。

1. 吸附搅拌罐

吸附搅拌罐其结构与一般的搅拌反应或混合罐相似，这里不再叙述。这类吸附设备主要用于液体精制，其操作过程详见分批式吸附操作，所用的吸附剂一般为活性炭，使用一次后就废弃。

2. 固定床吸附塔（器）

固定床吸附塔与吸附器的结构基本相同，只是吸附塔的高径比要大得多。这类吸附设备是将吸附剂固定在设备某一部位上，在其静止不动的情况下进行吸附操作，多为圆柱形设备，吸附剂（可以是固体颗粒或纤维）装填在吸附设备内的支撑格板或孔板上面，被吸附的物料从吸附设备的一端（通常是顶端）进入，流经吸附剂层，从另一端（下端）流出，吸附剂层保持不变。顶端通常有一物料分布器，以实现被处理物料在整个床层截面均匀分布，避免偏流。目前使用的固定床吸附塔（器）有立式、卧式、环式三种类型。立式可用于气体或液体物料处理，卧式与环式多用于气体物料处理。

(1) 立式固定床吸附器　立式固定床吸附器如图 6-2 所示。分上流式和下流式两种。吸附剂装填高度以保证净化效率和一定的阻力降为原则，一般取 0.5~2.0m。床层直径以满足气体流量和保证气流分布均匀为原则。处理腐蚀性气体时应注意采取防腐蚀措施，一般是加装内衬。立式固定床吸附器适合于小气量、浓度高的情况。

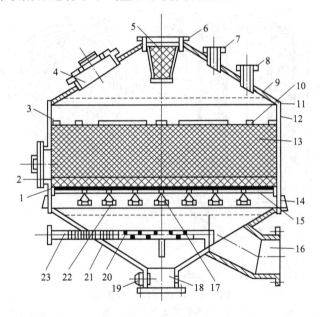

图 6-2　立式固定床吸附器

1—砾石；2—卸料孔；3，6—网；4—装料孔；5—废气及空气入口；7—脱附气排出；8—安全阀接管；9—顶盖；10—重物；11—刚性环；12—外壳；13—吸附剂；14—支撑环；15—栅板；16—净气出口；17—梁；18—视镜；19—冷凝排放及供水；20—扩散器；21—吸附器底；22—梁支架；23—扩散器水蒸气接管

(2)卧式固定床吸附器　卧式固定床吸附器适合处理气量大、浓度低的气体,其结构如图 6-3 所示。

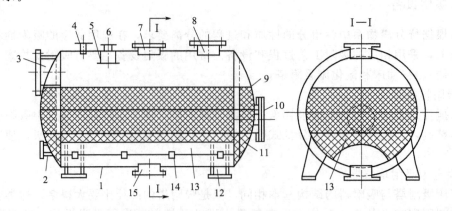

图 6-3　卧式固定床吸附器
1—壳体；2—供水；3—人孔；4—安全阀接管；5—挡板；6—蒸汽进口；7—净化气体出口；8—装料口；
9—吸附剂；10—卸料口；11—砾石层；12—支脚；13—填料底座；14—支架；15—蒸汽及热空气出入口

卧式固定床吸附器为一水平摆放的圆柱形装置,吸附剂装填高度为 0.5~1.0m,待净化废气由吸附层上部或下部入床。卧式固定床吸附器的优点是处理气量大、压降小；缺点是由于床层截面积大,容易造成气流分布不均。因此在设计时要特别注意气流均布的问题。

(3)环式固定床吸附器　环式固定床吸附器又称径向固定床吸附器,其结构比立式和卧式固定床吸附器复杂,如图 6-4 所示。吸附剂填充在两个同心多孔圆筒之间,吸附气体由外壳进入,沿径向通过吸附层,汇集到中心筒后排出。

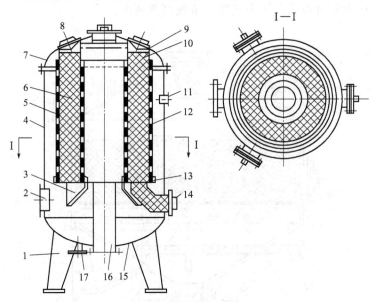

图 6-4　环式固定床吸附器
1—支脚；2—废气及冷热空气入口；3—吸附剂筒底支座；4—壳体；5,6—多孔外筒和内筒；7—顶盖；
8—视孔；9—装料口；10—补偿料斗；11—安全阀接管；12—吸附剂；13—吸附剂筒底座；14—卸料口；
15—器底；16—净化器出口及脱附水蒸气入口；17—脱附时排气口

环式固定床吸附器结构紧凑,吸附截面积大、阻力小,处理能力大,在气态污染物的净化上具有独特的优势。目前使用的环式固定床吸附器多使用纤维活性炭作吸附材料,用以净化有机蒸气。实际应用上多采用数个环式吸附芯组合在一起的结构设计，自动化操作。

3. 移动床和流化床吸附塔

移动床结构简单，是一空塔式设备，上部有固体吸附剂的分散给料装置，下部有流体进料装置。吸附剂从设备顶部连续加入，随着吸附的进行，吸附剂逐渐下移，最后自底部连续卸出。流体则自下而上通过吸附剂床层，以进行吸附，最后从床层上部引出。

流化床的结构与固定床接近，但在静态时其吸附剂层高度低于固定床，床层上部留有充分空间供吸附颗粒流化。操作过程中被吸附的物料从床层下部进入，从床层顶端流出。在床层底部有物料分布器，以保持流体物料能够在整个床层截面均匀分布，实现床层的全部流化。

六、吸附工艺及操作

固体吸附剂在使用前需要经过一定的预处理，以去除水分或表面吸附的杂质，或者是为了改进固体表面被溶液中溶剂润湿的性能。除去水分多采用热空气（不易被氧化的吸附剂）或氮气（易被氧化的吸附剂）通过吸附剂层，使吸附剂中的水分逸出。除去表面杂质或改进吸附剂表面润湿性等多采用酸、碱或有机溶剂（如甲醇、乙醇等）进行浸泡，然后再用纯化水进行洗涤。经过预处理后的树脂可投入生产进行吸附操作，按照操作方式不同，分为下述几种工艺。

1. 分批（间歇）式吸附

分批式吸附是将浆状吸附剂添加到溶液中，初始抽提物和蛋白质都有可能被吸附到吸附剂上，如果所需的生物分子适宜于吸附，就可以将其从溶液中分离出来，然后从吸附剂上抽提或淋洗下来；如果所需的生物分子不被吸附，则在用吸附剂处理时，能从溶液中除去杂质。这种方法多用于液体精制，如脱水、脱色、脱臭、酶的分离纯化等。

吸附常在 pH 为 5~6 的弱酸性溶液和低的电解质浓度下进行，当大量的盐存在时，会干扰吸附。因此，为了经济利益预先透析是有利的。实验室的分离操作是利用烧杯混合、布式漏斗真空抽滤的方法来实现的，具体步骤包括：①搅拌含生物分子和吸附剂的溶液10~15min；②沉降吸附剂，倾出上清液；③将下层浆液注入布氏漏斗中真空过滤；④用缓冲液洗涤吸附剂；⑤抽干湿的吸附剂，倒入烧杯；⑥用洗涤的缓冲液再将吸附剂制成浆液；⑦重新真空抽干。根据需要可重复步骤⑥和⑦多次。生产上分批吸附是将吸附剂和要处理的液体在槽式或罐式设备中搅拌，使吸附剂悬浮在液体中，达到吸附平衡后用沉降、过滤或离心等方法使吸附剂与液体分离，然后对吸附剂进行处理（回收吸附质，对吸附剂进行再生处理或将吸附剂进行无害处理后废弃）。

分批式吸附操作中常用的典型吸附剂有活性炭、磷酸钙凝胶离子交换剂（特别是磷酸纤维素）、亲和吸附剂、染料配位体吸附剂、疏水吸附剂和免疫吸附剂等。分批式吸附主要工艺问题是确定吸附剂用量及吸附过程的持续时间。

2. 连续搅拌罐中的吸附

这一过程适于大规模的分离，其操作过程是将恒定浓度的料液，以一定流速连续流入搅拌罐，罐内初始时装有纯溶剂及一定量的新鲜吸附剂，则吸附剂上吸附相应的溶质，溶质的浓度随时间而变化，溶液不断地流出反应罐，其浓度也随时间而变化，由于罐内搅拌均匀，因此，罐内浓度等于出口溶液的浓度，整个过程处于稳态条件。当吸附速度等于零时，即不发生吸附，离开罐时溶质的浓度也随时间而变化；如果吸附速度无限的快，出口液中溶质的浓度将迅速达到一个很低的值，然后缓慢增加，当吸附剂都为溶质饱和时，出口中的溶质的浓度又与不发生吸附时相同的规律上升。在大多数情况下，吸附过程介于两者之间，吸附速度为一有限值。

3. 固定床吸附

所谓固定床吸附是将吸附剂固定在一定的容器中（通常称为吸附柱、吸附塔等），一般吸附床高为柱高的 2/3，含目标产物的料液从容器的一端（通常为顶端）进入，经容器内的液体分布器分布，流经吸附剂层后，从容器的另一端流出。料液流动的驱动力可以是重力，也可以是外加压力。如果吸附柱的直径较大，流体需要经过分布器，使其在整个柱横截面上均匀穿过，避免发生短路或沟流。每个柱子可以设置一（顶层）至三层（上、中、下）分布器，分布器上每根细的分布管都是用一定目数的不锈钢筛网紧紧包裹，以防在操作过程中吸附剂泄漏。

操作开始时，绝大部分吸附质被吸附，所以流出相中吸附质含量较低，但随着吸附的进行，顶层吸附剂逐渐饱和，饱和层厚度逐渐加大，且向床层下部移动，流出相中吸附质浓度逐渐升高，至某一时刻浓度突然急剧增大，此时称为吸附过程的"穿透"，需停止吸附操作，对吸附剂进行洗涤、解吸、再生处理。洗涤目的是用纯化水洗去吸附剂吸附的杂质，洗涤操作与吸附操作相同，洗水从顶端通入，从另一端流出，直至流出的洗液合格。

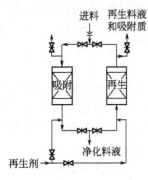

图 6-5 双塔吸附系统操作示意

洗涤合格后，可对吸附剂进行脱附操作。采用不同 pH 值的水溶液，或不同组成与浓度的溶剂洗涤床层，使吸附剂上吸附的吸附质解吸下来，进入液相。解吸后的吸附剂如果吸附性能不能满足吸附操作需要，需要进行再生处理。再生一般是用一定浓度的酸（或碱）溶液或有机溶剂进行处理。再生剂逆流或并流流过吸附剂层，使吸附剂获得再生。再生后的吸附剂，通过洗涤即可转入下一轮吸附操作，如此循环。为了维持工艺过程的连续性，可设置两个以上吸附设备，保持至少有一个设备处于吸附阶段。图 6-5 为双塔吸附系统操作示意。由于吸附速度的限制，为了避免床层过早出现"穿透"现象，液体进入容器的量应控制好，避免流速过大，使吸附质没来得及吸附就被液体带出床层。

固定床吸附流体在介质层中基本上呈平推流，返混小，柱效率高，但固定床无法处理含颗粒的料液，因为它会堵塞床层，造成压力降增大而最终无法进行操作，所以固定床吸附前需先进行培养液的处理和固液分离。

4. 膨胀床吸附

膨胀床吸附也称扩张床吸附，是将吸附剂固定在一定容器中，含目标产物的液体从容器底端进入，经容器下端速率分布器分布，流经吸附剂层，从容器顶端流出。整个吸附剂层吸附剂颗粒在通入液体后彼此不在相互接触（但不流化），而按自身的物理性质相对地处在床层中的一定层次上实现稳定分级，流体保持以平推流的形式流过床层，由于吸附剂颗粒间有较大空隙，料液中的固体颗粒能顺利通过床层。因此，膨胀床吸附除了可以实现吸附外，还能实现固液分离。

膨胀床设备与固定床一样，包括充填介质的容器、在线检测装置和收集器、转子流量计、恒流泵和上下两个速率分布器。其中转子流量计用来确定浑浊液进料时床层上界面的位置，并调节操作过程中变化的床层膨松程度，保证捕集效率；恒流泵用于不同操作阶段不同方向上的进料；速率分布器对床层内流体的流动影响较大，它应使料液中固体颗粒顺利通过，又能有效地截留较小的介质颗粒，除此以外，上端速率分布器还应易于调节位置，下端速率分布器要保证床层中实现平推流，使床层同一截面上各处流速均匀一致，形成稳定的分层流化床层，避免出现沟流。速率分布器的结构是一合适的筛网，现有两种：①有机或无机材料的烧结圆盘，下接一半球形的入口；②叠合型筛网。

膨胀床吸附首先要使床层稳定地张开，然后经过进料、洗涤、洗脱、再生与清洗，最终转入下一个循环，见图6-6。

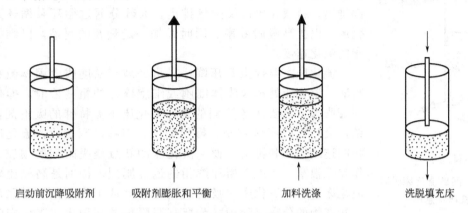

图 6-6　膨胀床吸附的操作过程

① 床层的稳定膨胀和介质的平衡　首先确定适宜的膨胀度，使介质颗粒在流动的液体中分级。一般认为100～300cm/h，使床层膨胀到固定床高度两倍时，吸附性能较好。

② 进料吸附　利用多通道恒流泵，将平衡液切换成原料液，根据流量计中转子的位置和床层高度的关系调节流速，保持恒定的膨胀度并进行吸附，通过对流出液中目标产物的检测和分析，确定吸附终点。

③ 洗涤　在膨胀床中用具有一定黏度的缓冲液冲洗吸附介质，既冲走滞流在柱内的细胞或细胞碎片，又可洗去弱的吸附的杂质，直至流出液中看不到固体杂质后，改用固定床操作。

④ 洗脱　采用固定床操作，将配制好的洗脱剂用恒流泵从柱上部导入，下部流出，分段收集，并分析检测目标产物的活性峰位置和最大活性峰浓度。

⑤ 再生和清洗　直接从浑浊液中吸附分离、纯化目标产物如蛋白质时，存在有非特异性吸附，虽经洗涤、洗脱等步骤，但有些杂质可能还难以除净。为提高介质的吸附容量，必须进行清洗使介质再生，一般在使床层膨胀到堆积高度5倍左右时的清洗液的流速下，经过3h的清洗，可以达到再生的目的。

膨胀床吸附技术已在抗生素等小分子生物活性物质的吸附与离子交换过程中得到应用。例如链霉素发酵液的不过滤离子交换分离提取，其分离过程是链霉素发酵结束后仅先酸化后中和，而不过滤除去菌丝及固形物，直接从交换柱的下部以表观流速为115～146cm/h送入柱中进行吸附，含菌丝及固形物的残液从柱上部流出，待穿透后切断进料（或串联第二根柱），用清水逆洗，将滞留的菌体和固形物等杂质除净，然后用稀硫酸洗脱并分段收集洗出液送去精制，离子交换柱则用酸和碱再生。

5. 流化床吸附

与膨胀床的床层膨胀状态不同，流化床内吸附粒子呈流化态。利用流化床的吸附过程可间歇或连续操作。图6-7为间歇流化床吸附操作示意图。吸附操作是料液从床底以较高的流速循环输入已装有吸附剂的床层，使固相吸附剂产生流化，同时料液中的溶质在固相上发生吸附作用，经吸附后的料液由吸附塔顶部排出，返回循环槽，经泵循环返回流化床，以提高吸附效率。当吸附剂饱和后，对吸附剂进行解吸、再生、洗涤，然后转入下一批次操作。

连续操作中吸附粒子从床上方输入，从床底排出，进入脱附单元顶部。在脱附单元，用

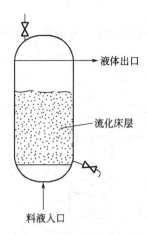

图 6-7 间歇流化床吸附操作示意图

加热吸附剂或其他方法使吸附质解吸，然后进行再生（如果解吸后即获得再生可省去再生操作），再生后的吸附剂返回到吸附单元顶部继续进行吸附操作。料液由床底进入，经吸附后由吸附塔顶部排出，料液在出口仅少量排出，大部分通过循环泵循环返回流化床，以提高吸附效率。同时补加一定量新的料液，以维持流化床的流化速度。

流化床主要优点是压降小，可处理高黏度或含固体微粒的粗料液。流化床处理含菌体细胞或细胞碎片的粗料液时，操作方式同膨胀床。与膨胀床不同的是，流化床不需特殊的吸附剂，设备结构设计比膨胀床容易，操作简便。与移动床相比，流化床中固相的连续输入和排出方便。流化床的缺点是吸附剂磨损较大，操作弹性很窄，床内固相和液相的返混剧烈，特别是高径比较小的流化床。所以流化床的吸附剂利用率远低于固定床和膨胀床。在生物产物的分离过程中，为提高吸附剂的利用率，流化床吸附过程中料液需循环输入（出口液返回入口）；或使用小规模流化床并采取多床串联操作，或将床层分成几级，在级与级之间用溢流堰和溢流管连接，可在一定程度上减轻返混，提高吸附率。

6. 移动床和模拟移动床吸附

像气体吸收操作的液相那样，吸附操作中固相连续输入和排出吸附塔，与料液形成逆流接触流动，从而实现连续稳态的吸附操作。这种操作方法称移动床操作。图 6-8 为包括吸附剂再生过程在内的连续循环移动床操作示意图，稳态操作条件下吸附床内吸附质的轴向浓度分布从上至下逐渐升高；再生床内吸附质的轴向浓度分布从上至下逐渐降低。

因为稳态操作条件下移动床吸附操作中溶质在液固两相中的浓度分布不随时间改变，设备和过程的设计与气体吸收塔或液液萃取塔基本相同。但在实际操作中，最大的问题是吸附剂的磨损和如何通畅地排出固体粒子。为防止固相出口被堵塞，可采用床层振动或用球形旋转阀等特殊装置排出固相。

上述移动床易发生堵塞，固相的移动操作有一定难度。因此，固相本身不移动，而移动切换液相（包括料液和洗脱液）的入口和出口位置，如同移动固相一样，产生与移动床相同的效果，这就是模拟移动床。

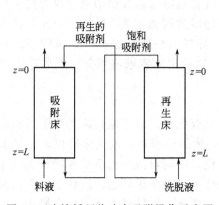

图 6-8 连续循环移动床吸附操作示意图

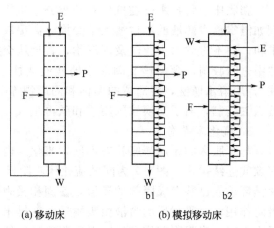

图 6-9 移动床和模拟移动床吸附操作示意图
F—料液；P—吸附质；E—洗脱液；W—非（弱）吸附质

图 6-9 为移动床和模拟移动床吸附操作示意图,其中图 6-9(a) 为真正的移动床操作,料液从床层中部连续输入,固相自上向下移动。被吸附(或吸附作用较强)的溶质 P(简称吸附质)和不被吸附(或吸附作用较弱)的溶质 W 从不同的排出口连续排出。溶质 P 的排出口以上部分为吸附质洗脱回收和吸附剂再生段。图 6-9(b) 为由 12 个固定床构成的模拟移动床,b1 为某一时刻的操作状态,b2 为 b1 以后的操作状态。如将 12 个床中最上一个看作是处于最下面一个床的后面(即 12 个床循环排列),则从 b1 状态到 b2 状态液相的入口和出口分别向下移动了一个床位,相当于液相的入、出口不变,而固相向上移动了一个床位的距离,形成液固逆流接触操作。由于固相本身不移动而通过切换液相的入、出口产生移动床的分离效果,故称该操作为模拟移动床。

七、吸附的工艺问题及处理

1. 吸附剂的吸附能力下降

吸附剂在使用过程中发现吸附能力下降,可能存在以下几方面原因。

(1) 新树脂在使用前处理不好　一般新树脂在使用前要求严格的预处理,特别是大孔吸附树脂最怕污染,污染严重的不能再生。预处理的方法,首先用大量纯化水冲洗,然后用纯异丙醇过柱,浸泡一定时间,然后用纯化水冲至无异丙醇味,方可使用。

(2) 料液预处理不好　如果用吸附剂吸附小分子物质,对料液进行预处理非常必要,特别是要除去那些固态物质及某些大分子物质,以防吸附剂被堵塞。如果用吸附剂进行交换吸附,预先除去某些交换能力更强的干扰离子,有助于提高吸附剂的交换能力。

(3) 吸附剂再生效果不好　吸附剂在再生过程中,由于再生剂用量不够,或再生操作不规范(如流速变化太大、压力变化太大等),再生条件(温度、流速等)不合理,再生液流向不合理等,使吸附剂再生不彻底,从而影响下一次的吸附效果。生产上严格规范操作,确定合理工艺条件,逆流再生等有利于提高再生效果。

(4) 吸附剂劣化　吸附剂由于反复吸附和再生后,会产生劣化现象,使吸附能力下降。吸附剂劣化常见原因有:由于料液内存在某些污染物质,吸附剂表面(内、外表面)被某些物质所覆盖;由于操作温度高,特别是再生温度,使吸附剂半熔融,引起微孔消失,减少了吸附面积;由于化学反应,使细孔的结构受到破坏等。防止吸附剂劣化的最好措施是对待处理料液认真分析,提前处理,除去有害物质。另外,控制好操作条件也可以有效预防吸附剂劣化。

(5) 操作不合理,使吸附剂受到破坏　吸附操作过程中,压力的快速变化能引起吸附剂床层的松动或压碎从而危害吸附剂。所以,在操作过程中要防止使吸附器的压力发生快速变化。对于气体吸附,进料带水是危害吸附剂使用寿命的一大因素,所以进料气要经过严格脱水。进料组分不在设计规格的范围内也会造成对吸附剂的损害,严重时可能导致吸附剂永久性的损坏。所以,当进料出现高的杂质浓度时,应缩短吸附时间,以防止杂质超载。合理调整吸附时间,及时处理故障,防止发生杂质超载。

2. 固定床操作中,过早出现"穿透"现象

床层过早出现"穿透"现象,需立即停止进料,将床层内料液从排污或其他阀门排出倒入原料液贮罐,排除床层故障后,重新进行吸附操作。"穿透"现象可能是由于以下几方面原因。

① 床层装填不合理,颗粒不均匀等,导致出现偏流现象　需重新对吸附剂床层进行装填。

② 操作过程不规范(如流速或压力突然变化),使床层均匀程度受到破坏　重新装填吸附剂后,严格按操作规程进行操作。

③ 系统密闭性差，或操作不合理床层内出现气泡或分层现象　进行密闭性检查，消除漏气，消除气泡及分层后，再进行正常工艺操作。

④ 料液浓度过高，操作流速过大等　对待处理料液进行适当稀释，合理确定操作流速。

3. 吸附剂在使用中受潮引起性能下降

吸附剂在使用中受潮如果不是很严重，可以用干燥的气体进行吹除或用抽真空方式抽吸，降低水的分压，使吸附剂恢复部分活性，维持生产使用，但吸附性能难以恢复如初。如果受潮严重只有按照吸附剂活化处理的方法重新活化。

第二节　离子交换技术

一、离子交换单元的主要任务

离子交换单元是实施离子交换技术的工艺操作单元，包括离子交换设备、配套的辅助设备（如贮罐、泵等），以及连接设备的管路及其上的各种管件（如管道过滤器、三通等）、阀门、仪表（温度表、流量计、压力表等）。

离子交换单元的主要任务有五个方面。其一，是使料液中的一种或几种离子尽可能多地转到固体离子交换树脂上，其目的是实现液体中一种或多种离子杂质与料液中有效组分分离，或者是提取分离液体中一种或多种离子。其二，采用蒸馏水或纯化水等对吸附了一定离子的树脂床层进行正洗或反洗，其目的是除去床层内的杂质便于下一步处理或者使床层松动便于进行交换。其三，采用适当的溶剂对离子交换树脂进行处理，使吸附在离子交换树脂上的离子被溶液中的某种离子所交换进入到液相中，生成某种预期的化合物。其目的是回收吸附到离子交换剂上的离子，形成所需的化合物。其四，采取适当的溶液对树脂进行处理，使离子交换树脂转化为可用于交换溶液中相应离子的形式。其五，当离子交换树脂使用一段时间后，由于受溶液中杂质等污染或功能基团的脱落，其交换能力下降，需对树脂进行处理，使其恢复交换能力。当用常规的方法很难使树脂恢复交换能力时，需更换新的树脂，将新树脂经过预处理后装入交换柱内。

二、离子交换基本原理

离子交换技术是根据某些溶质能解离为阳离子或阴离子的特性，利用离子交换剂与不同离子结合力强弱的差异，将溶质暂时交换到离子交换剂上，然后用合适的洗脱或再生剂将溶质离子交换下来，使溶质从原溶液中得到分离、浓缩或提纯的操作技术。离子交换技术实质上也是一种吸附操作技术，其操作方法与吸附操作相同。

离子交换技术最早应用于制备软水和无盐水，药品生产用水多采用此法。在生化制品领域中，离子交换技术也逐渐应用于蛋白质、核酸等物质的分离、提取和除杂等。离子交换分离技术与其他分离技术相比有如下特点。

① 离子交换操作属于液固非均相扩散传质过程。所处理的溶液一般为水溶液，多相操作使分离变得容易。

② 离子交换可看作是溶液中的被分离组分与离子交换剂中可交换离子进行离子置换反应的过程。其选择性高，而且离子交换反应是定量进行的，即离子交换树脂吸附和释放的离子的物质的量相等。

③ 离子交换剂在使用后，其性能逐渐消失，需用酸、碱、盐再生而恢复使用。

④ 离子交换技术具有很高的浓缩倍数，操作方便，效果突出。

但是，离子交换法也有其缺点，如生产周期长，成品质量有时较差，其生产过程中的 pH 变化较大，故不适于稳定性较差的物质分离，在选择分离方法时应予考虑。

1. 离子交换平衡

离子交换过程是离子交换剂中的活性离子（反离子）与溶液中的溶质离子进行交换反应的过程，这种离子的交换是按化学计量比进行的可逆化学反应过程。当正、逆反应速度相等时，溶液中各种离子的浓度不再变化而达平衡状态，即称为离子交换平衡。

若以 L、S 分别代表液相和固相，以阳离子交换反应为例，则离子交换反应可写为：

$$A_{(L)}^{n+} + nR^-B_{(S)}^+ \rightleftharpoons R_n^- A_{(S)}^{n+} + nB_{(L)}^+ \tag{6-5}$$

其反应平衡常数可写为：

$$K_{AB} = \frac{[R_A][B]^n}{[R_B]^n[A]} \tag{6-6}$$

式中　[A]、[B]——分别为液相离子 A^{n+}、B^+ 的活度，稀溶液中可近似用浓度代替，mmol/mL；

[R_A]、[R_B]——分别为离子交换树脂相的离子 A^{n+}、B^+ 的活度，在稀溶液中可近似用浓度代替，mmol/g 干树脂；

K_{AB}——反应平衡常数，又称离子交换常数。

2. 离子交换选择性

在产品分离过程中，需分离的溶液中常存在着多种离子，探讨离子交换树脂的选择性吸附具有重要的实际意义。离子交换过程的选择性就是在稀溶液中某种树脂对不同离子交换亲和力的差异。离子与树脂活性基团的亲和力愈大，则愈容易被树脂吸附。

假定溶液中有 A、B 两种离子，都可以被树脂 R 交换吸附，交换吸附在树脂上的 A、B 离子浓度分别用 [R_A]、[R_B] 表示，当交换平衡时，用下式讨论树脂 R 对 A、B 离子的吸附选择性：

$$K_A^B = \frac{[R_B]^a[A]^b}{[R_A]^b[B]^a} \tag{6-7}$$

式中　[R_A]、[R_B]——离子交换平衡时树脂上 A 离子和 B 离子的浓度，mmol/g 干树脂；

[A]、[B]——溶液中 A 离子和 B 离子的浓度，mmol/mL；

a、b——分别表示 A 离子和 B 离子的离子价。

从式中可以看出，当 K_A^B 越大时，离子交换树脂对 B 离子的选择性越大（相对于 A 离子），反之，$K_A^B < 1$ 时，树脂对 A 离子的选择性大，这样 K_A^B 可以定性地表示离子交换剂对 A、B 选择性的大小，称之为选择性系数、分配系数或交换势。换言之，树脂对离子亲和能力的差别表现为选择性系数的大小。

3. 离子交换过程和速度

离子交换体系由离子交换树脂、被分离的组分以及洗脱液等几部分组成。离子交换树脂是一种具有多孔网状立体结构的多元酸或多元碱，能与溶液中其他物质进行交换或吸附的聚合物。被分离的离子存在于被处理的料液中，可进行选择性交换分离；洗脱液是一些离子强度较大的酸、碱、盐或有机小分子物质等构成的溶液，用以把交换到离子交换树脂上的目标离子重新交换到液相。

当树脂与溶液接触时，溶液中的阴离子（或阳离子）与树脂中的活性离子，即阴离子（或阳离子）发生交换，暂时停留在树脂上。因为交换过程是可逆的，如果再用酸、碱、盐或有机溶剂进行处理，交换反应则向反方向进行，被交换在树脂上的物质就会逐步洗脱下来，这个过程称为洗脱（或解吸）。离子交换树脂的交换、洗脱反应过程如图 6-10 所示。

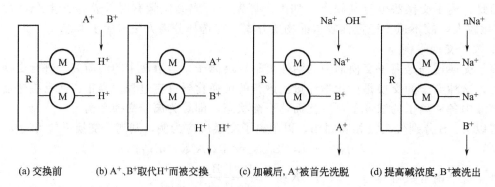

(a) 交换前　(b) A$^+$、B$^+$取代H$^+$而被交换　(c) 加碱后,A$^+$被首先洗脱　(d) 提高碱浓度,B$^+$被洗出

图 6-10　离子交换、洗脱示意图

H$^+$—树脂上的平衡离子；A$^+$、B$^+$—待分离离子

一般来说，无论在树脂表面还是在树脂内部都可发生交换作用，故理论上树脂总交换容量与其颗粒大小无关。设溶液中有一粒树脂，溶液中的 A$^+$ 与树脂上的 B$^+$ 发生交换反应。工业生产中的离子交换反应过程都是在动态下进行的，即溶液与树脂发生相对运动；无论溶液如何流动，树脂表面始终存在一层液体薄膜即"水膜"，交换的离子只能借扩散作用通过"水膜"，如图 6-11 所示。其交换过程分五步进行：

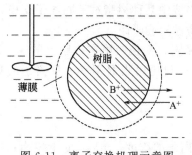

图 6-11　离子交换机理示意图

① A$^+$ 从溶液扩散到树脂表面；
② A$^+$ 从树脂表面扩散到树脂内部的交换中心；
③ 在树脂内部的交换中心处，A$^+$ 与 B$^+$ 发生交换反应；
④ B$^+$ 从树脂内部交换中心处扩散到树脂表面；
⑤ B$^+$ 再从树脂表面扩散到溶液中。

上述五个步骤中，①和⑤在树脂表面的液膜内进行，互为可逆过程，称为膜扩散或外部扩散过程；②和④发生在树脂颗粒内部，互为可逆过程，称为粒扩散或内部扩散过程；③为离子交换反应过程。因此离子交换过程实际上只有三个步骤：外部扩散、内部扩散和离子交换反应。

众所周知，多步骤过程的总速度取决于最慢一步的速度，最慢一步称为控制步骤。离子交换速度究竟取决于内部扩散速度还是外部扩散速度，要视具体情况而定。一般情况下，离子交换反应的速度极快，不是控制步骤。离子在颗粒内的扩散速度与树脂结构、颗粒大小、离子特性等因素有关；而外扩散速度与溶液的性质、浓度、流动状态等因素有关。

4. 影响离子交换的因素

影响离子交换的因素很多，可以从影响选择性、交换速度及交换效率的角度加以考虑，下面分别加以讨论。

(1) 影响选择性的因素

① 离子的水化半径　一般认为，离子的体积愈小，则愈易被吸附。但离子在水溶液中会发生水合作用而形成水化离子。因此，离子在水溶液中的大小用水化半径来表示。通常离子的水化半径愈小，离子与树脂的活性基团的亲和力愈大，愈易被树脂吸附。

如果阳离子的价态相同，则随着原子序数的增加，离子半径增大，离子表面电荷密度相对减小，吸附水分子减少，水化半径减小，其与树脂活性基团亲和力增大，易被吸附。下面按水化半径的次序，将各种离子对树脂亲和力的大小排序，排在后面的离子可以取代前面的离子，从而优先被交换。

一价阳离子：$Li^+ < Na^+$、$K^+ \approx NH_4^+ < Rb^+ < Cs^+ < Ag^+ < Ti^+$

二价阳离子：$Mg^{2+} \approx Zn^{2+} < Cu^{2+} \approx Ni^{2+} < Co^{2+} < Ca^{2+} < Sr^{2+} < Pb^{2+} < Ba^{2+}$

一价阴离子：$CH_3COO^- < F^- < HCO_3^- < Cl^- < HSO_3^- < Br^- < NO_3^- < I^- < ClO_4^-$

H^+、OH^- 对树脂的亲和力取决于树脂的酸碱性强弱。对于强酸性树脂，H^+ 和树脂的结合力很弱，$H^+ \approx Li^+$；反之对于弱酸性树脂，H^+ 具有很强的吸附能力。同理，对于强碱性树脂，$OH^- < F^-$，对于弱碱性树脂，$OH^- > ClO_4^-$。例如，在链霉素提炼中，不能用强酸性树脂，而应用弱酸性树脂；因为强酸性树脂吸附链霉素后，不容易洗脱，而用弱酸性树脂时，由于 H^+ 对树脂的亲和力很大，可以很容易地从树脂上取代链霉素。

② 离子的化合价和离子的浓度　在常温稀溶液中，离子的化合价越高，电荷效应越强，就越易被树脂吸附，例如 $Tb^{4+} > Al^{3+} > Ca^{2+} > Ag^+$。再如，在抗生素生产上，链霉素是三价离子，价态较高，树脂能优先吸附溶液中的链霉素离子。而且溶液浓度较低时，树脂吸附高价离子的倾向增大，如链霉素-氯化钠溶液加水稀释时，链霉素的吸附量呈明显上升。

③ 溶液的 pH　溶液的 pH 决定树脂交换基团及交换离子的解离程度，从而影响交换容量和交换选择性。对于强酸、强碱型树脂，任何 pH 下都可进行交换反应，溶液的 pH 主要影响交换离子的解离程度、离子电性和电荷数。对于弱酸、弱碱型树脂，溶液的 pH 对树脂的解离度和吸附能力影响较大；对于弱酸性树脂，只有在碱性的条件下才能起交换作用；对于弱碱性树脂只能在酸性条件下才能起交换作用。一般溶液 pH 选择应考虑：在产物稳定的 pH 范围内；使产物能离子化；使树脂能离子化。

例如，在链霉素提炼中，不能用氢型羧基树脂，而只能用钠型羧基树脂。因为链霉素在碱性条件下很不稳定，只能在中性下进行吸附。而氢型羧基树脂是弱酸性树脂，在中性介质中的交换容量很小，即使开始时用较高的 pH，由于在交换过程中会放出 H^+，阻碍树脂继续吸附链霉素，所以只能用钠型树脂。

④ 离子强度　溶液中其他离子浓度高，必与目的物离子进行吸附竞争，减少有效吸附容量。另一方面，离子的存在会增加目标物质分子以及树脂活性基团的水合作用，从而降低吸附选择性和交换速度。所以一般在保证目的物溶解度和溶液缓冲能力的前提下，尽可能采用低离子强度。

⑤ 交联度、膨胀度　树脂的交联度小，结构蓬松，膨胀度大，交换速度快，但交换的选择性差。反之，交联度高，膨胀度小，不利于有机大分子的吸附进入。因此，必须选择适当交联度、膨胀度的树脂。例如链霉素的制备先采用低交联度的凝胶树脂 101×4 或大孔树脂 D-152 吸附，然后采用高交联度的凝胶树脂 1×16 脱盐除去 Ca^{2+}、Mg^{2+} 等。

⑥ 有机溶剂　当有机溶剂存在时，常常会使树脂对有机离子的选择性吸附降低，而容易吸附无机离子。一方面由于有机溶剂的存在，使离子的溶剂化程度降低，无机离子的亲水性决定它降低更多；另一方面由于有机溶剂会降低离子的电离度，且有机离子降低得更显著，所以无机离子的吸附竞争性增强。

同理，树脂上已被吸附的有机离子容易被有机溶剂洗脱。因此，人们常用有机溶剂从树脂上洗脱难洗脱的有机物质。例如金霉素对 H^+ 和 Na^+ 的交换常数都很大，用盐或酸不能将金霉素从树脂上洗脱，而在 95% 甲醇溶液中，交换常数的值降低到 1/100，用盐酸—甲醇溶液就能较容易洗脱。

⑦ 其他作用力　有时交换离子与树脂间除离子间相互作用之外，还存在其他作用机理，如形成氢键、范德华力等，进而影响目标离子的交换吸附。如作为阳离子交换剂的磺酸型树

脂可以吸附本为阴离子的青霉素，其原因在于青霉素分子中肽键上的氢可以与树脂磺酸基上的氧之间形成氢键。

(2) 影响交换速度的因素

① 颗粒大小　树脂颗粒增大，内扩散速度减小。对于内扩散控制过程，减小树脂颗粒直径，可有效提高离子交换速度。

② 交联度　离子交换树脂载体聚合物的交联度大，树脂不易膨胀，则树脂的孔径小，离子内扩散阻力大，其内部扩散速度慢。所以当内扩散控制时，降低树脂交联度，可提高离子交换速度。

③ 温度　温度升高，离子内、外扩散速度都将加快。实验数据表明，温度每升高25℃，离子交换速度可增加一倍，但应考虑被交换物质对热的稳定性。

④ 离子化合价　离子在树脂中扩散时和树脂骨架（和扩散离子的电荷相反）间存在库仑引力。被交换离子的化合价越高，库仑引力的影响越大，离子的内扩散速度越慢。

⑤ 离子的大小　被交换离子越小，内扩散阻力越小，离子交换速度越快。

⑥ 搅拌速度或流速　搅拌速度或流速愈大，液膜的厚度愈薄，外部扩散速度愈高，但当搅拌速度、流速增大到一定程度后，影响逐渐减小。

⑦ 离子浓度　当离子浓度较低（<0.01mol/L）时，离子浓度增大，外扩散速度增高，离子交换速度也成比例增加。但当离子达到一定浓度（0.01mol/L）后，浓度增加对离子交换速度增加的影响逐渐减小，此时交换速度已转为内扩散控制。

⑧ 被分离组分料液的性质　溶液黏度越大，交换速度越小。

⑨ 树脂被污染的情况　如果树脂不可逆吸附一些物质，离子交换容量会下降，交换速度就会下降；或者一些不溶性的物质堵塞在交换柱内或树脂孔隙中，也会引起交换速度下降。如果树脂柱堵塞，柱压会升高，流速会变慢。

(3) 影响交换效率的因素

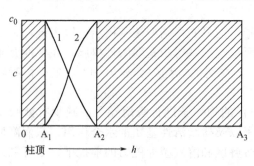

图 6-12　旋转90°的离子交换柱中离子分层示意图

h—柱的高度；c—物质的量浓度；
c_0—原始物质的量浓度；$A_1 \sim A_2$—交换层；
A_1—溶液中的交换离子；A_2—树脂上的平衡离子；
A_3—交换柱底端的界面

图 6-12 为旋转90°的离子交换柱中离子分层示意图。从柱顶加入含离子 A_1 的溶液，溶液中的交换离子 A_1 由于不断被树脂吸附，其浓度从起始浓度 c_0 沿曲线 1 逐渐下降到浓度为 0，而树脂上的平衡离子 A_2（假定其化合价与离子 A_1 相同）由于逐渐被释放，则浓度由 0 沿曲线 2 逐渐上升到 c_0。离子交换过程只能在 $A_1 \sim A_2$ 层内进行，这一段树脂层称为交换层，交换层内两种离子同时存在。$0 \sim A_1$ 层中离子 A_2 浓度为 0，离子 A_1 的浓度为饱和浓度，这一层称已交换层（饱和层），饱和层不再发生交换反应。$A_2 \sim A_3$ 层 A_1 离子浓度为零，A_2 离子浓度最高，称为非交换区。如条件选择适当，交换层较窄，在交换区与非交换区之间的截面上，两种离子逐渐分层，离子 A_2 集中在前面，离子 A_1 集中在后面，中间形成一层明显的分界线，这样在柱的出口离子 A_1 先流出，随着交换的进行交换层不断下移，直至某一时候，流出液中出现离子 A_1，此时称为漏出点，以后离子 A_1 增至原始浓度，而离子 A_2 的浓度减至零。

在进行离子交换操作时，都希望交换层 $A_1 \sim A_2$ 尽可能窄一些，以求较高的交换效率。因为交换层越窄，离子在柱层内的分界线越明显，利于离子的分开；在吸附时，可以提高树脂的饱和度，减少吸附离子的漏失，而在解析时，则可使洗脱液浓度提高。如果交换层较宽，生产上为了提高离子的分离度或避免柱层较早到达漏出点，往往采用多根柱子串联或增大柱高。交换层的宽窄由多种因素决定：交换平衡常数 $K>1$ 要比 $K<1$ 时的交换层狭窄，也就是说 K 值越小，交换层会越宽；离子的化合价、离子的浓度、树脂的交换容量以及树脂老化也会影响交换层的宽窄；此外两种离子的电离度和树脂的颗粒大小也影响交换层的宽度。另外，柱床流速高于交换速度也会加宽交换层，流速越大则交换层越宽。

为了提高分离效率，如果 A_1、A_2 两种离子化合价相同，应选择平衡常数 $K>1$ 的系统；如离子 A_1、A_2 的化合价不等，应选择适宜的被交换离子 A_1 的浓度；而对于弱电解质进行交换可设法改变离子的电离度。如在阳离子交换树脂上洗脱弱电解质时，应提高溶液的pH；而在阴离子交换中，应降低 pH。另外，也可利用有机溶剂来降低弱电解质的电离度。

第三节　离子交换树脂及离子交换设备

利用离子交换技术进行分离的关键是选择合适的离子交换剂。离子交换剂是一种不溶性的、具有网状立体结构的、可解离正离子或负离子基团的固态物质，可分为无机质和有机质两大类。无机质类又可分为天然的（如海绿石）和人造的（如合成沸石）；有机质类也分为天然的（如磺化煤）和合成的（如合成树脂）。其中合成高分子离子交换树脂具有不溶于酸、碱溶液及有机溶剂，性能稳定，经久耐用，选择性高等特点，工业中应用较多。

一、离子交换树脂的分类

离子交换树脂是一种不溶于水及一般酸、碱和有机溶剂的有机高分子化合物，它的化学稳定性良好，并且具有离子交换能力，其活性基团一般是多元酸或多元碱。离子交换树脂可以分成两部分：一部分是不能移动的高分子惰性骨架；另一部分是可移动的活性离子，它在树脂骨架中可以自由进出，从而发生离子交换现象。离子交换树脂的单元结构由三部分构成：①惰性不溶的、具有三维多孔网状结构的网络骨架（通常用 R 表示）；②与网络骨架以共价键相连的活性基［如 $-SO_3^-$、$-N^+(CH_3)_3$ 等，一般用 M 表示］，又称功能基，它不能自由移动；③与活性基以离子键联结的可移动的活性离子（即可交换离子，如 H^+、OH^- 等）。活性离子决定着离子交换树脂的主要性能，当活性离子是阳离子时，称为阳离子交换树脂；当活性离子是阴离子时，称为阴离子交换树脂。离子交换树脂的构造模型如图 6-13 所示。

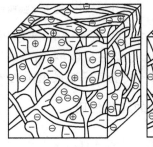

(a) 阳离子交换树脂　　(b) 阴离子交换树脂

图 6-13　离子交换树脂的构造模型

离子交换树脂可依据不同的分类方法进行如下分类。

① 按树脂骨架的主要成分不同可分为苯乙烯型树脂（如 001×7）、丙烯酸型树脂（如 112×4）、多乙烯多胺-环氧氯丙烷型树脂（如 330）、酚醛型树脂（如 122）等。

② 按制备树脂的聚合反应类型不同可划分为共聚型树脂（如 001×7）、缩聚型树脂（如 122）。

③ 按树脂骨架的物理结构不同可分为凝胶型树脂（如 201×7，也称微孔树脂）、大网格树脂（如 D-152，也称大孔树脂）、均孔树脂（如 Zeolitep，也称等孔树脂）。

④ 按活性基团的性质不同可分为含酸性基团的阳离子交换树脂和含碱性基团的阴离子

交换树脂。阳离子交换树脂可分为强酸性和弱酸性两种，阴离子交换树脂可分为强碱性和弱碱性两种。此外还有含其他功能基团的螯合树脂、氧化还原树脂以及两性树脂等。

二、离子交换树脂的命名

1997年我国化工部颁布了新的规范化命名法，离子交换树脂的型号由三位阿拉伯数字组成。第一位数字＊表示树脂的分类；第二位数字＊表示树脂骨架的高分子化合物类型。常见树脂的分类、骨架类型见表6-1。第三位数字＊表示序号；"×"表示连接符；"×"之后的数字＊表示交联度，交联度是聚合载体骨架时交联剂〔一般为二乙烯苯（DVB）〕用量的质量百分比，它与树脂的性能有密切的关系，在表达交联度时，去掉％号，仅把数值写在编号之后；对于大孔型离子交换树脂，在三位数字型号前加"大"字汉语拼音首位字母"D"，表示为"D＊＊＊"。如图6-14所示。

表6-1 离子交换树脂命名法分类、骨架、代号

分 类	骨 架	代号	分 类	骨 架	代号
强酸性	苯乙烯型	0	螯合性	乙烯吡啶型	4
弱酸性	丙烯酸型	1	两性	脲醛型	5
强碱性	酚醛型	2	氧化还原性	氯乙烯型	6
弱碱性	环氧型	3			

图6-14 离子交换树脂型号表示示意图

例如001×7树脂，第一位数字"0"表示树脂的分类属于强酸性，第二位数字"0"表示树脂的骨架是苯乙烯型，第三位数字"1"表示顺序号，"×"后的数字"7"表示交联度为7％。因此，"001×7"树脂表示凝胶型苯乙烯型强酸性阳离子交换树脂。

三、离子交换树脂的理化性质

1. 外观和粒度

树脂的颜色有白色、黄色、黄褐色及棕色等；有透明的，也有不透明的。为了便于观察交换过程中色带的分布情况，多选用浅色树脂，用后的树脂色泽会逐步加深，但对交换容量影响不明显。大多数树脂为球形颗粒，少数呈膜状、棒状、粉末状或无定形状。球形的优点是液体流动阻力较小，耐磨性能较好，不易破裂。

树脂颗粒在溶胀状态下直径的大小即为其粒度。商品树脂的粒度一般为16～70目（1.19～0.2mm），特殊规格为200～325目（0.074～0.044mm）。制药生产一般选用粒度为16～60目占90％以上的球形树脂。大颗粒树脂适用于高流速及有悬浮物存在的液相，而小颗粒树脂则多用作色谱柱和含量很少的成分的分离。粒度越小，交换速度越快，但流体阻力也会增加。

2. 膨胀度

当把干树脂浸入水、缓冲溶液或有机溶剂后，由于树脂上的极性基团强烈吸水，高分子骨架则吸附有机溶剂，使树脂的体积发生膨胀，此为树脂的膨胀性。此外，树脂在转型或再

生后用水洗涤时也有膨胀现象。用一定溶剂溶胀 24h 之后的树脂体积与干树脂体积之比称为该树脂的膨胀系数，用 $K_{膨胀}$ 表示。一般情况下，凝胶树脂的膨胀度随交联度的增大而减小。另外，树脂上活性基团的亲水性愈弱，活性离子的价态愈高，水合程度愈大，膨胀度愈低。在确定树脂装柱量时应考虑其膨胀性能。

3. 交联度

离子交换树脂中交联剂的含量即为交联度，通常用质量百分比表示，如 001×7 树脂中交联剂（二乙烯苯）占合成树脂总原料的 7%。一般情况下，交联度愈高，树脂的结构愈紧密，溶胀性愈小，选择性越高，大分子物质愈难被交换。应根据被交换物质分子的大小及性质选择合适交联度的树脂。

4. 含水率

每克干树脂吸收水分的质量称为含水率，一般为 0.3~0.7g。树脂的交联度愈高，含水量愈低。干燥的树脂易破碎，故商品树脂常以湿态密封包装。干树脂初次使用前应用盐水浸润后，再用水逐步稀释以防止暴涨破碎。

5. 真密度和视密度

单位体积的干树脂（或湿树脂）的质量称为干（湿）真密度；当树脂在柱中堆积时，单位体积的干树脂（或湿树脂）的质量称为干（湿）视密度，又称堆积密度。树脂的密度与其结构密切相关，活性基团愈多，湿真密度愈大；交联度愈高，湿视密度愈大。一般情况下，阳离子树脂比阴离子树脂的真密度大；凝胶树脂比相应的大孔树脂视密度大。

6. 交换容量

单位质量或体积干树脂所能交换离子的量，称为树脂的质量或体积交换容量，表示为 mmol/g 干树脂或 mmol/mL 干树脂。交换容量是表征树脂活性基数量或交换能力的重要参数。一般情况下，交联度愈低，活性基团数量愈多，则交换容量愈大。

在实际应用过程中，常遇到三个概念：理论交换容量、再生交换容量和工作交换容量。理论交换容量是指单位质量（或体积）树脂中可以交换的化学基团总数，故也称总交换容量。工作交换容量是指实际进行交换反应时树脂的交换容量，因树脂在实际交换时总有一部分不能被完全取代，所以工作交换容量小于理论交换容量。再生交换容量是指树脂经过再生后所能达到的交换容量，因再生不可能完全，故再生交换容量小于理论交换容量。一般情况下，再生交换容量为 0.5~1.0 倍总交换容量；工作交换容量为 0.3~0.9 倍再生交换容量。

7. 稳定性

① 化学稳定性　不同类型的树脂，其化学稳定性有一定的差异。一般阳型树脂比阴型树脂的化学稳定性更好，阴型树脂中弱碱性树脂最差。如聚苯乙烯型强酸性阳型树脂对各种有机溶剂、强酸、强碱等稳定，可长期耐受饱和氨水、0.1mol/L $KMnO_4$、0.1mol/L HNO_3 及温热 NaOH 等溶液而不发生明显破坏；而羟型阴树脂稳定性较差，故以氯型存放为宜。

② 热稳定性　干燥的树脂受热易降解破坏。强酸、强碱的盐型比游离酸（碱）型稳定，聚苯乙烯型比酚醛型树脂稳定，阳型树脂比阴型树脂稳定。

8. 机械强度

树脂床层过高或溶液流速过大，会使树脂磨损；如果液相浓度变化过快，会产生过大的渗透压，使树脂破碎。机械强度是指树脂抵抗破碎的能力。一般用树脂的耐磨性能来表达树脂的机械强度。测定时，将一定量的树脂经酸、碱处理后，置于球磨机或振荡筛中撞击、磨损一定时间后取出过筛，以完好树脂的质量百分率来表示。在药品分离中，对商品树脂的机械强度一般要求在 95% 以上。

9. 孔度、孔径、比表面积

孔度是指每单位质量或体积树脂所含有的孔隙体积，以 mL/g 或 mL/mL 表示。树脂的孔径差别很大，与合成方法、原料性质等密切相关，凝胶树脂的孔径决定于交联度，而且只在湿态时才几纳米的大小。孔径的大小对离子交换树脂选择性的影响很大，对吸附有机大分子尤为重要。比表面积是指单位质量的树脂所具有的表面积，以 m^2/g 表示。在合适孔径的基础上，选择比表面积较大的树脂，有利于提高吸附量和交换速率。

四、离子交换树脂的功能特性

1. 强酸性阳离子交换树脂

这类树脂一般以磺酸基（—SO_3H）作为活性基团。如聚苯乙烯磺酸型离子交换树脂，它是以苯乙烯为母体，二乙烯苯为交联剂共聚后再经磺化引入磺酸基制成的，化学结构如图 6-15。

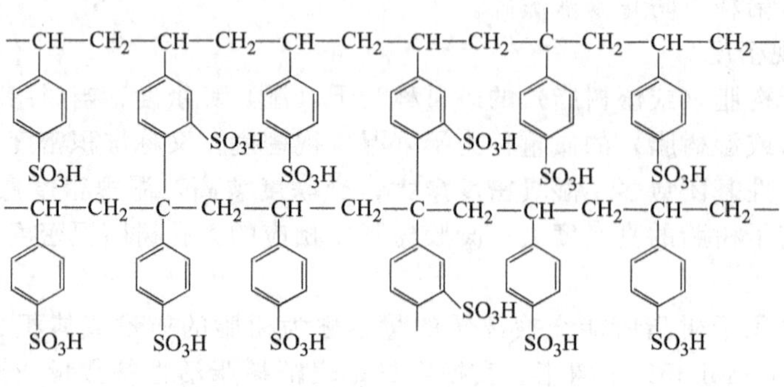

图 6-15 聚苯乙烯磺酸型离子交换树脂化学结构示意图

强酸性树脂活性基团的电离程度大，不受溶液 pH 的影响，在 pH1～14 范围内均可进行离子交换反应。其交换反应如下。

中和反应： $RSO_3H + NaOH \longrightarrow RSO_3Na + H_2O$

中性盐分解反应： $RSO_3H + NaCl \rightleftharpoons RSO_3Na + HCl$

复分解反应： $RSO_3Na + KCl \rightleftharpoons RSO_3K + NaCl$

以磷酸基 [—$PO(OH)_2$] 和次磷酸基 [—$PHO(OH)$] 作为活性基团的树脂具有中等强度的酸性。

树脂在使用一段时间后要进行再生处理，即用化学药品使树脂的官能团恢复原来状态。强酸型树脂是用强酸进行再生处理，由于强酸型树脂与 H^+ 结合力弱，因此再生成氢型比较困难，故耗酸量较大，一般为该树脂交换容量的 3～5 倍。这类树脂主要用于软水和无盐水的制备，在链霉素、卡那霉素、庆大霉素、赖氨酸等的提取精制中应用也较多。

2. 弱酸性阳离子交换树脂

弱酸性阳离子交换树脂是指含有羧基（—COOH）、酚羟基（—C_6H_4OH）等弱酸性基团的离子交换树脂，其中以含羧基的离子交换树脂用途最广。弱酸性基团的电离程度受溶液 pH 的影响很大，在酸性溶液中几乎不发生交换反应，只有在 pH≥7 的溶液中才有较好的交换能力。以 101×4 树脂为例，其交换容量与溶液 pH 的关系如表 6-2 所示：

表 6-2 101×4 树脂的交换容量与溶液 pH 的关系

pH	5	6	7	8	9
交换容量/(mmol/g)	0.8	2.5	8.0	9.0	9.0

由表中数据可看出，pH 升高，交换容量增大。其交换反应如下。

中和反应：$RCOOH + NaOH \rightleftharpoons RCOONa + H_2O$

因 RCOONa 在水中不稳定，易水解成 RCOOH，故羧酸钠型树脂不易洗涤到中性，一般洗到出口 pH9~9.5 即可，并且洗水量不宜过多。

复分解反应：$RCOONa + KCl \rightleftharpoons RCOOK + NaCl$

110-Na 型树脂应用复分解反应原理进行链霉素的提取，其反应式为：

$$3RCOONa + Str^{3+} \rightleftharpoons (RCOO)_3Str + 3Na^+$$

与强酸树脂不同，弱酸树脂和 H^+ 结合力很强，所以容易再生成氢型且耗酸量少。在制药生产上常用有弱酸型如 101×4 分离提取链霉素、正定霉素、溶菌酶及尿激酶；用 122 进行链霉素的脱色及从庆大霉素废液中提取维生素 B_{12} 等。

3. 强碱性阴离子交换树脂

强碱性阴离子交换树脂是以季铵基为交换基团的离子交换树脂，活性基团有三甲氨基 [$-N^+(CH_3)_3$]（Ⅰ型），二甲基-β-羟基乙氨基 [$-N^+(CH_3)_2(C_2H_4OH)$]（Ⅱ型），因Ⅰ型比Ⅱ型碱性更强，其用途更广泛。强碱性活性基团的电离程度大，它在酸性、中性甚至碱性介质中都可以显示离子交换功能。其交换反应如下。

中和反应：$RN(CH_3)_3OH + HCl \rightleftharpoons RN(CH_3)_3Cl + H_2O$

中性盐分解反应：$RN(CH_3)_3OH + NaCl \rightleftharpoons RN(CH_3)_3Cl + NaOH$

复分解反应：$RN(CH_3)_3Cl + NaBr \rightleftharpoons RN(CH_3)_3Br + NaCl$

这类树脂的氯型较羟型更稳定，耐热性更好，故商品大多数是氯型。强碱性树脂与 OH^- 结合力较弱，再生时耗碱量较大。这类树脂常用的有 201×4 用于卡那霉素、庆大霉素、巴龙霉素、新霉素的精制脱色，201×7 用于无盐水的制备等。

4. 弱碱性阴离子交换树脂

弱碱性阴离子交换树脂是以伯氨基（$-NH_2$）、仲氨基（$-NHR$）或叔氨基（$-NR_2$）为交换基团的离子交换树脂。由于这些弱碱性基团在水中解离程度很小，仅在中性及酸性（pH<7）的介质中才显示离子交换功能，即交换容量受溶液 pH 的影响较大，pH 愈低，交换能力愈大。其交换反应如下。

中和反应：$RNH_3OH + HCl \longrightarrow RNH_3Cl + H_2O$

复分解反应：$2RNH_3Cl + Na_2SO_4 \longrightarrow (RNH_3)_2SO_4 + 2NaCl$

弱碱性基团与 OH^- 结合力很强，所以易再生为羟型，且耗碱量少。生产上常用 330 树脂吸附分离头孢菌素 C，并用于博来霉素、链霉素等的精制。

5. 两性树脂

包括热再生树脂和蛇笼树脂。指同时含有酸、碱两种基团的树脂，有强碱-弱酸和弱酸-弱碱两种类型，其相反电荷的活性基团可以在同一分子链上，亦可以在两条相接近的大分子链上。如弱酸-弱碱合体的两性树脂室温下的脱盐反应：

$$RCOOH + RNR_2 + NaCl \underset{70\sim80℃}{\overset{20\sim25℃}{\rightleftharpoons}} RCOONa + RNR_2HCl$$

这类树脂能用热水再生，主要是由于当温度自 25℃ 升至高 85℃ 时，水的解离度增加，使 H^+ 和 OH^- 的浓度增大了 30 倍，它们可作为再生剂。

蛇笼树脂兼有阴阳交换功能基，这两种功能基共价连接在树脂骨架上。这种树脂功能基相互很接近，可用于脱盐，使用后只需用大量水洗即可恢复交换能力。蛇笼树脂利用其阴阳两种功能基截留、阻滞溶液中强电解质（盐），排斥有机物，使有机物先漏出在流出液中，这种分离方法称为离子阻滞法。应用于糖类、乙二醇、甘油等有机物中的除盐。

6. 螯合树脂

这类树脂含有具有螯合能力的基团，对某些离子具有特殊选择力。如氨基羧酸树脂螯合 Ca^{2+} 的反应，用盐酸可进行再生，反应如下：

五、离子交换树脂的选择

在工业应用中，对离子交换树脂的要求是：①具有较高的交换容量；②具有较好的交换选择性；③交换速度快；④具有在水、酸、碱、盐、有机溶剂中的不可溶性；⑤较高的机械强度，耐磨性能好，可反复使用；⑥耐热性好，化学性质稳定。离子交换树脂的选用，一般应从以下几个方面考虑。

(1) 被分离物质的性质和分离要求　包括目标物质和主要杂质的解离特性、分子量、浓度、稳定性、酸碱性的强弱、介质的性质以及分离的要求等方面，其关键是保证树脂对被分离物质与主要杂质的吸附力有足够大的差异。当目标物质有较强的碱性或酸性时，应选用弱酸性或弱碱性的树脂，这样可以提高选择性，利于洗脱。当目标物质是弱酸性或弱碱性的小分子时，可以选用强碱或强酸性树脂，如氨基酸的分离多用强酸树脂，以保证有足够的结合力，利于分步洗脱；如赤霉素为一弱酸，pK 为 3.8，可用强碱性树脂进行提取；对于大多数蛋白质、酶和其他生物大分子的分离多采用弱碱或弱酸性树脂，以减少生物大分子的变性，有利于洗脱，并提高选择性。一般说来，对弱酸性和弱碱性树脂，为使树脂能离子化，应采用钠型或氯型。而对强酸性和强碱性树脂，可以采用任何型式。但若抗生素在酸性、碱性条件下易破坏，则不宜采用氢型和羟型树脂。对于偶极离子，应采用氢型树脂吸附。

(2) 树脂可交换离子的型式　由于阳离子型树脂有氢型（游离酸型）和盐型（如钠型）、阴离子型树脂有羟型（游离碱型）和盐型（如氯型）可供使用，为了增加树脂活性、离子的解离度，提高吸附能力，弱酸和弱碱树脂应采用盐型，而强酸和强碱树脂则根据用途可任意使用，对于在酸性、碱性条件下不稳定的物质，不宜选用氢型或羟型树脂。盐型法适用于硬水软化、特定离子的去除、交换及抽提，但不适用于 Cl^- 与 SO_4^{2-} 的交换、脱色及抽提等。游离酸型或游离碱型的应用，除与盐型树脂有相同的作用外，还有脱盐的作用。

(3) 合适的交联度　多数药物的分子较大，应选择交联度较低的树脂，以便于吸附。但交联度过小，会影响树脂的选择性，其机械强度也较差，使用过程中易造成破碎流失。所以选择交联度的原则是：在不影响交换容量的条件下，尽量提高交联度。

(4) 洗脱难易程度和使用寿命　离子交换过程仅完成了一半分离过程，洗脱是非常重要的另一半分离过程，往往关系到离子交换工艺技术的可行性。从经济角度考虑，交换容量、交换速度、树脂的使用寿命等都是非常重要的选择参数。

总之，应根据目标物质的理化性质及具体分离要求，综合考虑多方面因素来选择树脂。

六、有关计算

1. 密度计算

(1) 干树脂真密度

$$\rho_R = \frac{W_R}{V_R} \tag{6-8}$$

式中 ρ_R——干树脂真密度，g/mL；
  W_R——干树脂质量，g；
  V_R——干树脂本身体积，mL。

(2) 湿溶胀树脂真密度

$$\rho_S = \frac{W_S}{V_S} \tag{6-9}$$

式中 ρ_S——溶胀树脂真密度，g/mL；
  W_S——湿树脂质量，g；
  V_S——湿树脂本身体积，mL。

(3) 湿树脂的表观密度（视密度、堆积密度、松装密度）

$$\rho_a = (1-\varepsilon)\rho_S \tag{6-10}$$

式中 ρ_a——湿树脂表观密度，g/mL；
  ρ_S——湿溶胀树脂真密度，g/mL；
  ε——床层空隙率，%（体积分数）。

2. 树脂用量计算

$$H = Q\frac{I_a - I_b}{C}nf_s \tag{6-11}$$

式中 H——树脂用量，L；
  I_a——进入交换器的杂质离子浓度或被处理溶液某离子浓度，mol/L；
  I_b——贯穿点的杂质离子或被处理溶液某离子浓度，mol/L；
  Q——处理溶液量，L；
  C——树脂工作交换容量，mol/L；
  f_s——保险系数或安全系数；
  n——离子交换反应配平系数。

3. 再生剂或洗脱剂用量计算

$$V = \frac{nkCH}{I} \tag{6-12}$$

式中 V——再生剂或洗脱剂用量，L；
  n——离子交换反应配平系数；
  k——再生剂或洗脱剂用量超过理论用量倍数，一般强酸（碱）型 $k=3\sim4$，弱酸（碱）型 $k=1.1$；
  C——树脂工作交换容量，mol/L；
  H——树脂用量，L；
  I——再生剂或洗脱剂浓度，mol/L。

七、离子交换设备

离子交换设备与吸附设备结构相似，根据设备结构形式不同可分为罐式、柱式和塔式；根据溶液进入交换设备的方向不同可分为正吸附离子交换设备（溶液自上而下进入交换设备）和反吸附离子交换设备（溶液自下而上进入交换设备）；根据操作方式不同又可分为搅拌罐、固定床、移动床和流化床等形式。搅拌罐一般用于静态操作，即只用于交换反应，反应后利用沉淀、过滤或旋液分离器将树脂分离，再装入解吸罐中进行洗涤、解析和再生。固定床、移动床和流化床为动态交换设备，其中固定床设备用得最多。下面介绍几种典型的离子交换设备。

1. 正吸附离子交换罐

正吸附离子交换罐为一固定床离子交换设备，主要包括筒体、树脂层、进液装置、排液装置，再生液分布装置等，如图 6-16 所示。

（1）筒体　是一个具有椭圆形顶和底的圆筒形设备，多用钢板制成，内衬橡胶或涂防腐涂料，圆筒体的高径比值一般为 2～3，最大为 5。罐顶上有人孔或手孔（大罐可在壁上），用于装卸树脂。还有视镜或灯孔，溶液、解吸液、再生剂、水进口可共用一个进料口与罐顶连接。各种液体出口、反洗水进口、压缩空气（疏松树脂层用）进口也可共用一个出液口与罐底连接。另外，罐顶有压力表、排空管接口及反洗水出口。

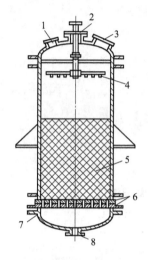
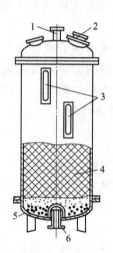

图 6-16　具有多孔支持板的离子交换罐
1—视镜；2—进料口；3—手孔；4—液体分布器；
5—树脂层；6—多孔板；7—尼龙布；8—出液口

图 6-17　具有石块支持层的离子交换器
1—进料口；2—视镜；3—液位计；
4—树脂层；5—卵石层；6—出液口

（2）树脂层　筒体内部主要空间被树脂层占用，树脂层高度占圆筒高度的 50%～70%，上部留有充分的空间以备反洗时树脂层的膨胀。筒体底部装有多孔板、筛网及滤布，以支持树脂层，也可用石英、石块等直接铺于罐底来支持树脂。如图 6-17 所示，大石块在下，小石块在上，约分五层，各层石块直径范围分别是 16～26mm、10～16mm、6～10mm、3～6mm 和 1～3mm，每层高度约 100mm。

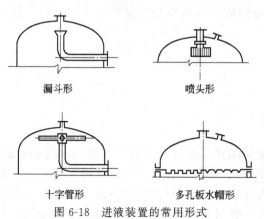

图 6-18　进液装置的常用形式

（3）进液装置　筒体上部设有进液装置，进液装置的作用是分配进液（使溶液、解析液及再生剂均匀通过树脂层）和收集反洗排水。常用的形式有漏斗形、喷头形、十字管形和多孔板水帽形，见图 6-18。

① 漏斗形　结构简单，制作方便，适用于小型交换器。漏斗的角度一般为 60° 或 90°，漏斗的顶部距交换器的上封头约 200mm，漏斗口直径为进液管的 1.5～3 倍。安装时要防止倾斜，操作主要防止反洗流失树脂。

② 喷头形 结构也较简单，有开孔式外包滤网和开细缝隙两种形式。进液管内流速为 1.5m/s 左右，缝隙或小孔流速取 1~1.5m/s。

③ 十字管形 管上开有小孔或缝隙，布液较前两种均匀，设计选用的流速同前。

④ 多孔板水帽形 布液均匀性最佳，但结构复杂，有多种帽形，一般适用于小型交换器。

(4) 排液装置 其作用是收集交换液、解析液、再生液和分配反洗水。应保证液流分布均匀和不漏树脂。常用的有多孔板排水帽式和石英砂垫层式两种。前者均匀性好，但结构复杂，一般用于中小型交换器。后者要求石英砂中 SiO_2 含量在 99% 以上，使用前用 10%~20% HCl 浸泡 12~14h，以免在运行中释放杂质。砂的级配和层高（见图 6-17）根据交换器直径有一定要求，达到既能均匀集水，也不会在反洗时浮动的目的。在砂层和排水口间设穹形穿孔支撑板。

(5) 再生液分布装置 在较大内径的顺流再生固定床中，树脂层面上 150~200mm 处设有再生液分布装置，常用的有辐射型、圆环型、母管支管型等几种。对小直径固定床，再生液通过上部进水装置分布，不另设再生液分布装置。在逆流再生固定床中，再生液自底部排水装置进入，不需设再生液分布装置，但需在树脂层面设一中排液装置，用来排放再生液。在小反洗时，兼作反洗水进水分配管。中排装置的设计应保证再生液分配均匀，树脂层不扰动，不流失。常用的有母管支管式和支管式两种。前者适用于大中型交换器，后者适用于 ϕ600mm 以下的固定床，支管 1~3 根。上述两种支管上有细缝或开孔外包滤网。

实验室或小型企业交换罐可用硬聚氯乙烯、有机玻璃或玻璃制成交换柱，下端衬以烧结玻璃砂板、带孔陶瓷、塑料网等以支撑树脂。

2. 反吸附离子交换罐

反吸附离子交换罐为一固定床离子交换设备，如图 6-19 所示。溶液由罐的下部以一定流速导入，使树脂在罐内呈沸腾状态，交换后的废液则从罐顶的出口溢出。为了减少树脂从上部溢出口溢出，可设计成上部成扩口形的反吸附交换罐，以降低流体流速而减少对树脂的夹带，如图 6-20 所示。反吸附可以省去菌丝过滤，且液固两相接触充分，操作时不产生短

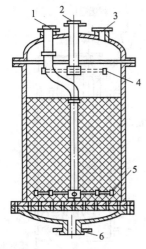

图 6-19 反吸附离子交换罐
1—被交换溶液进口；2—淋洗水、解吸液及再生剂进口；
3—废液出口；4,5—分布器；
6—淋洗水、解吸液及再生剂出口，反洗水进口

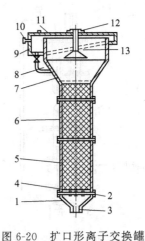

图 6-20 扩口形离子交换罐
1—底；2—液体分布器；3—底部液体进、出管；
4—填充层；5—壳体；6—离子交换树脂层；7—扩大沉降段；8—回流管；9—循环室；10—液体出口管；
11—顶盖；12—液体加入管；13—喷头

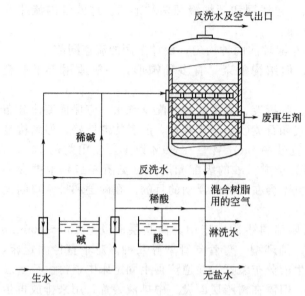

图 6-21 混合床离子交换罐制备无盐水的流程

路、死角。因此生产周期短，解吸后得到的生物产品质量高。但反吸附时树脂的饱和度不及正吸附的高，理论上讲，正吸附时可能达到多级平衡；而反吸附时由于返混只能是一级平衡。此外，罐内树脂层高度比正吸附时低，以防树脂外溢。

3. 混合床离子交换设备

混合床离子交换设备是一正吸附离子交换设备，床层由阴、阳两种离子交换树脂混合而成。多用于脱盐处理，可制备无盐水。交换时溶液中阴、阳离子被交换到固体树脂上，而从溶液中除去，相应地从树脂上交换出来 H^+ 和 OH^- 进入溶液，结合成水。图 6-21 为混合床离子交换罐制备无盐水的流程，操作时溶液由上而下流动，再生时，先用水反冲，使阴、阳离子交换树脂借密度差分层（一般阳离子树脂较重在下层），然后将碱液由罐的上部引入，酸液则由罐底引入，废酸、碱液在中部引出，再生及洗涤结束后，用压缩空气将两种树脂重新混合均匀，阴、阳离子交换树脂以体积比 1:1 混合。

4. 连续离子交换设备

图 6-22 及图 6-23 为连续逆流离子交换设备示意图。连续式离子交换设备操作强度大，交换速度快，生产能力高，便于自动化控制，但树脂破损大，设备及操作较复杂，不易控制。

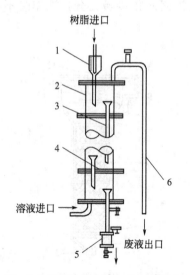

图 6-22 筛板式连续离子交换设备
1—树脂计量及加料口；2—塔身；3—漏斗形树脂加料口；
4—筛板；5—饱和树脂受器；6—虹吸管

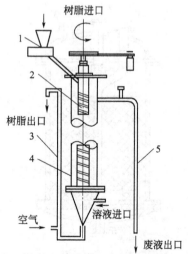

图 6-23 旋涡式连续交换设备
1—树脂加料器；2—具有螺旋带的转子；
3—树脂提升管；4—塔身；5—虹吸管

连续式离子交换设备按料液流动方式又可分为重力和压力两种。压力流动式是由再生洗涤塔和交换塔组成。交换塔为多室式，每室树脂和溶液的流动为顺流，而对于全塔来说树脂和溶液却为逆流，连续不断地运行。再生和洗涤共用一塔，水及再生液与树脂均为逆流。从树脂层来看，连续式装置的树脂在装置内不断流动，但它又在树脂内形成固定的交换层，具有固定床离子交换器的作用。另外，它在装置中与溶液顺流呈沸腾状态，因此又具有流化床离子交换器作用，其工作流程见图6-24。重力流动式又称双塔式，这种装置的主要优点是被处理液与树脂的流向为逆流，其工作流程见图6-25。

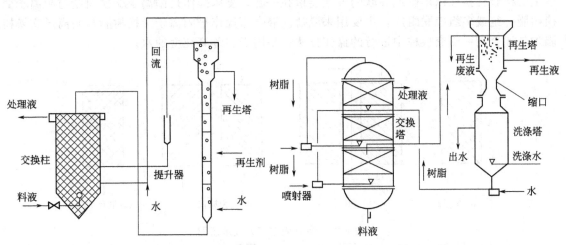

图6-24 压力流动式离子交换装置流程　　　图6-25 重力流动式离子交换装置流程

第四节　离子交换技术的实施

一、离子交换工艺及其操作

离子交换工艺过程一般包括：原料液中的离子与固体交换剂中可交换离子间的置换反应；饱和的离子交换剂用洗脱剂进行逆交换反应过程；树脂的再生；树脂的洗涤与循环使用等步骤。新树脂由于含有许多杂质，表面还有灰尘等污物，这些物质会影响交换效果和产品质量。另外，树脂本身的型式也可能不适用于交换过程。因此，树脂在使用之前，需进行预处理后方能使用。

1. 离子交换操作方式

常用的离子交换方式有三种，第一种是"间歇式"，又称分批操作法，也叫静态交换，多用在学术研究中；第二种是"管柱式"或"固定床式操作"，其装置为装有离子交换树脂的圆柱体，它是工业中最常用、最主要的一种离子交换操作方式；第三种是"流体式"或"流动床式"，此种操作方式在分离提纯中应用较少。第二、三种相对于第一种可以称为动态交换。

静态交换法是将树脂与交换溶液混合置于一定的容器中，静置或进行搅拌使交换达到平衡。如卡那霉素、庆大霉素等采用的都是静态交换法。静态交换法操作简单，设备要求低，但由于静态交换是分批间歇进行的，树脂饱和程度低、交换不完全，破损率较高，不适于用作多种成分的分离。

动态交换法一般是指固定床法，先将树脂装柱或装罐，交换溶液以平流方式通过柱床进行交换。如链霉素、头孢菌素、新霉素等多数抗生素均采用动态交换法。该法交换完全，不需搅拌,可采用多罐串联交换,使单罐进出口浓度达到相当程度,具有树脂饱和程度高,操作连续等优点,而且可以使吸附与洗脱在柱床的不同部位同时进行。适于多组分的分离以及产品等精制脱盐、中和,在软水、去离子水的制备中也多采用此种方法。例如用一根732树脂交换柱可以分离多种氨基酸。

固定床交换法按操作方式可分为:单床式、多床式、复床式和混合床式,如图6-26所示。单床操作是一种树脂与一支交换柱组成的最简单的操作方法。多床操作是由两支或两支以上的树脂交换柱以串联或并联的方式连接在一起。复床操作是阳离子交换树脂与阴离子交换树脂一组或多组串联组成,主要用来脱盐。混合床操作是阳离子交换树脂与阴离子交换树脂均匀混合在一支交换柱中进行的操作方法,多用于制备高纯度的水。

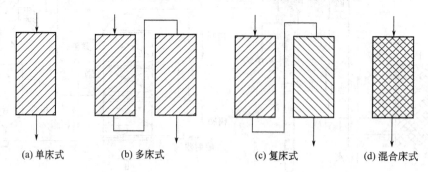

图6-26 各种固定床方式示意图

▨—阳离子树脂层; ▧—阴离子树脂层; ▩—阴离子和阳离子树脂混合层

2. 固定床离子交换器间歇工艺过程

固定床离子交换工艺如图6-27所示,其操作过程如下。

(1) 离子交换树脂的预处理

① 物理处理 商品树脂在预处理前要先去杂过筛,粒度过大时可稍加粉碎,对于粉碎后的树脂应进行筛选或浮选处理。经筛选去杂质后的树脂,往往还需要水浸泡,使之充分吸水膨胀,并用水洗以去除木屑、泥砂等杂质,再用酒精或其他溶剂浸泡以去除树脂制备过程中残存在的少量有机杂质。如果树脂已经完全干燥,则不能直接用清水浸泡,而应该用浓氯化钠溶液浸泡,逐渐稀释,以减缓溶胀速度,最后以清水洗涤,防止树脂胀裂。

② 化学处理 化学处理的方法是用8~10倍树脂体积的1mol/L的盐酸或氢氧化钠溶液交替搅拌浸泡。如732树脂在用于氨基酸分离前先以8~10倍树脂体积的1mol/L盐酸搅拌浸泡4h,反复用水洗至近中性后,再用8~10倍树脂体积的1mol/L氢氧化钠溶液搅拌浸泡4h,反复用水洗至近中性后,再用8~10倍树脂体积的1mol/L盐酸搅拌浸泡4h,最后水洗至中性备用。

③ 转型 转型即树脂经化学处理后,为了发挥其交换性能,按照使用要求人为地赋予树脂平衡离子的过程。如化学处理732树脂的最后一步,用酸处理使之变为氢型树脂的操作也可称为转型。常用的阳离子交换树脂有氢型、钠型、铵型等;常用的阴离子交换树脂有羟型、氯型等。对于分离蛋白质、酶等物质,往往要求在一定的pH范围及离子强度下进行操作。因此,转型完毕的树脂还必须用相应的缓冲液平衡数小时后备用。

缓冲液酸碱度的选择,取决于被分离物质的等电点、稳定性、溶解度和交换离子的pK值。使用阴离子交换树脂时要选用低于pK值的缓冲液,如果被分离的物质属于酸性,则缓冲溶液的pH要高于该物质的等电点。用阳离子交换树脂时要选用高于pK值的缓冲液,被分离的物质属于碱性时,缓冲液要低于该物质的等电点。

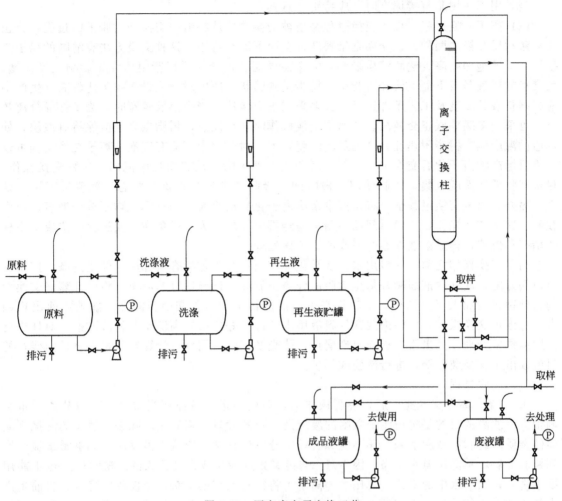

图 6-27　固定床离子交换工艺

树脂的转型一般根据工艺要求，用适当浓度的溶液进行处理。氯型强碱性阴树脂转化为氢氧根型比较困难，需用树脂体积 6～8 倍的 1mol/L NaOH 溶液处理，而后以清水洗至流出液不显碱性（酚酞指示剂不变色）。所用的碱中不应含碳酸根，否则交换于树脂上，使其交换容量下降。氢氧根型强碱性阴树脂转化为氯型则十分容易，可用氯化钠溶液处理，当流出液 pH 值升至 8～8.5 即已完成。清洗过的强酸性阳树脂转化为氢型，常用 1mol/L HCl 处理，而后洗至无酸性。从氢型转化为其他型可用相应的盐处理。弱阴离子树脂易于转化为氢氧根型，除了用氢氧化钠外，也可用氨水进行转换。如果氢氧根型需转化为其他型式，可进一步与含相应阴离子的酸反应。弱酸性阳离子树脂易于转化为氢型，再转化为其他型式，除了加相应的盐外，同时要加入相应的碱，中和产生的酸。转型操作可以采用动态法或静态法。

④ 装柱　离子交换树脂一般采用湿法填充，即将经过处理及缓冲液平衡的离子交换剂放入容器，加入适量溶液边搅拌边倒入交换柱内，使树脂缓慢沉降。装柱时不允许有气泡及分层现象产生。离子交换剂装柱之后，用水充分地逆冲洗涤，把树脂中的微粒、夹杂的尘埃溢流除去，同时驱逐树脂层的气泡，使交换柱内树脂颗粒填充均匀；停止逆洗，待树脂沉降后，以一定空速放去洗涤水。有时还需用几倍于柱体积的缓冲液进行平衡以确保离子交换剂的缓冲状态。

当采用干燥树脂直接填充时，应特别注意其膨胀性。

(2) 离子交换过程　离子交换过程是指被交换物质从料液中交换到树脂上的过程，分正交换法和反交换法两种。正交换是指料液自上而下流经树脂，这种交换方法有清晰的离子交换层，交换饱和度高，洗脱液质量好，但交换周期长，交换后树脂阻力大，影响交换速度。反交换的料液是自下而上流经树脂层，树脂呈沸腾状，所以对交换设备要求比较高。生产中应根据料液的黏度及工艺条件选择，大多采用正交换法。当交换层较宽时，为了保证分离效果，可采用多罐串联正交换法。在离子交换操作时必须注意，树脂层之上应保持有液层，处理液的温度应在树脂耐热性允许的最高温度以下，树脂层中不能有气泡。离子交换过程可以是将目标产物离子化后交换到介质上，而杂质不被吸附，从交换柱中流出，这种交换操作，目标产物需经洗脱收集，树脂使用一段时间后吸附的杂质接近饱和状态，就要进行再生处理。另外，离子交换过程也可将料液中杂质离子化后被交换，而目标产物不被交换直接流出收集，这种交换操作，一段时间后树脂也需经再生处理。为了避免在交换过程中造成交换柱的堵塞和偏流，样品溶液需经过滤或离心分离处理。

离子交换操作之前，一般用水正洗转化柱，当符合工艺检查指标后，停止洗涤，控制柱出口阀开度，使柱内液面刚好降至树脂面处停止放液。选择适宜的流速，将已计算好交换量的待处理料液加入至交换柱，定时检查流出液的情况，是否交换至漏点。如果提前出现漏点，应停止交换操作，将柱内残存的料液用水（计算好用量）顶洗至原料液贮槽，对柱进行洗脱或再生处理。如果没有提前出现漏点，待交换完毕，用水（计算好用量）将柱内残存的料液顶出至交换液贮槽，进行洗脱或再生。

(3) 洗脱过程

① 洗涤　离子交换完成后，洗脱操作前，对树脂进行洗涤相当重要，其对分离质量影响很大。洗涤的目的是将树脂上吸附的废液及夹带的大量色素和杂质除去。适宜的洗涤剂应能使杂质从树脂上洗脱下来，还不应和有效组分发生化学反应或交换反应。如链霉素被交换到树脂上后，不能用氨水洗涤，因 NH_4^+ 与链霉素反应生成毒性很大的二链霉胺，也不能用硬水洗涤，因为水中的 Ca^{2+}、Mg^{2+} 等离子可将链霉素交换下来，会使收率降低，目前生产中使用软水进行洗涤。常用的洗涤剂有软化水、无盐水、稀酸、稀碱、盐类溶液或其他配位剂等。

② 洗脱　离子交换完成后，将树脂吸附的物质释放出来重新转入溶液的过程称作洗脱。洗脱是用亲和力更强的同性离子取代树脂上吸附的目的产物。洗脱剂可选用酸、碱、盐、溶剂等。其中酸、碱洗脱剂是通过改变吸附物的电荷或改变树脂活性基团的解离状态，以消除静电结合力，迫使目的物被释放出来。盐类洗脱剂是通过高浓度的带同种电荷的离子与目的产物竞争树脂上的活性基团，并取而代之，使吸附物游离出来。

洗脱剂应根据树脂和目的产物的性质来选择。对强酸性树脂一般选择氨水、甲醇及甲醇缓冲液等作洗脱剂；弱酸性树脂用稀硫酸、盐酸等作洗脱剂；强碱树脂用盐酸-甲醇、醋酸等作洗脱剂。若被交换的物质用酸、碱洗不下来，或遇酸、碱易破坏，可以用盐溶液作洗脱剂，此外还可以用有机溶剂作洗脱剂。在常温稀水溶液中，离子的水化半径越小、价态越高，越易被树脂交换，但树脂饱和后，价态不再起主要作用，所以可以用低价态、较高浓度的洗脱剂进行洗脱。

洗脱过程是交换的逆过程，洗脱条件应尽量使溶液中被洗脱离子的浓度降低，一般情况下洗脱条件应与交换条件相反，如吸附在酸性条件下进行，洗脱应在碱性条件下进行；如吸附在碱性条件下进行，洗脱应在酸性条件下进行。洗脱流速应大大低于交换时的流速。为防止洗脱过程 pH 的变化对产物稳定性的影响，可选用氨水等较缓和的洗脱剂，也可选用缓冲溶液作为洗脱剂。若单靠 pH 变化洗脱不下来，可以试用有机溶剂，选择有机溶剂的原则是能和水混溶，并且对目标物溶解度较大。

洗脱方式分为静态洗脱和动态洗脱。一般来说，动态交换也作动态洗脱，静态交换也作静态洗脱。静态洗脱可进行一次，也可进行多次反复洗脱，旨在提高目的物收率。动态洗脱在离子交换柱上进行，在洗脱过程中，洗脱液的 pH 和离子强度可以始终不变，也可以按分离的要求人为地分阶段改变其 pH 和离子强度，这就是阶段洗脱，常用于多组分的分离上。这种洗脱液的改变也可以通过仪器来完成，称为连续梯度洗脱。所用仪器叫做梯度混合仪，如瑞典 Pharmacia-LKB 公司制造的自动梯度仪。梯度洗脱的效果优于阶段洗脱，特别适用于高分辨率的分析目的。另外，根据工艺要求，常对不同浓度的洗脱液进行分步收集，以获得较高的分离效果。

(4) 树脂的再生（或称活化） 离子交换树脂在工作过程中逐渐吸附被处理液中的杂质，经过一段时间后就接近"饱和"状态，离子交换能力降低，需要进行再生处理；或者树脂经使用后其型式与使用前型式不同，也需再生处理。所谓树脂的再生就是让使用过的树脂重新获得使用性能的处理过程，包括除去其中的杂质和转型，再生反应是交换吸附的逆反应。离子交换树脂一般可重复使用多次，但使用一段时间后，由于杂质的污染，必须进行再生处理才能使其交换能力得到最大恢复。

需要再生的树脂首先要去杂质，即用大量的水冲洗，以去除树脂表面和孔隙内部物理吸附的各种杂质，然后再用酸、碱、盐进行转型处理，除去与功能基团结合的杂质，使其恢复原有的静电吸附及交换能力，最后用清水洗至所需的 pH。已用过的树脂，如果在洗脱后，树脂的型式与下次吸附树脂所要求的型式相同，则洗脱的同时，树脂就基本得到再生，可直接重复使用，直到树脂上杂质对交换有明显影响时，再进行再生处理；但如果洗脱后树脂的型式不符合下次离子交换时树脂所要求的型式，则需进行再生处理。如果树脂暂时不用则应浸泡于水中保存，以免树脂干裂而造成破损。

常用的再生剂有 1%～10% HCl、H_2SO_4、$NaCl$、$NaOH$、Na_2CO_3 及 NH_4OH 等。再生操作时，随着再生剂的通入，树脂的再生程度（再生树脂占全部树脂量的百分率）在不断增加，当上升到一定值时，再要提高再生程度就比较困难，必须耗用大量再生剂，很不经济，故通常控制再生程度在 80%～90%。再生操作与转型操作相同，有动态法与静态法两类。

动态再生法既可采用顺流再生，也可采用逆流再生。对于顺流交换而言，当顺流再生时，未再生完全的树脂在床层的底部，残留离子会影响分离效果；相反，当逆流再生时，床层底部的树脂再生程度最高，分离效果稳定。动态逆流再生法步骤如下。

① 逆洗使树脂分离　动态再生法中，逆洗可使积压结实的树脂冲开松动，同时调整了树脂的填充状态，树脂层中杂质沉淀物与浮游物等被溢流除去，气泡也被除去。逆洗的水量为树脂层原体积的 150%～170%，逆洗时间一般为 10min。在混合床装置中，逆洗还兼有两种树脂分层的作用。

② 将再生剂通过树脂层　逆洗完毕，树脂颗粒沉降后，将再生液通过树脂层，再生剂的选择原则一般为：H 型交换层用酸液；OH 型交换层用碱液；中性交换树脂（复分解反应的离子交换）层则用食盐。根据所用树脂的类型，选择适宜的再生剂，再生剂用量、再生液浓度及再生时的流速等选择可参照表 6-3。

如果离子交换树脂要完全再生，所用再生剂的量必须达到上表中理论量的 3～20 倍，很不经济。在实际工业生产中往往采用部分再生法，再生剂的用量仅需理论用量的 1.5～3 倍。

表 6-3　离子交换树脂的完全再生条件

离子交换树脂的种类	再生剂量/(mmol/g)	再生剂浓度/%
强酸性阳离子交换树脂	50(HCl)	10
	50(NH_4Cl)	10
弱酸性阳离子交换树脂	40(HCl)	5
强碱性阴离子交换树脂	50(NaOH)	10
	30(NaCl)	10
弱碱性阴离子交换树脂	30(NaOH)	5

③ 树脂层的清洗　再生后要用清水对树脂层进行洗涤，以洗去其中的再生废液。洗涤操作一般采用先正洗，再逆洗。工业上为了回收再生废液，正洗操作往往先慢速冲洗以回收再生废液，然后快速冲洗。制药生产中所用的洗涤水一般为软水或无盐水。

④ 树脂的混合　洗涤后，对于混合床还需在其下部通入压缩空气搅拌，使两种树脂充分混匀备用。

与动态再生法对应的是静态再生法，它是将洗涤后的树脂与再生剂混合反复多次，取出再生废液，然后用水对树脂洗涤，反复多次，直到再生液被全部洗出。工业上一般不用此法。

3. 连续式离子交换器工艺过程

固定床离子交换器内树脂不能边饱和边再生，因树脂层厚度比交换区厚度大得多，故树脂和容器利用率都很低；树脂层的交换能力使用不当，上层的饱和程度高，下层低，而且生产不连续，再生和冲洗时必须停止交换。为了克服上述缺陷，可采取连续式离子交换设备，包括移动床和流动床。

图 6-28 为三塔式移动床水处理系统，由交换塔、再生塔和清洗塔组成。运行时，原水由交换塔下部配水系统流入塔内，向上快速流动，把整个树脂层承托起来并与之交换离子。经过一段时间以后，当出水离子开始穿透时，立即停止进水，并由塔下排水。排水时树脂层下降（称为落床），由塔底排出部分已饱和的树脂，同时浮球阀自动打开，从贮树脂斗放入等量已再生好的树脂。注意避免塔内树脂混层。每次落床时间很短（约 2min）。之后又重新进水，托起树脂层，关闭浮球阀。失效树脂由水流输送至再生塔上部的贮树脂斗，再落入再生塔。再生塔的结构及运行与交换塔大体相同。再生后的树脂由水输送至清洗塔，经清水洗涤合格后送入交换塔上部的贮树脂斗。

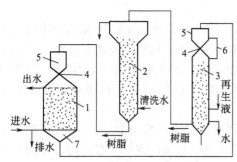

图 6-28　三塔式移动床
1—交换塔；2—清洗塔；3—再生塔；4—浮球阀；
5—贮树脂斗；6—连通管；7—排树脂部分

经验表明，移动床的树脂用量比固定床少，在相同产水量时，为后者的 1/3～1/2，但树脂磨损率大。能连续产水，出水水质也较好，但对进水变化的适应性较差，设备小，投资省，但自动化程度要求高。

移动床操作，有一段落床时间，并不是先前的连续过程。若让饱和树脂连续流出交换塔，由塔顶连续补充再生好的树脂，同时连续产水，则构成流动床处理系统。流动床内树脂和水流方向与移动床相同，树脂循环可用压力输送或重力输送。为了防止交换塔内树脂混层，通常设置 2～3 块多孔隔板，将流化树脂层分成几个区，也起均匀配水作用。

流动床是一种较为先进的床型，树脂层的理论厚度就等于交换区厚度，因此树脂用量少，设备小，生产能力大；而且对原水预处理要求低。但由于操作复杂，目前运用不多。

二、离子交换的工艺问题及处理

1. 树脂中毒

树脂失去交换性能后不能用一般的再生手段重获交换能力的现象称为树脂的中毒。中毒的原因可以归纳为以下几点：①主要是大分子有机物或沉淀物严重堵塞孔隙，中毒树脂往往颜色加深，甚至呈现棕色，乃至黑色；②树脂的活性基团脱落；③生成不可逆化合物或树脂与氧长期接触发生氧化等；④负载离子的交换势极高，通常的洗脱剂或再生剂难以使其从活性基团上交换下来，使其不能与其他离子交换而失效；⑤负载离子发生了变化，如交换了Fe^{3+}的树脂，当用碱性溶液处理时，Fe^{3+}发生水解，产生氢氧化铁凝胶，沉积于树脂孔隙中，造成堵塞。

当料液中存在明确的引起中毒的因素时，应该尽量净化料液，如除去固体颗粒或脱除料液中的溶解氧、二氧化碳等，再选择适当的树脂。对已中毒的树脂用常规方法处理后，再用酸、碱加热到40～50℃浸泡，以溶出难溶杂质。酸、碱浸泡时间不宜过长，特别是酸、碱浸泡后，不宜用清水洗涤，避免树脂内外浓度差过大，产生很大的渗透压，导致树脂破裂。一般可用稀酸、碱或盐溶液淋洗，逐渐降低其浓度，最终过渡到纯水。对于某些难溶于酸碱的沉淀物质，也可用有机溶剂加热浸泡处理。对于吸附了有机物很难洗脱或再生时，可以用氧化剂（如次氯酸钠、双氧水等）将其氧化，分解为小分子化合物除去。总之，对不同的毒化原因须采用不同的逆转措施，不是所有被毒化的树脂都能逆转而重新获得交换能力。因此，使用时要尽可能减少毒化现象的发生，以延长树脂的使用寿命。

2. 树脂层出现分层现象

树脂在使用过程中由于吸附了黏性物质，使树脂颗粒间相互粘连，容易引起树脂在反洗或反交换过程中出现分层现象。另外，当系统在操作中由于气密性较差，有气体进入床层也会引起床层分层。反洗或反交换等操作、工艺控制不合理、流速的突然增大也会造成分层现象。出现分层现象后，一旦各层树脂脱落，会使树脂的交换操作恶化，影响交换能力。因此，应设法避免出现分层现象。树脂在洗涤过程中，彻底洗涤，洗掉树脂所吸附的杂质，洗掉颗粒孔隙内与颗粒间残存的料液；对系统进行密闭性实验，消除漏气区域；对料液进行预处理，除去黏性很大的物质；规范操作，合理控制流速等几种方法可避免分层现象。出现分层现象后，可从容器下部放掉柱内液体，对床层进行正洗，反洗等操作，当床层稳定后再转入正常的交换操作。

3. 固定床操作中，过早出现"穿透"现象

离子交换过程中过早出现"穿透"现象，原因与处理方法同吸附操作。

第五节 离子交换技术的工业应用

离子交换技术除用于制备各级纯水外，在工业生产中还有多种用途，如应用离子交换技术进行产物的提取分离，还可利用离子交换技术进行酸碱性物质的盐型转换，或对产物进行脱盐精制等。

一、离子交换技术在水处理上的应用

1. 软水制备

普通的井水和自来水中常含有一定量的无机盐，这种含有Ca^{2+}、Mg^{2+}的水称之为硬

水。水的硬度通常用度（$H°$）表示，1度是指每升水中含有相当于10mgCaO的数。而吨·度（$t·H°$）是指每吨水所具有的总硬度，称为纯度。硬水不能直接供给锅炉和粗提岗位，必须进行软化。除去Ca^{2+}、Mg^{2+}的水称为软水。软水的硬度一般要求在$1H°$以下。国内制备软水一般采用001×7（732）树脂，其交换反应式如下：

$$2RSO_3Na + Ca^{2+} \longrightarrow (RSO_3)_2Ca^{2+} + 2Na^+$$
$$2RSO_3Na + Mg^{2+} \longrightarrow (RSO_3)_2Mg^{2+} + 2Na^+$$

树脂使用一段时间后，其交换能力逐渐下降，出口软水的硬度也逐渐升高，因此需用10%的NaCl溶液再生成钠型以重复使用，再生反应式为：

$$(RSO_3)_2Ca^{2+} + 2Na^+ \longrightarrow 2RSO_3Na + Ca^{2+}$$
$$(RSO_3)_2Mg^{2+} + 2Na^+ \longrightarrow 2RSO_3Na + Mg^{2+}$$

锅炉给水处理中常用磺化煤，它是用发烟硫酸或浓硫酸处理粉碎的褐煤或烟煤而得，为黑色无定形颗粒，软化能力为$700t·H°/m^3$以上。

2. 无盐水制备

无盐水又称去离子水或纯化水，它是指不含任何盐类及可溶性阴离子和阳离子的水。其纯度比软水高得多，在药品生产中应用较多。它的制备多采用氢型强酸阳离子树脂和羟型强碱或弱碱阴离子树脂。弱碱树脂虽具有交换容量高，再生剂耗量少等优点，但它不能除去弱酸性阴离子如SiO_3^{2-}、CO_3^{2-}等，所以水质不如用强碱树脂制得的好。因此，在实际运用时，应根据水质要求和原水质量选用不同的树脂和组合。如采用强酸-强碱组合或强酸-弱碱组合；若原水的硬度较高，也可采用大孔弱酸-强酸-弱碱（或强碱）的组合，以得到较高质量的无盐水。其交换反应式如下：

$$RSO_3H + MX \longrightarrow RSO_3M + HX$$
$$R'OH + HX \longrightarrow R'X + H_2O$$

式中，M代表金属阳离子，X代表阴离子。

当阴阳树脂需要再生时，可分别用1mol/L的NaOH和HCl进行处理，再生成氢型和羟基型即可重复使用，再生反应式为：

$$RSO_3M + HCl \longrightarrow RSO_3H + MCl$$
$$R'X + NaOH \longrightarrow R'OH + NaX$$

当原水中碳酸氢盐、碳酸盐含量较高时，可在阳离子交换床层和阴离子交换床层之间装一个CO_2脱气塔，以延长阴离子树脂的使用期限，此法制得的无盐水比电阻一般可达$6×10^5\Omega·cm$以上。如果水质要求更高，可采用阴离子和阳离子树脂两次组合或采用混合床装置来制备。混合床是将阴离子和阳离子两种树脂混合而成，脱盐效果更好，但再生操作不便，故适于装在强酸-强碱树脂组合的后面以除去残余的少量盐分，提高水质。交换反应式如下：

$$RSO_3H + R'OH + MX \longrightarrow RSO_3M + R'X + H_2O$$

由上述交换反应可看出，混合床除盐的交换产物为水，故反应完全，所得水质更好，其比电阻可达$2×10^7 \sim 2×10^8\Omega·cm$，$Cl^-$浓度可降至$0.1\mu g/mL$，硬度达$0.1H°$以下。另外，避免了复床中阳离子交换床层pH变化较大的问题。

以电渗析配合离子交换技术制备纯化水的生产工艺如图6-29所示。原水经离心泵输送至机械过滤器，经过滤除去水中悬浮物质后，流入活性炭过滤器进一步吸附除杂后，送入精过滤器，除去更细小的粒子，以保护电渗析装置。经精过滤器的深度过滤除杂后的原水进入电渗析装置，在外加电源与离子交换膜的作用下，脱除了水中大部分盐后流入中间水箱。初步处理后的原水经中间水泵加压后送入氢型阳离子交换柱、氢氧根型阴离子交换柱及混合柱后实现水中阴离子和阳离子的脱除,送入纯化水贮罐,供各使用点使用。阳离子交换柱、阴离子交换柱及混合柱使用一段时间后,交换能力降低,很难保证水质要求,需用酸、碱进行再生处理,对于混合床再生后还需用空气搅动,使阴离子交换树脂和阳离子交换树脂混合均匀。

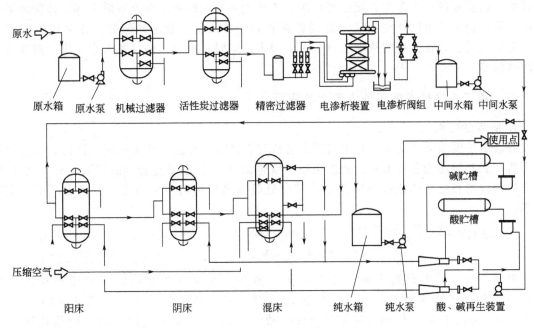

图 6-29　离子交换技术制备纯化水

3. 影响水处理的因素

① 树脂的类型　树脂的性能决定着水处理的效果,如在硬水软化时,应选择既有较高的软化效率,又有合理的再生效率的离子交换树脂,可选用磺酸型阳离子交换树脂。在无盐水制备中,当水质要求较高时,可采用强酸-弱碱-强酸-强碱的组合。

② 操作方式和操作条件的影响　在制备无盐水时,根据水质要求和生产具体情况,可选择常规法去离子(阳离子交换树脂→阴离子交换树脂)、逆法去离子(阴离子交换树脂→阳离子交换树脂)、混合床去离子(强酸阳离子交换树脂与强碱阴离子交换树脂混合)等操作方式,通过实验确定最佳操作条件,如流速、温度、交换剂粒度、再生程度、再生剂浓度、再生剂的类型等。

③ 有机污染问题　在应用离子交换法进行水处理时,通常只关注无机离子的交换,但有机杂质的影响也不可忽略。如果处理地下水,则有机杂质的影响很小。但是如果以地面水作为水源时,则有机杂质的影响较大。有机杂质一般呈酸性,对阴离子交换树脂污染比较严重。污染分为两种,一种是对树脂颗粒的机械性阻塞,经逆洗后一般能恢复;另一种为化学性不可逆吸附,如吸附单宁酸、腐殖酸后,会使树脂失效。

阴树脂被有机物污染后,一般颜色变深,用漂白粉处理后可使颜色变白,但交换能力不能完全恢复,而且会损坏树脂。也可用10%的氯化钠与1%的氢氧化钠混合液进行处理,使有机物在碱性条件下分解,去除污染物而使树脂恢复原色。由于碱性食盐溶液对树脂没有损害,故可经常用来处理,处理后的树脂交换能力虽不能完全恢复,但有显著的改善。

解决有机物污染问题,可以从源头抓起,采取预处理方法,以降低原水中有机物含量;

还可以选用抗有机物污染性能较好的树脂,如强碱Ⅱ型树脂、大网格树脂等,都具有抗有机污染能力较强、工作交换容量高、再生剂耗量低、淋洗容易等优点,用于水处理效果较好。

④ 再生方式的影响　在固定床制备无盐水时,一般采用顺流进行,即原水自上而下流过树脂层。再生时可以采用顺流再生,也可以采用逆流再生。无盐水的质量主要取决于离开交换塔处树脂层的再生程度;顺流再生时,未再生完全的树脂层在交换塔下部,残留离子会影响水质;逆流再生时,交换塔下部树脂层再生程度最好,故水质较好。在采用逆流再生时,为防止乱层,在再生剂从塔底自下而上通入的同时,可以从塔顶通入水、再生剂或空气来压住树脂。

二、离子交换技术在药物生产上的应用

1. 肝素的提取

肝素属于黏多糖,在体内与蛋白质结合成复合体,这种复合体无抗凝血活性;当除去蛋白质后,其药用功能显示出来。肝素提取一般包括肝素-蛋白质复合物的提取、肝素-蛋白质复合物的分解和肝素的分级分离三步,其中分级分离采用离子交换法。肝素生产工艺流程如下:

猪肠黏膜 →[酶解]胰浆、氯化钠,pH8.5,40℃→ 滤液 →[离子交换]D-254树脂,pH7→ 吸附物 →[洗涤]氯化钠溶液→ 洗脱液 →[洗涤]氯化钠溶液→ 沉淀物 →[沉淀]乙醇→ →[脱水、干燥]无水乙醇、丙酮→ 肝素粗品

酶解、过滤后得到的产物,含有其他黏多糖,也含有未除尽的蛋白质和核酸类物质,要用阴离子交换剂或长链季铵盐进行分级分离。其操作过程是将滤液冷却至50℃以下,用6mol/L氢氧化钠溶液调至pH7,加入5kg D-254强碱性阴离子交换树脂,搅拌5h,交换完毕,弃去液体。用自来水漂洗树脂至水清。用约与树脂体积等量的2mol/L氯化钠溶液搅拌洗涤15min,弃去洗涤液。再加2倍量的1.2mol/L氯化钠溶液同法洗涤两次。用半倍量的5mol/L氯化钠溶液洗脱1h,收集洗脱液,然后用树脂体积1/3量的3mol/L氯化钠溶液同法洗脱两次,合并洗脱液,得肝素的盐溶液,再经醇沉,干燥即得粗成品。

D-254树脂是一种聚苯乙烯二乙烯苯、三甲胺季铵型强碱性阴离子交换树脂。按此工艺生产的肝素产品,最高效价可达140U/mg以上,收率平均约2万U/kg肠黏膜。树脂经洗脱后浸泡于4mol/L氯化钠溶液中,下次使用前用水洗涤数遍,即可使用。

2. 抗生素的提取及转型

链霉素为一强碱性生物活性药物,在pH4~5时稳定,链霉素在中性溶液中为三价正离子,故宜在中性和酸性条件下用阳离子交换树脂提取。强酸性树脂吸附比较容易,但洗脱困难,故宜用弱酸性树脂。在中性条件下,氢型弱酸性树脂交换作用差,故应预先将树脂处理成钠型。料液的浓度宜适当稀释,使之利于吸附链霉素这种高价离子,而不易吸附低价杂质离子。洗脱时,因弱酸性树脂对氢离子的亲和力很大,故用酸即可将链霉素完全洗脱,酸的浓度控制在1mol/L,洗脱液浓度较高,交换层较窄,洗脱高峰集中。

新霉素是六价碱性物质,可以用强酸或弱酸性树脂提取。用弱酸性树脂提取时,其流程和链霉素相似,所不同的是可以用氨水将新霉素从磺酸基树脂上洗脱下来,故常用磺酸基树脂来提取。因在碱性条件下,新霉素由正离子变为游离碱,使溶液中新霉素正离子浓度降低,即解吸离子的浓度降低,故有利于洗脱。选用的树脂交联度要合适,交联度过大,会使交换容量降低;过小会使选择性不好。氨水洗脱液可用羟型强碱树脂脱色,经过蒸发去除氨

水，不留下灰分，可省去脱盐工序。

药物盐型转换的典型实例为青霉素钾盐转换为青霉素钠盐。用青霉素钾肌内注射很疼，研究表明致疼原因是药品中的钾离子，故临床上使用的多为青霉素钠，但钠盐比钾盐的稳定性差，因此工业产品多为青霉素钾盐。将钾盐转化为钠盐的方法很多，较经济的转化方法为离子交换法：将青霉素钾盐溶于70%含水丁醇中，通入强酸性钠型阳离子交换柱中，发生下列交换反应：

$$RSO_3Na + PenG\text{-}K \rightleftharpoons RSO_3K + PenG\text{-}Na$$

反应生成的青霉素钠盐经无菌过滤器过滤后交结晶岗位，当钾盐交换完毕，用加注射用水的丁醇（含量90%）顶洗柱内残存的高单位转化液，并经无菌过滤器过滤后交结晶岗位，顶洗结束后再用注射用水顶洗柱内的丁醇进行回收，然后用食盐水对交换树脂进行再生，再生后的交换柱可进行下一次交换操作。转化液经无菌过滤引入无菌室内的结晶罐，用真空共沸蒸馏法结晶，即得钠盐。用离子交换法转化的收率可达85%以上。

第六节 离子交换技术的发展

一、新型离子交换树脂的开发及应用

1. 大网格离子交换树脂

大网格离子交换树脂，又称大孔离子交换树脂，制造该类树脂时先在聚合物物料中加进一些不参加反应的填充剂（称致孔剂），聚合物形成后再用溶剂萃取法或水洗蒸馏法将致孔剂除去，这样在树脂颗粒内部就形成了相当大的孔隙。常用的致孔剂有高级醇类有机物、乙苯、二氯甲烷等溶剂，其活性基团通常在聚合后引入，大孔离子交换树脂的合成成功是离子交换技术领域内最重要的发展之一。

一般凝胶离子交换树脂水化后，处在溶胀状态，交联链之间的距离拉长，形成空隙，这种空隙通常在2～3nm，称为微孔。当凝胶树脂失水或在非水体系中，分子链间的空隙闭合，由于这种空隙是不稳定的、暂时性的，所以称为"暂时孔"。因此凝胶树脂在干裂或非水体系中无交换能力，这就限制了离子交换技术的应用。另外，凝胶树脂在水中交换有机大分子比较困难，并且有机大分子被交换后不易洗脱，产生不可逆的"有机污染"而使树脂的交换能力大大降低。若降低树脂的交联度，使空隙增大，虽然交换能力有所改善，但树脂的机械强度相应降低，使树脂易破碎。大孔树脂的开发应用，克服了上述缺点。

大孔树脂的基本性能与凝胶树脂相似，因其制造时在树脂内部留下的孔径可达100nm，甚至1000nm以上，故称"大孔"，而且此类空隙不因外界条件而变，因此又称为"永久孔"。由于大孔对光线的漫反射，从外观上看大孔树脂呈不透明状。表6-4、图6-30给出了大孔树脂和凝胶树脂孔结构、物理性能的比较。

表6-4 大孔树脂和凝胶树脂孔结构、物理性能的比较

树脂	交联度/%	比表面积/(m²/g)	孔径/nm	空隙度/(mL空隙/mL树脂)	外观	孔结构
凝胶树脂	2～10	<0.1	<3.0	0.01～0.02	透明或半透明	凝胶孔
大孔树脂	15～25	25～100	8～1000	0.15～0.55	不透明	大孔、凝胶孔

与凝胶树脂相比，大孔树脂：①交联度高、溶胀度小、理化稳定性好、机械强度高；②孔径和比表面积较大，交换速度较快，抗有机污染能力较强，再生容易；③存在永久性孔隙，使树脂

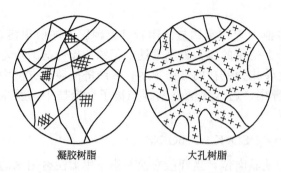

图 6-30 大孔树脂和凝胶树脂内部结构示意图

耐胀缩，不易破碎，且可应用于非水体系交换；④流体阻力小，工艺参数稳定。但大网格树脂具有孔隙率大、密度小、对小离子的交换容量小、洗脱剂用量多、成本高、一次性投资大等缺点。

大网格树脂已应用于维生素 B_{12}、链霉素、四环素、土霉素、竹桃霉素、赤霉素及头孢菌素 C 的提取。例如链霉素提取，过去采用低交联度羧基树脂，机械强度差，树脂损耗大。现国内外都逐步采用大网格羧基树脂，不仅提高了机械强度，而且由于交联度增大，体积交换容量也有所提高。

2. 适用于分离纯化蛋白质的离子交换剂

离子交换剂在蛋白质纯化中应用很广，在纯化蛋白质的方法中，有 75% 都应用了离子交换剂，但传统的离子交换树脂并不适用于提取蛋白质。这是由于蛋白质属于两性电解质，分子量高，具有四级结构，稳定性差。为此，开发了一些具有均匀的大网结构、适当的电荷密度、粒度较小、亲水性强等特性的离子交换剂来提取蛋白质。

最早开发的亲水性离子交换剂是以纤维素为骨架的离子交换剂，虽然价廉，但由于呈纤维状，且有可压缩性，使流动性能和分离能力差。后来研究出球状纤维素，以葡聚糖为骨架的树脂 Sephadex、以琼脂糖为骨架的树脂 Sepharose。Sepharose 具有机械强度高的大孔结构，体积随 pH 和离子强度的变化较小。另外，还有以人造聚合物作为骨架的，如树脂 Trisacry 和 MonoBeads；以二氧化硅为骨架，表面覆盖一层含离子交换基团的高聚物树脂 Spherosil 等，都可用于提取蛋白质。常用的功能基团有强酸、强碱和弱酸、弱碱四种，如二乙氨基乙基、季铵乙基、羧甲基和磺丙基。

由于蛋白质分子大，并且带有多价电荷，因而在交换中必须和多个功能团发生作用，一般认为一个蛋白质分子可和多达 15 个官能团起作用。因此，吸附的蛋白质分子可能会屏蔽住一些未起作用的功能团，或阻断蛋白质分子扩散而进入交换剂的其他区域，使离子交换剂上的活性中心不能完全被利用，造成交换容量降低。

二、离子交换技术与其他分离技术的结合

1. 离子交换膜和电渗析

将离子交换树脂加工成薄膜状材料，即得离子交换膜。因此，离子交换膜与离子交换树脂的性质接近。有关离子交换膜和电渗析详见第七章。

2. 离子交换色谱

离子交换色谱是将离子交换技术与色谱分离技术相结合的技术。目前，该技术已成功地应用于多种氨基酸及核苷酸的分离制备或分离分析中。详见第八章。

思 考 题

1. 什么是吸附？吸附的种类有哪些？各有什么特点？吸附单元主要任务是什么？
2. 简述吸附的基本原理，并简要分析影响吸附的有关因素。
3. 简述固定床吸附器的结构特点。
4. 固定床吸附与膨胀床吸附有哪些异同点？膨胀床吸附操作过程包括哪些步骤？简要描述各步操作过程？

5. 试比较膨胀床与流化床吸附操作的异同点，并简要描述模拟移动床吸附操作过程。
6. 吸附操作中引起床层过早出现"穿透"现象的因素有哪些？如何处理？
7. 什么叫离子交换分离技术？离子交换单元主要任务是什么？
8. 离子交换树脂的单元结构由哪三部分构成？根据离子交换树脂的活性基团不同，树脂可以分为哪四大类？各类的主要特征有哪些？其化学稳定性如何？怎样命名？
9. 离子交换树脂的交联度、膨胀度、交换容量指的是什么？离子交换树脂为什么要具备一定的机械强度？
10. 简述离子交换的基本原理，影响离子交换速度的因素有哪些？
11. 选用离子交换树脂时应考虑哪些条件？为什么要求树脂带有较浅的颜色？
12. 简述正吸附离子交换器、反吸附离子交换器与连续离子交换设备的结构及其特点。
13. 洗脱的基本原理是什么？如何选择洗脱剂？常用的洗脱剂有哪些？
14. 新树脂在使用前应如何进行预处理？树脂为什么要再生？怎样再生？
15. 离子交换的操作方式主要有哪几种？有何区别？
16. 简述离子交换工艺过程。
17. 引起树脂中毒的因素有哪些？中毒后的树脂如何处理？
18. 固定床操作中，床层出现分层现象的原因是什么？如何处理？
19. 什么是软水和无盐水？写出用 001×7（732）和 D-152 树脂除去 Ca^{2+}、Mg^{2+} 的交换反应方程式。
20. 大网格离子交换树脂和普通凝胶树脂的外观、孔结构和吸附性能有何不同？
21. 离子交换法与电渗析法制备无盐水各有何特点？

第七章 膜分离技术

【学习目标】
① 了解膜的分类及结构特性，各种膜组件的性能以及膜在生物技术行业中的应用；
② 了解膜分离过程的类型及膜分离单元的主要任务；
③ 理解膜分离过程机理及膜在使用中常见问题分析；
④ 能够正确使用膜进行分离操作，能分析膜分离过程中的常见问题，能根据不同的分离体系进行膜选择，能对膜进行常规处理及维护。

在一种流体相间有一薄层凝聚相物质，把流体相分隔成为两部分，这一薄层物质称为膜。膜本身是均匀的一相或是由两相以上凝聚物质所构成的复合体，被膜分隔开的流体相物质是液体或气体。膜的厚度应在 0.5mm 以下，否则就不称为膜。同时不管膜本身薄到何等程度，至少要具有两个界面，通过它们分别与被膜分隔的两侧的流体相物质接触，膜可以是完全可透过性的，也可以是半透性的，但不应该完全不透性的，它的面积可以很大，独立地存在于流体相间，也可以非常微小而附着于支撑体或载体的微孔隙上，膜还必须具有高度的渗透选择性。利用膜的选择性分离功能，在推动力（浓度差、压力差、电位差等）作用下实现料液中不同组分的分离、纯化、浓缩的操作技术称作膜分离技术。作为一种有效的分离技术，膜传递某物质的速度必须比传递其他物质快。

第一节 膜分离单元的主要任务

一、膜的分类及性能

1. 膜的分类
可以按不同的方式对膜进行分类。
① 按膜孔径大小分类：微滤膜 $0.025 \sim 14\mu m$；超滤膜 $0.001 \sim 0.02\mu m$（$1 \sim 20nm$）；反渗透膜 $0.0001 \sim 0.001\mu m$（$0.1 \sim 10nm$）；纳米过滤膜，平均直径 $2nm$。
② 按膜结构分类：对称性膜、不对称膜、复合膜等。
③ 按材料分类：高分子合成聚合物膜、无机材料膜等。
在实际应用中，面对不同分离对象必须采用相应的膜材料，但对膜的基本要求是共同的。
① 耐压：要达到有效的分离，各种功能分离膜的微孔是很小的，为提高各种膜的流量和渗透性，就必须施加压力，例如反渗透膜可实现 $5 \sim 15nm$ 微粒分离，所需压差为 $1380 \sim 1890kPa$，这就要求膜在一定压力下，不被压破或击穿。
② 耐温：分离和提纯物质过程的温度范围为 $0 \sim 82℃$，清洗和蒸汽消毒系统，温度$\geq 110℃$。
③ 耐酸碱性：待处理液的偏酸、偏碱严重影响膜的寿命，例如醋酸纤维膜使用 pH2～8，若偏碱纤维素会水解。

④ 化学相容性：要求膜材料能耐各种化学物质的浸蚀而不致产生膜性能的改变。

⑤ 生物相容性：高分子材料对生物体来说是一个异物，因此必须要求它不使蛋白质和酶发生变性，无抗原性等。

⑥ 低成本。

2. 膜的性能参数

表征膜性能的参数主要有膜孔性能参数、膜通量、截留率与截留分子量、膜的使用温度范围、pH 范围、抗压能力和对溶剂的稳定性等参数。

(1) 膜孔性能参数　膜的孔径大小及分布情况直接决定了膜的分离性能。膜的孔径大小可用两个物理量来表述，即最大孔径和平均孔径。最大孔径对分离过程来讲意义不大，但对于除菌过滤来讲，有着决定性的影响。无机膜的孔径在使用过程中，不会发生太大的变化。而有机膜的孔径可随温度、压力、溶剂、pH 值、使用时间、清洗剂等因素的变化而变化。对于贯穿膜壁的直孔，可以通过扫描电镜法直接测得；对于弯曲的孔，则通过泡点法、压汞法测得。

孔径分布是指膜中一定大小的孔占整个孔的体积百分数。孔径分布数值越大，说明孔径分布较窄，膜的分离选择性越好。

孔隙度是指膜孔体积占整个膜体积的百分数。孔隙度越大，流动阻力越小，但膜的机械强度会降低。

(2) 膜通量　膜通量即膜的处理能力（即溶剂透过膜的速率）是膜分离中的重要指标，一般用膜的渗透通量来表示。它是指单位时间、单位膜面积上透过溶液的量，对于水溶液体系，又称透水率或水通量。

(3) 截留率和截留分子量　被截流物质的量占料液中含有的截流物质总量的百分率，称为膜的截留率，它表示了膜对溶质的截留能力。截留率为 100％ 时，表示溶质全部被膜截留，此为理想的半渗透膜；截留率为 0 时，则表示溶质全部透过膜，无分离作用。通常截留率在 0~100％。

影响截留率的因素很多，它不仅与粒子或溶质分子的大小有关，还与它们的形状有关。一般来说线性分子的截留率低于球形分子，粒子或溶质分子的直径越大，截留率越大。膜对溶质分子的吸附对截留率影响很大，溶质分子吸附在孔道上，会降低孔道的有效直径，使截留率提高。溶液的浓度降低，温度升高，膜的吸附作用减少，会降低截留率。错流过滤有助于减弱浓差极化，使截留率下降。pH 及离子强度等影响蛋白的空间构象和形状，对截留率也有影响。

截留分子量（MWCO）通常用于表示膜的分离性能。截留分子量是指截留率为 90％ 时所对应的溶质分子量。截留分子量的高低，在一定程度上反映了膜孔径的大小。通常可用一系列不同分子量的标准物质进行测定。

二、膜组件

由膜、固定膜的支撑体、间隔物以及收纳这些部件的容器构成的一个单元，称膜组件或膜装置。膜组件的结构根据膜的形式而异，目前市售的有四种形式：平板式（含锯齿式）、管式、中空纤维式和螺旋卷式，它们的优缺点见表 7-1。

表 7-1　各种膜组件性能的比较

型式	优点	缺点
管式膜组件	易清洗,无死角,适宜于处理含固体较多的料液,单根管子可以调换	保留体积大,单位体积中所含过滤面积较小,压降大

续表

型式	优点	缺点
中空纤维式膜组件	保留体积小,单位体积中所含过滤面积大,可以逆洗,操作压力较低(小于0.25MPa),动力消耗较低	流道细小,易堵塞、易断丝,只适合于处理非常澄清的料液,料液需要预处理,单根纤维损坏时,需调换整个膜件
螺旋卷式膜组件	单位体积中所含过滤面积大,换新膜容易	料液需要预处理,压降大,易污染,清洗困难
平板式膜组件	流道宽,保留体积小,能量消耗介于管式和螺旋卷式之间,可以处理含固量较高的料液	死体积较大
锯齿式膜组件	为平板式的改进形式,板面有棱纹结构,膜被扭曲为锯齿状,料液流过形成湍流来降低膜面的污染。过滤性能优异,过滤速度高于管式和板式结构,且污染更少、容易清洗、能耗更低	

1. 平板式膜组件

平板式膜组件的基本元件是过滤板,它是由在一多孔筛板或微孔板的两面各粘上一张薄膜组成,过滤板有矩形和圆形,其放置方式有密闭型和敞开型两种。

(1) 敞开型 其装置构成见图 7-1,它是将若干矩形过滤板和夹板相互组装在一起,用长螺栓夹紧或用压紧螺栓顶紧,类似板式换热器。支撑板和膜组成的过滤板与夹板的组合情况见图 7-2。支撑板的材料为不锈钢多孔筛板或烧结青铜等,而较好的材料是微孔玻璃纤维层压板或带沟槽的模压酚醛板。夹板面上具有冲压波纹,四周带有橡胶密封圈,组装时凸出的密封圈与过滤板间形成通道。波纹起湍流元件作用,使液体在通道中流动形成湍流,以减少浓差极化现象。料液从上部板孔组成的通道中流通,经板间间隙向下流动,从下板孔通道中流出进行循环。透过液从支撑板的微孔中集合于板侧通道,经收集管路汇入装置的集液槽。

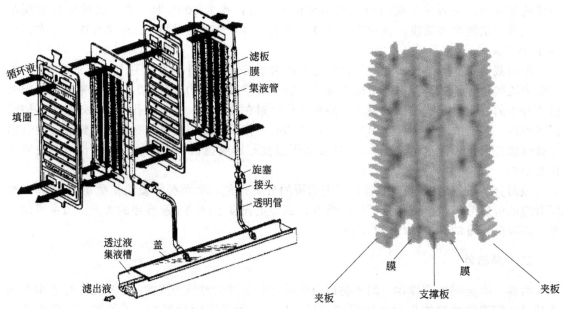

图 7-1 敞开型板式超滤器的构成   图 7-2 夹板、支撑板与膜的组合情况

(2) 密闭型 将多组圆形过滤板组装入一压力容器中的装置。每组过滤板用不锈钢隔板分开,各组之间液流的流向是串联的。由于液流经过滤板后渗出一部分透过液,液流量不断减少,为了使液流速度的变化不太大,每组板的数量从进口到出口逐渐减少。容器中央贯穿一根带有小孔的透过液管与每块滤板的径向沟槽连接,透过液即由此管流出器外。

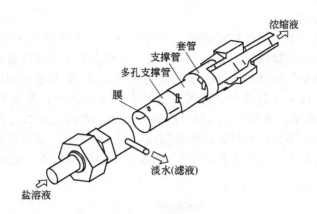

图 7-3 管式膜组件

2. 管式膜组件

管式膜组件的形式很多：按管的数量分单管及管束；按液流的流动方式分管内流和管外流；按管的类型分直通管和狭沟管。它的结构原理与管式换热器类似。膜被固定在一个多孔的不锈钢、陶瓷或塑料管内，管直径通常为 6~24mm。如图 7-3 所示，原料流经膜管中心，而渗透物通过多孔支撑管流入膜组件外壳。目前，在管式膜上应用较为流行的陶瓷膜组件，一般为蜂窝结构，如图 7-4 所示，是在陶瓷"块"中开有若干个孔，用溶胶-凝胶法在这些管内表面覆盖一层很薄的 γ-氧化铝或氧化锆皮层。

图 7-4 管式陶瓷膜组件

3. 中空纤维式膜组件

中空纤维式膜组件是将制膜材料纺成空心丝，由于中空纤维很细，它能承受很高压力而不需任何支撑物，使得设备结构简化。按液流的流动方式分管内流和管外流。如图 7-5 所示，是一种外流型，用环氧树脂将许多中空纤维的两端胶合在一起，装入一管壳中，在纤维束的中心轴处安装一分布管，料液从一端经分布管流入，在纤维管外流动，透过液自纤维中空内腔流经管板而引出，在管板一端流出，浓缩液在容器另一端壳程流出。纤维束外面包以网布，以使形状固定，并能促进料液形成湍流状态。高压料液流经管内有许多优点，如纤维管能承受向内的压力比向外的拉力要大得多，而且即使纤维强度不够时，纤维管只能被压扁或者中空部分被堵塞，但不会破裂，从而防止料液因膜破裂而进入透过液中。对于内流型，由于管子很细，当发生污染时清洗很困难，而管外清洗很方便。

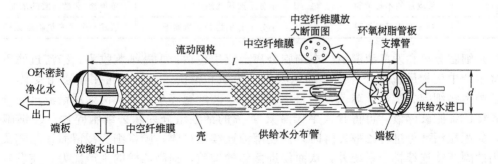

图 7-5 中空纤维式膜组件

4. 螺旋卷式膜组件

螺旋卷式膜组件的主要原件是螺旋卷，为双层结构，中间为多孔支撑材料，两边是膜，其中三边被密封而粘贴成膜袋状，另一个开放边与一根多孔中心管密封连接，在膜袋外部的料液侧再垫一层网眼型间隔材料，也就是把膜-多孔支撑体-膜-料液侧间隔材料一次叠合，围绕一中心管卷紧，形成一个螺旋卷，再装入圆柱形压力容器里，就成为一个螺旋卷式膜组件，如图7-6。料液在膜表面通过间隔材料沿轴向流动，而透过液则以螺旋的形式由中心管流出。中心管可用铜、不锈钢或聚氯乙烯管制成，管上钻小孔。透过液侧的支撑材料采用玻璃微粒层（中间颗粒较大，表面颗粒较小），两面衬以微孔涤纶布，也可采用蜜胺甲醛增强的菱纹编织物。

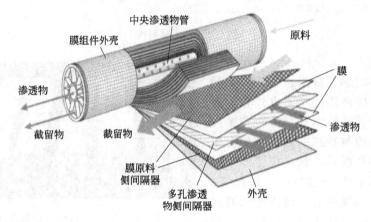

图 7-6　螺旋卷式膜组件

三、膜在生物技术行业中的应用

膜的种类不同，所应用对象也有所不同，如表7-2所示。由于膜分离技术具有防止杂菌污染和热敏性物质失活等优点，所以在生物工程中应用极为广泛。

表 7-2　膜在生物技术行业中的应用

分 类	膜参数	应用对象	举　例
微滤	对称微孔膜($0.05\sim10\mu m$)	消毒、澄清收集细胞	培养悬浮液除菌体、产品消毒、细胞收集
超滤	不对称微孔膜($1\sim20nm$)	大分子物质分离	酶及蛋白质的分离、浓缩、纯化、血浆分离、脱盐、去热原、膜反应器
纳滤	不对称微孔膜(平均2nm)	小分子物质分离	糖、二价盐、游离酸的分离
反渗透	带皮层的不对称膜	小分子溶质浓缩	单价盐，非游离酸的浓缩
透析	对称的或不对称膜	小分子有机物和无机离子	脱除小分子有机物或无机离子

（1）细胞分离和发酵液澄清　在细胞分离上应用包括：①整细胞收集，错流过滤不仅用于发酵生产中生物量或胞外产物的细胞收集、浓缩和清洗，而且也可用于重组受体大肠杆菌、活微生物细胞、酵母、球菌等的整细胞收集；②细胞碎片分离，例如用错流过滤分离重组大肠杆菌细胞破碎液，可得含人牛氏激素90%的活性组分并除去细胞碎片；③细胞循环发酵，如用酿酒酵母进行乙醇发酵时，使发酵液连续通过膜，膜将细胞截留而让乙醇及起抑制作用的副产物连续排至系统外，从而促进菌体的增殖，提高乙醇的生产能力，使发酵操作连续化。

(2) 除菌和纯化产品　采用超滤或反渗透除去医药用水中的热原，较之原来使用的蒸馏过程省能、方便，如英国制药公司于1981年初建设的带有反渗透法去热原的游离水生产装置要比传统的蒸馏法优越得多，盐的去除率也在95%以上。同样在氨基酸生产工艺中，使用超滤法能除菌或去热原。

(3) 酶、蛋白质等大分子物质的浓缩和精制　采用超滤技术将粗酶液进行处理，低分子和盐类可以与水一起从膜孔渗除，酶被浓缩和精制，目前已达实用化分离的酶有细菌蛋白酶、戊基葡糖苷酶、粗制凝乳酶、凝乳酶、果胶酶、胰蛋白酶、葡萄糖氧化酶、肝素以及 β-半乳糖苷酶等，采用超滤法后可大大简化工序，不仅可节能、降低操作成本，还可防止酶的失活，从而大大提高了酶的收率。

(4) 低分子量发酵产品的分离与浓缩　抗生素、氨基酸等低分子量发酵产品可用纳米过滤进行分离，例如采用MPW公司生产的MPF-50纳米膜可以分离含抗生素的萃取液，其中透过该膜的是纯化了的有机溶剂如醋酸丁酯，可继续作萃取剂循环使用，而浓缩液中为高浓度的抗生素等。对这些产品的浓缩也可用反渗透方法进行，降低能耗和产品损失，如浓缩抗生素能耗只有真空蒸发的1/3，而浓缩赖氨酸，其损失可控制在1%以下。

(5) 膜反应器　可利用膜制作成不同类型的膜反应器，有的用来使酶循环使用而合成甘油酯，有的进行DL-氨基酸的拆分，如从N-乙酰基-DL-蛋氨酸拆分成L-蛋氨酸。也可进行淀粉酶转化葡萄糖并进一步用酵母转为乙醇，此外也可用膜反应器来生产单克隆抗体等。

四、膜分离单元的主要任务

膜分离单元是利用膜装置实施物料分离技术的工艺操作单元，包括膜装置、配套的辅助设备（如贮槽、泵等），以及连接设备的管路及其上的各种管件（如三通等）、阀门、仪表（温度表、流量计、压力表等）。

膜分离单元的主要任务是将待处理的料液，通过加压泵输送至膜装置来实现固液分离或一定分子大小的物质与溶液中其他组分的分离。通过分离可以除去料液中的固态物质获得均一的液体，或得到固体产物；通过膜分离也可实现生物大分子（如蛋白质、核酸或多糖等）与溶液中其他组分的分离，收集这些生物大分子得到生物产品，或者将溶液中的生物大分子除去；通过膜分离也可以除去水、乙醇、甲醇等小分子溶剂来实现溶液的浓缩；通过膜分离也可以除去溶液中小分子有机物与无机离子，来实现大分子物质的精制或浓缩。使用一段时间的膜由于污染等使膜的通透率下降，需对膜进行清洗，以使膜的通透能力得到一定程度的恢复。

第二节　膜分离过程

一、膜分离过程的传质形式及机理

1. 膜分离过程的传质形式

在膜分离过程中，膜相际有3种基本传质形式，即被动传递、促进传递和主动传递。如图7-7所示。

图7-7(a)为最简单的形式，称为被动传递（passive transport），为热力学"下坡"过程，其中膜的作用就像一物理的平板屏障。所有通过膜的组分均以化学势梯度为推动力。组分在膜中化学势梯度，可以是膜两侧的压力差、浓度差、温度差或电势差。

图7-7(b)为促进传递过程，在此过程中，各组分通过膜的传质推动力仍是膜两侧的化

学势梯度。各组分由其特定的载体带入膜中。促进传递是一种具有高选择性的被动传递。

图 7-7(c) 所示为主动传递，与前两者情况不同，各组分可以逆其化学势梯度而传递，为热力学"上坡"过程。其推动力是由膜内某化学反应提供，主要发现于生命膜。

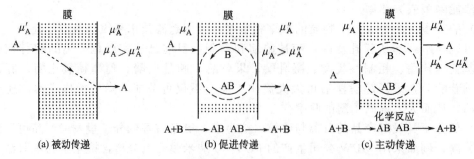

图 7-7　通过膜相际传质过程的基本形式示意

现已工业化的主要膜分离过程均为被动传递过程。这些过程的推动力主要是浓度梯度、电势梯度和压力梯度，也可归结为化学势梯度。但在某些过程中这些梯度互有联系，形成一种新的现象，如温差不仅造成热流，也能造成物流，这一现象形成了"热扩散"或"热渗透"。静压差不仅造成流体的流动，也能形成浓度梯度，反渗透就是这种现象。在膜过程中，通常多种推动力同时存在，称为伴生过程。过程中各种组分的流动也有伴生现象，如反渗透过程中，溶剂透过膜时，伴随着部分溶质同时透过。

流速与推动力间以渗透系数来关联。渗透系数与膜和透过组分的化学性质、物理结构紧密相关。在均质高分子膜中，各种化学物质在浓度差或压力差下，靠扩散来传递；这些膜的渗透率（permeability）取决于各组分在膜中的扩散系数和溶解度。通常这类渗透速率是相当低的。在多孔膜中，物质传递不仅靠分子扩散来传递，且同时伴有黏滞流动，渗透速率显著提高，但选择性较低。在荷电膜中，与膜电荷相同的物质就难以透过。因此，物质分离过程所需的膜类型和推动力取决于混合物中组分的特定性质。

2. 膜分离过程机理

物质通过膜的分离过程较为复杂。不同物理、物化性质（如粒度大小、分子量、溶解情况等）和传递属性（如扩散系数）的分离物质，对于各种不同的膜（如多孔型、非多孔型）其渗透情况不同，机理各异。因此，建立在不同传质机理基础上的传递模型也有多种，在应用上各有其局限性。膜传递模型可分为两大类。

第一类以假定的传递机理为基础，其中包含了分离物质的物理、化学性质和传递属性。这类模型又分为两种不同情况：一是通过多孔型膜的流动；另一是通过非多孔型膜的渗透。前者有孔模型、微孔扩散模型和优先吸附毛细管流动模型等，后者有溶解-扩散模型和不完全的溶解-扩散模型等。当前又有不少修正型的模型，但基本上是一致的，多属溶解-扩散模型。

第二类以不可逆热力学为基础，称为不可逆热力学模型，主要有 Katchalsky 模型和 Spiegler-Kedem 模型等。

不论哪类模型都涉及物质在膜中的传递性质，最主要的是溶质和溶剂的扩散系数和溶解平衡（成为吸附溶胀平衡）。

对膜过程中的物质传递，可以典型的非对称膜为例，分几个区间来描绘，如图 7-8 所示。图中所指溶质 i 是被膜脱除的或非优先选择的，如反渗透过程。

① 主流体系区间（Ⅰ）　在此区间内，在稳定情况下，溶质的浓度（c'_{ib}）是均匀的，且在垂直于膜表面的方向无浓度梯度。

② 边界层区间（Ⅰ）　此区间只有浓度极化（或称浓差极化）现象的边界层，这是造成

膜体系效率下降的一个主要因素，是一种不希望有的现象。溶质被膜斥于表面，造成靠近表面的浓度增高现象，需用搅拌等方式促进其反扩散和提高其脱除率。

③ 表面区间（Ⅰ） 在此区间发生着两种过程：其一是由于膜的不完整性和表面上的小孔缺陷，沿表面溶质扩散的同时对流现象。另一是溶质吸附于表面而溶入膜中。后者在反渗透过程中非常重要，是影响分离的主要因素。在膜表面溶质的浓度 $(c'_i)_m$ 比在溶液表面中溶质的浓度 (c'_i) 低得多，通常这两浓度之比定义为分配系数（k）或溶解度常数（S_m）。

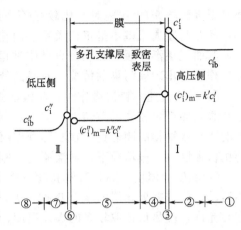

图 7-8 物质经过非对称膜的传递示意

④ 表皮层区间 此区间是高度致密的表皮，是理想无孔型的。非对称膜的皮层的特征是对溶质的脱除性。要求这层愈薄愈好，有利于降低流动的阻力和增加膜的渗透率。溶质和渗透物质在表皮层中的传递是以分子扩散为主，也有小孔中的少量对流。

⑤ 多孔支撑区间 这部分是高度多孔的区间，对表皮层起支撑作用。由于其孔径大且为开孔结构，所以对溶质无脱除作用，而对渗透物质的流速有一定的阻力。

⑥ 表面区间（Ⅱ） 此区间相似于③中所述的区间，其中溶质从膜中脱吸。由于多孔层基本上无选择性，所以非对称膜下游的分配系数接近于 1，即溶质在产品边膜内的浓度与离膜流入低压边流体中的浓度几乎相等。

⑦ 边界层区间（Ⅱ） 此区间与②中区间相似，物质扩散方向与膜垂直。但此间不存在浓度极化现象，其间浓度随流动方向而降低。

⑧ 主流体区间（Ⅱ） 此区间相似于①，在稳定状态下，其中产品的主流体浓度为 c''_{ib}。

综上所述，溶质或溶剂在膜中的渗透率取决于膜两边溶液的条件和膜本身的化学和物理性质。传质总阻力为边界层和膜层阻力之和。

3. 影响膜分离的因素

影响膜分离的因素很多，一般从料液性质、操作条件、膜本身三个方面考虑。

(1) 料液性质的影响

① 料液浓度 一般来讲，随着料液浓度的增高，料液黏度会增大，形成浓差极化层的时间缩短，从而使水通量和分离效率降低。因此在进行膜分离时应注意控制料液的浓度。

② 颗粒物、多糖、蛋白质含量，电荷及粒径等 当料液内多糖、蛋白质含量较高时，会在膜表面形成一层致密的凝胶层，严重时出现膜堵塞，造成水通量急剧降低。若蛋白质的荷电性与膜的电性相反，电位差越大，凝胶层越厚；若蛋白质的荷电性与膜的电性相同，膜污染程度较轻。当溶液中的颗粒直径与孔径尺寸相近时，则可能被截留在膜孔道的一定深度上而产生堵塞，造成膜的不可逆污染，使膜通量下降。

③ 料液 pH 与无机盐 溶液的 pH 值可对溶质的溶解特性、荷电性产生影响，同时对膜的亲/疏水性和荷电性也有较大的影响。在生物制药的料液中常含有多种蛋白质、无机盐类等物质，它们的存在对膜污染产生重大影响。在等电点时，膜对蛋白质的吸附量最高，使膜污染加重，而无机盐复合物会在膜表面或膜孔上直接沉积而污染膜。

(2) 操作条件的影响

① 操作压力 由于浓差极化的影响，随着膜分离过程的进行，膜通量不断下降，当膜

通量下降到原来的70%时，比较显著，此时的操作压力称为临界压力。在临界压力以下，操作压差与膜通量基本呈正比关系；而在临界压力以上，操作压差与膜通量不再存在线性关系，其曲线逐渐平缓。在膜分离操作过程中，膜操作压力不应超过临界压力，在临界压力以上操作极易出现膜污染的情况，对膜的使用寿命及分离效果也有严重影响。

② 料液流速　错流操作时，料液流速是影响膜渗透通量的重要因素之一。较大的流速会在膜表面产生较高的剪切力，能带走沉积于膜表面的颗粒、溶质等物质，减轻浓差极化的影响，有效地提高膜通量。在实际操作时，料液流速的大小主要取决于料液的性质和膜材料的机械强度。一般情况下，料液流速控制在2～8m/s。

③ 温度　温度升高，溶液黏度下降，传质扩散系数增大，可促进膜表面溶质向溶液主体运动，使浓差极化层的厚度变薄，从而提高膜通量。一般来说，只要膜与料液及溶质的稳定性允许，应尽量选取较高的操作温度，使膜分离在较高的渗透通量下进行。

(3) 膜本身的影响

① 膜材质　膜材料的理化性能构成膜材料的特性，如膜材料的分子结构决定膜表面的电荷性、亲水性、疏水性；膜的孔径大小及其分布决定膜孔性能、渗透通量、截留率和截留分子量等。一般情况下，膜的亲水性越好，孔径越小，膜污染程度越小。

② 使用时间　膜在使用一段时间后，由于经过多次清洗，膜表面的活性层、膜内的网络状支撑层会遭到破坏，可能出现逐渐溶解、破坏、断裂的现象，使膜的平均孔径数值增大，膜的孔径分布变宽，此时会出现透过液色级增加、固体微粒增多、质量变差的现象。

二、膜分离过程的类型

1. 按推动力的不同进行分类

(1) 以静压差为推动力的膜分离过程　如反渗透（RO或HF）、超滤（UF）、纳滤（NF）、微滤（MF）、气体分离（GS）、膜蒸馏（MD）及渗透汽化（PV）等。

(2) 以浓度差为推动力的膜分离过程　如透析（D）、气体分离（GS）及液膜分离等。

(3) 以电位差为推动力的膜分离过程　如电渗析（ED）等。

上述各种膜分离过程见表7-3所列。

表7-3　膜分离过程

过程	示意图	膜类型	推动力	传递机理	透过物	截留物
微滤 MF	原料液→□→滤液	多孔膜	压力差（约0.1MPa）	筛分	水、溶剂、溶解物	悬浮物各种微粒
超滤 UF	原料液→□→浓缩液/滤液	非对称膜	压力差（0.1～1MPa）	筛分	溶剂、离子、小分子	胶体及各类大分子
反渗透 RO	原料液→□→浓缩液/溶剂	非对称膜，复合膜	压力差（2～10MPa）	溶剂的溶解-扩散	水、溶剂	悬浮物、溶解物、胶体

续表

过程	示意图	膜类型	推动力	传递机理	透过物	截留物
电渗析 ED		离子交换膜	电位差	离子在电场中的传递	离子	非解离和大分子颗粒
透析 D		非对称膜	浓度差	筛分微孔膜内的受阻扩散	离子和小分子的有机物	相对分子质量在1000以上的溶质或悬浮物
气体分离 GS		均质膜,复合膜,非对称膜	压力差(1~15MPa)	气体的溶解-扩散	易渗透气体	难渗透气体
渗透汽化 PV		均质膜,复合膜,非对称膜	浓度差,分压差	溶解-扩散	易溶解或易挥发组分	不易溶解或难挥发组分
膜蒸馏 MD		微孔膜	由于温度差而产生的蒸汽压差	通过膜的扩散	高蒸汽压的挥发组分	非挥发的小分子和溶剂

2. 按操作方式不同进行分类

(1) 开路循环 如图7-9所示。循环泵关闭,全部溶液用给料泵F送回料液槽,只有透过液排出到系统之外。

(2) 闭路循环 如图7-9所示。浓缩液(未透过的部分)不返回到料液槽,而是利用循环泵R送回到膜组件中,形成料液在膜组件中的闭路循环。闭路循环中,循环液中目标产物浓度的增加比开路循环操作快,故透过通量小于开路循环。但其优点是膜组件内的流速可不依靠料液泵的供应速度进行独立的优化设计。

(3) 连续操作 如图7-10所示。连续操作是在闭路循环的基础上,将浓缩液不断排到系统之外。每一级中

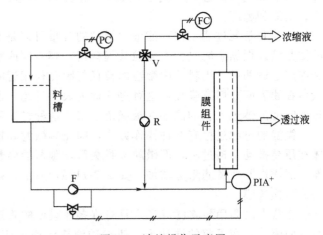

图7-9 浓缩操作示意图
F—给料泵;R—循环泵;V—四通阀
开路循环操作:V(✠),R关闭;闭路循环操作:V(✠),R开启;连续浓缩操作:V(✠),R开启
(注:四通阀V中涂黑处封闭)

均有一个循环泵将液体进行循环，料液由给料泵送入系统中，循环液浓度不同于料液浓度。各级都有一定量的保留液渗出，进入下一级。由于第一级处理量大，所以膜面积也大，以后各级依次减小。最后一级的循环液为成品，浓度最浓，因此，通量较低。

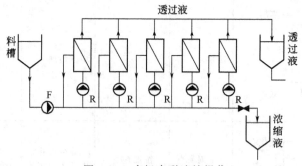

图 7-10　多级串联连续操作
F—给料泵；R—循环泵

以上 3 种操作可以实现菌体或蛋白质的浓缩，如果要除去菌体或高分子溶液中的小分子溶质，则可在上述过程的基础上稍加改动即可实现。如开路循环操作中向原料罐中连续加入水或缓冲液；当料液处理量较大时，可在连续操作的基础上进行改动，即在开始的数级将料液浓缩到一定程度，减少处理量，然后在之后的各级或部分级浓缩液中不断通入水或缓冲液。

第三节　膜分离技术的实施

一、微滤

1. 微滤的基本原理

微滤是利用微孔滤膜的筛分作用，在静压差推动下，将滤液中尺寸大于 $0.1\sim10\mu m$ 的微生物和微粒子截留下来，以实现溶液的净化、分离和浓缩的技术。由于微滤所分离的粒子通常远大于用反渗透、纳滤和超滤分离溶液中的溶质及大分子，基本上属于固液分离。不必考虑溶液渗透压的影响，过程的操作压差约为 $0.01\sim0.2MPa$，而膜的渗透量远大于反渗透、纳滤和超滤。

微滤和常规过滤一样，滤液中微粒的含量可以是 10^{-6} 级的稀溶液，也可以是高达 20% 的浓浆液。根据微滤过程中微粒被膜截留在膜表面或膜深层的现象，可将微滤分成表面过滤和深层过滤两种。当料液中微粒的粒径与膜孔径相近时，随着微滤过程的进行，微粒会被膜截留在膜表面并堵塞膜孔，这种过滤称为表面过滤。而当微粒的粒径小于膜孔径时，微粒在过滤时随流体进入膜的深层并被截留下来，这种过滤称深层过滤。

微滤的过滤过程有两种操作方式，即死端微滤和错流微滤。在死端过滤中，待澄清的流体在压差推动下透过膜，而微粒被膜截留，截留的微粒在膜表面上形成滤饼，并随时间而增厚，滤饼增厚使微滤阻力增加，如图 7-11(a) 所示。死端微滤通常为间歇式，须定期清除滤饼或更换滤膜。

错流微滤是用泵将滤液送入具有许多孔膜壁的管道或薄层流道内，滤液沿着膜表面的切线方向流动，在压差的推动下，使渗透液错流通过膜，如图 7-11(b) 所示。对流传质将微粒带到膜表面并沉积形成薄层。与死端微滤不同的是，错流微滤过程中的滤饼层不会无限地增厚，相反由料液在膜表面切线方向流动产生的剪切力能将沉积在膜表面的部分微粒冲走，故在膜面上积累的滤饼层厚度相对较薄。错流过滤能有效地控制浓差极化和滤饼层的形成。因此在较长周期内保持相对高的通量，一旦滤饼厚度稳定，通量也达到稳态或拟稳态。

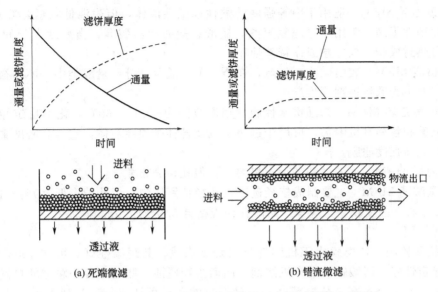

图 7-11 两种微滤过程的通量或滤饼厚度随时间的变化关系

一般认为微滤的分离机理为筛分机理,微孔滤膜的物理结构起决定作用。通过电镜观察,微孔滤膜的截留作用大体可分为以下几种。

① 机械截留作用 指膜具有截留比它孔径大或与孔径相当的微粒等杂质的作用,此即过筛作用。

② 物理作用或吸附截留作用 包括吸附和电性能的影响。

③ 架桥作用 在孔的入口处,微粒因为架桥作用也同样可被截留。

④ 网络型膜的网络内部截留作用 将微粒截留在膜的内部而不是在膜的表面。

由上可见,对滤膜的截留作用来说,机械作用固然重要,但微粒等杂质与孔壁之间的相互作用有时较其孔径的大小更显得重要。

2. 微孔滤膜的形态结构

常见的几种微孔滤膜的扫描电镜图像属于多孔体结构,其形态通常可分为以下三种类型。

① 通孔型 例如核孔(nuclepore)膜,它是以聚碳酸酯为基材,利用核裂变时产生的高能射线将聚碳酸酯链击断,而后再以适当的溶剂浸蚀而成。所得膜孔呈圆筒状垂直贯通于膜面,孔径高度均匀。

② 网络型 这种膜的微观结构与开孔型的泡沫海绵类似,膜体结构基本上是对称的。

③ 非对称型 分海绵型与指孔型两种,可以认为是①和②两种结构的复合结构型态。

3. 微孔滤膜的主要品种

目前国内外微孔滤膜已商品化的主要品种有有机膜和无机膜。

(1) 有机膜

① 混合纤维素酯 MFM 这种滤膜由乙酸纤维与硝酸纤维素混合组成,是一种标准的常用滤膜。它的孔径规格最多,性能良好,生产成本较低,亲水性好,在干态下可耐热 125℃ 消毒,使用温度范围为 $-200 \sim 75$℃。可耐稀酸和碱、脂肪族和芳香族的碳氢化合物和非极性液体,但不适用于酮类、酯类、乙醇、硝基烷烃、强酸及强碱等。灰分为 0.045%。

② 再生纤维素 MFM 该滤膜专用于非水溶液的澄清或除菌过滤,耐各种有机溶剂,但不能用来过滤水溶液,可用蒸汽热压法或干热消毒等。

③ 聚氯乙烯 MFM　适用于中等强度的酸性或碱性液体，但耐温低（≤40℃），不便消毒，强度和韧性很高，常用于过滤氢氟酸、硝酸、盐酸和乙酸等。当温度大于 60℃ 时便变软，所以可热封成袋、桶、盒或作特殊使用。

④ 聚酰胺 MFM　较耐碱而不耐酸，在酮、酚、醚及高分子量醇类中，不易被浸蚀，适用于电子工业中光致抗蚀剂等生产。

⑤ 聚四氟乙烯 MFM　为强憎水性膜，耐温范围为 $-40 \sim 260℃$，化学稳定性极好，可耐强酸、强碱和各种有机溶剂。可用于过滤蒸汽及各种腐蚀性液体，它与高密度聚乙烯等网材结合可制成高强度滤膜。

⑥ 聚丙烯 MFM　耐酸碱和各种有机溶剂，但孔径分布差。

⑦ 聚碳酸酯 MFM　主要制成核径迹膜，孔径特别均匀，但孔隙率低（9%～10%），厚度仅 $10\mu m$ 左右，强度较差，现有产品的孔径规格自 $0.2 \sim 1.0\mu m$ 等多种。

(2) 无机膜

① 无机陶瓷膜　这类膜由无机陶瓷材料烧结而成，其耐温性好，可在 400℃ 温度下运行；化学稳定性好，耐酸碱、耐有机溶剂、耐微生物侵蚀，能适应各种恶劣的自然环境，膜使用寿命长；孔径分布窄，分离精度高，最低过滤孔径可达 4nm；过滤通道很大，可处理高固含量的物料；膜孔为刚性，不易被压缩变形，稳定性好；膜孔径呈不对称分布，不易形成深层污染；膜通量清洗恢复性好，衰减小，可维持高通量稳定过滤。由于上述良好的性能逐渐替代了有机膜。

② 不锈钢微孔滤膜　主要材质为 316L，其性能不逊于陶瓷膜，耐压，但成本相对于陶瓷膜而言稍高。

4. 微滤膜分离的基本操作

应用微滤膜进行分离可以是单级、多级串联或并联，这主要取决于料液的处理量、处理程度及料液中固体颗粒的分布情况。下面以单级处理工艺为例，如图 7-12 所示。来自原料液贮槽的料液经料浆泵输送至微滤膜过滤器，料液走管内，经过滤浓缩后可经循环泵送回微滤膜进一步浓缩直至达到相应浓度，最终流回贮槽。过滤透过液从壳程引出后经流量计进入滤液贮槽，最终可经离心泵送至相应的处理工段。膜使用一段时间后可进行正洗（与料液过滤路线相同），也可进行反洗（在滤液贮槽加入洗涤液，经离心泵送入微滤膜底部的壳程，

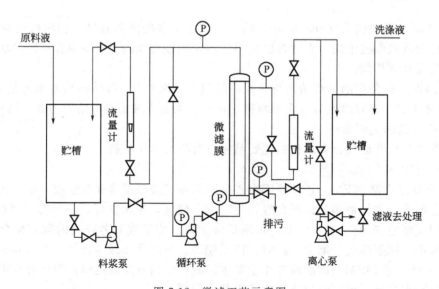

图 7-12　微滤工艺示意图

通过控制滤液出口阀及浓缩料液流回贮槽阀的开度完成洗涤操作)。其操作过程如下。

(1) 洗涤　进行微滤操作前一般需对膜进行洗涤。洗涤操作视膜的污染程度进行酸洗、碱洗、水洗等。

(2) 微滤操作　料液贮槽装入料液后,打开贮槽底阀及料浆泵入口阀,进行灌泵,然后启动循环泵,再逐次打开循环流回流调节阀、膜件入口阀、透过液出口阀,调节泵出口阀及浓缩液循环阀实现缓慢稳定调节系统压力及透过液流量,至系统稳定值。操作结束后,放掉系统所有残存的料浆,向原料罐中加入清水。

(3) 洗涤　与微滤操作相同,低压大流量循环冲洗设备,检测一定压力下膜的清水通量,如果膜通量与起始值相比下降很多,需进行化学清洗。当然如果确信膜污染并非严重,膜允许反洗操作时,可通过反洗操作来进行膜的清洗。

反洗操作是向滤液贮槽内加入反冲洗液〔纯化水或经过滤并具有一定浓度的酸(碱)水〕,先关闭膜组件上下透过液出口阀,打开离心泵回流阀,向离心泵内注入反冲洗液,启动离心泵,打开泵出口阀,使反冲洗液回流到滤液贮槽,形成内循环。依次打开流量控制阀门及反冲调节阀门,利用反冲回流阀门和流量控制阀门来调节反冲洗出口压力,打开膜组件透过液出口阀门,再次调节反冲洗回流阀门,使反冲洗系统压力大于膜组件内部运行压力,利用压差对膜组件进行反冲洗,反冲洗 3~10min 后,通过浓缩液回流流量计观察反冲洗效果,洗好后,关闭膜组件反冲洗阀门,同时打开反冲洗回流阀门,使反冲洗液回流至滤液贮罐,打开膜组件系统透过液出口阀,使膜系统恢复正常运行。

5. 特点及应用

(1) 微孔滤膜特点

① 孔径的均一性　微孔滤膜的孔径十分均匀,例如平均孔径为 $0.45\mu m$ 的滤膜,其孔径变化范围在 $(0.45\pm0.02)\mu m$。只有达到孔径的高度均匀,才能提高滤膜的过滤精度。

② 空隙率高　微孔滤膜的表面有无数微孔,每平方厘米约为 $10^7 \sim 10^{11}$ 个,空隙率一般可高达 80% 左右,通常是通过用压汞法等方法测定液体的吸收量而求得。膜的空隙率越高,意味着过滤所需的时间越短,即通量越大。一般来说,它比同等截留能力的滤纸至少快 40 倍。再加上孔径分布好,过滤结果的可靠性高,因此被用于进行组织培养。

③ 滤材薄　大部分微孔滤膜的厚度在 $150\mu m$ 左右,与深层过滤介质(如各种滤板)相比,只有它们的 1/10 厚,甚至更小,所以,对过滤一些高价液体或少量贵重液体来说,由于液体被过滤介质吸收而造成的液体损失将非常少。其次,还因为微孔滤膜很薄,所以它的重量轻,贮藏时占地少,其单位面积的重量约为 $5mg/cm^2$。

(2) 微孔滤膜的应用　基于上述特点,微孔滤膜主要用来对一些只含微量悬浮粒子(如菌体或其他固体颗粒)的液体进行精密过滤,以得到澄清度极高的液体;或用来检测、分离某些液体中残存的微量不溶性物质,以及对气体进行类似的处理。下面介绍微滤在实验室中及酿酒工业上的应用。

微孔滤膜在实验室中是检测有形微细杂质的重要工具,主要用途如下。

① 微生物检验　例如对饮用水中大肠菌群、游泳池水中假单胞族菌和链球菌、酒中酵母和细菌、软饮料中酵母、医药制品中细菌的检测和空气中微生物的检测等。

② 微粒子检测　例如注射剂中不溶性异物、石棉粉尘、航空燃料中的微粒子、水中悬浮物和排气中粉尘的检测,锅炉用水中铁分的分析,放射性尘埃的采样等。

在酿酒工业中可采用聚碳酸酯核孔滤膜来过滤除去啤酒中的酵母和细菌。通常,生啤酒在装瓶后,要加热杀死酵母菌,以便长期保存。但是加热的结果破坏了生啤酒的营养并使味道变坏。利用孔径为 $0.8\mu m$ 的核孔滤膜过滤,能分离除去其中的酵母和细菌,而对啤酒的味道起主要作用的蛋白质却能通过膜而保留在啤酒内，如此处理后的啤酒不需加热就可以在室温下长期保存。因而保持了生啤酒的鲜美味道和营养价值，在国际市场上颇受欢迎。

二、超滤

1. 超滤的基本原理

就目前所知，文献上已发表的关于上述膜分离方法之所以能使各种物质得以分开的假设较多，其中一种被广泛用来形象地分析膜分离机理的说法是"筛分"理论。该理论认为，膜的表面具有无数微孔，这些实际存在的不同孔径的孔眼像筛子一样；截留住了分子直径大于孔径的溶质和颗粒，从而达到了分离的目的。凡是能截留相对分子质量在 500 以上的高分子膜分离过程被称为超滤。超滤膜孔径一般在 $0.01\sim0.1\mu m$。

一般来讲，反渗透法主要用来截留无机盐类那样的小分子，而超滤法则是从小分子溶质或溶剂分子中，将比较大的溶质分子筛分出来，两者并没有什么本质上的差别，只不过前者的溶质是小分子，因而渗透压比较高，所以，为了使溶剂通过，必须施加高压。与此相反，对于高分子的情况来说，即使是高浓度的溶液，因为渗透压比较低，仍可在不高的压力下进行过滤。这两种方法不仅所用膜的性能上有差异，在装置和操作上也有所不同。尽管如此，它们的截留界限仍然不甚分明，大体说来，对于中等程度分子量（约数百）的有机物、高分子聚合物（蛋白质、核酸及多糖类等）、有机和无机胶体粒子等的分离称之为超滤；而截留小于 10 倍水分子量的分子则称为反渗透。至于超滤物质的上限，多半是像病毒或巨大的DNA 分子那样大小的物质。如果溶质分子再大，则称溶质为分散粒子更合适，对它的筛分就是所谓的微孔过滤了。

应当指出的是，若反渗透与超滤两词完全用"筛分"的概念来解释，则会非常含糊，甚至在有些场合，二者几乎不容易分辨。例如在某些条件下，似乎孔径大小是物料分离的唯一支配因素；但对有些情况，膜材料表面的化学特性却起到了决定性的截留作用。譬如有些膜的孔径既比溶剂分子大，又比溶质分子大，本不应具有截留功能，但令人意外的是，它却仍具有明显的分离效果。

所以，比较全面一些的解释应该是说，在膜分离过程中，膜的孔径大小和膜表面的化学特性等，分别起着不同的截留作用。在这方面 Sourirajan 博士做过精辟的论述，他认为："不能简单地分析超滤现象，孔结构是重要因素，但不是唯一因素，另一重要因素是膜表面的化学性质"。

2. 超滤膜

超滤膜大体上可分为两种。一种是各向同性膜，常用于超滤技术的微孔薄膜，它具有无数微孔贯通整个膜层，微孔数量与直径在膜层各处基本相同，正反面都具有相同的效应。另一种是各向异性膜，它是由一层极薄的表面"皮层"和一层较厚的起支撑作用的"海绵层"组成的薄膜，也称为非对称膜。前一种滤膜透过滤液的流量小，后者则较大，且不易被堵塞。

3. 超滤膜分离的基本操作

超滤工艺与微滤相似。超滤操作可以采用间歇和连续操作。在间歇操作中，分为浓缩模式和透析过滤式两种。在浓缩模式中，溶剂和小分子溶质被除去，料液逐渐浓缩。透析过滤是在过程中不断加入水或缓冲液，其加入速度和通量相等，这样可保持较高的通量，但处理的量较大，影响操作所需时间，而且会使透过液稀释。在实际操作中，常常将两种模式结合起来，即开始采用浓缩模式，达到一定浓度后，转变为透析过滤式。

在连续操作中,又可分为单级和多级操作。连续操作的优点是产品在系统中停留时间较短,有利于对热敏感和对剪切力敏感的产品,主要用于大规模生产。间歇操作平均通量较高,所需膜面积较小,装置简单,成本低,适用于药物和生物制品生产。

4. 超滤膜的检验

一般情况下,超滤膜的检验至少应包括下列几个方面。

① 膜及其组件缺陷的检查 超滤膜及其组件的缺陷对于中空纤维型超滤器是较难检查的。通常,对于微孔膜可采用气泡检验法,但对于超滤膜其孔径通常在 $0.01\mu m$ 以下,在低压下($0\sim0.2MPa$)气体无法透过,所以不能采用气泡法测定其孔径,不过可采用气泡法检测膜的缺陷和漏点。在中空纤维内侧注入小于 $0.2MPa$ 压力的压缩空气,外侧充满纯水,此时应绝对无气泡产生,以此作为判断超滤膜无大孔缺陷的一般依据。当然 $0.2MPa$ 压力尚不能确定无微孔级缺陷,但对于均匀孔径的超滤膜来说,已是足够的。

② 在稳定的工艺中取样 以各种不同分子量物质测定截留率,其最低截留率应接近于0,最高截留率为100%,以其突变区的分子量标定出超滤膜的切割分子量标准。

③ 在额定压力($0.1MPa$)下,用纯水测定超滤膜的水通量(取进口和出口压力的平均值计算)。

5. 特点及应用

超滤法具有与反渗透法类似的特征例如相态不变,无需加热,所用设备简单,占地面积小,能量消耗低等明显优点,此外,还具有操作压力低,泵与管对材料要求不高等特点。它能够在室温或特定温度下脱除高达90%的水分。因此,防止了对处理物的热降解或氧化降解作用。

超滤法有一定的缺陷。一般情况下,超滤法与反渗透法相比,由于其水通量大得多,因而膜表面极易产生浓差极化等现象,为了强化传质,势必要加大流量,因此超滤法的动力费用较大。和其他浓缩方法相比,不能直接得到干粉。对于像蛋白质等溶液,通常只能浓缩到一定程度,其进一步浓缩,尚需采用蒸发等措施。

超滤广泛地用于某些含有各种小分子量可溶性溶质和高分子物质(如蛋白质、酶、病毒、热原等)溶液的浓缩、分离、提纯和净化,因而推动了工业生产、科学研究、医药卫生、国防和废水处理及其回收利用等方面的技术改造和经济建设。下面介绍应用超滤法制备胎白。

供静脉注射用的25%人胎盘血白蛋白(即胎白),通常是用硫酸铵盐析法制备的,生产过程中得到的中间产物,即低浓度胎白溶液需经两次硫酸铵盐析、两次过滤及压干、透析脱盐、除菌、真空浓缩等加工步骤。该工艺的缺点是硫酸铵耗量大,能源消耗多,操作时间长,透析过程易产生污染。

常规的硫酸铵盐析法,要求最终的硫酸铵残留量必须小于0.05%,去除硫酸铵的经典方法是在温度.15℃以下的流水中透析三天。由于透析时间长,易被热原污染。冻干法浓缩不但费用昂贵,而且容易导致白蛋白形成一些聚合体。真空浓缩法则存在着蒸馏器内壁易形成干蛋白膜而造成损耗(一般可达5%~7%)的缺点。

选用超滤工艺可以同时解决上述脱盐和浓缩时所存在的缺点,而且对于简化工艺、提高产品收率和产品质量具有明显的优点。上海生物制品研究所采用LFA-50超滤组件对胎白进行浓缩和脱盐所得结果如下:平均回收率为97.18%;吸附损失为1.69%;透过损失为1.23%;截留率为98.77%。

试验结果表明,采用超滤技术改革目前的生产工艺,可以简化工艺步骤,减少能耗及原材料的消耗,可缩短生产周期,提高产品质量,具有显著的经济效益。

三、反渗透

1. 反渗透的基本原理

一种只能透过溶剂而不能透过溶质的膜一般称为理想的半透膜。当把溶剂和溶液（或把两种不同浓度的溶液）分别置于此膜的两侧时，纯溶剂将自然穿过半透膜而自发地向溶液（或从低浓度溶液向高浓度溶液）一侧流动，这种现象叫做渗透（osmosis）。当渗透过程进行到溶液的液面便产生一压头 H，以抵消溶剂向溶液方向流动的趋势，即达到平衡，此 H 称为该溶液的渗透压 π（参见图 7-13）。

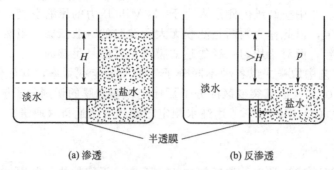

图 7-13　渗透与半渗透示意图

渗透压的大小取决于溶液的种类、浓度和温度，而与膜本身无关。在这种情况下，若在溶液的液面上再施加一个大于 π 的压力 p 时，溶剂将与原来的渗透方向相反，开始从溶液向溶剂一侧流动，这就是所谓的反渗透（reverse osmosis），参见图 7-13(b)。凡基于此原理所进行的浓缩或纯化溶液的分离方法，一般称之为反渗透工艺。

2. 反渗透膜的主要特性参数

（1）透水率　是指每单位时间内通过单位膜面积的水体积流量，用 F_w 表示。透水率也叫水通量，即水透过膜的速率。对于一个特定的膜来说水通量的大小取决于膜的物理特性（如厚度、化学成分、孔隙度）和系统的条件（如温度、膜两侧的压力差，接触膜的溶液的盐浓度及料液平行通过膜表面的速度）。

对于一定的系统而言，由于膜和溶液的性质都相对恒定，所以透水率就变成一个简单的压力函数。

$$F_w = A(\Delta p - \Delta \pi) \tag{7-1}$$

式中　A——膜的水渗透系数（体积），表示特定膜中水的渗透能力，$m^3/(m^2 \cdot s \cdot Pa)$；
　　　Δp——膜两侧的压力差，Pa；
　　　$\Delta \pi$——膜两侧溶液的渗透压差，Pa。

（2）透盐率　透盐率是指盐通过膜的速率，用 F_s 表示，如式（7-2）所示，其值是膜的透盐系数 B 与膜两侧溶质浓度差的函数。

$$F_s = B(c_2 - c_1) \tag{7-2}$$

式中　c_2——膜高压侧界面上水溶液的溶质浓度，kg/m^3；
　　　c_1——膜低压侧界面上水溶液的溶质浓度，kg/m^3。

由式（7-2）可见，盐的通过主要是由于膜两侧存在溶质浓度差的缘故。和透水率不同的是，正常的透盐率几乎与压力无关。一般 F_s 值以小为好，F_s 小说明脱盐效率高。

（3）压密系数　促使膜材质发生物理变化的主要原因是出于操作压力与温度所引起的压密（实）作用，从而造成透水率的不断下降，其经验公式如下式所示：

$$\lg \frac{F_{Wt}}{F_{W1}} = -m\lg t \tag{7-3}$$

式中 F_{W1}——第 1h 后的透水率，$m^3/(m^2 \cdot s)$；

F_{Wt}——第 th 后的透水率，$m^3/(m^2 \cdot s)$；

t——操作时间，s；

m——压密系数（或称压实斜率），%。

m 值一般可采用专门装置测定出来，它应该是越小越好。因为小的 m 值意味着膜的寿命较长。对普通的反渗透膜而言，m 值以不大于 0.03 为宜，根据有关资料得知，当 $m=0.1$ 时，即一年后，膜的平均透水率只相当于原来的 55%。

3. 反渗透膜分类

反渗透膜即用于反渗透过程的半透膜。从某种意义上讲，它是反渗透器的心脏部分，因为评价一种反渗透装置质量的优劣，关键在于半透膜性能的好坏。

关于反渗透膜的分类，如果从物理结构上来分，可分为非对称膜、均质膜、复合膜及动态膜。若从膜的材质上分类大致可分为乙酸纤维膜、芳香聚酰胺膜、高分子电解质膜、无机质膜及其他。

4. 反渗透法的基本流程

反渗透技术作为一种分离、浓缩和提纯的方法，其基本流程常见的有 4 种形式，如图 7-14 所示。

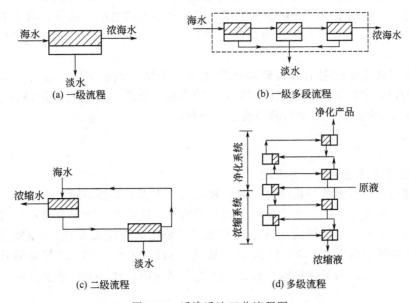

图 7-14 反渗透法工艺流程图

(1) 一级流程 一级流程是指在有效横断面保持不变的情况下，原水一次通过反渗透装置便能达到要求的流程。此流程的操作最为简单，能耗也最少。

(2) 一级多段流程 当采用反渗透作为浓缩过程时，如果一次浓缩达不到要求时，可以采用这种多段浓缩流程方式。它与一级流程不同的是，有效横断面逐段递减。

(3) 二级流程 如果反渗透浓缩一级流程达不到浓缩和淡化的要求时，可采用二级流程。二级流程的工艺线路是把由一级流程得到的产品水，送入另一个反渗透单元去，进行再次淡化。

(4) 多级流程 在生物化工分离中，一般要求达到很高的分离程度。例如在废水处理中，为了有利于最终处置，经常要求把废液浓缩至体积很小而浓度很高的程度；又如对淡化水，为达到重复使用或排放的目的，要求产品水的净化程度越高越好。在这种情况下，就需要采用多级流程，但由于必须经过多次反复操作才能达到要求，所以操作相当繁琐、能耗也很大。

在工业应用中，有关反渗透法究竟采用哪种级数流程有利，需根据不同的处理对象、要求和所处的条件而定。

5. 特点及应用

反渗透法比其他的分离方法（如蒸发、冷冻等方法）有显著的优点：整个操作过程相态不变，可以避免由于相的变化而造成的许多有害效应，无需加热，设备简单、效率高、占地小、操作方便、能量消耗少等，主要用于截留如单糖、一价离子等小分子物质。目前，已在许多领域中得到了应用，例如，从海水、苦咸水的脱盐开始，发展到了利用反渗透的分离作用进行食品、药品的浓缩，纯水的制造，锅炉水的软化，化工废液中有用物质的回收，城市污水的处理以及对微生物、细菌和病毒进行分离控制等许多方面。下面介绍反渗透在制糖工业上应用。

在制糖过程中对清净汁的浓缩通常是采用加热蒸发法。但此法需要大量燃料，而且容易发生糖分的热分解。为了克服这些缺点，制糖工业生产已开始采用反渗透法进行浓缩。

根据巴济（Baloh）等的试验，如果采用反渗透法对甜菜制糖的稀糖汁进行浓缩，则可以节约蒸发罐用能量的 12.7% 和糖汁预热用能量的 16.5%（合计节能 29%）。当然，反渗透用泵需要电能，但对于全厂的用电量来说，这是个不大的数字。此外，由于加热器的温度为 100~105℃，所以能使蒸汽的压力由常用的 3.5~4.5atm 下降到 1.5atm 左右，从而大大节省了蒸汽。

不过，由于高浓度的糖液具有较高的渗透压（蔗糖的饱和溶液，也即约 67% 水溶液，为 200atm 左右），采用反渗透法进行浓缩有一定限度。据悉，在进行糖液的反渗透浓缩时，当糖的浓度超过 360g/L 后，浓缩能力将急剧下降。

四、纳滤

1. 纳米过滤（纳滤）的分离机理

纳米过滤是介于反渗透与超滤之间的一种以压力为驱动的新型膜分离过程。纳滤膜也具有建立在离子电荷密度基础上的选择性，因为膜的离子选择性，对于含有不同自由离子的溶液，透过膜的离子分布是不相同的（透过率随离子浓度的变化而变化），这就是 Donnan 效应。例如：在溶液中含有 Na_2SO_4 和 $NaCl$，膜优先截留 SO_4^{2-}，Cl^- 的截留随着 Na_2SO_4 浓度的增加而减少。同时为了保持电中性，Na^+ 也会透过膜，在 SO_4^{2-} 浓度高时，截留甚至会被否定。

由于大多数纳滤膜含有固定在疏水性的 UF 支撑膜上的负电荷亲水性基因，因此纳滤膜比反渗透膜有较高的水通量，这是水偶极子定向的结果。由于存在着表面活性基团，它们也能改善以疏水性胶体、油脂、蛋白质和其他有机物为背景的抗污染能力。例如在染料浓缩和造纸废水处理上优于反渗透膜。

可是，如果溶质所带电荷相反，它与膜相互配合会导致污染。纳滤膜最好应用于不带电荷分子的截留，可完全看作是筛分作用，或组分的电荷采用静电相互作用消除。

2. 特点及应用

大多数的纳滤膜是由多层聚合物薄膜组成，具有良好的热稳定性，pH 稳定性和对有机溶剂的稳定性。膜的活性层通常荷负电化学基团。一般认为纳滤膜是多孔性的，其平均孔径为 2nm。纳米过滤膜的截流分子质量大于 200Da 或 100Da。这种膜截断分子量范围比反渗透膜大而比超滤膜小，因此纳米过滤膜可以截留能通过超滤膜的溶质而让不能通过反渗透膜的溶质通过。根据这一原理，可用纳米过滤来填补由超滤和反渗透所留下的空白部分。纳滤作为一种膜分离技术，具有其独特的特点。

① 可分离纳米级粒径。

② 集浓缩与透析为一体 因纳滤膜是介于反渗透膜和超滤膜之间的一种膜，它能截留小分子的有机物，并可同时透析出盐。

③ 操作压力低 因为无机盐能通过纳米膜而透析，使得纳滤的渗透压力远比反渗透低，一般低于 1MPa，故也有"低压反渗透"之称。在保证一定膜通量的前提下，纳滤的操作压力低，其对系统动力设备的耐压要求也低，降低了整个分离系统的设备投资和能耗。

④ 纳滤膜污染因素复杂 纳滤膜介于有孔膜和无孔膜之间，浓差极化、膜面吸附和粒子沉积作用均是使用中被污染的主要因素，此外，纳滤膜通常是荷电膜，溶质与膜面之间的静电效应也会对纳滤过程的污染产生影响。

纳米过滤在生产上也有许多应用，主要用于截留抗生素、低聚糖及二价以上的阳离子等。下面介绍纳米过滤在抗生素的回收与精制上的应用。

在抗生素的生产过程中，常用溶剂萃取法进行分离提取，其中抗生素如赤霉素、青霉素常被萃取到有机溶剂中去，如被醋酸乙酯或醋酸丁酯所萃取，后续工序常用真空蒸馏或共沸蒸馏进行浓缩，若用膜过滤法进行浓缩，则要求用于分离的膜必须具有良好的耐有机溶剂的性能，同时还应具有良好的疏水性能，以便排斥抗生素，提高其选择性。现 MPW 公司生产的 MPF-50 和 MPF-60 膜，可以用于上述过程，其中透过该膜的纯化了的有机溶剂，可继续作萃取剂循环使用，而浓缩液中为高密度的抗生素。此外，在抗生素的萃取过程中，一般在水相残液中还含有 0.1%～1% 抗生素和溶解的较多量的有机溶剂，如果用亲溶剂并稳定的膜 MPF-42，则同样能回收抗生素与溶剂。

五、透析

当把一张半透膜置于两种溶液之间并使其与之接触时，将会出现双方溶液中的大分子溶质原地不动，小分子溶质（包括溶剂）透过膜而相互交换的现象，这种现象就是所谓的透析（dialysis）。这种技术作为蛋白质溶液等的处理手段已被广泛用于去除混入溶液的小分子杂质（主要是盐类）或调节离子的组成等方面。另外，对某些高浓度的蛋白质溶液（百分之几）而言，由于浓差极化的原因，应用超滤方法困难，这种情况下采取透析方法更为合适，特别是像用人工肾来处理浓度高的、且含有固形物的血液来说、透析法无疑更具有优越性。

1. 透析的原理

透析过程的简单原理如图 7-15 所示，即中间以膜（虚线）相隔，A 侧通原液，B 侧通溶剂。如此，溶质由 A 侧根据扩散原理，而溶剂（水）由 B 侧根据渗透原理相互进行移动，一般小分子比大分子扩散得快。

透析的目的就是借助这种扩散速度的差，使 A 侧两组分以上的溶质得以分离。不过这里所说的不是溶剂和溶质的分离（浓缩），而是溶质之间的分离。浓度差（化学位）是这种分离过程的唯一推动力。这里用的透析膜也是半透膜的一种，

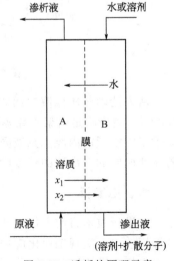

图 7-15 透析的原理示意

它是根据溶质分子的大小和化学性质的不同而具有不同透过速度的选择性透过膜。通常用于分离水溶液中的溶质。

2. 膜材料

适于做血液透析和过滤用膜的高分子材料有许多种，其中有一些已经商品化。在这些聚合物中包括由疏水性的聚丙烯腈、聚酰胺及聚甲基丙烯酸酯到亲水性的纤维素、聚乙烯及聚乙烯醇等。

从分子能级来看，决定上述聚合物同水的关系（亲水性、疏水性）的因素是聚合物末端的分子结构，如羧基、氨基及羟基等具有氢键的分子，因其对水有亲和性，所以是亲水性的；与此相反，一些碳氢化合物因具有疏水性质，所以与水就没有亲和力，浸入水中时，固体表面的电荷取决于表面分子结构的离子解离。当聚合物中含有酸基（羧基或磺酰基等）时，将产生带负电荷的表面；当含氨基时将产生带正电荷的表面。另外，当分子内部的电荷分布不均时将产生极性，这不仅发生在固体表面，即使对蛋白质那样的溶质也会产生。在临床应用中，此类膜材料的亲水性、疏水性及带电荷的膜表面同溶质的相互作用等，都是决定溶质向膜表面发生吸附或溶质在膜中传递的重要因素。

3. 透析的应用

透析主要应用于医学人工肾方面。也有一些工业应用，如从人造丝浆压榨液中回收碱。如图 7-16 所示。

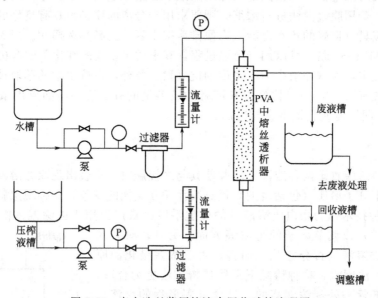

图 7-16　由人造丝浆压榨液中回收碱的流程图

从人造丝浆压榨液中回收碱主要是用透析法分离含在原液（压榨液）中的半纤维素和 NaOH。透析膜是由聚乙烯醇制成的中空丝，原液沿中空丝的外部自下而上流动，水则自上而下走中空丝的内腔。原液同水的流量比大约为 3，若想使碱回收率提高可再增大该比值；若想使回收的渗出液的碱浓度提高可将流量比减小。

六、电渗析

电渗析技术目前不仅成功地应用于水处理方面，在其他方面也获得了应用。迄今，国外电渗析技术已实现工业化应用的主要有：海水及苦咸水淡化，放射性废水处理，海水浓缩制盐，牛奶及乳清脱盐，医药制造，血清、疫苗精制，稀溶液中的羧酸回收及丙烯腈的电解还原等。

1. 电渗析的基本原理

电渗析装置是由许多只允许阳离子通过的阳离子交换膜 K 和只允许阴离子通过的阴离子交换膜 A 组成的（如图 7-17 所示），这两种交换膜交替地平行排列在正负两电极板之间。最初，在所有隔室内，阳离子与阴离子的浓度都均匀一致，且成电平衡状态。

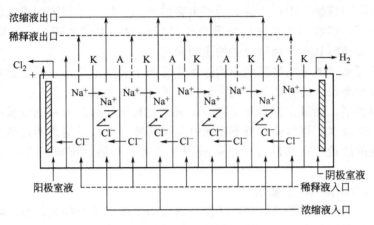

图 7-17 电渗析的原理示意图

当加上电压以后，在直流电场的作用下，淡室中的全部阳离子趋向阴极，在通过阳膜之后，被浓室的阴膜所阻挡，留在浓室中；而淡室中的全部阴离子趋向阳极，在通过阴膜之后，被浓室的阳膜所阻挡，也被留在浓室中。于是淡室中的电解质浓度逐渐下降、而浓室中的电解质浓度则逐渐上升。以 NaCl 为例，当 NaCl 溶液进入淡室之后，Na^+ 则通过阳膜进入右侧浓室；而 Cl^- 则通过阴膜进入左侧浓室。如此，淡室中的盐水逐渐变淡，而浓室中的盐水则逐渐变浓。

离子交换膜为什么具有选择透过性呢？离子交换膜是一种由高分子材料制成的具有离子交换基团的薄膜。其所以具有选择透过性主要是由于膜上孔隙和膜上离子基团的作用。

膜上孔隙的作用是，在膜的高分子键之间有一足够大的孔隙，以容纳离子的进出和通过，这一些孔隙从正面看是直径为几十埃到几百埃的微孔；从膜侧面看是一根根曲曲弯弯的通道。由于通道是迂回曲折的，所以其长度要比膜的厚度大得多。这就是离子通过膜的大门和通道，水中离子就是在这些迂回曲折的通道中作电迁移运动，由膜的一侧进入另一侧。

膜上离子基团的作用是，在膜的高分子链上，连接着一些可以发生解离作用的活性基团。凡是在高分子链上连接的是酸性活性基团（如—SO_3H）的膜，称之为阳膜；凡是在高分子链上连接的是碱性活性基团[如—$N(CH_3)OH$]的膜，称之为阴膜。例如，在一般水处理中常用的磺酸型阳膜和季铵型阴膜的结构如图 7-18 所示。

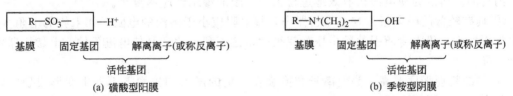

图 7-18 在一般水处理中常用的磺酸型阳膜和季铵型阴膜的结构

在水溶液中，膜上的活性基团会发生解离作用，解离所产生的解离离子（或称反离子，如阳膜上解离出来的 H^+ 和阴膜上解离出来的 OH^-）就进入溶液。于是，在膜上就留下了带有一定电荷的固定基团。存在于膜微细孔隙中的带一定电荷的固定基团，好比在一条狭长的通道中设立的一个个关卡或"警卫"，以鉴别和选择通过的离子。阳膜上留下的是带负电荷的基团，构成了强烈的负电场。在外加直流电场的作用下，根据异性相吸的原理，溶液中带正电荷的阳离子就可被它吸引、传递而通过微孔进入膜的另一侧，而带负电荷的阴离子则受到排斥；相反，阴膜微孔中留下的是带正电荷的基团，构成了强烈的正电场，也是在外加直流电场的作用下，溶液中带负电荷的阴离子可以被它吸引传递透过，而阳离子则受到排斥。这就是离子交换膜具有选择透过性的主要原因。

由上述讨论可知，离子交换膜的作用并不是起离子交换的作用，而是起离子选择透过的作用。所以更确切地说，应称之为"离子选择性透过膜"。

在电渗析过程中，能量主要消耗于克服电流通过时所受的阻力和电极反应两方面。电极反应虽然不能产生淡水，但为使电流不断通过电渗析器，电极反应是不可免的。为了降低这部分反应所消耗的能量，在实际应用中可采用装有成百对阴、阳离子交换膜的多层式电渗析器。

2. 离子交换膜分类及性能要求

（1）分类　按活性基团不同可将离子交换膜分为：阳离子交换膜，简称阳膜，阳膜能交换或透过阳离子；阴离子交换膜，简称阴膜，阴膜能交换或透过阴离子。

按结构组成不同，离子交换膜可分为异相膜和均相膜两种。异相膜是指将离子交换树脂磨成粉末，加入惰性黏合剂，如聚氯乙烯、聚乙烯、聚乙烯醇等，再经机械混炼加工成膜，由于树脂粉末之间填充着黏合剂，膜的结构组成是不均匀的，故称为异相膜。均相膜是指以聚乙烯薄膜为载体，首先在苯乙烯、二乙烯苯溶剂中溶胀并以偶氮二异腈为引发剂，在高温、高压和催化剂作用下，于聚乙烯主链上连接支链，聚合生成交联结构的共聚体，再用浓硫酸磺化制成阳膜；以氯甲醚氯甲基化后，再经胺化后而制成阴膜。异相膜电阻较大、电化学性能也比均相膜差，但机械强度较高，因此水的处理一般采用异相膜。近年又研制出半均相膜，它是将聚乙烯粒子浸入苯乙烯、二乙烯苯后，加热聚合，再按上述工艺制成阳膜或阴膜。

（2）性能要求

① 离子选择透过性要大　这是衡量离子交换膜性能优劣的主要指标。当溶液的浓度增高时，膜的选择透过性则下降，因此在浓度高的溶液中，膜的选择透过性是一个重要因素。

② 离子的反扩散速度要小　由于电渗析过程的进行，将导致浓室与淡室之间的浓度差增大，这样离子就会由浓室向淡室扩散。这与正常电渗析过程相反，所以称之为反扩散。反扩散速度随着浓度差的增大而上升，但膜的选择透过性越高，反扩散速度就越小。

③ 具有较低的渗水性　电渗析过程只希望离子迁移速度高，只有这样才能达到浓缩与淡化的目的。所以为使电渗析有效地进行工作，膜的渗水性应尽量小。

④ 具有较低的膜电阻　在电渗析器中，膜电阻应小于溶液的电阻。如果膜的电阻太大，在电渗析器中，膜本身所引起的电压降就很大，这不利于达到最佳电流条件，电渗析器效率将会下降。

⑤ 膜的物理强度要高　为使离子交换膜在一定的压力和拉力下不发生变形或裂纹，膜必需具有一定的强度和韧性。

⑥ 膜的结构要均匀　能耐一定温度，并具有良好的化学稳定性和辐射稳定性，膜的结构必须均匀，以保证在长期使用中不至于局部出现问题。

3. 电渗析的工艺技术问题

(1) 极化现象　电渗析过程中，在阴离子交换膜或阳离子交换膜的淡水一侧，由于离子在膜中的迁移数大于在溶液中的迁移数，就使得膜和溶液界面处的离子浓度 C_1' 小于溶液相中的离子浓度 C_1。同样，在阴膜或阳膜的浓水一侧，从膜中迁移出来的离子量大于溶液中的离子迁移数，就使得膜界面处的离子浓度 C_2' 大于溶液相中的离子浓度 C_2。这样，在膜的两侧都产生了浓度差值。显然，通入的电流强度越大，离子迁移的速率越快，浓度差值也就越大。如果电流提高到相当程度，将会出现 C_1' 值趋于零的情况，这时在淡水侧就会发生水分子的电离（$H_2O \longrightarrow H^+ + OH^-$），由 H^+ 和 OH^- 的迁移来补充传递电流，这种现象称为极化现象。

极化包括浓差极化和电极极化。极化发生后在阳膜淡室的一侧富集着过量的氢氧根离子，阳膜浓室的一侧富集着过量的氢离子；而在阴膜淡室的一侧富集着过量的氢离子，阴膜浓室的一侧富集着过量的氢氧根离子。由于浓室中离子浓度高，则在浓室阴膜的一侧发生氢氧化物、碳酸钙等沉淀，造成膜面附近结垢；在阳膜的浓水一侧，由于膜表面处的离子浓度 C_2' 比 C_2 大得多，也容易造成膜面附近结垢。结垢的结果必然导致增加膜电阻，加大电能消耗，减小膜的有效面积，降低电流效率，缩短膜的寿命，降低出水水质，影响电渗析过程的正常进行。

防止极化最有效的方法是设法增加浓室溶液的搅拌作用和布水的均匀性，控制电渗析器在极限电流密度（单位时间单位膜面积上通过的电流，称为电流密度。使膜界面层中产生极化现象时的电流密度，称为极限电流密度）以下运行。另外，定期进行倒换电极运行，将膜上积聚的沉淀溶解下来。

(2) 电渗析过程中的次要过程

① 同名离子的迁移，离子交换膜的选择透过性往往不可能是百分之百的，因此总会有少量的相反离子透过交换膜。

② 离子的浓差扩散，由于浓缩室和淡化室中的溶液中存在着浓度差，总会有少量的离子由浓缩室向淡化室扩散迁移，从而降低了渗析效率。

③ 水的渗透，尽管交换膜是不允许溶剂分子透过的，但是由于淡化室与浓缩室之间存在浓度差，就会使部分溶剂分子（水）向浓缩室渗透。

④ 水的电渗析，由于离子的水合作用和形成双电层，在直流电场作用下，水分子也可从淡化室向浓缩室迁移。

⑤ 水的极化电离，有时由于工作条件不良，会强迫水电离为氢离子和氢氧根离子，它们可透过交换膜进入浓缩室。

⑥ 水的压渗，由于浓缩室和淡化室之间存在流体压力的差别，迫使水分子由压力大的一侧向压力小的一侧渗透。

以上这些次要过程对电渗析是不利因素。因此，要合理调整操作条件予以避免或控制。

4. 电渗析的特点及应用

(1) 电渗析的特点　与离子交换相比较，电渗析具有以下优点。

① 能量消耗少　电渗析器在运行中，不发生相的变化，只是用电能来迁移水中已解离的离子。耗电量一般与水中的含盐量成正比。对含盐量为 4000～5000mg/L 以下的苦咸水的淡化，电渗析水处理法耗能少、较经济（包括水泵的动力耗电在内，耗电量为每吨水 6.5kW·h）。

② 药剂耗量少，环境污染小　在采用离子交换法水处理中，当交换树脂失效后，需用大量酸、碱进行再生，水洗时有大量废酸、碱排放，而以电渗析水处理时，仅酸洗时需要少

量酸。

③ 设备简单操作方便　电渗析器是用塑料隔板与离子交换膜及电极板组装而成的，它的主体与配套设备都比较简单；膜和隔板都是高分子材料制成的，因此，抗化学污染和抗腐蚀性能均较好。在运行时通电即可得淡水，不需要用酸、碱进行反复的再生处理。

④ 设备规模和脱盐浓度范围的适应性大　电渗析水处理设备可用于小至每天几十吨的小型生活饮用水淡化水站和大至每天几千吨的大、中型淡化水站。

电渗析存在的缺点如下。

① 对解离度小的盐类及不解离的物质，例如水中的硅酸盐和不离解的有机物等难以去除，对碳酸根的迁移率较小。

② 电渗析器是由几十到几百张较薄的隔板和膜组成的，部件多，组装技术要求比较高，往往会因为组装不好而影响配水的均匀性。

③ 电渗析水处理的流程是使水流在电场中流过，当施加一定电压后，靠近膜面的滞流层中电解质的盐类含量较少。此时，水的解离度增大，易产生极化结垢和中性扰乱现象，这是电渗析水处理技术中较难掌握又必须重视的问题。

④ 电渗析器本身的耗水量比较大，虽然采取稀水全部回收，以及浓水部分回收或降低浓水进水比例等措施，但其本身的耗水量仍达20%～40%。因此，对某些地区来说，电渗析水处理技术的应用将受到一定的限制。

⑤ 电渗析水处理对原水净化处理要求较高，需增加精过滤设备。

(2) 电渗析技术应用　电渗析技术应用范围广泛，它可用于水的淡化除盐、海水浓缩制盐，还可以用于食品、轻工等行业制取纯水，电子、医药等工业制取高纯水的前处理；锅炉给水的初级软化脱盐，将苦咸水淡化为饮用水。也可用于物料的浓缩、提纯、分离等物理化学过程，如牛奶及乳清脱盐，医药制造，血清、疫苗精制，稀溶液中的羧酸回收及丙烯腈的电解还原等。还可以用于废水、废液的处理与贵重金属的回收，如从电镀废液中回收镍等。下面谈谈电渗析技术在纯水制备方面的应用。

电渗析法是海水、苦咸水、自来水制备初级纯水和高级纯水的重要方法之一。由于能耗与脱盐量成正比，电渗析法更适合含盐低的苦咸水淡化。但当原水中盐浓度过低时，溶液电阻大，不够经济，因此一般采用电渗析与离子交换树脂组合工艺。电渗析在流程中起前级脱盐作用，离子交换树脂起保证水质作用。组合工艺与只采用离子交换树脂相比，不仅可以减少离子交换树脂的频繁再生，而且对原水浓度波动适应性强，出水水质稳定，同时投资少、占地面积小。但是要注意电渗析法不能除去非电解质杂质。

下面是制备初级纯水的几种典型流程：

原水→预处理→电渗析→软化（或脱碱）→中、低压锅炉给水

原水→预处理→电渗析→混合床→纯水（中、低压锅炉给水）

原水→预处理→电渗析→阳离子交换→脱气→阴离子交换→混合床→纯水（中、高压锅炉给水）

下面是制备高级纯水的几种典型流程：

原水→预处理→电渗析→阳离子交换→脱气→阴离子交换→杀菌→超滤→混合床→微滤→超纯水（电子行业用水）

原水→预处理→电渗析→蒸馏→微滤→医用纯水（针剂用水）

七、渗透蒸发

渗透蒸发又称膜蒸馏、渗透汽化等，是以混合物中组分蒸气压差为推动力，依靠各组分在膜中溶解与扩散速率不同的性质来实现混合物中待分离组分通过膜，在膜的另一侧汽化，然后又被冷凝的过程。实现这种过程，可在膜的另一侧用如下方法进行处理：①减压式，即用真空泵减压，并设置冷凝器对气体进行冷凝处理；②气流吹扫式，即用干燥的惰性气体吹扫，再经冷凝器处理；③空气间隙式，即留有一定空隙，设置冷凝面对气体间接降温冷凝；④直接接触式，即通入冷却介质，直接对气体降温冷凝。图 7-19 为渗透蒸发的几种类型。

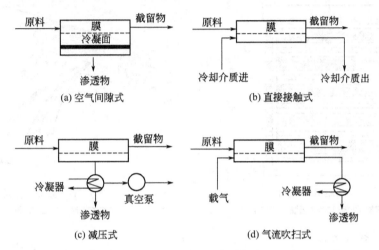

图 7-19 渗透蒸发类型

1. 渗透蒸发机理

渗透蒸发膜的分离过程可用溶解-扩散-脱附模型进行描述。溶解过程发生在液体介质和分离膜的界面。当溶液同膜接触时，溶液中各组分在分离膜中因溶解度不同，相对比例会发生改变。溶解性大的组分在膜中的相对含量会大大高于它在溶液中的浓度，使该组分在膜中得到富集。在扩散过程中，溶解在膜中的组分在蒸气压的推动下，从膜的一侧迁移到另一侧。由于液体组分在膜中的扩散速率同它们在膜中的溶解度有关，溶解度大的组分往往有较大的扩散速率，因此该组分被进一步富集，分离系数进一步提高，最后，到达膜的另一侧表面脱附汽化，从体系中脱除。

衡量渗透蒸发过程的主要指标是分离因子（α）和渗透通量（J）。分离因子定义为两组分在透过液中的组成比与原料液中组成比的比值，它反映了膜对组分的选择透过性。渗透通量定义为单位膜面积上单位时间内透过的组分质量，它反映了组分透过膜的速率。

操作条件（主要是温度和压力的改变）对渗透蒸发的分离效果有一定影响。渗透蒸发的推动力是溶剂在膜两侧的蒸气压差。研究表明，在膜的溶液侧加压对渗透蒸发的分离效果影响不大。当温度确定后，膜的分离系数和渗透液通量主要取决于整个系统真空度的变化。通常要求系统的真空度不小于 500Pa。否则，不仅膜的选择性会变差，而且通量也会大大下降。当真空度低于某一数值时，膜的分离效果会完全丧失殆尽。提高温度能明显地提高溶剂分子在聚合物膜中的溶解度以及它们在膜中的扩散速率，使渗透液通量随之增加。因此，提高温度能大大提高单位膜面积的生产能力。温度对选择性的影响不是很大。因此，除非被处理的溶液或分离膜在高温下会遭到破坏，渗透蒸发过程在较高温度下进行总是比较有利的。

2. 渗透蒸发设备

渗透池是渗透蒸发的关键设备。目前已经在工业中应用的渗透池主要有板框式和卷筒式两种。板框式渗透池是由不锈钢板框和网板组装而成，如图7-20所示。板框是由三层不锈钢薄板焊接在一起的，以便在平板间形成供液体流动的流道。每个渗透池单元由8～10组板框组成。渗透池用法兰固定后安装在真空室中。操作时，溶液经板框注入溶液腔同分离膜接触，渗透液经网板进入真空室脱除。卷筒式渗透池是将平板膜和隔离层一起卷制而成，层间用胶粘剂密封，如图7-21所示。

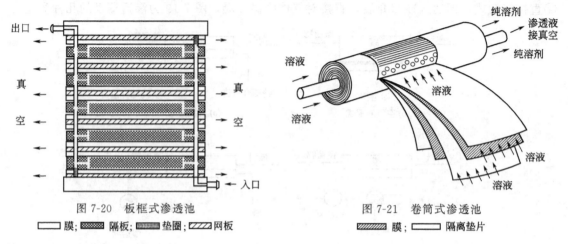

图 7-20 板框式渗透池　　　　　　　　　图 7-21 卷筒式渗透池

3. 渗透蒸发操作方法

渗透蒸发的分离过程可以采用间歇式（图7-22）或连续式（图7-23）的操作方法。间歇式操作通常只需要一级渗透池。待处理的溶液放置在贮槽内，用循环泵将溶液输送到渗透池中，经渗透池处理后返回溶液贮槽，直到贮槽内溶液的浓度达到所要求的数值。透过膜的渗透液在减压下蒸发，在冷凝器中冷凝除去。冷凝器的温度不应过低，以免渗透液结冰堵塞管道。部分未冷凝的渗透液蒸气由无油真空泵排出。间歇式操作可以通过调节溶液的循环速度来保证操作在最佳的条件下进行。间歇法的操作比较简单、灵活，适用于处理量小、被处理溶液需经常改变的场合。

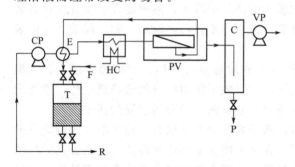　　　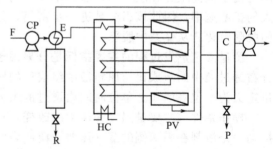

图 7-22 间歇式渗透蒸发流程图　　　　　　图 7-23 连续式渗透蒸发流程图
F—溶液；R—产物；P—渗透液；T—贮槽；　　　F—溶液；R—产物；P—渗透液；PV—渗透蒸发器；
PV—渗透蒸发器；CP—循环泵；VP—真空泵；　　　CP—循环泵；VP—真空泵；E—热交换器；
E—热交换器；HC—加热器；C—冷凝器　　　　　　HC—加热器；C—冷凝器

连续式可以实现溶液的连续进料和产物的连续出料，因此常需要通过几级渗透池。为了减小温度降，必须在级间加热。适当控制溶液在渗透池中的流动速度就能使溶液中的杂质源源不断地经渗透池脱除，保证从渗透池流出的溶液达到所要求的纯度。这种方法适用于处理量大、被处理溶液品种比较单一的情况,适用于大工业生产。

4. 渗透蒸发特点及应用

渗透蒸发分离系数大,可针对物系性质,选用适当的膜来实现物质的高效分离。一般单级即可达到很高的分离效果。渗透蒸发适合于用精馏方法难以分离的近沸物和恒沸物的分离。过程中不引入其他试剂,产品不会受到污染。过程简单,附加的处理过程少,操作比较方便。过程中透过物有相变,但因透过物量一般较少,汽化与随后的冷凝所需能量不大。渗透蒸发适用于具有一定挥发性的物质的分离,这是应用渗透蒸发法进行分离的先决条件。从混合液中分离出少量物质,例如有机物中少量水的脱除,可以充分利用其分离系数大的优点,又可少受透过物汽化耗能与渗透通量小的不利影响。可以用渗透蒸发与精馏联合的集成过程,分离两组分含量接近的恒沸物;与反应过程结合,选择性地移走反应产物,促进化学反应的进行。

八、渗透蒸馏

渗透蒸馏又称为等温膜蒸馏,是将渗透与蒸馏过程耦合的一种膜分离技术,通过越过膜的蒸气压梯度来实现分离的。在分离过程中,被处理物料中易挥发性组分选择性地透过疏水性的膜,在膜的另一侧被脱除剂吸收,在通常情况下,被处理物料与脱除剂均为水溶液。如图 7-24 所示。

1. 渗透蒸馏机理

渗透蒸馏不同于膜蒸馏(蒸汽压梯度是由于加热被浓缩的溶液产生的),是由膜两侧溶液的渗透压差所产生的蒸汽压梯度引起水蒸气通过疏水膜而实现溶液的浓缩,水蒸气的迁移机理如图 7-25 所示。因此说,疏水膜两侧被处理物料中易挥发组分存在渗透活度差[即被处理物料中水的渗透活度(蒸汽压)大于脱除剂(无机盐水溶液)中水的渗透活度]是渗透蒸馏过程能够顺利进行的必要条件。而当疏水膜两侧易挥发组分渗透活度相等,即蒸汽压力差不再存在时,则渗透蒸馏过程将停止进行。渗透蒸馏包括三个连续的过程:被处理物料中易挥发组分的汽化;易挥发组分选择地通过疏水性膜;透过疏水性膜的易挥发组分被脱除剂吸收。

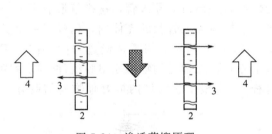

图 7-24 渗透蒸馏原理
1—被处理料液;2—微孔疏水膜;3—蒸汽;4—脱除剂

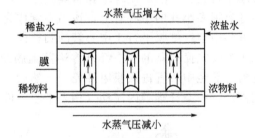

图 7-25 通过膜的水蒸气迁移机理

2. 渗透蒸馏膜组件

渗透蒸馏膜组件有平板式、卷式和中空纤维式三种类型。渗透蒸馏膜组件不仅要提供被处理物料的通道,还要提供脱除剂(盐水溶液)的通道,因此渗透蒸馏膜组件与其他膜分离过程存在一定的差别。

(1) 平板式膜组件 平板式渗透蒸馏膜组件主体结构类似于超滤平板式膜组件,所采用的膜为平面膜,其不同之处是将超滤平板式中的支撑板换成隔网,以便为脱除剂提供通道。如图 7-26 所示。

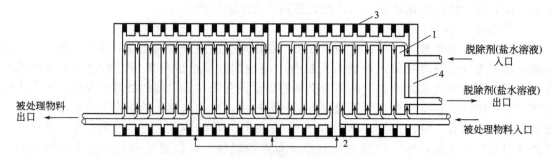

图 7-26 平板式渗透蒸馏膜组件
1—渗透膜；2—隔板；3—密封圈；4—金属装配框架图

(2) 卷式膜组件 卷式渗透蒸馏膜组件所采用的膜仍然是平面膜，它是将多孔性的盐水隔网夹在信封状的膜中间，膜的两端开口分别与脱除剂的进入管和出口管密封，然后再衬上被处理物料隔网，并连同膜袋一起绕脱除剂的出口管，缠绕成卷，即构成渗透蒸馏卷式膜组件。同反渗透、超滤卷式膜组件一样，渗透蒸馏膜组件亦可以做成多叶的。如图 7-27 所示。

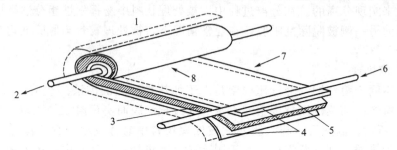

图 7-27 卷式渗透蒸馏膜组件
1—被处理物料侧隔网；2—脱除剂（盐水溶液）出口；3—脱除剂隔网三个边界密封；
4—膜；5—密封边界；6—脱除剂入口；7—被处理物料流向；8—隔网内脱除剂流向

(3) 中空纤维式膜组件 中空纤维渗透蒸馏膜组件采用的是中空纤维膜。它是将中空纤维膜平行放置，然后用纤维丝将其固定为如经纬交织的布状物，再将该布状物螺旋缠绕在一根开有很多小孔的中心管上，该中心管作为被处理物料进出口的导入管，这样就形成了一个由许多中空纤维膜平行于中心管的圆柱体，再将该圆柱体插入管状的壳体内，构成了一个类似于列管式换热器的中空纤维渗透蒸馏膜组件，如图 7-28 所示。渗透蒸馏过程中，被处理物料一般经中心管进入膜组件壳程，然后又进入中心管，处理过的物料流出膜组件，而脱除剂则经过中空纤维膜内流动（相当于膜组件的管程），在整个膜组件内被处理物料与脱除剂

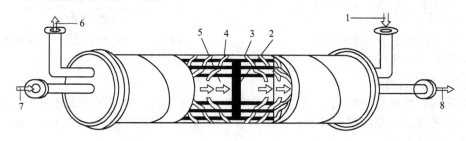

图 7-28 中空纤维渗透蒸馏膜组件
1—脱除剂（盐水溶液）入口；2—收集管；3—挡板；4—中空纤维膜；
5—分布管；6—脱除剂（盐水溶液）出口；7—处理物料入口；8—处理物料出口

呈垂直的错流流动。这样，即使在很低的流速下便可消除过程中的黏度极化现象。实验证明中空纤维式膜组件适用于渗透蒸馏高倍浓缩物料。

3. 渗透蒸馏的应用

渗透蒸馏能在常温常压下使被处理物料实现高倍浓缩，克服常规分离技术所引起的被处理物料的热损失与机械损失，特别适合处理热敏性物料及对剪应力敏感性物料，从而使渗透蒸馏在食品、医药及生化领域展示出广阔的应用前景。由于这些领域被处理物料中的溶质一般是糖类、多糖类、蛋白质类及羧酸盐类等分子量较大的物质，由于溶质的分子量较大，随着渗透蒸馏过程的不断进行，尽管浓缩后溶质质量浓度很高，但其物质的量浓度并不大，这样被处理物料中水的渗透活度尽管有所减少，但仍然接近于纯水的渗透活度，由于无机盐在水中的溶解度可以很大，从而使脱除剂（如采用 K_2HPO_4 的水溶液）中水的渗透活度可以降到很小，在被处理物料和脱除剂中水的渗透活度仍有推动力，这样便可以保证整个渗透蒸馏过程的顺利进行。

第四节 膜分离过程中的问题及处理

膜在实际应用中，一般使用高分子合成聚合物膜。膜分离实用化产生的最大问题：膜性能的时效变化，即随着操作时间的增加，一是膜透过流速的迅速下降；二是溶质的阻止率也明显下降，这种现象是由于膜的劣化和膜污染所引起的。

膜的劣化是由于膜本身的不可逆转的质量变化而引起的膜性能的变化，造成的原因有如下 3 种。

① 化学性劣化　水解、氧化等原因造成。
② 物理性劣化　挤压造成透过阻力大的固结和膜干燥等物理性原因造成。
③ 生物性劣化　由供给液中微生物而引起的膜劣化和由代谢产物而引起的化学性劣化。

pH、温度、压力都是影响膜劣化的因素，要十分注意它们的允许范围。

下面就膜劣化及膜污染问题进行分析及处理。

一、压密作用

在压力作用下，膜的水通量随运行时间的延长而逐渐降低。膜外观厚度减少 $1/2\sim1/3$，膜由半透明变为透明，这表明膜的内部结构发生了变化，这种变化和高分子材料的可塑性有关。内部结构变化使膜体收缩，这种现象称为膜的压密作用。膜对透过水的阻力主要在膜的致密表层，而下面的多孔层对水的阻力是很小的。但随着运行时间的延长，下面的多孔层会逐渐被压密。因而，水通量逐渐下降。

引起压密的主要因素是操作压力和温度。压力越高，压密作用越大。在 10MPa 的操作压力下，进料温度每升高 10～15℃，其压密斜率约增加 1 倍。

为了克服膜的压密现象，除控制操作压力和进料温度外，主要在于改进膜的结构。也可制备超薄膜或超薄复合膜，使致密层和支撑层厚度在 $1\mu m$ 以下。皮层采用亲水性、有选择性功能的物质构成，并且有致密结构；支撑层由刚性耐压较强的高分子材料组成，这种膜结构抗压密性强。

二、膜的水解作用

醋酸纤维素是有机酯类化合物，乙酰基以酯的形式结合在纤维素分子中，比较容易水解，特别是在酸性较强的溶液中，水解速度更快。水解的结果是乙酰基脱掉，醋酸纤维膜的截留率降低,甚至完全失去截留能力。因此,控制醋酸纤维膜的水解速率,对延长膜的使用寿命是非常重要的。在实际应用中,可控制进料液的pH和进料温度。

三、浓差极化

在膜分离过程中,由于水和小分子溶质透过膜,大分子溶质被截留而在膜表面处聚积,使得膜表面上被截留的大分子溶质浓度增大,高于主体中大分子溶质的浓度,这种现象称为浓差极化。浓差极化可使膜的传递性能及膜的处理能力迅速降低,还可缩短膜的使用寿命,它是膜分离过程中不可忽视的问题,为此,应探讨其产生的机理及影响因素,采取相应措施,以减轻浓差极化现象的影响。

在膜分离中,溶剂和小分子物质透过膜,而大分子物质被截留,从而使大分子物质聚积在高压侧的膜表面,造成了膜表面与溶液主体之间的浓度差($c_s - c_b$),使溶液的渗透压增大,当操作压差一定时,过程的有效推动力将下降,使渗透通量降低;为了保持或提高渗透通量,需提高操作压力,从而导致溶质的截留率降低,也就是说,浓差极化的存在限制了渗透通量的增加。

另外,当膜面浓度增大到某一值时,溶质呈最紧密排列,或析出形成凝胶层,使流体透过膜的阻力增大,渗透通量降低,此时再增加操作压力,不仅不能提高渗透通量,反而会加速凝胶沉淀层的增厚,使渗透通量进一步下降。浓差极化-凝胶层模型能较好地解释主体浓度、流体力学条件等对渗透通量的影响以及渗透通量随压力增大而出现极限值的现象。

概括起来,浓差极化现象的发生会对膜分离操作造成许多不利影响,主要有:①渗透压升高,渗透通量降低;②截留率降低;③膜面上结垢,使膜孔阻塞,逐渐丧失透过能力。在生产实际中,要尽可能消除或减少浓差极化现象的发生。由以上分析可知,一般情况下浓差极化造成的渗透通量降低是可逆的,通过改变膜分离操作方式,提高料液流速来减轻浓差极化现象。

膜分离操作一般采用错流方式进行,它与传统过滤的区别见图7-29所示。错流操作时,料液与膜面平行流动,料液的流动可有效防止和减少被截留物质在膜面上的沉积。流速增大,靠近膜面的浓度边界层厚度减小,将减轻浓差极化的影响,有利于维持较高的渗透通量。但流速增加,膜分离能量消耗增大。

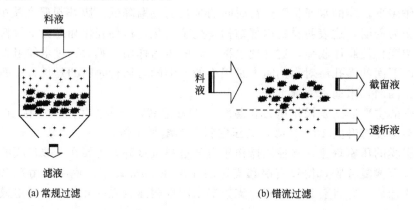

图7-29 常规过滤与错流过滤

四、膜的污染

1. 膜污染

膜污染(水生物污垢)是指由于膜表面形成了析着层或膜孔堵塞等外部因素导致膜性能

下降的现象。其中膜的渗透通量下降是一个重要的膜污染标志，因此渗透通量也是膜分离中重要的控制指标。在膜分离操作中，渗透通量不仅与操作压差（推动力）、膜孔结构、溶液的黏度、操作温度等有关，还与料液流速、浓差极化现象及膜的污染程度有关。

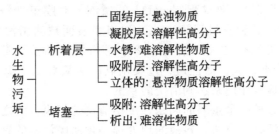

一般来说，胶凝层具有很大的抑制溶质的能力，往往其阻止率高。与此相反，固结层和水垢的阻止能力是由作为停留层而起作用的，故其阻止率低。当产生堵塞时，不论其原因如何，都使膜透过流速减少、阻止率上升，在超滤时这种堵塞最成问题；而反渗透时，因膜的细孔非常小，所以不太容易堵塞，主要问题是附着层；微过滤法主要是利用膜的堵塞进行分离，所以产生堵塞不认为是问题；纳米过滤的影响介于超滤及反渗析两方面引起的原因。

不同的膜分离过程，膜污染的程度和造成的原因不同。微滤膜的孔径较大，对溶液中的可溶物几乎没有分离作用，常用于截留溶液中的悬浮颗粒，因此膜污染主要由颗粒堵塞造成的。超滤膜是有孔膜，通常用于分离大分子物质、小颗粒、胶体及乳液等，其渗透通量一般较高，而溶质的扩散系数低，因此受浓差极化的影响较大，所遇到的污染问题也是浓差极化造成的。反渗透是无孔膜，截留的物质大多为盐类，因为渗透通量较低，传质系数比较大，在使用过程中受浓差极化的影响较小，其膜表面对溶质的吸附和沉积作用是造成污染的主要原因。

2. 膜污染的清除及预防

膜污染后需经清洗处理。膜的清洗是恢复膜分离性能、延长膜使用寿命的重要操作。当渗透通量降低到一定值时，生产能力下降，能量消耗增大，必须对膜进行清洗或更换。根据膜的性能和污染原因，合理确定清洗方法，在药品分离生产中，常用物理法、化学法或两者结合的方法进行清洗。

(1) 物理清洗法

① 机械清洗法　这种方法只适用于管式膜组件。它是在管式膜中放入海绵球，海绵球的直径要比膜管的直径略大些，在管内用水力让海绵球流经膜表面，对膜表面的污染物进行强制性去除。这种方法几乎对软质垢能全部除去，但对硬质垢易损伤膜表面，因此，该法适用于以有机胶体为主要成分引起膜污染的清洗。

② 正向或反向清洗　正洗是将原料液用清液（通常是纯化水）代替，按过滤操作进行，通过加大流速循环洗涤，清除膜污染的操作。反洗是用空气、透过液或清洗剂对膜进行反向冲洗，它是以一定频率交替加压、减压和改变流向的方法，使透过液侧的液体流向原料液侧，以除去膜内或膜表面上的污染层，一般能有效地清除因颗粒沉积造成的膜孔堵塞。反洗只适用于微滤膜和疏松的超滤膜。

③ 等压清洗　在实际生产中，还常采用等压清洗（又称在线清洗）的方法，一般是每运行一个短的周期（如运转 2h）以后，关闭透过液出口，这时膜的内、外压力差消失，使得附着于膜面上的沉积物变得松散，在液流的冲刷作用下，沉积物脱离膜而随液流流走，达到清洗的目的。

其他的物理清洗方法还有电清洗、超声波清洗等。

物理清洗往往不能把膜面彻底洗净，特别是对于吸附作用而造成的膜污染，或者由于膜分离操作时间长、压力差大而使膜表面胶层压实造成的污染,需用化学清洗来消除膜污染。

(2) 化学清洗　化学清洗是选用一定的化学药剂,对膜组件进行浸泡,并应用物理清洗的方法循环清洗,达到清除膜上污染物的目的。如抗生素生产中对发酵液进行超滤分离,每隔一定时间(如运转1星期),要求配制pH11的碱液,对膜组件浸泡15~20min后清洗,以除去膜表面的蛋白质沉淀和有机污染物。又如当膜表面被油脂污染以后,其亲水性能下降,透水性降低,这时可用热的表面活性剂溶液进行浸泡清洗。常用的化学清洗剂有酸、碱、酶(蛋白酶)、螯合剂、表面活性剂、过氧化氢、次氯酸盐、磷酸盐、聚磷酸盐等,主要利用溶解、氧化、渗透等作用来达到清洗的目的。

膜污染被认为是膜分离中最重要的问题,定期清洗是解决方法之一,但属于被动的,应主动寻求预防和减轻膜污染的方法。料液的预处理是预防膜污染的有效措施之一,针对料液的具体情况,可以选择多种预处理方法。如调节溶液的pH值,使电解质处于比较稳定的状态;加入配位剂,与能形成污染的物质配位,防止其沉淀;加入某些物质,使污染物沉淀,再进行预处理,以除去颗粒杂质。这些方法都可减少颗粒沉积,减轻吸附作用,防止膜孔堵塞,提高渗透通量,延长操作周期。另外,加大供给液的流速,可防止膜表面形成固结层和胶凝层,减轻膜的污染,但这种方法需要加大动力。而缩短膜的清洗周期、选择抗污染性能的膜,对防治膜污染亦有作用。

3. 膜的消毒与保存

大多数药物的生产过程需在无菌条件下进行,因此膜分离系统需进行无菌处理。有的膜(如无机膜)可以进行高温灭菌,而大多数有机高分子膜通常采用化学消毒法。常用的化学消毒剂有乙醇、甲醛、环氧乙烷等,需根据膜材料和微生物特性的要求选用和配制消毒剂,一般采用浸泡膜组件的方式进行消毒,膜在使用前需用洁净水冲洗干净。

如果膜分离操作停止时间超过24h或长期不用,则应将膜组件清洗干净后,选用能长期贮存的消毒剂浸泡保存。一般情况下,膜供应商根据膜的类型和分离料液的特性,提供配套的清洁剂、消毒剂和相应的工艺参数,用于指导用户科学使用和维护膜组件,防止膜受损,提高膜的使用寿命。

第五节　液膜分离技术

由于固体膜存在选择性低和通量小的缺点,故人们试图用改变固体高分子膜的相态,使穿过膜的扩散系数增大、膜的厚度减小,从而使透过速度跃增,并再现生物膜的高度选择性迁移。这样,在20世纪60年代中期诞生了一种新的膜分离技术——液膜分离法(liquid membrane separation),又称液膜萃取法(liquid membrane extraction)。它是将第三种液体展成膜状以隔开两个液相,使料液中的某些组分透过液膜进入接受液,从而实现料液组分的分离。这种技术是以液膜为分离介质、以浓度差为推动力的膜分离操作。它与溶剂萃取虽然机理不同,但都属于液液系统的传质分离过程,都由萃取与反萃取两个步骤组成。溶剂萃取中的萃取与反萃取是分步进行的,它们之间的耦合是通过外部设备(泵与管线)实现的;而液膜萃取过程萃取与反萃取分别发生在膜的两侧界面,溶质从料液相萃入到膜相,并扩散到膜相另一侧,再被反萃入接收相,由此实现萃取与反萃取的"内耦合"。液膜萃取是一种非平衡传质过程。

液膜分离技术具有许多明显的特色,如传质推动力大,所需分离级数少;萃取与反萃取可同时进行一步完成;过程不单纯是分离,而且能够达到浓缩,由于传输作用受到促进,使分离技术的传递速率明显提高,甚至可以使溶质从低浓度向高浓度扩散等。目前,液膜分离技术不仅在气体分离、烃类的提纯、湿法冶金、环境保护等领域中得到应用,而且在发酵产物分离领域中引起了人们的关注,特别在有机酸、氨基酸、抗生素、脂肪酸等生化产物的分离、提取中得到了较为广泛的研究,显示出了广阔的应用前景。

一、液膜类型及膜相组成

1. 液膜的定义及其膜相组成

液膜是悬浮在液体中的很薄的一层溶剂。它能把两个组成不同而又互溶的溶液隔开,并通过渗透现象起到分离的作用。

液膜通常是由溶剂(水和有机溶剂)、表面活性剂和添加剂(流动载体)制成的。溶剂构成膜基体,常用的有机溶剂有辛烷、异辛烷、癸烷等饱和烃类,辛醇、癸醇等高级醇,煤油、醋酸乙酯、醋酸丁酯或它们的混合液。表面活性剂起乳化作用,它含有亲水基和疏水基,可以促进液膜传质速度和提高其选择性,对液膜的稳定起关键作用,一般增加表面活性剂量,液膜的稳定性高,但液膜的厚度或黏度增大,萃取速率会下降。制备 O/W/O 液膜的表面活性剂其 HLB(亲水-亲油平衡值)为 8~15,制备 W/O/W 液膜多用失水山梨醇单油酸酯。添加剂用于控制膜的稳定性、渗透性或促进溶质的迁移。通常将含有被分离组分的料液作连续相,称为外相,接受被分离组分的液体,称内相;成膜的液体处于两者之间称为膜相,三者组成液膜分离体系。

2. 液膜的类型

液膜分离技术按其构型和操作方式的不同,主要分为乳状液膜(liquid surfactant membranes)和支撑液膜(supported liquid membranes)。

(1) 乳状液膜 乳状液膜的制备是首先将两个不互溶相即内相(回收液)与膜相(液膜溶液)充分乳化制成乳液,再将此乳液在搅拌条件下分散于第三相或称外相(原液)中而成。通常内相与外相互溶,而膜相既不溶于内相也不溶于外相。在萃取过程中,外相的传递组分通过膜相扩散到内相而达到分离的目的。萃取结束后,首先使乳液与外相沉降分离,再通过破乳回收内相,而膜相可以循环制乳,见图 7-30。上述多重乳状液可以是 O/W/O(油包水包油)型,也可以是 W/O/W(水包油包水)型。前者为水膜,用于分离碳氢化合物,而后者为油膜,适用于处理水溶液。

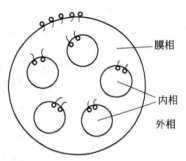

图 7-30 乳状液膜示意图

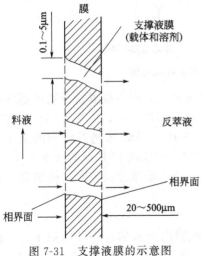

图 7-31 支撑液膜的示意图

上述液膜的液滴直径范围为 0.5~2mm,乳液滴直径范围为 1~100μm,膜的有效厚度为 1~10μm,因而具有巨大的传质比表面,使萃取速率大大提高。

(2) 支撑液膜 支撑液膜是由溶剂及其溶解载体,在表面张力作用下,依靠聚合凝胶层中的化学反应或带电荷材料的静电作用,含浸在多孔支撑体的微孔内而制得的,如纸浸泡在水中(见图 7-31)。由于将液膜含浸在多孔支撑体上,可以承受较大的压力,且具有更高的选择性,因而它可以承担合成聚合物膜所不能胜任的分离要求。支撑液膜的性能与支撑体材质、膜厚度及微孔直径的大小关系极为密切。支撑体一般都采用聚丙烯、聚乙烯、聚砜及聚四氟乙烯等疏水性多孔膜,膜厚为 25~50μm,微孔直径为 0.02~1μm。通常孔径越小液膜越稳定,但孔径过小将使空隙率下降,从而将降低透过速度。所以开发透过速度大而性能稳定的膜组件是支撑液膜分离过程达到实用化目的的技术关键。

支撑液膜使用的寿命目前只有几个小时至几个月,不能满足工业化应用要求,可以采取以下措施来提高稳定性:①开发新的支撑材料,现用的超滤膜或反渗透膜不符合支撑液膜特殊的要求,开发具有最佳孔径、孔形状、孔弯曲度的疏水性的膜材质和膜结构的支持体势在必行,如复合膜的制备,使穿过膜的扩散速率加快,更可增加稳定性;②支撑液膜的连续再生,通过各种手段在不停车的情况下,连续补加膜液,使膜的性能得以稳定;③载体与支撑材料的基体进行化学键合,即所谓"架接"以制成载体分子的一端固定在支撑体上,另一端可自由摆荡的支撑液膜系统,这样既能满足载体的活动性,又能满足载体的稳定性;④让膜相循环流动构成流动液膜,在循环流动中随时补充膜相组分,弥补支撑液膜膜相容易流失的缺点。

二、乳化液膜的分离机制

液膜分离技术是蓬勃发展中的一项新技术,对其分离机理的认识目前还没有形成完整的理论,现按液膜渗透中有无流动载体分为两类进行分离机理介绍。

1. 无流动载体液膜分离机理

这类液膜分离过程有三种主要分离机理,即选择性渗透、化学反应及萃取和吸附。图7-32是这三种分离机理示意图。

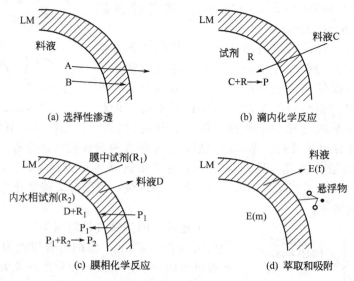

图 7-32 无流动载体液膜的 3 种主要分离机理示意图

(1) 选择性渗透 这种液膜分离属单纯迁移选择性渗透机理,即单纯靠待分离的不同组分在膜中的溶解度和扩散系数的不同导致透过膜的速度不同来实现分离。图 7-32(a) 中包裹在液膜内的 A、B 两种物质,由于 A 易溶于膜,而 B 难溶于膜,因此 A 透过液膜的速率大于 B,经过一定时间后,在外部连续相中 A 的浓度大于 B,液膜内相中 B 的浓度大于 A,从而实现 A、B 的分离。但当分离过程进行到膜两侧被迁移的溶质浓度相等时,输送便自行停止。因此,它不能产生浓缩反应。

(2) 化学反应 包括滴内化学反应及膜相化学反应。

① 滴内化学反应(Ⅰ型促进迁移) 如图 7-32(b),液膜内相添加有一种试剂 R,它能与料液中迁移溶质或离子 A 发生不可逆化学反应并生成一种不能逆扩散透过膜的新产物 P,

从而使渗透物 A 在内相中的浓度为零,直至 R 被反应完为止。这样,保持了 A 在液膜内外两相有最大的浓度差,促进了 A 的传输,相反由于 B 不能与 R 反应,即使它也能渗透入内相,但很快就达到了使其渗透停止的浓度,从而强化了 A 与 B 的分离。这种因滴内化学反应而促进渗透物传输的机理又称Ⅰ型促进迁移。

② 膜相化学反应（属载体输送,Ⅱ型促进迁移） 如图 7-32(c),在膜相中加有一种流动载体 R_1,先与料液（外相）中溶质 A 发生化学反应,生成的配合物 AR_1 在浓差作用下,由膜相内扩散至膜相与内水相界面处,在这里与内水相中的试剂 R_2 发生解配位反应,溶质 A 与 R_2 结合留于内水相,而流动载体 R_1 又扩散返回至膜相与外水相界面一侧。不难看出,在整个过程中,流动载体并没有消耗,只起了搬移溶质的作用。这种液膜在选择性、渗透性和定向性三方面更类似于生物细胞膜的功能,它可使分离和浓缩两步合二为一。这种机理叫作载体中介输送或称Ⅱ型促进迁移。

(3) 萃取和吸附 如图 7-32(d),这种液膜分离过程具有萃取和吸附的性质,它能把有机化和物萃取和吸附到液膜中,也能吸附各种悬浮的油滴及悬浮固体等,达到分离的目的。

2. 有载体液膜的分离过程

有载体液膜的分离过程主要决定于载体的性质。载体主要有离子型和非离子型两类,其渗透机理分为逆向迁移和同向迁移两种。

(1) 逆向迁移 它是液膜中含有离子型载体时溶质的迁移过程（见图 7-33）。载体 C 在膜界面Ⅰ与欲分离的溶质离子 1 反应,生成配合物 C_1,同时放出供能溶质 2。生成的 C_1 在膜内扩散到界面Ⅱ并与溶质 2 反应,由于供入能量而释放出溶质 1 和形成载体配合物 C_2 并在膜内逆向扩散,释放出的溶质 1 在膜内溶解度很低,故其不能返回,结果是溶质 2 的迁移引起了溶质 1 逆浓度迁移,所以称其为逆向迁移,它与生物膜的逆向迁移过程类似。

(2) 同向迁移 液膜中含有非离子型载体时,它所载带的溶质是中性盐,它与阳离子选择性配合的同时,又与阴离子配合形成离子对而一起迁移,故称为同向迁移,见图 7-34。载体 C 在界面Ⅰ与溶质 1、溶质 2 反应（溶质 1 为欲浓集离子,而溶质 2 供应能量）,生成载体配合物 C_2^1 并在膜内扩散至界面Ⅱ,在界面Ⅱ释放出溶质 2,并为溶质 1 的释放提供能量,解配合载体 C 在膜内又向界面Ⅰ扩散。结果,溶质 2 顺其浓度梯度迁移,导致溶质 1 逆其浓度梯度迁移,但两溶质同向迁移,它与生物膜的同向迁移相类似。

上述有载体液膜分离机理不仅适用于乳状液膜,也适用于支撑液膜。

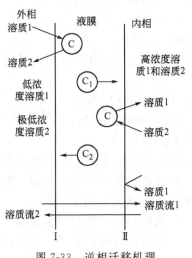

图 7-33 逆相迁移机理

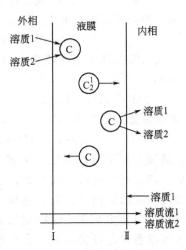

图 7-34 同向迁移机理

三、乳化液膜分离工艺流程及应用

1. 工艺流程

液膜分离操作全过程分四个阶段,见图 7-35。

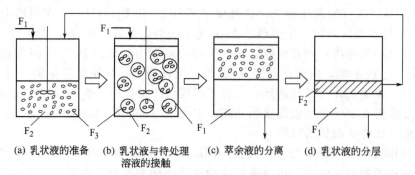

图 7-35　液膜分离流程图

F_1—待处理液；F_2—液膜；F_3—内相溶液

(1) 制备液膜　将反萃取的水溶液 F_3（内水相）强烈地分散在含有表面活性剂、膜溶剂、载体及添加剂的有机相中制成稳定的油包水型乳液 F_2,见图 7-35(a)。

(2) 液膜萃取　将上述油包水型乳液,在温和的搅拌条件下与被处理的溶液 F_1 混合,乳液被分散为独立的粒子并生成大量的水/油/水型液膜体系,外水相中溶质通过液膜进入内水相被浓集,见图 7-35(b)。

(3) 澄清分离　待液膜萃取完后,借助重力分层除去萃余液,见图 7-35(c)。

(4) 破乳　使用过的废乳液需将其破碎,分离出膜组分（有机相）和内水相,前者返回再制乳液,后者进行回收有用组分,见图 7-35(d)。破乳方法有化学破乳、离心、过滤、加热和静电破乳法等。目前常用静电破乳法。

2. 工业上应用

(1) 液膜分离制取有机酸　柠檬酸是利用微生物代谢生产的一种极为重要的有机酸,广泛应用于食品、饮料、医药、化工、冶金、印染等各个领域,对于柠檬酸的提取,目前国内外均采用传统的钙盐法,存在有工艺流程长、产品收率低、原材料消耗大、污染环境等问题。液膜分离技术可用于分批或连续地萃取发酵产物。具体步骤分为如下几步。

① 在外相与膜相的界面上,三元胺与柠檬酸反应形成铵盐:

$$6R_3N + 2C_6H_8O_7 \longrightarrow 2(R_3NH)_3C_6H_5O_7$$

② 生成的铵盐在膜相内转移,然后在膜相与内相界面间的 Na_2CO_3 反应,并被萃取形成柠檬酸钠:

$$2(R_3NH)_3C_6H_5O_7 + 3Na_2CO_3 \longrightarrow 2C_6H_5O_7Na_3 + 3(R_3NH)_2CO_3$$

③ 碳酸铵盐[$(R_3NH)_2CO_3$]在膜相与外相界面间转移并释放出 CO_2,胺得到再生:

$$3(R_3NH)_2CO_3 \longrightarrow 6R_3N + 3CO_2 + 2H_2O$$

(2) 液膜分离萃取氨基酸　大多数氨基酸均可利用微生物发酵法生产,离子交换法分离、提取,存在有周期长、收率低、三废严重等弊端。用液膜法能进行有效分离,特别适用于从低浓度氨基酸溶液中提取氨基酸,降低损耗,甚至可以建立无害化工艺。

用液膜分离技术从水溶液中制取氨基酸（赖氨酸、色氨酸）的工艺过程包括如下几个阶段:①乳液准备；②液膜萃取；③萃取后乳液的破坏；④内水相溶液的蒸浓；⑤从浓缩液中结晶氨基酸并经洗涤、干燥制得固体产品。

液膜分离技术发展很快，但总体来说，大都处于实验室研究及中间工厂试验阶段，需要转化为生产力，还有一些新的领域尚待开发，可以预料液膜分离技术将不断完善并在生物技术等领域中发挥应有的作用。

思 考 题

1. 简述膜的分类及结构特性。
2. 简述各种膜组件及其性能的比较。
3. 什么是浓差极化？简述浓差极化的危害及预防措施。
4. 什么是膜污染？分析造成膜污染的原因，如何减轻膜污染？膜污染后如何处理？
5. 简述反渗透（RO 或 HF）、超滤（UF）和微孔过滤、纳滤、透析、电渗析、渗透蒸发、渗透蒸馏等具体膜分离方法的异同点。
6. 简述各种膜分离方法的基本原理及操作特点，分析影响膜分离效率的因素。
7. 举例说明纳滤在生物行业中的应用。
8. 简述乳化液膜的制备及分离机制。

第八章 色谱分离技术

【学习目标】
① 了解色谱分离方法的分类及各种色谱分离方法的应用特点；
② 掌握色谱分离的基本原理及各种色谱分离方法的原理及操作；
③ 能利用各种色谱分离技术对生物物质进行分离纯化。

色谱分离用于物质的分离始于 20 世纪初。1903 年，俄国植物学家向填充碳酸钙的柱中注入植物色素的石油醚萃取物，然后用石油醚冲洗，发现柱中出现数条相互分离的色带，色谱法（chromatography）的命名就是由此发现开始的。

色谱分离精度高、设备简单、操作方便，根据各种原理进行分离的色谱法不仅普遍应用于物质成分的定量分析与检测，而且广泛应用于生物物质的制备分离和纯化，成为生物下游加工过程最重要的纯化技术之一。

第一节 色谱分离的基本原理及分类

一、色谱分离的基本原理

色谱分离是根据混合物中溶质在互不混溶的两相之间分配行为的差别，引起移动速度的不同而进行分离的方法。典型的柱色谱分离工艺示于图 8-1 中。

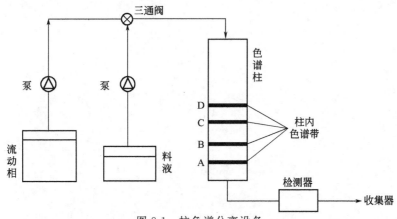

图 8-1 柱色谱分离设备

流动相供给装置一般包括贮液罐、高压泵、液体混合室及梯度洗脱系统。此外，进样体积大时，进样器需附带一输液泵。有时为了保护昂贵的色谱柱，在色谱柱前需加上一支预处理柱。高压泵主要用来输送流动相，分恒压和恒流两种基本类型。色谱柱是实现料液中各种组分有效分离的关键装置，可以是内装色谱剂的玻璃柱或金属柱，由腔体、液体分配板、集液板、流动相进出口构成。一般情况下，柱的分离效率与柱长成正比，与柱的直径成反比。

检测器可连续监测柱底出口处液体中各组分的浓度变化,可以了解样品中各组分的分辨情况。根据组分的物理化学特性,如紫外吸收性、荧光性、电导率、旋光性及可见光光密度,选择适当的在线检测仪器。流分收集器是将底部流出的液体,每次按一定量分别收集的仪器,有滴数式、容量式、质量式等若干种。为了对整个色谱分离过程进行严格的监控,需对色谱系统配置计算机控制系统。计算机控制系统可以将各组件运行情况实时显示在屏幕上,便于操作者随时监控系统运行情况,记录并生成相关运行文件,同时对系统运行进行相关控制。

1. 分离理论基础

互不混溶的两相分别称为固定相(stationary phase)和流动相(mobile phase)。固定相是表面积很大的多孔性固体或吸附了一种溶剂的多孔性固体,能与待分离的物质发生可逆的吸附、溶解、交换等作用,它是色谱的一个基质。流动相(又称展层剂、洗脱剂)是连续流动的气体或液体,它携带各组分朝着一个方向移动。一般固定相填充于柱中(纸色谱除外),在柱的顶端(入口)加入一定量的料液后,连续输入流动相,料液中的溶质在流动相和固定相之间发生扩散传质,产生分配平衡。溶质受连续流动的流动相作用,吸附在固定相上的溶质解吸进入流动相,随流动相向前移动又遇到新的吸附面,又被吸附在固定相上,而后又解吸进入流动相,这样溶质在两相间经过反复多次的吸附-解吸-吸附平衡,最终随流动相流出固定相层。由于各组分在固定相中的分配系数(或溶解、吸附、交换、渗透或亲和能力)的差异,使各组分随流动相移动的速率不同,分配系数大的溶质在固定相上存在的概率大,随流动相移动的速度小。因此当流动相移动一定柱长后,使各组分在色谱柱内分层,从而达到各组分分离的目的。在色谱柱出口处各个溶质的浓度变化如图8-2所示。综上所述,差速迁移是色谱分离的基础,混合物中各组分理化性质的差异、固定相的吸附能力和流动相的解吸(洗脱)能力是产生差速迁移的三个最重要的因素。

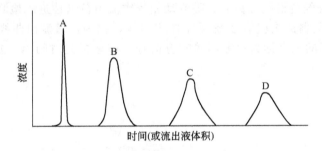

图8-2 色谱柱出口处各个溶质的浓度变化

在定温定压条件下,当色谱分离过程达到平衡状态时,某种组分在固定相 s 和流动相 m 中含量(浓度)c 的比值,称为平衡系数 K(也可以是分配系数、吸附系数、选择性系数等)。其表达通式可写为:

$$K=\frac{c_s}{c_m} \tag{8-1}$$

式中 K——平衡系数(分配系数、吸附系数、选择性系数等);

c_s——固定相中的浓度;

c_m——流动相中的浓度。

平衡系数 K 主要与下列因素有关:①被分离物质本身的性质;②固定相和流动相的性质;③色谱柱的操作温度。一般情况下,温度与平衡系数成反比,各组分平衡系数 K 的差异程度决定了色谱分离的效果,K 值差异越大,色谱分离效果越理想。

2. 阻滞因数或比移值 R_f

在色谱柱（纸、板）中，溶质的移动速度与流动相的移动速度之比，称为阻滞因数或比移值 R_f，其定义式可写为：

$$R_f = \frac{溶质（浓度中心）的移动速度}{流动相的移动速度} = \frac{溶质（浓度中心）的移动距离(r)}{在同一时间流动相前沿的移动距离(R)}$$

令 A_s 为固定相平均截面积，A_m 为流动相平均截面积，则系统或柱的总截面积 $A_t = A_s + A_m$。设体积为 V 的流动相流过色谱系统，流速很慢，可以认为溶质在两相间平衡，则：

$$溶质移动距离 = \frac{V}{能进行分配的有效截面积} = \frac{V}{A_m + KA_s}$$

$$流动相移动距离 = \frac{V}{A_m}$$

由阻滞因数的定义式可得：

$$R_f = \frac{A_m}{A_m + KA_s} \tag{8-2}$$

因此，当 A_m、A_s 一定时（与装柱时的紧密程度有关），一定的平衡系数 K 有相应的 R_f 值。

3. 洗脱容积

在柱色谱中，使溶质从柱中流出时所通入的流动相的体积，称为洗脱体积。设色谱柱长为 L，则洗脱体积 V_e 可用如下公式计算：

$$V_e = L(A_m + KA_s) \tag{8-3}$$

式中其他符号的含义同前。

由式(8-3)可知，不同溶质有不同的洗脱体积，对于同一个色谱柱，洗脱体积取决于分配系数。

4. 色谱图及基本概念

混合液中各组分经色谱柱分离后，随流动相依次流出色谱柱进入检测器，检测器的响应信号-时间曲线或检测器的响应信号-流动相体积曲线，称为色谱流出曲线，又称色谱图，如图 8-3 所示。色谱图的纵坐标为检测器的响应信号；横坐标为时间 t，也可用流动相体积 V 或距离 L 表示。

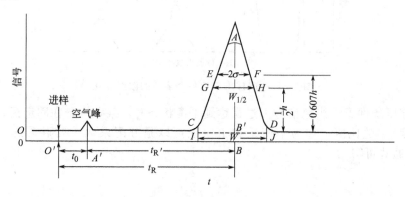

图 8-3 色谱流出曲线

（1）基线 在操作条件下，色谱柱出口处没有组分流出，仅有纯流动相流过检测器，此时的流出曲线称为基线，如图 8-3 中 OC 曲线。使基线发生细小波动的现象称为噪声，如图 8-3 中的空气峰。基线反映了操作条件下，检测器系统噪声随时间变化的波动情况，稳定的基线应是一条平行于横坐标的直线。

（2）色谱峰 当样品中的组分随流动相流入检测器时，检测器的响应信号大小随时间变化所形成的峰形曲线称为色谱峰,峰的起点和终点的连接直线称为峰底。

(3) 峰形　正常的色谱流出曲线为对称于峰尖的正态分布曲线,如图 8-4(a) 所示。但实际上,流出曲线并非完全对称,不正常的色谱峰有拖尾峰和前伸峰,如图 8-4(b)、(c) 所示。

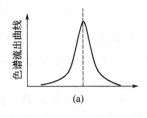
(a)
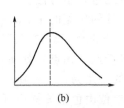
(b)
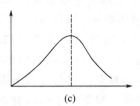
(c)

图 8-4　峰形示意图

(4) 保留值　表示混合物中各组分在色谱柱中停留时间或将组分带出色谱柱所需流动相体积的数值,称为保留值。保留值可作为定性分析的参数,由于计量单位的不同,分别称为保留时间、保留体积。

① 保留时间 t_R　从开始进样至柱出口处被测组分出现浓度最大值时所需的时间,称为保留时间,如图 8-3 所示。

② 保留体积 V_R　从开始进样到柱出口处被测组分出现浓度最大值时所通过的流动相体积,称为保留体积。

③ 死时间 t_0　不被固定相滞留的组分（气相色谱中如空气、甲烷等）,从开始进样到柱出口处出现浓度最大值时所需的时间称为死时间,其值等于流动相流经色谱柱的时间,如图 8-3 所示。

④ 死体积 V_0　不被固定相滞留的组分,从进样到出现最大峰值所需流动相的体积,称为死体积。它可由死时间 t_0 与色谱柱出口处流动相的体积流速 F_c 来计算,即 $V_0=t_0 F_c$。

⑤ 校正保留时间 t'_R　扣除死时间后的保留时间称为校正保留时间（或调整保留时间）,如图 8-3 所示；校正保留时间可理解为组分在固定相中实际滞留的时间。其定义式为：

$$t'_R = t_R - t_0$$

⑥ 校正保留体积 V'_R　扣除死体积后的保留体积称为校正保留体积（或调整保留体积）；其定义式为：

$$V'_R = V_R - V_0$$

V'_R 与 t'_R 之间的关系为：

$$V'_R = t'_R F_c$$

死体积 V_0 反映了色谱柱的几何特性,它与被测物质的性质无关。保留体积 V_R 中扣除死体积 V_0 后,即校正保留体积 V'_R,将更合理地反映被测组分的保留特点。

⑦ 相对保留值 $r_{2,1}$　在相同的操作条件下,待测组分与参比组分的校正保留值之比,称为相对保留值,又称为选择因子。其定义式为：

$$r_{2,1} = \frac{t'_{R2}}{t'_{R1}} = \frac{V'_{R2}}{V'_{R1}} \tag{8-4}$$

式中　t'_{R2}、t'_{R1}——分别为被测物质和参比物质的校正保留时间；
　　　V'_{R2}、V'_{R1}——分别为被测物质和参比物质的校正保留体积。

相对保留值 $r_{2,1}$ 可以消除某些操作条件对保留值的影响,只要柱温、固定相和流动相的性质保持不变,即使填充情况、柱长、柱径及流动相流速有所变化,相对保留值仍保持不变。

(5) 峰高与峰面积　色谱峰顶点与峰底之间的垂直距离称为峰高，用 h 表示；峰与峰底之间的面积称为峰面积，用 A 表示，可作为定量分析的参数。

(6) 区域宽度　色谱峰的区域宽度可衡量柱效，并且可与峰高相乘来计算峰面积，如图 8-3 所示。色谱峰的区域宽度通常有三种表示方法。

① 标准偏差 σ　即 $0.607h$ 峰高处的峰宽的 $1/2$。

② 半高峰宽 $W_{1/2}$　即 $1/2$ 峰高处的峰宽。它与标准偏差的关系为：$W_{1/2}=2.355\sigma$。

③ 峰宽 W　自色谱峰两侧的转折点（拐点）处所作的切线与峰底相交于两点，此两点间的距离称为峰宽。它与标准偏差的关系为：$W=4\sigma$。

标准偏差、峰宽与半高峰宽的单位由色谱峰横坐标单位而定，可以是时间、体积或距离等。在理想的色谱中，组分的谱带应是很窄的，若谱带较宽，将直接导致分离效果下降。

(7) 分离度 R　是指相邻两色谱峰保留值之差与两组分色谱峰峰底宽度平均值之比值，即：

$$R=\frac{t_{R2}-t_{R1}}{(W_2+W_1)/2} \tag{8-5}$$

式中　t_{R1}、t_{R2}——分别为组分 1 和组分 2 的保留时间（也可采用其他保留值）；

W_1、W_2——分别为组分 1 和组分 2 的色谱峰的峰底宽度，与保留值的单位相同。

分离度 R 综合考虑了保留值的差值与峰宽两方面的因素对柱效率的影响，可衡量色谱柱的总分离效能。根据分离度 R 的大小可以判断被物质在色谱柱中的分离情况；R 值越大，两色谱峰的距离越远，分离效果就越好，如图 8-5 所示。当 $R<1$ 时，两峰有部分重叠；当 $R=1$ 时，两峰有 98% 的分离；当 $R=1.5$ 时，分离程度可达 99.7%；一般用 $R=1.5$ 作为相邻两峰完全分离的标志。

(8) 柱效　柱效是表达色谱柱性能的一个重要参数，可用塔板数 N 和塔板高度 H 表示，其计算式为：

$$N=5.54\left(\frac{t_R}{W_{1/2}}\right)^2$$

$$H=\frac{L}{N}$$

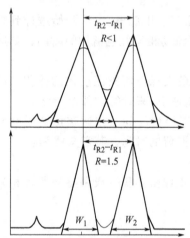

图 8-5　分离度影响示意图

假设色谱柱的内径和柱内的填料是均匀一致的，混合液流经一小段色谱柱后，各组分在两相间达平衡。这一小段色谱柱可看成是一个理论塔板，相当于精馏操作中的一块理论塔板，一个理论塔板所对应的色谱柱的长度称为理论塔板高度（理论板高），一个色谱柱可包含若干个理论塔板。理论塔板数的多少可反映色谱柱分离性能的优劣。单位长度色谱柱内包含的理论塔板数越多，流动相通过的塔板数也越多，说明流动相流过色谱柱的平衡次数越多，色谱柱的分离效率就越高。

(9) 色谱流出曲线的意义　色谱峰数等于样品中单组分的最少个数；色谱保留值是定性分析的依据；色谱峰高或面积是定量分析的依据；色谱保留值或区域宽度是色谱柱分离效能的评价指标；色谱峰间距是固定相或流动相选择是否合适的判定依据。

二、色谱法的分类

1. 流动相与固定相

色谱法根据流动相的相态分气相色谱法、液相色谱法和超临界流体色谱法。而固定相有固体、液体和以固体为载体的液体薄层。生物物质一般存在于水溶液中，因此，生物分离主要采用液相色谱法，如固定相为液体的分配色谱法、固定相为固体的吸附色谱法及固定相为固定于固体表面的液体薄层（以固体为载体）的分配色谱法等。

2. 固定相的形状

根据固定相或色谱装置形状的不同，液相色谱法又分纸色谱法（paper chromatography）、薄层色谱法（thin-layer chromatography）和柱色谱法（column chromatography）。纸色谱和薄层色谱多用于分析目的，而柱色谱易于放大，适用于大量制备分离，是主要的色谱分离手段。

3. 压力

在以固体（包括以固体为载体的液体薄层）为固定相的液相色谱中，根据操作压力的不同，又分为低压（压力一般小于 0.5MPa）、中压（压力为 0.5~40MPa）和高压（压力为 4.0~40MPa）液相色谱法。高压液相色谱法中色谱介质（固定相）微细，分离精度高、速度快，主要用于成分分析。大量制备分离常用低压或中压液相色谱法。

4. 分配机理

根据溶质和固定相之间的相互作用机理（如液液分配、各种吸附作用），液相色谱法可分为多种，如凝胶过滤色谱、离子交换色谱、反相色谱、疏水性相互作用色谱和亲和色谱等。

第二节 凝胶过滤色谱

一、原理与操作

1. 凝胶色谱的原理

凝胶过滤色谱（gel filtration chromatography，GFC）又称体积排阻色谱、分子筛色谱，是利用凝胶粒子（通常称为凝胶过滤介质）为固定相，根据料液中溶质相对分子质量的差别进行分离的液相色谱法。如图 8-6 所示，在装填具有一定孔径分布的凝胶过滤介质的色谱柱中，料液中溶质 1 的相对分子质量很大，不能进入到凝胶的细孔中，因而从凝胶间的床层空隙流过，洗脱体积为色谱柱的空隙体积；对于溶质 4，其相对分子质量很小，能够进入到凝胶的所有细孔中，因而其洗脱体积接近柱体积；相对分子质量介于溶质 1 和溶质 4 之间的溶质 2 和 3 可进入到凝胶的部分细孔中，故其洗脱体积介于空隙体积和柱体积之间，根据相对分子质量的差别（溶质 2 的相对分子质量大于溶质 3）顺序洗脱。相对分子质量大于溶质 1 和小于溶质 4 的溶质的洗脱体积分别与溶质 1 和溶质 4 相同。

GFC 操作中溶质的分配系数 m 只是相对分子质量、分子形状和凝胶结构（孔径分布）的函数，与所用洗脱液的 pH 值和离子强度等物性无关，即在一般的色谱分离操作条件下、相对分子质量一定的溶质的分配系数为常数。因此，GFC 操作一般采用组成一定的洗脱液进行洗脱展开，这种洗脱法称为恒定洗脱法。

2. 凝胶色谱的操作

（1）凝胶的处理　葡聚糖凝胶和聚丙烯酰胺凝胶是以干品出售的，所以在使用前必须溶胀。可以将它们浸泡在洗脱剂中，慢慢搅拌。洗脱剂应具有一定的离子强度（约为 0.08）。这是因为大多数凝胶都含有少量羧基，如果洗脱剂的离子强度低于 0.08，少量羧基不能被屏蔽，凝胶颗粒就具有离子交换性质，从而改变溶质的分配系数。溶胀时不能

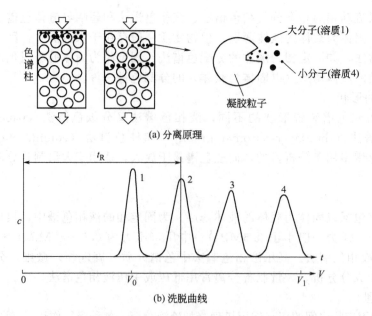

图 8-6 GFC 的分离原理及洗脱曲线

用电磁搅拌器，这样会使颗粒损坏，产生大量粉末，影响流速。溶胀要完全，否则影响色谱分离的均一性，甚至有使柱破裂的危险，加热可使溶胀加速。溶胀时搅拌可能产生很细的颗粒，必须将其除去，否则会严重降低柱的流速。琼脂糖凝胶是以浓的悬浮液形式出售的，不需溶胀。

（2）装柱　选择高径比适宜的柱子，比值大可提高分辨率，但影响流速。选好柱子后，可进行装柱。装柱前，柱的底部要先放些玻璃棉、玻璃细孔板等可拆卸的支持物，以支持固定相。凝胶要悬浮在洗脱剂中，在搅拌下缓慢加入柱中，使凝胶自然沉积，直到所需高度为止。床层要均匀（不然样品就会从一侧斜着下来），不能开裂或有气泡，装完的柱子应该要适度的紧密（太密了洗脱剂走得太慢）。装柱时要考虑凝胶的承压能力，如压力太高，凝胶会被挤压变形而影响流速。

（3）上样和洗脱　柱床经洗脱剂平衡后，在床顶部留下数毫升洗脱剂，再用滴管轻轻沿柱壁将试样加入至柱的上面，加样的体积不能过多，不超过床体积的 5%，脱盐时可在 10% 左右。加样过程中要防止扰动填充层表面，加完样后打开柱底部的流出口，使样品液渗入凝胶床内。当样品液面恰与凝胶床表面平时，加入数毫升洗脱剂冲洗管壁。这一步的关键是既要使样品恰好全部渗入凝胶床，又不致使凝胶表面干燥而产生裂缝。然后用大量洗脱剂洗脱，并收集相应的洗脱液。洗脱液流速不可过快，最好保持恒速。

非水溶性物质的洗脱采用有机溶剂（如苯、丙酮、乙醚、甲醇、二氯甲烷、石油醚、醋酸乙酯、正己烷等），水溶性物质的洗脱一般采用水或具有不同离子强度和 pH 的缓冲液。pH 的影响与被分离物质的酸碱性有关，在 pH 呈酸性时碱性物质易于洗脱，在 pH 呈碱性时酸性物质易于洗脱。多糖类物质的洗脱以水为最佳，有时为了使样品溶解度增加而使用含盐洗脱剂。

（4）凝胶的再生和保养　理论上因为凝胶本身不与溶质发生作用，所以色谱分离后无需再生处理，但实际操作时凝胶层常有一定的污染，必须作适当的处理。交联葡萄糖凝胶柱可用 0.2mol/L NaOH 和 0.5mol/L NaCl 混合液处理，聚丙烯酰胺凝胶和琼脂糖凝胶由于遇酸、碱不稳定，常用 0.5mol/L NaCl 处理。

为了抑制微生物在凝胶层内生长，在凝胶床保存之前必须完全除去磷酸根离子和所有底物，将柱真空保存或低温保存，但温度不可过低，离子强度要高一些，以防冻结。经常使用的凝胶以湿态保存为主，只要在其中加入适当的抑菌剂就可放置几个月至一年，不需要干燥。常用的抑菌剂有：叠氮钠（0.02%）、三氯丁醇（0.01%～0.02%）、乙基汞硫代水杨酸钠（0.005%～0.01%）、苯基汞代盐（包括苯基汞代乙酸盐、苯基汞代硝酸盐、苯基汞代硼酸盐，0.001%～0.01%）。

3. 凝胶过滤介质

凝胶过滤色谱常用于蛋白质等生物大分子的分级分离和除盐。因此，良好凝胶过滤介质应满足以下要求。

① 亲水性高，表面惰性，即介质与溶质之间不发生任何化学或物理相互作用。

② 稳定性强，在较宽的 pH 和离子强度范围以及化学试剂中保持稳定，使用寿命长。

③ 具有一定的孔径分布范围。

④ 机械强度高，允许较高的操作压力（流速）。

商品化的凝胶过滤介质除部分机械强度较高外，大部分为软凝胶，耐压能力较低，但均能满足上述①～③项的要求。其中 Sephadex G 是最传统的软凝胶过滤介质之一，目前仍被广泛使用。Sephadex G 是利用葡聚糖（右旋糖酐）交联制备的，交联剂一般采用环氧氯丙烷。原料中环氧氯丙烷用量越大，交联度越高，凝胶的网状结构越紧密，吸水量越小。Sephadex 凝胶按交联度大小，分 G10～G200 共 8 种型号。图 8-7 为交联葡聚糖的网状结构示意图，其中曲线表示葡聚糖凝胶骨架。

琼脂糖凝胶是另一种较常使用的凝胶过滤介质，其骨架结构如图 8-8 所示。

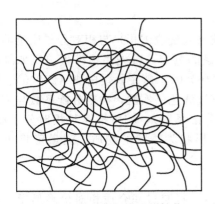

图 8-7 交联葡聚糖网状结构

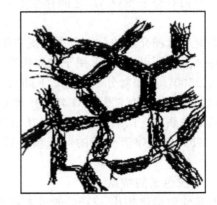

图 8-8 琼脂糖凝胶结构

Sepharose 是常用的琼脂糖凝胶品牌之一，机械强度较低。Sepharose CL 是利用环氧氯丙烷交联制备的琼脂糖凝胶，机械强度较普通 Sepharose 高。除 GFC 外，琼脂糖凝胶经化学修饰后主要用于离子交换色谱、疏水性相互作用色谱及亲和色谱的载体。

除上述两种常用的凝胶外，聚丙烯酰胺凝胶也常使用。

二、凝胶色谱的应用及特点

1. 分离纯化

GFC 可用于相对分子质量从几百到 10^6 数量级的物质的分离纯化，是蛋白质、肽、脂质、抗生素、糖类、核酸以及病毒（50～400nm）的分离与分析中频繁使用的液相色谱法。图 8-9 是一例利用高效 GFC 分离骨髓血清蛋白质的结果。

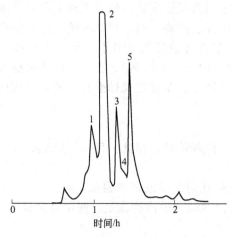

图 8-9 利用高效 GFC 分离骨髓
血清蛋白质的结果

此外，GFC 还可用于医药产业中无热原水的制备以及低分子生物制剂中抗原性杂质的除去。例如，青霉素的致敏作用一般认为是产品中存在的一些高分子杂质所致，如青霉素聚合物和青霉素降解产物青霉烯酸与蛋白质相结合形成的青霉噻唑蛋白，它们都是具有强烈致敏性的抗原。利用 Sephadex G25 凝胶柱处理青霉素溶液可除去这类高分子杂质。

2. 脱盐

GFC 在生物分离领域的另一主要用途是生物大分子溶液的脱盐，以及除去其中的低相对分子质量物质。例如，经过盐析沉淀获得的蛋白质溶液中盐浓度很高，一般不能直接进行离子交换色谱分离，可首先用 GFC 脱盐。此外，GFC 还用于溶解目标产物的缓冲液的交换。生物物质的分离纯化需要多步操作，上一步操作所用缓冲液有时不适合于下一步单元操作的有效实施（例如，某些盐离子抑制蛋白质在亲和吸附剂上的吸附），必须进行缓冲液的交换。若将缓冲液 A 换成缓冲液 B，可先用 B 液冲洗 GFC 柱，上样后用 B 液洗脱，即可完成缓冲液的交换。

3. 相对分子质量的测定

GFC 中溶质的分配系数 m 在分级范围内随相对分子质量的对数值增大而线性减小，分配系数与相对分子质量 M_r 之间存在如下关系：

$$m = a - b \lg M_r \tag{8-6}$$

在凝胶过滤介质的分级范围内蛋白质的分配系数（或洗脱体积）与相对分子质量的对数呈线性关系，所以 GFC 可用于未知物质相对分子质量的测定。首先用标准蛋白质如细胞色素 C（12500，指相对分子质量，下同）、肌红蛋白（16900）、胰凝乳蛋白酶（23200）、卵白蛋白（45000）和血红蛋白（64500）等分别进行凝胶过滤色谱实验，确定分配系数与相对分子质量的关系式。然后测定未知物质的洗脱体积（分配系数），就可推算其相对分子质量。不过，GFC 仅对球形分子的测量精度较高，对分子形状为棒状的物质，测量值将小于实际值。

4. 凝胶色谱的特点

与其他色谱法相比，GFC 的最大特点是操作简便，凝胶过滤介质相对价廉易得，适合于大规模分离纯化过程。因此，GFC 在生物大分子的分离纯化过程中应用最为普遍，尤其被广泛应用于分离纯化过程的初级阶段以及最后成品化前的脱盐。GFC 的优点如下。

① 溶质与介质不发生任何形式的相互作用。因此可采用恒定洗脱法洗脱展开，操作条件温和，产品收率可接近 100%。

② 每批操作结束后不需要进行介质的清洗或再生，故容易实施循环操作，提高产品纯度。

③ 作为脱盐手段，GFC 比透析法速度快，精度高，与超滤法相比，剪切应力小，蛋白质活性收率高。

④ 分离机理简单，操作参数少，容易规模放大。

与其他色谱法相比，GFC 的不足之处在于：①仅根据溶质之间相对分子质量的差别进行分离，选择性低，料液处理量小；②经 GFC 洗脱展开后产品被稀释。因此需要在具有浓缩作用的单元操作（如超滤、离子交换和亲和色谱等）前使用。

第三节 离子交换色谱

一、原理与操作

1. 离子交换色谱的原理

离子交换色谱（ion exchange chromatography，IEC）是利用离子交换剂为固定相，根据荷电溶质与离子交换剂之间静电相互作用力的不同而发生差速迁移，从而实现溶质分离的洗脱色谱法。

阴离子交换基有 DEAE（二乙胺乙基，通用范围 pH≤8.6）、QAB（季铵乙基）；阳离子交换基有 CM（羧甲基，适用范围 pH＞4）、P（磷酸基）和 SP（磺丙基）。各种凝胶过滤介质键合上述离子交换基，即可制备相应的离子交换剂。常用于制备离子交换剂的介质有 Sephadex、Sepharose、TSKgetPW、Toyopearl、Bio-GelA 和纤维素等。

2. 离子交换色谱的操作

离子交换色谱的装置主要包括蠕动泵、离子交换色谱柱、紫外检测器及部分收集器等。进行离子交换色谱时，先将树脂用洗脱剂处理，使树脂色谱分离剂转变成洗脱剂离子的型式，然后将溶解在少量溶剂（通常为洗脱剂）中的试样加到色谱柱的上部，再通入洗脱剂进行洗脱，流出液分步收集，测定其含量，色谱分离结束后用再生剂对色谱分离剂进行再生生处理。在分离制备中，根据检测结果，分段合并各步收集液，并进行浓缩提取。IEC 操作很少采用恒定洗脱法，而多采用流动相离子强度线性增大的线性梯度洗脱法（linear gradient elution）或离子强度阶跃增大的逐次洗脱法（step wise elution）。

在线性梯度洗脱和逐次洗脱过程中，IEC 柱内溶质区带后部的离子强度高于前部，因此区带后部的移动速度高于前部，溶质在洗脱过程中得到浓缩。GFC 之外的色谱分离操作多采用线性梯度洗脱法或逐次洗脱法，只是流动相组成的变化情况各不相同。

线性梯度洗脱法的优点是流动相离子强度（盐浓度）连续增大，缺点是需要特殊的调配浓度梯度的设备。逐次洗脱法的优点是利用切换不同盐浓度的流动相溶液进行洗脱，不需要特殊梯度设备，操作简便，缺点是因为流动相浓度不连续变化，容易出现干扰峰。此外，容易出现多组分洗脱峰重叠的现象，因此洗脱操作参数（如盐浓度，体积）的设计较困难。

综合上述两种洗脱法的特点，在实际色谱分离操作中，如果料液组成未知，一般应首先采用线性梯度洗脱法，确定各种组分的分配特性以及色谱分离操作的条件。

选择合适的离子交换剂是操作关键，离子交换剂的选择详见第五章。新的离子交换剂在初次使用前，常需预处理，离子交换剂使用过后，要再生处理。另外离子交换色谱缓冲液的选择也很重要。溶解样品的初始缓冲液离子强度要低，色谱展开用的洗脱剂离子强度可升高。使用梯度洗脱时，离子强度逐渐增加。阳离子交换剂的洗脱 pH 由低到高，阴离子交换剂的洗脱 pH 由高到低。

二、离子交换色谱的应用及特点

如果说 GFC 主要用于生物产物的初步纯化和中后期的脱盐，则 IEC 是蛋白质、肽和核酸等生物产物的主要纯化手段。这主要是由于 IEC 基于离子交换的原理分离纯化生物产物，不仅具有通用性，而且选择性远高于 GFC。图 8-10、图 8-11 分别为 IEC 分离多肽和 IEC 分离 E. coli RNA 的实例。

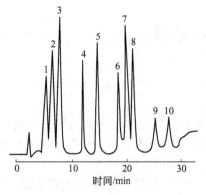 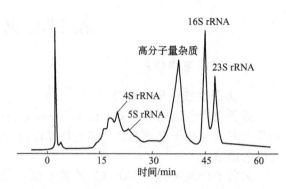

图 8-10　激素多肽的 IEC 分离　　　　图 8-11　*E. coli* RNA 的 IEC 分离

归纳而言，IEC 具有如下特点。

① 料液处理量大，具有浓缩作用，可在较高流速下操作。
② 应用范围广泛，优化操作条件可大幅度提高分离的选择性，所需柱长较短。
③ 产品回收率高。
④ 商品化的离子交换剂种类多，选择余地大，价格也远低于亲和吸附剂。

但是，IEC 的操作变量远多于 GFC，影响分离效果的因素非常复杂。这种复杂性给目标产物的选择性高度纯化带来了机遇，同时也增加了过程设计和规模放大的难度。小型色谱柱的实验数据一般不能直接用于规模（包括柱体积和处理量）放大，必须实施必要的探索性实验。

第四节　疏水性相互作用色谱

一、原理与操作

1. 疏水性相互作用色谱的原理

疏水性相互作用色谱（hydrophobic interaction chromatography，HIC）是利用表面偶联弱疏水性基团（疏水性配基）的疏水性吸附剂为固定相，根据蛋白质与疏水性吸附剂之间的弱疏水性相互作用的差别进行蛋白质类生物大分子分离纯化的洗脱色谱法。亲水性蛋白质表面均含有一定量的疏水性基团，疏水性氨基酸（如酪氨酸、苯丙氨酸等）含量较多的蛋白质疏水性基团多，疏水性也大。尽管在水溶液中蛋白质具有将疏水性基团折叠在分子内部而表面显露极性和荷电基团的作用，但总有一些疏水性基团或极性基团的疏水部位暴露在蛋白质表面。这部分疏水基团可与亲水性固定相表面偶联的短链烷基、苯基等弱疏水基发生疏水性相互作用，被固定相（疏水性吸附剂）所吸附。

（1）疏水性吸附剂　各种凝胶过滤介质经偶联疏水性配基后均可用作疏水性吸附剂。常用的疏水性配基主要有苯基、短链烷基（$C_3 \sim C_8$）、烷氨基、聚乙二醇和聚醚等。因疏水性吸附作用与配基的疏水性（疏水链长度）和配基密度成正比，故配基修饰密度应根据配基的疏水性而异，疏水性高的配基应较疏水性低的配基修饰密度低。一般配基修饰密度在 $10 \sim 40 \mu mol/cm^3$ 之间。配基修饰密度过小则疏水性吸附作用不足，密度过大则洗脱困难。

疏水性配基与亲水性固定相粒子之间的偶联主要利用氨基或醚键结合，形成图 8-12 中所示的各种疏水性吸附剂，其中 R 表示疏水配基。

图 8-12(a) 的末端氨基以及 (a) 和 (b) 的键合亚氨基显弱碱性，在中性 pH 范围内带正电荷，因此，这类疏水性吸附剂除疏水性吸附外，还可能存在静电吸附（离子交换）作用。图

8-12(c) 的吸附剂利用醚键结合，不引入荷电基团，对蛋白质仅产生疏水性吸附作用。

$$—NH—R—NH_2 \qquad —NH—R \qquad —O—CH_2CHCH_2OR$$
$$\qquad\qquad\qquad\qquad\qquad\qquad\qquad\qquad\qquad\qquad OH$$

(a) ω-氨基烷基型疏水性吸附剂　(b) 烃基型疏水性吸附剂　(c) 醚键型疏水性吸附剂

图 8-12　疏水性吸附剂

$$R=—(CH_2)_nCH_3,\ n=2\sim 7;\ 或 R=—\langle\!\!\bigcirc\!\!\rangle$$

(2) 影响疏水性吸附的因素　蛋白质的疏水性与其荷电性质相比复杂得多，不易定量掌握。除疏水性吸附剂的性质（疏水性配基的结构和修饰密度）外，流动相的组成以及操作温度对蛋白质疏水性吸附的强弱均产生重要影响。

① 离子强度及种类　如前所述，蛋白质的疏水性吸附作用随离子强度提高而增大。除离子强度外，离子的种类亦影响蛋白质的疏水性吸附。高价阴离子的盐析作用较大。疏水性吸附与盐析沉淀一样，在高价阴离子的存在下作用力较高。因此，HIC 分离过程中主要利用硫酸铵、硫酸钠和氯化钠等盐溶液为流动相，在略低于盐析点的盐浓度下进料，然后逐渐降低流动相离子强度进行洗脱分离。

② 破坏水化作用的物质　SCN^-、ClO_4^- 和 I^- 等离子半径较大、电荷密度低的阴离子可减弱水分子之间相互作用。这类阴离子与上述盐析作用强的高价阴离子（如 SO_4^{2-}、HPO_4^{2-} 等）的作用正好相反，前者称为离液离子（chaotropic ion），后者称为反离液离子（antichaotropic ion）。在离液离子存在下，疏水性吸附减弱，蛋白质易于洗脱。

除离液离子外，乙二醇和丙三醇等含羟基的物质也具有影响水化的作用，降低蛋白质的疏水性吸附作用，经常用做洗脱促进剂，洗脱时疏水吸附强烈，仅靠降低盐浓度难于洗脱高疏水性蛋白质。

③ 表面活性剂　表面活性剂可与吸附剂及蛋白质的疏水部位结合，从而减弱蛋白质的疏水性吸附。根据这一原理，难溶于水的膜蛋白质可添加一定量的表面活性剂使其溶解，利用 HIC 法进行洗脱分离。但此时选用表面活性剂的种类和浓度应当适宜，浓度过小则膜蛋白不溶解，过大则抑制蛋白质的吸附。

2. 疏水性相互作用色谱的操作

吸附生物大分子采用柱色谱法，装柱和拆柱与其他类型的柱色谱法相同。为了使要分离的生物大分子能紧密结合在柱上，选择适当的缓冲液、pH 和离子强度，也要考虑温度因素。为了有效地洗脱吸附剂上的生物大分子，可以用下列的一种或几种方法：①改换一种具有较低盐析效应的离子；②降低离子强度；③减弱洗脱剂的极性，也可加入乙二醇；④用含有表面活性剂的洗脱剂；⑤提高洗脱剂的 pH。

疏水作用色谱与其他色谱分离操作一样，也包括：①加样（一般样品溶液中补加适量的盐）；②洗脱（用降低盐浓度的平衡缓冲液洗脱）；③再生（除去固定相吸附的杂质）。每次实验结束后，吸附剂需要再生。因为吸附剂中尚留有结合紧密的生物大分子、表面活性剂等。未经再生的疏水吸附剂，其吸附容量将明显降低。一般来说可用蒸馏水、乙醇、正丁醇、乙醇、蒸馏水依次洗涤，用初始缓冲液平衡吸附剂。也可用 8mol/L 尿素溶液进行再生。吸附剂经再生后可反复使用。

蛋白质的纯化过程中，各种分离技术结合的顺序是很重要的。疏水色谱分离可用在沉淀步骤之后，或与凝胶过滤、离子交换色谱结合使用。

二、疏水性相互作用色谱的应用及特点

HIC 主要用于蛋白质类生物大分子的分离纯化。这种方法与 IEC 的离子交换作用完全

不同,它不仅是一种有效的分离纯化手段,而且还可与 IEC 互补短长,分离纯化利用 IEC 难以分离的蛋白质。但是,由于疏水性相互作用机理比较复杂。吸附剂的选择和洗脱分离条件不易掌握。例如,鼠肝细胞色素 C 氧化酶与疏水性吸附剂的相互作用不能单纯地用疏水性吸附来解释,该酶可被 Octyl Sepharose 完全吸附,而用疏水性更大的 Decyl Sepharose 为吸附剂时,吸附作用降低;在 Butyl SePharose 上部分吸附,而在疏水性低于 Butyl Sepharose 的 Phenyl Sepharose 上则完全吸附。据推测,发生这种现象的原因是该酶与苯环之间可产生 π-π 键。因此,在利用 HIC 分离蛋白质的混合物时,需事先利用各种小型预装柱进行吸附与洗脱实验,确定最佳吸附剂和洗脱分离溶剂。HIC 具有如下特点。

① 由于在高浓度盐溶液中疏水性吸附作用较大,因此 HIC 可直接分离盐析所得的蛋白质溶液。

② 可通过调节疏水配基链长和密度调节吸附力,因此可根据目标产物的性质选择适宜的吸附剂。

③ 疏水性吸附剂种类多,选择余地大,价格与离子交换剂相当。

第五节 亲和色谱

一、原理及操作

1. 亲和色谱的原理

许多生物大分子化合物具有与其结构相对应的专一分子可逆结合的特性,如蛋白酶与辅酶、抗原和抗体、激素与其受体、核糖核酸与其互补的脱氧核糖核酸等体系,都具有这种特性,生物分子间的这种专一结合能力称为亲和力。依据生物高分子物质能与相应专一配基分子可逆结合的原理,采用一定技术,把与目的产物具有特异亲和力的生物分子固定后作为固定相,则含有目的产物的混合物(流动相)流经此固定相后,可把目的产物从混合物中分离出来,此中分离技术称为亲和色谱。

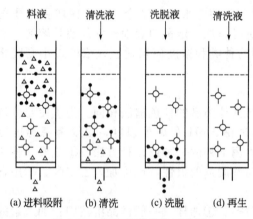

图 8-13 亲和色谱分离示意图
●—目标产物;△—杂蛋白

图 8-13 所示为亲和色谱分离示意图。把具有特异亲和力的一对分子的任何一方作为配基,在不伤害其生物功能的情况下,与不溶性载体结合,使之固定化,装入色谱柱中[如图 8-13(a)],然后把含有目的物质的混合液作为流动相,在有利于固定相配基与目的物质形成配合物的条件下进入色谱柱。这时,混合液中只有能与配基发生结合反应形成配合物的目的物质(图 8-13 中·分子)被吸附[如图 8-13(b)],不能发生结合反应的杂质分子(图 8-13 中△分子)直接流出。经清洗后,选择适当的洗脱液或改变洗脱条件进行洗脱[图 8-13(c)],使被分离物质与固定相配基解离,即可将目标产物分离纯化。

一般情况下,需根据目标产物选择合适的亲和配基来修饰固体粒子,以制备所需的亲和吸附介质(固定相)。固体粒子称为配基的载体。作为载体的物质应具有:①不溶性的多孔网状结构,渗透性好;②物理和化学稳定性高,有较高的机械强度,使用寿命长;③具有亲水性,无非特异性吸附;④含有可活化的反应基团,利于亲和配基的固定化;⑤抗微生物和酶的侵蚀；⑥最好为粒径均一的球形粒子。常用的载体有葡聚糖、聚丙烯酰胺等，近年来多孔硅胶和合成高分子化合物载体正在被开发应用于亲和色谱。

亲和配基可选择酶的抑制剂、抗体、蛋白质 A、凝集素、辅酶和磷酸腺苷、三嗪类色素、组氨酸和肝素等。当配基的分子量较小时，将其直接固定在载体上，会由于载体的空间位阻，配基与生物大分子不能发生有效的亲和吸附作用，如图 8-14(a) 所示。如果在配基与载体之间连接间隔臂，可以增大配基与载体之间的距离，使其与生物大分子发生有效的亲和结合，如图 8-14(b) 所示。

2. 亲和色谱的操作

亲和色谱包括进料吸附、清洗、洗脱和介质再生几个步骤。

吸附操作要保证吸附介质对目标产物有较高的吸附容量，杂质的非特异性吸附要控制在尽可能低的水平。

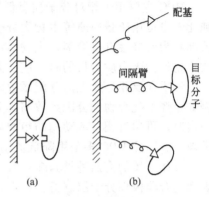

图 8-14 间隔臂的作用

一般杂质的非特异性吸附与其浓度、性质、载体材料、配基固定化的方法以及流动相的离子强度、pH 和温度等因素有关。为了减小吸附操作中的非特异性吸附，所用的缓冲液的离子强度要适当，缓冲液的 pH 应使配基与目标产物及杂质的静电作用较小。

料液流速是影响色谱分离速度和效果的重要因素。提高流速虽可加快分离速度，但会降低柱效。此外，琼脂糖容易受压变形，压力过大反而流速降低。

清洗操作目的是洗去介质颗粒内部和颗粒间空隙中的杂质，一般使用与吸附时相同的缓冲液。

目标产物的洗脱方法有特异性洗脱和非特异性洗脱。特异性洗脱剂含有与亲和配基或目标产物具有亲和结合作用的小分子化合物，通过与亲和配基或目标产物的竞争性结合，洗脱目标产物。非特异性洗脱通过调节洗脱液的 pH、离子强度、离子种类或温度等降低目标产物的亲和吸附作用。当亲和作用很大，用通常的方法不能洗脱目标产物时，可用尿素或盐酸胍等变性剂溶液使目标产物变性，失去与配基的结合能力。但应注意目标产物变性后能否复性。

洗脱结束后，亲和柱仍需继续用洗脱剂洗涤，直到无亲和物存在为止，再用平衡缓冲液充分平衡亲和柱，以备下次使用。

二、亲和色谱的应用及特点

亲和色谱专一性高、操作条件温和、过程简单，纯化的倍数可达几千倍级，能有效地保持生物活性物质的高级结构的稳定性，其回收率也非常高，对含量极少又不稳定的生物活性药物的分离极为有效，它是一种专门用于分离纯化生物大分子的色谱分离技术。亲和色谱最初用于蛋白质特别是酶的分离和精制上，后来发展到大规模应用于酶抑制剂、抗体和干扰素等的分离精制上。在生物化学领域，主要用于各种酶、辅酶、激素和免疫球蛋白等生物分子的分离分析。

第六节 反相色谱

反相色谱（reversed-phase chromatography，RPC）是利用非极性的反相介质为固定相，极性有机溶剂的水溶液为流动相，根据溶质极性（疏水性）的差别进行溶质分离纯化的洗脱色谱法。与前述 HIC 同样，RPC 中溶质也通过疏水性相互作用分配于固定相表面，但是 RPC 固定相表面完全被非极性基团所覆盖，表现强烈的疏水性。因此，必须采用极性有机溶剂（如甲醇、乙腈等）或其水溶液进行溶质的洗脱分离。

RPC 主要用于相对分子质量低于 5000，特别是 1000 以下的非极性小分子物质的分析和纯化，也可用于蛋白质等生物大分子的分析和纯化。由于反相介质表面为强烈疏水性，并且流动相为低极性有机溶剂，生物活性大分子在 RPC 分离过程中容易变性失活。所以，以回收生物活性蛋白质为目的时，应注意选用适宜的反相介质。

溶质在反相介质上的分配系数取决于溶质的疏水性，一般疏水性越大，分配系数越大。例如，烃类化合物的分配系数与其分子所含碳原子数成正比。与其他色谱法一样，当固定相一定时，可通过调节流动相的组成调整溶质的分配系数。流动相的极性越大，溶质的分配系数越大。因此 RPC 多采用降低流动相极性（水含量）的线性梯度洗脱法。

反相介质的商品种类繁多，其中最具代表性的是以硅胶为载体，通过硅烷化反应在硅胶表面缝合非极性分子层制备。硅烷化反应式为：

$$\text{Si—OH} + \text{Cl—Si}\genfrac{}{}{0pt}{}{R^1}{R^2}\text{—R} \longrightarrow \text{Si—O—Si}\genfrac{}{}{0pt}{}{R^1}{R^2}\text{—R} + \text{HCl}$$

（硅胶）　　（硅烷化试剂）　　　　（反相介质）

除硅胶外，高分子聚合物也可作为反相介质的载体，如 TSK gel Octodecyl-4PW 和 TSK gel Octadecyl-NPR（聚丙烯酸酯-C_{18}）等。

反相介质性能稳定，分离效率高，可分离蛋白质、肽、氨基酸、核酸、脂类、脂肪酸、糖类、植物碱等含有非极性基团的各种物质。因此，RPC 作为定量分析手段，广泛应用于科学研究、临床诊断、工业检测和环境保护等各个行业。作为产品纯化制备手段，由于反相介质与其分离的对象相比价格较高，多限于实验室规模的应用，在大规模工业生产中应用较少。

思 考 题

1. 名词解释：分配系数、阻滞因数、保留值、区域宽度、分离度、柱效。
2. 简述色谱分离原理，并根据溶质和固定相之间的相互作用机理对色谱法进行分类。
3. 简述凝胶过滤的应用及特点。
4. 在离子交换色谱分离操作中，何为线性梯度和逐次洗脱法，分别简述其优缺点。
5. 简述疏水相互作用色谱的原理及应用特点。
6. 简述反相色谱的原理及其优缺点。

第九章 电泳技术

【学习目标】
① 了解电泳的分类及各种电泳方法的应用特点；
② 熟悉各类电泳方法的基本原理；
③ 能利用电泳对生物物质进行分离分析。

电泳是指带电荷的粒子在直流电场中，向带符号相反的电极的移动，是一种电动现象。在离子移动的物理化学理论中，按照 Debye-Hückel 的理论，电泳决定于环绕每个离子的离子氛中的扩散双电层。当离子的尺寸越大，溶液的离子强度越高时，这种电泳现象就变得越明显。电泳现象中的表面电势和双电层等因素起着决定作用，而这些又与溶液性质及胶体的颗粒所带电荷有关。

第一节 电泳的基本原理

一、电泳的理论基础

1. 电荷的来源

固体和液体接触时，二者之间即有电位产生。固体表面带一种电荷，周围的液体带符号相反的电荷，这就叫做偶电层。胶体颗粒表面的电荷来源如下。①吸附液体中的某离子，因而带电，液体失去该离子而带相反的电荷。通常阴离子易被吸附而使胶体表面带负电。阳离子因水化程度较高，不易被吸附。碳氢化合物的小滴和气泡也有吸附现象。②作为胶体组成成分的相反符号的离子不等量地进入溶液，例如碘化银胶体在有过量碘离子的情况则带负电，在有过量银离子的情况则带正电。金属氧化物的胶体则受溶液中 H^+ 和 OH^- 的影响。③固体表面吸附液体分子，然后这些分子解离。

蛋白质或其他多电解质则由其本身所具有的功能团的解离而带电。蛋白质具有正负两类解离基，称为两性电解质。蛋白质在酸性介质中带正电，在碱性介质中则带负电。在某一pH 值时，其正负电荷相等，此时的 pH 即称为该蛋白质的等电点。

2. 电动现象

由于胶体粒子表面有偶电层，偶电层的固定层和可移动层之间形成电位，称电动电位或 zeta 电位（ζ电位）。电动电位的存在引起电动现象。

二、影响电泳迁移速率的因素

推动粒子运动的力等于离子的净电荷与电场强度的乘积，即：

$$F = QE \tag{9-1}$$

式中 F——运动的力，N；
Q——离子的净电荷，C；

E——电场强度,V/m。

而粒子在运动时又受到一定的阻力,对于球形粒子来说,此阻力服从 Stoke 定律。

$$F' = 6\pi r\eta v \tag{9-2}$$

式中 F'——阻力,N;
r——粒子半径,m;
η——介质黏度,N·s/m²;
v——泳动速度,m/s。

当粒子以稳态运动时,电动力与阻力相等,即 $F=F'$。因此:

$$QE = 6\pi r\eta v \tag{9-3}$$

电泳迁移率是指在单位电场强度(1V/m)时的泳动速度,即 $u=\dfrac{v}{E}$,代入式(8-3),得:

$$u = \dfrac{Q}{6\pi r\eta} \tag{9-4}$$

影响电泳迁移率的因素很多,可以分为以下五个方面。

1. 样品

被分离的样品带电荷量多少和电泳速度的关系成正比。带电荷量多,电泳速度快,反之则慢。此外,被分离的物质若带电量相同,分子量大的电泳速度慢,分子量小的则电泳速度快,故分子量大小与电泳速度成反比。球形分子的电泳速度要比纤维状的快。

2. 电场强度

电场强度也称电位梯度,是指单位长度(cm)支持物体上的电位降,它对泳动速度起着十分重要的作用。电场强度越高,带电颗粒移动速度越快。根据电场强度的大小,电泳可以分为两类:常压电泳(2~10V/cm)和高压电泳(20~200V/cm)。常压纸电泳常用于蛋白质等大分子物质的分离;高压纸电泳则多用于分离氨基酸、多肽、核苷酸、糖类等电荷量较小的小分子物质。

电压增加,相应电流也增大,电流过大时易产生热效应使蛋白质变性,必须有散热措施,才能得到好的效果。

3. 缓冲液

缓冲液能使电泳支持介质保持稳定的pH,并通过它的组成成分和浓度等因素影响化合物的迁移率。

(1) pH 溶液的pH值决定物质解离程度,即决定该物质带净电荷的多少。对蛋白质、氨基酸等两性电解质来说,缓冲液的pH值距等电点(pI,两性离子所带电荷因溶液的pH值不同而改变,当两性离子正负电荷数值相等时,溶液的pH值即其等电点)越远,质点所带净电荷越多,电泳速度也越快;反之则越慢。一般常用的电泳的缓冲液pH范围在4.5~9.0。

(2) 成分 通常采用的是甲酸盐、乙酸盐、柠檬酸盐、磷酸盐、巴比妥盐和三羟甲基氨基甲烷-EDTA缓冲液等。要求缓冲液的物质性能稳定,不易电解。

(3) 浓度 缓冲液的浓度可用物质的量浓度或离子强度($I=\dfrac{1}{2}\sum C_i Z_i^2$)表示。缓冲液的离子强度低,电泳速度快,但分区带不清晰;离子强度高,电泳速度慢,但区带分离清晰。如果离子强度过低,缓冲液的缓冲量小,难维持pH值的恒定;离子强度过高,则降低蛋白质的带电量使电泳速度过慢。最适离子强度一般为0.02~0.2mol/L之间。

4. 支持介质

对支持介质的要求是应具较大惰性的材料,不与被分离的样品或缓冲液起化学反应。此外,还要求具有一定的坚韧度,不易断裂,容易保存。由于各种介质的精确结构对被分离物的移动速度有很大影响,所以对支持介质的选择应取决于被分离物质的类型。

(1) 吸附　支持介质的表面对被分离物质具有吸附作用,使分离物质滞留而降低电泳速度,会出现样品的拖尾。

(2) 电渗　在电场中,液体对固体的相对移动称为电渗(图9-1),它是由缓冲液的水分子和支持介质的表面之间产生的一种相关电荷所引起的。水是极性分子,如滤纸中含的羟基使表面带负电荷,与表面接触的水溶液则带正电荷,溶液向负极移动。由于电渗现象与电泳同时存在,所以电泳时分离物质的电泳速度也受电渗的影响。

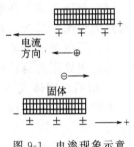

图 9-1　电渗现象示意

电渗现象可用不带电的有色颜料或用有色的葡聚糖点在支持介质的两端中间来消除,经电泳后可观察电渗作用对这些物质的移动方向和距离。

(3) 分子筛效应　有些支持介质如聚丙烯酰胺凝胶是多孔的,带电粒子在多孔的介质泳动时受到多孔介质孔径的影响。一般来说,大分子在泳动过程中受到的阻力大,小分子在泳动过程中受到的阻力小,有利于混合物的分离。

5. 温度对电泳的影响

电泳时电流通过支持介质可以产生热量,按焦耳定律,电流通过导体时的产热与电流强度的平方、导体的电阻和通电的时间成正比($Q=I^2Rt$)。产生热量对电泳技术是不利的,因为产热可促使支持介质上的溶剂蒸发,而影响缓冲溶液的离子强度。对高压电泳增设冷却系统,以防样品在电泳时变性。

以上这些因素在实验过程中要充分注意,尽量保持条件恒定不变,以便获得可重复的结果。

第二节　电泳及其应用

一、电泳的分类

1. 按分离的原理区分

按分离的原理区分,电泳可分为区带电泳(zone EP,ZEP)、移界电泳、等速电泳和等电聚焦电泳。

(1) 区带电泳　是在半固相或胶状介质上加一个点或一薄层样品溶液,然后加电场,分子在支持介质上或支持介质中迁移。不同的离子成分在均一的缓冲液(或称载体电解质)系统中分离成独立的区带,可以用染色等方法显示出来,如果用光密度计扫描可得出一个个互相分离的峰,与洗脱色谱的图形相似,电泳的区带随时间延长和距离加大而扩散严重,影响分辨率。加不同的介质可以减少扩散,特别是在凝胶中进行,它兼具分子筛的作用,分辨率大大提高,是应用最广泛的电泳技术。

(2) 移界电泳　电场是加在大分子溶液和缓冲溶液之间的一个非常窄的界面上,带电分子的移动速率通过观察界面的移动来测定。如果大分子的离子溶液是不均一的,就能观察到多个移动的液面。缓冲液的选择是很重要的,它必须与大分子的离子溶液形成鲜明的界面。这种电泳只能起到部分分离的作用,如将浓度对距离作图,则得出一个个台阶状的图形,与色谱法前向分析的图形相似,最前面的成分有部分是纯的,其他则互相重叠。各界面可用光学方法显示,这就是 Tisclius 最早建立的电泳方法。

(3) 等速电泳 在电泳达成平衡后，各区带相随，分成清晰的界面，以等速移动。按浓度对距离作图也是台阶状，但不同于上述移界电泳，它的区带没有重叠，而是分别保持。

(4) 等电聚焦电泳 由多种具有不同等电点的载体两性电解质在电场中自动形成 pH 梯度。被分离物则各自移动到其等电点而聚成很窄的区带，分辨率很高。

2. 按有无固体支持物区分

根据电泳是在溶液中进行还是在固体支持物上进行，又可以分为自由电泳和支持物电泳两大类。

自由电泳又可分为：①显微镜电泳（也称细胞电泳），即在显微镜下直接观察细胞如红细胞或细菌等的电泳行为；②移界电泳；③柱电泳，用密度梯度保持分离区带不再混合，如果再配合以 pH 梯度则称为等电聚焦；④自由流动幕电泳，这是一种制备用的连续电泳装置，溶液自上流下形成一层薄的液膜，两个电极与液流方向垂直加在液层的左右两边，被分离的物质则经电泳分离后由下面分管收集；⑤等速电泳。

有支持物的电泳（即区带电泳）是多种多样的。电泳过程可以是连续的或分批的（不连续的），支持物可用滤纸、薄膜、粉末、凝胶微粒、海绵等。仪器可以用小的湿室，水平或直立的槽、柱、小管或毛细管；也可以用幕，如滤纸连续电泳所用的纸幕；此外还可配合免疫扩散，称为免疫电泳；使用多孔的凝胶，起分子筛作用，称为凝胶电泳；配合 pH 梯度的等电聚焦以及使用高压的高压电泳等。

二、几种典型的电泳技术

1. 琼脂糖凝胶电泳

琼脂糖是由琼脂经过反复洗涤除去含硫酸根的多糖之后制成的，将它加入一定缓冲液中，加热溶解，冷却后则成胶，叫琼脂糖凝胶。琼脂糖凝胶电泳法，主要用于分离、鉴定和纯化 DNA 片段。用溴化乙锭（EB）染色，在紫外灯下，凝胶中 1ng 的 DNA 即能直接观察到。该方法操作简便，条件易于实现，它的分离效果一般比超速离心等其他方法好，大小分子均可很好地分离。DNA、RNA 结构分析的巨大进展，也主要依赖于琼脂糖凝胶电泳的高度分辨能力。琼脂糖凝胶电泳对核酸的分离作用主要依赖它们的分子量及分子构型。而凝胶的类型及其浓度对被分离核酸的分子大小关系重大。

(1) 核酸分子大小与琼脂糖浓度的关系

① DNA 的分子大小 DNA 分子通过琼脂糖凝胶的速率（电泳迁移率）与其分子量的常用对数成反比。

② 琼脂糖的浓度 一定大小的 DNA 片段在不同浓度的琼脂糖凝胶中电泳迁移率不相同。要有效地分离不同大小的 DNA 片段，选用适当的琼脂糖凝胶浓度是非常重要的。

研究了琼脂糖凝胶电泳分离大分子 DNA 的条件，发现以低浓度、低电压分离效果较好，胶的浓度越低，适用于分离的 DNA 越大，这是一个总的规律。不过浓度太低，制胶有困难，电泳结束后将胶取出来也有困难。在低电压情况下，线性 DNA 分子的电泳迁移率与所用电压成正比。但是如果电压过高，电泳分辨力反而下降，因为电压高了，样品流动速度增快，大分子在高速流动时，分子伸展开了，摩擦力也增加，分子量与移动速度就不一定呈线性关系。

(2) 核酸构型与琼脂糖凝胶电泳分离的关系 在分子量相当的情况下，DNA 的电泳速度次序如下：共价闭环 ccDNA＞直线 DNA＞开环的双链环状 DNA。但当琼脂糖浓度太高时，环状 DNA（一般为球形）不能进入胶中，相对迁移率为 0，而同等大小的直线双链 DNA（刚性棒状）可以按长轴方向前进，由此可见，构型不同，在凝胶中的电泳速度差别较大。用琼脂糖凝胶电泳相差一个超螺旋的 DNA 也可以分开，说明此法对 DNA 构型的高度分辨能力。除 DNA 外，RNA 同样也如此。

2. 醋酸纤维素膜电泳

醋酸纤维素膜电泳是区带电泳的一个重要分支，它以醋酸纤维素膜为支持介质，其电泳原理与纸电泳基本相同。醋酸纤维素是纤维素的醋酸酯，由纤维素的羟基经乙酰化而成。它溶于丙酮等有机溶剂，可涂布成均一细密的微孔薄膜，即醋酸纤维素膜，早期曾用作细菌滤膜，后来用作区带电泳的支持介质。

醋酸纤维素膜电泳与纸电泳相比，具有很多优点。第一，醋酸纤维素膜对蛋白质样品的吸附作用极小，几乎完全消除纸电泳中经常出现的"拖尾"观象，染色后背景清晰，分离带狭窄清楚，因而提高了定量测定的精确性。第二，由于醋酸纤维素膜的亲水性比纸小，它所容纳的缓冲液也较少，电泳时电流的大部分是由样品传导的，所以分离速度快、电泳时间短。第三，样品用量少、灵敏度高。加样体积少至 $0.1\mu L$，即使是 $5\mu L$ 的蛋白质样品仍可得到非常清楚的分离区带，这一特点尤其适用于检测那些病理情况下微量的异常蛋白。第四，某些用纸电泳不易分离的蛋白质，例如溶菌酶、胰岛素、组蛋白等，经醋酸纤维素膜电泳后能得到很好的分离。第五，醋酸纤维素膜的电泳图谱经过冰醋酸-乙醇溶液或其他透明液处理后可使膜质透明化，从而有利于光吸收扫描测定和膜的长期保存。

3. 聚丙烯酰胺凝胶电泳

这是一种利用人工合成的凝胶作支持介质的区带电泳方法。

在此以前使用的区带电泳方法主要是纸上电泳、纸仅仅作为一种支持物而起抗对流的作用，而对样品的分离过程本身，不起什么积极的作用。而聚丙烯酰胺凝胶不同，它不仅有上述两种作用，而且还能主动参与样品的分离过程。因为聚丙烯酰胺凝胶有一定的网状结构，它是由丙烯酰胺和 N,N-亚甲基双丙烯酰胺（简称 Bis 或亚甲基双丙烯酰胺）聚合交联而成的。前者称单体（monomer），后者称共聚单体（comonomer）或交联剂（crosslinher），形成凝胶是一种化学聚合过程，可以人为控制聚合成具有一定大小孔径的凝胶，因此可以制成不同的交联度。如果形成的孔径大小接近于所分离样品分子的平均半径，那么在电泳过程中，样品分子在通过凝胶孔洞时，所受到的阻力就会和样品分子的大小及形状密切相关。这样，就为净电荷很相近的物质的分离又提供了一种可变的分离因素。通常我们称这种有利因素为分子筛作用。

用聚丙烯酰胺凝胶作区带电泳的支持物，有许多优点：①样品不易扩散；②可随意控制凝胶浓度，按照需要制成不同孔径的凝胶；③把分子筛效应和电荷效应结合在同一方法中，能够达到更高的分辨能力；④它是由 C-C-C 结合的一种酰胺多聚物，侧链上具有不活泼的酰氨基，没有带电的其他离子基，所以电泳时不产生电渗，化学上惰性较强；⑤只要合成用的原料（单体）纯净，制成的多聚物的再现性高，因此样品分离的重复性也比较高；⑥任一浓度范围内透明性好，机械强度好，有弹性；⑦能按照需要把带有一定电荷的基团作为共聚体渗入其中；⑧需要样品量少，$1\sim100\mu g$ 已足够；⑨需要设备简单，时间短；⑩用途广泛，对蛋白质、核酸等生物高分子可进行分离、定性、定量、小量制备、分子量测定等。

4. SDS-聚丙烯酰胺凝胶电泳

蛋白质混合样品经过聚丙烯酰胺凝胶电泳以后，被分离的各蛋白质组分的电泳迁移率互不相同，这种差异主要是由各蛋白质组分所带的静电荷以及分子大小和形状等因素造成的。

1967 年，Shapiro 等人首先发现，Weber 和 Osborn 又进一步证实，如果在聚丙烯酰胺凝胶电泳系统中加入一定量的十二烷基硫酸钠（SDS），则蛋白质分子的电泳迁移率主要取决于它的分子量大小。而其他因素对电泳迁移率的影响几乎可以忽略不计。当蛋白质的相对分子质量在 15000～200000 时，电泳迁移率与分子量的对数呈直线关系。

由此可见，采用 SDS-聚丙烯酰胺凝胶系统做单向电泳，不仅可以根据分子量大小对蛋白质进行分离，而且可以根据电泳迁移率大小测定蛋白质的分子量。

SDS 是一种阴离子去污剂，它在水溶液中以单体和分子团的混合形式存在。这种阴离子去污剂能破坏蛋白质分子之间以及与其他物质分子之间的非共价键，使蛋白质变性而改变原有的构象，特别是在有强还原剂（例如巯基乙醇）存在的情况下，由于蛋白质分子内的二硫键被还原剂打开并不易再被氧化，这就保证了蛋白质分子与 SDS 充分结合从而形成带负电荷的蛋白质－SDS 复合物。实验证明，与蛋白质结合的是 SDS 单体，单体浓度与 SDS 总浓度、温度以及离子强度有关；当 SDS 单体浓度大于 1mmol/L 时，对于多数蛋白质来说，平均每克蛋白质可结合 1.4g SDS。蛋白质分子与 SDS 充分结合后，所带上的 SDS 负电荷大大超过了蛋白质分子原有的电荷量，因而也就掩盖或消除了不同种类蛋白质分子之间原有的电荷差异。蛋白质-SDS 复合物的流体力学和光学性质表明，它们在水溶液中的形状类似于长椭圆棒，不同的蛋白质-SDS 复合物，其椭圆棒的短轴长度是恒定的，约为 18Å[❶]，而长袖的长度则与蛋白质分子量的大小成正比例地变化。这样的蛋白质-SDS 复合物在 SDS-聚丙烯酰胺凝胶系统中的电泳迁移率便不再受蛋白质原有电荷和形状等因素的影响，而主要取决于椭圆棒的长轴长度即蛋白质分子量大小这一因素。

5. 等速电泳

等速电泳是一种不连续介质电泳技术。在早期它被称为置换电泳、离子移动法或恒电泳等。到 20 世纪 70 年代，Everaerts 考虑到此技术的特点，即在电泳稳态时各组分区带具有相同的泳动速度，将其取名为"isotachophoresis"。其中，iso 意为相等，tacho 意为速度，phoresis 意为泳动，所以中文就叫等速电泳，简称 ITP。1976 年，Evernerts 出版了《等速电泳》专著，使这一名称被广泛接受。20 世纪 70 年代后商品仪器问世，使等速电泳研究应用得以广泛展开。等速电泳有分析与制备两种类型。

6. 等电聚焦

带有电荷的蛋白质分子可在电场中泳动，其泳动率随其所带电荷的不同而彼此不同。等电聚焦就是在电解槽中放入载体两性电解质，当通以直流电时，即形成一个由阳极到阴极逐步增加的 pH 值梯度。当把两性大分子放入此体系中时，不同的大分子即移动并聚焦于相当其等电点 pH 的位置，从而就可以达到以下两个目的。

① 依等电点的不同将两性大分子彼此分离，从而可以高分辨率地用于分析和制备。

② 测定等电点，以鉴定蛋白质。在等电聚焦后测定蛋白质最高浓度部位的 pH，即等电点（pI）。

它具有分辨率高（0.01pH 单位）、抵消扩散作用、可使很稀的样品达到高度浓缩等优点；并且可在一次实验中测出等电点，其精确度和重复性为 0.01pH 单位。而用自由界面电泳测等电点，则需要在 4 种离子强度、两个高于其等电点和两个低于其等电点的 pH 条件下，做 16 个实验才能确定。

这种方法要求有稳定的 pH 梯度，所以要求有一种防止对流和防止已分离区带再混合的措施。现有两种办法：①密度梯度，这是一种最常用的经典办法；②凝胶介质，包括聚丙烯酰胺凝胶和球形 Sephadex 凝胶等。操作简单，可进行微量检验，便于进行分析比较研究，可同时做多份样品。区带对流是在蛇形管道中进行，但由于难达到有效的冷却，所以使其迟迟得不到推广。

---

❶ 1Å=0.1nm。

三、电泳的应用与操作过程

1. 电泳应用

许多生物胶体，如蛋白质、酶、核酸等有特征的电泳迁移率，此迁移率在很大程度上取决于溶液的 pH。因此，利用电泳这种特征可分析鉴定物质。另外，由于电泳性质的高度特异性及方法本身的温和性，可对不稳定的生物大分子的进行分离纯化，有时这种方法比其他分离技术如沉淀、离心、色谱分离等更为方便可靠。利用电泳技术甚至可作为具有一定规模产品的制备方法。

2. 电泳操作过程

以凝胶电泳为例，应用电泳技术进行分离或分析样品一般包括制胶、加样、电泳、固定染色、脱色、检测几个步骤。

（1）制胶　用于垂直平板电泳的凝胶通常被灌注在垂直放置的两侧有隔片的两块玻璃板之间，溶液从顶部灌注。灌胶完成后从顶部插入梳子，以形成加样孔。在垂直电泳装置上可以进行连续电泳或不连续电泳。它们的差别之一在于制胶方法的不同。连续电泳仅有分离胶，并且整个电泳使用相同缓冲溶液，灌胶极为方便。

不连续电泳是将浓缩胶（非排阻性大孔凝胶）加在分离胶上，并且使用不同缓冲溶液，需要分别灌注分离胶和浓缩胶。首先，按配方在模具中灌注分离胶，然后在分离胶的表面加一层水（或水饱和的异丙醇或正丁醇），封住胶面，以促使聚合并使凝胶表面平直。凝胶在 30～40℃ 放置 40～60min，可以看到一个界面，表示凝胶聚合。吸掉水（或水饱和的异丙醇或正丁醇），用浓缩胶缓冲液贮液淋洗凝胶，然后灌注浓缩胶。并插入与模具大小相同，与凝胶厚度相当的梳子。为防止气泡陷入，梳子应倾斜插入。然后让模具再静止放置在 30～40℃，聚合 40～60min。如灌注线性梯度胶，则在灌注分离胶时需要用梯度混合器，有时还需要蠕动泵。

上面谈到的是垂直平板电泳的制胶，对于水平平板电泳，其制胶方法基本与垂直电泳相同，对于不连续凝胶电泳，制胶方式也都采用垂直灌注，但存在以下差别。

① 垂直电泳用的凝胶在顶端用梳子形成加样孔，而水平电泳可在凝胶聚合后在胶面上加样或在凝胶上做加样孔。

② 垂直电泳必须先灌注分离胶，后灌注浓缩胶，以便插入梳子。水平电泳用的凝胶是平铺在冷却板上进行电泳，所以可以先灌注浓缩胶，后灌注分离胶，且浓缩胶中加有甘油，所以不需等待聚合，便可接着灌注分离胶，使操作大为简便。而且由于浓缩胶中的甘油使加样孔中保有一定的水，所以对样品的高盐浓度不敏感，有时可以免去透析。

③ 垂直电泳是先灌注分离胶，所以底部的梯度胶浓度最大；而水平电泳是后灌注分离胶，所以顶部的凝胶浓度最大。

④ 垂直电泳制胶后，不需取胶，仍将胶置于玻璃板中电泳；但水平电泳需要将聚合后的凝胶从灌胶模具中取出，平铺于冷却板上进行电泳，因此电泳时冷却效果较好。

如果要在凝胶上做加样孔，需要准备一块可重复使用的小孔成型模板，模板通常是用不附着胶的玻璃板制作的。先用去污剂清洗玻璃板，然后用蒸馏水淋洗，用滤纸吸干，再用无水乙醇淋洗玻璃表面以去掉任何残留的不纯物。把玻璃放在坐标纸上，贴几层隔片带在玻璃表面上。用一把锐利的刀去掉多余的隔片带。在小孔成型条之间切成 2～3mm 的小段。所加层的数目和条的宽度取决于样品体积。小孔成型条的长条取决于计划的加样数。例如，加 5mL 样品，小孔成型条应该是两层厚，2mm 宽和 7mm 长。小孔成型条制成的孔可加多至 100μL 的样品。小孔应做在浓缩胶和分离胶界面的浓缩胶一侧，使小孔和阴极之间为均一的浓缩胶。

(2) 加样

① 选择合适的样品缓冲液　常规聚丙烯酰胺凝胶电泳的样品不需作特殊处理。最重要的是选择pH值和离子强度合适的缓冲液作为样品缓冲液，以保证样品的溶解性、稳定性和生物活性，通常使用与缓冲系统相同的pH值，但离子强度只为其1/10。如样品需要特殊的稳定剂、保护剂等，应注意其对电泳的影响。为了观察电泳前沿，在样品缓冲液中应加有色指示剂，阳极电泳通常用溴酚蓝，阴极电泳通常用焦宁（pyrnine）。

如是粉末样品，需用样品缓冲液溶解成合适浓度。如果是带有高盐浓度的溶液样品，应进行脱盐，再用低离子强度的样品缓冲液平衡，使终离子强度符合样品缓冲液的要求。如样品溶解不佳，可用非离子去污剂，如 Triton X-100、十二烷基磺酸钠、尿素、有机溶剂等来助溶。配制好的样品最好在高速离心机上离心3~5min，取上清液加样，以免电泳时产生拖尾。

② 制备蛋白标准　如果需要测定分子质量，则必须准备蛋白标准样品。现在市售的蛋白标准大多是由一系列纯化的不同分子质量的蛋白质组成，它们之间不会发生相互作用，且有良好的线性关系。蛋白标准也可自己配制，选择5~7种合适相对分子质量范围的蛋白溶解在样品缓冲液中，分装后，在-20℃保存。

③ 选择加样浓度　加样的浓度取决于样品的组成、分析目的和检测方法。对未知样品可作一个0.1~20mg/mL蛋白的稀释系列，以寻找最佳加样浓度。如用考马斯亮蓝染色，可用限度为1~2mg/mL的样品。对高纯度样品，0.5~2mg/mL蛋白为最佳。银染色所用的加样浓度可比考马斯亮蓝染色低20~100倍。若电泳后欲进行转移，应有足够的样品量。

④ 加样要求　对于垂直电泳，加样前轻轻将梳子倾斜拔出，防止气泡陷入。用电极缓冲液淋洗加样孔，吸出，再加适量电极缓冲液。然后用微量注射器小心将样品加成一细窄带（特别是连续电泳），否则将影响电泳分辨率。如果没有足够数目的样品，应在加样孔中加样品缓冲液，不要留有空孔，以防止电泳时邻近带的扩展。对于水平电泳，可以在胶面上直接加样，或用滤纸块加样，或在加样孔中加样。在凝胶面上直接加样时不可超过3μL。加样间距大于1cm才可加5μL。对连续电泳，一定要加成一条细窄带，否则会影响分辨率。对不连续电泳，由于浓缩胶的作用，在进入分离胶以前会浓缩成细窄带。阳极电泳的样品加在阴极侧，阴极电泳的样品加在阳极侧。

(3) 电泳

① 垂直电泳　先在电泳槽的下槽中装入电极缓冲液，将聚合后的凝胶连同玻璃板一起放入电泳槽中，在上槽中注入电极缓冲液，打开冷却循环系统，连接电源。一般起始电压约为70~80V，然后不断升高，起始电流大小取决于凝胶的厚度，大小和样品数，可设置为20~30mA。在电泳过程中，应记录电参数的变化，以便以后重复。垂直电泳时间取决于凝胶孔径，特别是缓冲系统和电参数的选择，一般需要2~6h，待溴酚蓝前沿到达电泳槽底部（阳极）时，切断电源，关掉冷却循环系统，取出凝胶，准备染色。

② 水平电泳　先将电极缓冲液加在电泳槽两侧的缓冲液槽中，打开冷却循环系统，温度调节视室温而定。室温低时，设置较低的温度；室温高时或样品中有尿素时，设置较高的温度；一般温度调节在4~12℃。在冷却板上铺一层煤油或液体石蜡（冬天因液体石蜡太黏稠，不宜使用），再铺凝胶，并赶出其间的气泡。使凝胶和冷却板有很好的接触，以利于排除电泳过程中在凝胶上产生的热。用电极缓冲液浸泡8~10层滤纸电极芯，并确保滤纸之间没有气泡。将泡好的电极芯与凝胶搭接，至少重叠1cm。为了在凝胶上两电极之间得到均匀的电压梯度，使电泳区带平直，两侧电极芯与凝胶搭接的边缘必须严格平行。电极芯的另一端则悬在电极缓冲液中，其装置如图9-2所示。打开电源，开始预电泳，以去除凝胶中的不

纯物质。预电泳时间一般为20min，时间过长会产生电解产物。样品可直接滴加在凝胶表面（不多于3μL），或滴加在加样孔中，或加在合适孔径的滤纸块上。加样后，进行5～10min的低电压、低电流电泳（一般为原电压和电流的1/5～1/2），以使蛋白质分子顺利地进入凝胶。电泳时按说明书选择合适的电压、电流和功率参数。阳极电泳时，待溴酚蓝前沿接近阳极（阴极电泳时，待指示剂前沿接近阴极）后，关掉电源，停止电泳，准备染色。

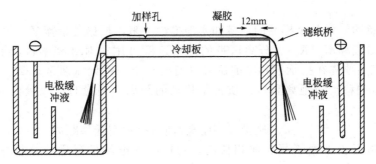

图 9-2　使用滤纸桥的水平电泳

（4）固定与染色　为防止凝胶内已分离成分的扩散，有时需要进行固定。取出的凝胶只要浸泡在7%乙酸或12.5%三氯乙酸的水溶液中几分钟就可达到蛋白带固定的效果。也可浸泡在用7%乙酸或12.5%三氯乙酸配制的染色液中，同时进行固定和染色。如果用聚丙烯酰胺凝胶电泳分离和鉴定同工酶，为了让酶带上进行某种显色反应，往往是先显色后固定。

电泳后蛋白质区带的检测，对于不同的目的，应采用不同的检测方法，最常用的方法是用染料和生物大分子结合形成有色的复合物，选用染料通常应考虑以下要求：①必须与大分子结合以形成一个不溶性的、有色的、紧密的复合物，但不结合到凝胶中和支持膜上，以便从凝胶中除去，否则背景会影响蛋白带的辨别和定量扫描；②染料必须容易溶解在对大分子没有影响的溶剂中，以利于背景的脱色；③选用高吸光系数的染料有利于提高定量测定的灵敏度；④选用能与大分子有专一性结合的染料，并在结合后能产生不同的颜色，可以提高检测的选择性。用于蛋白质区带染色的试剂常用的有氨基黑10B、考马斯亮蓝、1-苯氨基-8-萘磺酸等，常用染色方法见表9-1。

表 9-1　蛋白质的常用染色方法

试剂	固定液	染料	染色时间	脱色
氨基黑10B	甲醇 7%乙酸	0.1mol/L 氢氧化钠中 1% 氨基黑10B 7%乙酸中 0.5%～1%氨基黑10B	5min(室温) 2h(室温) 10min(96℃)	5%乙醇 7%乙酸
考马斯亮蓝 R250	20%磺基水杨酸 10%三氯乙酸 样品中含尿素的在5%三氯乙酸中固定	0.25%考马斯亮蓝R250水溶液 10%三氯乙酸-1%考马斯亮蓝R250(19:1,体积比) 5%磺基水杨酸-1%考马斯亮蓝R250(19:1,体积比)	5min(室温) 0.5h(室温) 1h(室温)	7%乙酸 10%三氯乙酸 90%甲酸
考马斯亮蓝 G250	6%乙酸 12.5%三氯乙酸	6%乙酸中1%考马斯亮蓝G250 12.5%三氯乙酸中 0.1%考马斯亮蓝G250	10min(室温) 30min(室温)	甲醇-水-浓氨水 (64:36:1)
1-苯氨基-8-萘磺酸	2mol/L 盐酸浸几秒	pH6.8,0.1mol/L 磷酸盐缓冲液中0.003%1-苯氨基-8-萘磺酸	3min	
Ponceau 3R	12.5%三氯乙酸	0.1mol/L NaOH 中 1% Ponceau 3R	2min(室温)	5%乙醇
固绿	7%乙酸	7%乙酸中1%固绿	2h(5℃)	7%乙酸

(5) 脱色　凝胶染色后，先用水洗掉表面染料，然后放在脱色液中浸洗，常用的脱色液有7%乙酸，甲醇-水-乙酸溶液等。经常更换新溶液，直到染料洗出，背景几乎无色为止。用氨基黑染色的，脱色时间较长，而考马斯亮蓝染料易于脱色。为了短时间得出结果，可采用电泳脱色。即在一玻璃或有机玻璃槽中盛7%的乙酸溶液，已染色的胶放置在槽中间，两边加铂金电极，并通直流电，电压30～40V，电流0.5A左右，1～2h即可脱色完毕。

(6) 检测

① 绘制示意图　将各个样品的色带如实地描绘下来，根据色带宽窄，颜色深浅，分级。

② 测量相对迁移率（R_f）　分离区带的泳动速度可用相对迁移率来表示。测定迁移率时，在电泳结束后要先在指示剂移动的位置（前沿）作一标记（通常是插一根短铜丝），染色后，量出指示剂移动的距离和蛋白质色带移动的距离。测量时应以蛋白色带的中部位置为准。

$$R_f = 蛋白质带迁移距离/前沿指示剂迁移距离$$

③ 分析　将凝胶板置于凝胶成相仪内，对样品的电泳情况用计算机进行定量或定性分析。

四、电泳应用实例

下面介绍利用琼脂糖凝胶电泳分离DNA主要包括制胶、加样、电泳、染色和检出五个步骤。

(1) 制胶　称取琼脂糖粉末，以pH8.0的醋酸钠-Tris缓冲液（0.4mol/L Tris、0.2mol/L 醋酸钠溶液、0.01mol/L EDTA，用冰醋酸调到pH8.0）配成1%溶液。琼脂糖难溶，应于沸水浴中煮溶，或于高压锅中煮溶。将制胶模具垂直放置，周围用硅油（或其他密封物质）密封，或用夹子夹紧，以免胶液泄漏。溶液从顶部灌注。灌胶完成后从顶部插入梳子，以形成加样孔。梳子宽度取决于玻璃板的宽度，梳子的厚度和凝胶的厚度取决于隔板的厚度。室温下放置1～2h，待胶柱呈灰白色半透明状态则表明已聚合完毕。

(2) 加样　加样前轻轻将梳子倾斜拔出，防止气泡陷入，用电极缓冲液淋洗加样孔，吸出，再加适量电极缓冲液。取0.5μg左右的样品，如为质粒DNA或它的EcoR Ⅰ（内切酶）的酶解液，体积为50μL左右，加入1/4体积的溴酚蓝-甘油指示剂混合后，用微量注射器小心地将样品加成一细窄带，否则影响电泳分辨率。如果没有足够数目的样品，应在加样孔中加样品缓冲液，不要留有空孔，以防止电泳时邻近带的扩展。

(3) 电泳　按说明书先在电泳槽的下槽中装入电极缓冲液。将聚合后的凝胶连同模具一起移入电泳槽中，在上槽中注入电极缓冲液，打开冷却循环系统，连接电源。一般起始电压约为70～80V，然后不断升高。起始电流可设置为20～30mA，取决于凝胶厚度、大小和样品数。待溴酚蓝前沿到达电泳槽底部（阳极时），切断电源，关掉冷却系统，取出凝胶，准备染色。

(4) 染色　用菲啶溴红染色液浸泡凝胶10min，然后倒出染色液，将凝胶移到磨砂玻璃上。

(5) 检出　将凝胶板置于紫外灯下，约3min后可见到胶板中呈现具有红色荧光的条带，该条带标志着DNA所在位置。

思 考 题

1. 简述电泳的分类及各种电泳技术特点。

2. 分析影响电泳迁移率的各种因素。
3. SDS-聚丙烯酰胺凝胶电泳电泳中，SDS是什么，其作用是什么？
4. 基于琼脂糖凝胶的特点，琼脂糖凝胶电泳主要用于分离蛋白还是DNA？
5. 什么叫电动现象？等电聚焦的含义是什么？
6. 简述凝胶电泳的基本操作过程。

第十章 结晶技术

【学习目标】
① 了解结晶的类型及结晶单元主要任务；
② 理解结晶的基本原理；
③ 熟悉结晶设备主要结构及结晶工艺；
④ 掌握结晶操作控制要点，能够找出提高晶体质量的方法；
⑤ 能够正确进行结晶操作，会分析结晶过程中相关问题并进行正确处理。

固体物质分为结晶形和无定形两种状态。食盐、蔗糖、氨基酸、柠檬酸等都是结晶形物质，而淀粉、蛋白质、酶制剂、木炭、橡胶等都是无定形物质。它们的区别在于构成单位——原子、分子或离子的排列方式不同，结晶形物质是三维有序规则排列的固体，而无定形物质是无规则排列的物质。晶体具有一定的熔化温度（熔点）和固定的几何形状，具有各向异性的现象，无定形物质不具备这些特征。

形成结晶物质的过程称作结晶。结晶操作能从杂质含量较高的溶液中得到纯净的晶体；结晶过程可赋予固体产品以特定的晶体结构和形态；结晶过程所用设备简单，操作方便，成本低；结晶产品的外观优美，它的包装、运输、贮存和使用都很方便。许多化工产品、医药产品及中间体、生物制品均需制备成具有一定形态的纯净晶体。因此，结晶是一个重要的生产单元操作，在化工、医药、轻工、生物行业分离纯化物质的过程中得到广泛应用。

第一节 结晶单元的主要任务

结晶是固体物质以晶体形态从气相或液相（溶液或熔融液）中析出的过程，是相态变化过程，通过结晶最终实现相态的平衡。由于晶体构成单位的排列需要一定的时间，所以在条件变化缓慢时有利于晶体的形成；相反，条件变化剧烈时，溶质分子来不及排列，则固体物质就从液相或气相中析出形成无定形状态沉淀。由于只有同类分子或离子的有规则排列才能形成晶体，所以结晶过程具有高度的选择性。当溶质从液相中析出时，不同的环境条件和控制条件，可以得到不同形状的晶体，甚至无定形物质，如表10-1所示。因此，结晶过程是一个复杂的物理变化过程，环境与控制条件变化均会对晶体的形成有重要的影响。

表10-1 光辉霉素在不同溶剂中的凝固状态

溶　剂	凝固状态	溶　剂	凝固状态
氯仿浓缩液滴入石油醚	无定形沉淀	丙酮	长柱状晶体
醋酸戊酯	微粒晶体	戊酮	针状晶体

工业上结晶过程不但要求晶体产品有较高的产率和纯度，而且对晶体的晶形、晶体的粒度和粒度分布也加以规定。因此，通过结晶技术获得晶体的生产操作过程要严格控制好环境条件和操作条件，才能实现一定的生产目标。

生产上利用结晶技术获得晶体产品，是通过一系列设备构成的工艺操作单元实现的，称之为结晶单元。主要包括结晶设备、配套的辅助设备（如贮罐、换热器、离心泵、真空泵等），以及连接设备的管路及各种阀门、仪表（温度计、压力表等）。

结晶单元作为分离纯化产品的生产操作单元，除了要满足产品质量要求外，还要考虑节能降耗及环境保护的要求。因此，结晶单元要合理设计生产工艺，完成一系列操作任务，才能适应产品工业化的需求。

结晶单元的主要操作任务有五个方面。其一，将待结晶的料液输送至结晶设备。其二，使溶质尽可能多地从溶液中结晶析出。其目的是通过采取适宜的方法，实现溶质从料液中结晶出来，生成相应物质的晶体，并提高结晶物的产率。其三，控制好结晶操作条件。其目的是使晶体的生成过程更加合理，以得到高质量的晶体（一定的晶形，一定的粒度且粒度均匀，杂质含量要尽可能低）。其四，对结晶后的料液进行分离，并对晶体进行处理。其目的是使结晶后的物质与料液中其他组分分离，同时通过对晶体的处理，使晶体的纯度达到产品质量的要求。其五，对结晶后的母液进行处理。其目的是减少三废的排放或者回收母液中其他溶质组分。

第二节 结晶基本原理

一、饱和和过饱和溶液的形成

结晶过程中的相平衡主要是指溶液中固相与液相浓度之间的关系，此平衡关系可用固体在溶液中的溶解度来表示。将一种可溶性固体溶质加入某恒温溶剂如（水）中，会发生两个可逆的过程：①固体的溶解，即溶质分子扩散进入液体内部；②物质的沉积，即溶质分子从液体中扩散到固体表面进行沉积。刚开始向溶剂中加入固体溶质时，固体的溶解作用大于沉积作用，此时溶液为未饱和溶液，若添加固体则固体溶解。继续添加固体，至溶解作用和沉积作用达到动态平衡，此时溶液称为该溶质在该温度下的饱和溶液。此时，溶液溶质的浓度称为此溶质在该温度下的溶解度或饱和浓度。一般常用100g溶剂中所能溶解溶质的克数来表示。当压力一定时，溶解度是温度的函数，用温度-浓度图来表示，就是一条饱和曲线（见图10-1曲线AB）。大多数物质的溶解度随温度升高而显著增大，也有一些物质的溶解度对温度的变化不敏感，少数物质（如螺旋霉素）的溶解度随温度的升高而显著降低。此外，溶剂的组成（如有机溶剂与水的比例、其他组分、pH和离子强度等）对溶解度也有显著的影响。

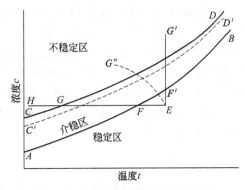

图10-1 饱和曲线与过饱和曲线

实际工作中，可以制备一个含有比饱和溶液更多溶质的溶液，这样的溶液称为过饱和溶液。过饱和状态下的溶液是不稳定的，也可称为"介稳状态"；一旦遇到震动、搅拌、摩擦、加晶种甚至落入尘埃，都可能使过饱和状态破坏而立即析出结晶，直到溶液达到饱和状态后，结晶过程才停止。如果没有其他外界条件的影响，过饱和溶液的浓度只有达到一定值时，才会有结晶析出。有结晶析出时的过饱和浓度和温度的关系可以用过饱和曲线表示（如图10-1曲线CD）。过饱和曲线，即无晶种无搅拌时自发产生晶核的浓度曲线。饱和曲线AB和过饱和曲线CD大致平行。两条曲线把浓度-温度图分为三个区域，相应的溶液也处于三种状态。

(1) 稳定区 又称不饱和区，为 AB 曲线以下的区域。此区溶液尚未饱和，没有结晶的可能。

(2) 介稳区或亚稳区 为 AB 曲线与 CD 曲线之间的区域。在此区内，如果不采取措施，溶液可以长时间保持稳定，如遇到某种刺激，则会有结晶析出。另外，此区不会自发产生晶核，但如已有晶核，则晶核长大而吸收溶质，直至浓度回落到饱和线上。介稳区又细分为两个区，第一个分区称第一介稳区或第一过饱和区，位于平衡浓度曲线与超溶解度曲线（标识溶液过饱和而能被诱导产生晶核的极限浓度曲线 $C'D'$）之间，在此区域内不会自发成核，当加入结晶颗粒时，结晶会生长，但不会产生新核，加入的结晶颗粒称为晶种；第二个分区称第二介稳区或第二饱和区。位于超溶解度曲线和过饱和曲线之间，在此区域内不会自发成核，但极易受刺激（如加入晶种）而结晶（主要是二次成核），在结晶生长的同时会有新核生成。因此，习惯上也将第一介稳区称为养晶区，第二介稳区称为刺激结晶区。

(3) 不稳定区 为 CD 曲线以上的区域。是自发成核区域，溶液不稳定，瞬间出现大量微小晶核，发生晶核泛滥。如 E 点是溶液原始的未饱和状态，EH 是冷却线，F 点饱和点，不能结晶，因为缺少结晶的推动力——过饱和度。穿过介稳区到达 G 点时，自发产生晶核，越深入不稳区，自发产生的晶核越多。$EF'G'$ 为恒温蒸发过程，EG'' 为冷却蒸发过程，当到达 G、G'、G'' 时结晶才能自动进行。不稳定区的溶液都是过饱和溶液。

在上述三个区域中，稳定区内，溶液处于不饱和状态，没有结晶；不稳区内，晶核形成的速度较大，因此产生的结晶量大，晶粒小，质量难以控制；介稳区内，晶核的形成速率较慢，生产中常采用加入晶种的方法，并把溶液浓度控制在介稳区内的养晶区，即 AB 线与 $C'D'$ 线区域内，让晶体逐渐长大。

过饱和曲线与溶解度曲线不同，溶解度曲线是恒定的，而过饱和曲线的位置不是固定的。对于一定的系统，它的位置至少与三个因素有关：①产生过饱和度的速度（冷却和蒸发速度）；②加晶种的情况；③机械搅拌的强度。冷却或蒸发的速度越慢，晶种越小，机械搅拌越激烈，则过饱和曲线越向溶解度曲线靠近。在生产中应尽量控制各种条件，使曲线 AB 和 $C'D'$ 之间有一个比较宽的区域，便于结晶操作的控制。

结晶过程和晶体的质量都与溶液的过饱和度有关，溶液的过饱和程度可用过饱和度 S（%）来表示，即：

$$S = \frac{c}{c'} \times 100\% \tag{10-1}$$

式中 c——过饱和溶液的浓度，g 溶质/100g 溶剂；

c'——饱和溶液的浓度，g 溶质/100g 溶剂。

结晶的首要条件是产生过饱和，采用何种途径产生过饱和会对目标产品的规格产生重要影响，制备过饱和溶液一般有四种方法。

(1) 将热饱和溶液冷却 冷却法的结晶过程中基本上不去除溶剂，而是使溶液冷却降温，成为过饱和溶液，如图 10-1 中直线 EFG 所代表的过程。此法适用于溶解度随温度降低而显著减小的场合。例如冷却 L-脯氨酸的浓缩液至 4℃ 左右，放置 4h，L-脯氨酸就会大量结晶析出。反之，如果溶解度随温度升高而降低，则采用升温结晶法。例如将红霉素的缓冲提取液调整 pH 9.8～10.2，再加温至 45～55℃，红霉素碱即析出。根据冷却的方法不同，可分为自然冷却、强制冷却和直接冷却。在生产中运用较多的是强制冷却，其冷却过程易于控制，冷却速率快。

(2) 将部分溶剂蒸发 此种方法也称等温结晶，是借蒸发除去部分溶剂，而使溶液达到过饱和的方法。加压、常压或减压条件下，通过加热使溶剂汽化一部分而达到过饱和，如图

10-1 中直线 $EF'G'$ 所表示的过程。适用于溶解度随温度变化不大的场合。例如真空浓缩赤霉素的醋酸乙酯萃取液，除去部分醋酸乙酯后，赤霉素即结晶析出。蒸发法的不足之处在于能耗较高，加热面容易结垢。生产上常采用多效蒸发，以提高热能利用率。

如果结晶产物是热敏性物质，则可采用真空蒸发法。此法适用于溶解度随温度变化介于蒸发和冷却之间的热敏性物质结晶分离过程。真空的产生常采用多级蒸汽喷射泵及热力压缩机，操作压力一般可低至 30mmHg❶（绝压），也有低至 3mmHg（绝压），但能量消耗较高。真空蒸发冷却法的优点是主体设备结构简单，操作稳定，器内无换热面，因而不存在晶垢的影响，且操作温度低，可用于热敏性药物的结晶分离。

(3) 化学反应结晶　通过加入反应剂或调节 pH，使体系发生化学反应产生一个可溶性更低的物质，当其浓度超过其溶解度时，就有结晶析出。例如红霉素醋酸丁酯提取液中加入硫氰酸盐并调节溶液 pH 为 5 左右，可生成红霉素硫氰酸盐结晶析出。

(4) 盐析反应结晶　加入一种物质（另一种溶剂或另一种溶质）于溶液中，使溶质的溶解度降低，形成过饱和溶液而结晶析出的办法，称为盐析反应结晶。加入的溶剂必须能和原溶剂互溶，例如利用卡那霉素易溶于水，不溶于乙醇的性质，在卡那霉素脱色的水溶液中，加入 95% 乙醇，加入量为脱色液的 60%～80%，搅拌 6h，卡那霉素硫酸盐即成结晶析出。如普鲁卡因青霉素结晶时，加入一定量的食盐，可以使结晶体容易析出。

工业上，除单独使用上述四种方法外，还常将以上几种方法结合使用。例如，制霉菌素的乙醇提取液真空浓缩 10 倍冷至 5℃，放置 2h，即可得到制霉菌素结晶，就是采用第一种和第二种方法结合使用。而将青霉素钾盐溶于缓冲液中，冷至 3～5℃，滴加盐酸普鲁卡因，得到普鲁卡因青霉素结晶，则是采用第一种与第三种方法结合使用。

二、成核

1. 成核的方式

溶质从溶液中结晶出来，要经过两个步骤：晶核的形成和晶体的生成。溶质在溶液中成核现象在结晶过程中占有重要的地位。晶核的产生，根据成核机理的不同，分为两种方式：初级成核和二次成核，其中初级成核又分为均相成核和非均相成核。

(1) 初级成核　初级成核现象是过饱和溶液中的自发成核现象。其发生的机理是坯种及溶质分子相互碰撞的结果。根据溶液中有、无自生或外来的微粒又划分为初级均相成核和初级非均相成核两类。

初级均相成核是指溶液在不含外来物体时自发产生晶核的现象。此种现象只有溶液进入不稳定区才能发生。而溶液表面因蒸发的关系其浓度一般超过主体浓度。在表面首先形成晶体，这些晶体能诱发主体溶液在到达过饱和曲线之前就发生结晶析出，形成大量微小结晶，产品质量难于控制，并且结晶的过滤或离心操作困难。因此，初级均相成核在工业十分罕见，也不受欢迎，但其有助于了解其他类型成核现象。

晶核可以由溶质的原子、分子、离子形成，因这些粒子在溶液中做快速运动，可统称为运动单元，结合在一起的运动单元称为结合体。这种结合可认为是可逆的链式化学反应，如下所示：

$$A_1 + A_1 \longleftrightarrow A_2$$
$$A_2 + A_1 \longleftrightarrow A_3$$
$$A_3 + A_1 \longleftrightarrow A_4$$
$$\cdots\cdots$$

---

❶　1mmHg=133.322Pa。

$$A_{m-1} + A_1 \longleftrightarrow A_m$$

结合体从 A_1 到 A_m 逐渐增大。当 m 值增大到某种极限，结合体可称之为晶坯。晶坯长大成为晶核，其 m 值均为数百。因而可以认为晶体的生长经历了以下步骤：

$$运动单元 \longrightarrow 结合体 \longrightarrow 晶坯 \longrightarrow 晶核 \longrightarrow 晶体$$

初级非均相成核是指由于灰尘的污染、发酵液中的菌体、溶液中其他不溶性固体颗粒的诱导而生成晶核的现象，称为初级非均相成核。

由于实际的操作中难以控制溶液的过饱和度，使晶核的生成速率恰好适应结晶过程的需要。因此，在工业中，一般不以初级成核作为成核的标准。

(2) 二次成核　向介稳区（不能发生初级成核）过饱和度较小的溶液中加入晶种，就会有新的晶核产生。我们把这种成核现象称为二次成核。工业上的结晶操作均在有晶种的存在下进行。因此，工业结晶的成核现象通常为二次成核。在二次成核中有两种起决定作用的机理：液体剪切力成核和接触成核。其中又以接触成核占主导地位。

当饱和溶液以较大速度流过已成核的晶体表面时，在流体边界层上的剪切力会将一些附着在晶体上的粒子扫落，小的溶解，大的则作为晶核继续生长长大。这种成核现象称为剪切力成核。由于只有粒度大于临界粒度的晶粒才能生长，故这种机理的重要性在工业上有限。

接触成核是指新生成的晶核是已有的晶体颗粒，在结晶器中与其他固体接触碰撞时产生的较大的晶体表层的碎粒。

在工业的结晶过程中，接触成核有以下 3 种方式，其中又以第一种方式为主。

① 晶体与搅拌器螺旋桨或叶轮之间的碰撞。
② 晶体与晶体的碰撞。
③ 晶体与结晶器壁间的碰撞。

2. 影响成核的因素

(1) 晶体粒度的影响　同一温度下，小粒子较大粒子具有更大表面能，这一差别使得微小晶体的溶解度高于粒度大的晶体。如果溶液中大小晶粒同时存在，则微小晶粒溶解而大晶粒生长，直至小晶粒完全消失。因此存在一个临界粒度值。晶体的粒度只有大于此临界值，才能成为可以继续长大的稳定晶核。

接触成核中晶核生成量与晶体粒度有着密切的关系。粒度小于某最小值的晶体，其单个晶体的成核速率接近于零。粒度增大，接触的频率和碰撞的能量增大，单个晶体的成核速率增大。超过某一最大值后，接触的频率降低，成核的速率下降。当晶粒大于某一界限时，晶粒不再参与循环而沉降在结晶器的底部。

(2) 过饱和度 S　过饱和度 S 是晶核产生和晶核长大的一个推动力。过饱和度 S 和产生的晶粒数 N 有如下关系：无机物 $N \propto S$；有机物 $N \propto 1/\ln S$。

需指出无论哪一类晶体，晶核的生成量均与晶体生长速率成正比。

(3) 晶种的影响　晶种可以是同种物质或相同晶型的物质，有时惰性的无定形物质也可以作为结晶的中心，诱导产生晶核。如非均相成核中，菌体、尘埃的影响。

(4) 温度的影响　当温度升高时，成核的速度升高。一般当温度升高时，过饱和度降低。因此，温度对成核速度的影响要以 T 与 S 相互消长速度决定。依实验，一般的成核速度随温度上升达到最大值后，温度再升高，成核的速度反而下降。如图 10-2 所示。

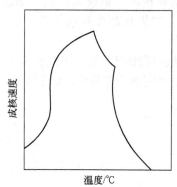

图 10-2　温度对成核的影响

(5) 碰撞能量 E 的影响　在二次成核中，碰撞的能量 E 越大产生的晶粒数越多。

(6) 螺旋桨的影响　螺旋桨对接触成核的影响最大，主要体现在它的转速和桨叶端速度上。为了避免产生过量的晶核，螺旋桨总是在适宜的低转速下运行。发酵产品结晶器的搅拌器转速一般在 20～50r/min，有的甚至在 10r/min 下。

另外螺旋桨的材质对成核也有一定的影响。软的桨叶吸收了大部分的碰撞能量，使晶核生成量大幅度减小（聚乙烯桨叶与不锈钢桨叶相比，晶核的生成量相差 4 倍以上，也有晶核的生成与材质无关的报道）。一般情况下，低转速时，桨叶材质的影响要突出些。

三、晶体生长

晶核一旦形成，立即开始长成晶体，与此同时新的晶核也在不断形成。晶体大小决定于晶体生长的速度和晶核形成的速度之间的对比关系。如晶核形成速度大大超过其生长速度，则过饱和度主要用来生成新的晶核，因而得到细小的晶体，甚至呈无定形状态；反之，如果晶体生长速度大于成核速度，则得到粗大的晶体。

晶体的生长是以浓度差为推动力的扩散传质和晶体表面反应（晶格排列）所组成，晶体表面附近的溶质浓度分布如图 10-3 所示。

在晶体表面与溶液主体之间始终存在着一层边界层，即在晶体表面和溶液之间存在着浓度推动力，为 $(c-c_i)$，其中 c 是液相主体浓度，而 c_i 是晶体表面溶质浓度。由于浓度梯度的影响，待结晶的溶质粒子借扩散穿过边界层到达晶体表面，这是一个扩散传质过程。到达晶体表面的粒子在推动力 (c_i-c_s) 的作用下，在适当的晶格位置长入晶面，使晶体增大，同时放出结晶热，结晶热以热传导的方式释放到溶液中。其中 c_s 为饱和浓度。

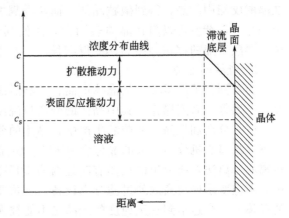

图 10-3　结晶附近的溶质浓度分布

在工业上，通常希望得到颗粒粗大而均匀的晶体，使以后的过滤、洗涤、干燥操作较为方便，同时也可以提高产品的质量。

影响晶体大小的因素主要有过饱和度、温度、搅拌速度和和杂质等。

过饱和度过大时，成核和生长的速率过快，结晶热必须以较快的方式放出，以适应快速成核和迅速长大的需要。因表面越大，放热越快，所以容易形成片状、针状、树状比表面积大的晶簇，这种结晶或晶簇易包裹母液，因而结晶质量大幅度下降。

溶液快速冷却时，达到的过饱和程度较高，所得到的晶体较细小，缓慢冷却时常得到较粗大的颗粒。因温度对晶体生长速度的影响要大于成核速度，所以在较低温度下晶核的形成速度大于晶体的生长速度，形成的晶体较细小。

搅拌能促使成核和加速扩散，提高晶体的生长速度，但超过一定范围后，效果就会降低，搅拌越剧烈，晶体越细。加入晶体能控制结晶的形状、大小和均匀度，因此要求晶种首先要有一定的形状，而且大小比较均匀。

综上所述，要想获得比较粗大而均匀的晶体，一般温度不宜太低，搅拌不宜太快，并要控制好晶核生成速度大大小于晶体成长速度，最好将溶液控制在介稳区内结晶，使较长时间里只有一定量的晶核生成,而使原有的晶核不断成长为晶体。

四、晶习及产品处理

1. 晶习

晶习是指在一定环境中,晶体的外部形态。如谷氨酸晶体存在两种晶形:α结晶和β结晶。α结晶呈颗粒状,晶体产品质量好;β结晶呈片状、针状,比表面积大,易包含杂质和母液,质量差。结晶的过程中,晶体的晶习、大小和纯度是影响结晶产品质量的重要因素。工业上常希望得到粗大而均匀的晶体。粗大而均匀的晶体较细小、不规则的晶体易过滤、洗涤,在贮存中也不易结块。但是抗生素作为药品时有其特殊的要求,非水溶性抗生素一般为了使人体容易吸收,粒度要求较细。例如灰黄霉素规定细度 $4\mu m$ 以下占 80% 以上,这样才有利于吸收。

过饱和度、搅拌、pH 等对晶习有影响。从不同的溶剂中得到的晶体具有不同的晶习。如 NaCl 从纯水中结晶为立方晶体;如水中含有少量尿素,则为八面体晶体。又如光神霉素在醋酸戊酯中结晶,得到微粒晶体,而从丙酮中结晶,则得到长柱状晶体。杂质的存在也会影响晶习,杂质可以附在晶体表面上,而使其生长速度受阻。例如在普鲁卡因青霉素结晶中,醋酸丁酯的存在会使晶体变得细长。

2. 产品的处理

为得到合乎质量标准的晶体产品,结晶后的产品还需经过固液分离、晶体的洗涤或重结晶、干燥等一系列操作,其中晶体的分离与洗涤对产品质量的影响很大。

(1) 分离和洗涤　在药品生产中,晶体的分离操作多采用真空过滤和离心过滤。一般情况下,从离心机分离出来的晶体含有 5%~10% 的母液,但对于粒度不均的细小晶体,即便用离心分离法,所分出的晶体有时还含有 50% 的母液。由此可见,在结晶产品的过滤分离中,不但要求使用高效的过滤分离设备,更重要的是要求结晶器能生产出具有良好粒度分布的晶体。一个达不到一定纯度的产品是不能被人们所接受的。

除了晶习以外,母液在晶体表面的吸藏和母液在晶簇中的包藏都会影响到晶体的纯度。母液是指分离了结晶晶体后剩余的溶液。吸藏是指母液吸附于晶体表面,因母液中含有大量杂质,如果晶体生长过快,杂质甚至会嵌入晶体。这样都会影响产品的纯度,常常需洗涤或重结晶降低或除去杂质。当结晶的速度过大时,常易形成包含母液等杂质的晶簇,这种情况也称为包藏。对于此种情况,用洗涤的方法不能除去,只能通过重结晶来除去。

洗涤的关键是洗涤剂的确定和洗涤方法的选择。如果晶体在原溶剂中的溶解度很高,可采用一种对晶体不易溶解的液体作为洗涤剂,此液体应能与母液中的原溶剂互溶。例如,从甲醇中结晶出来的物质可用水来洗涤;从水中结晶出来的物质可用甲醇来洗涤。这种"双溶剂"法的缺点是需要溶剂回收设备。对于晶体(滤饼)的洗涤,一般采用喷淋洗涤法,操作时应注意:①洗涤液喷淋要均匀;②对于易溶的晶体洗涤,滤饼不能太厚,否则洗涤液在未完全穿过滤饼前,就已变成饱和溶液,以致不能有效地除掉母液或其中的杂质;③洗涤时间不能太久,否则会减少晶体产量;④易形成沟流,使有些晶体没有被洗涤,从而影响洗涤效果。当采用喷淋洗涤不能满足产品纯度要求时,为加强洗涤效果,常采用挖洗的方法。此法是将晶体(滤饼)从过滤分离器中挖出,放入大量洗涤剂中,搅拌使其分散洗涤,然后再进行固液分离。挖洗法的洗涤效果很好,但溶质损失量较大。

在反应结晶法中,结晶物质在溶剂中的溶解度可能相当小,而母液中却可能含有大量的可溶性杂质,此时用简单的过滤洗涤不能适应产品纯度的要求,尤其是产品粒度细小时更是如此。例如将 $BaCl_2$ 和 Na_2SO_4 的热溶液混合，$BaSO_4$ 作为晶体产品析出，但其粒度很小，过滤和洗涤都将遇到困难，此种情况下，可采用"洗涤-倾析法"除去母液中的 NaCl。

经分离洗涤后的晶体，杂质含量降低，过滤分离后，仍为湿晶体（洗涤剂残留在晶体中），为便于干燥，洗涤后常用易挥发的溶剂（如乙醚、丙酮、乙醇、醋酸乙酯等）进行顶洗。例如灰黄霉素晶体，先用 1:1 的丁醇洗两次（大部分油状物色素可被洗去），再用 1:1 乙醇顶洗一次，以利于干燥。

(2) 晶体结块及其预防　结块的原因很多，如大气湿含量、温度和晶体本身的吸湿性。关于晶体结块的理论，目前公认的有结晶理论和毛细管吸附理论。

① 结晶理论　由于物理或化学原因，使晶体表面溶解并重结晶，于是在晶粒之间的相互接触点上形成晶桥而黏结在一起。

物理原因是与物质吸湿性密切相关，所谓吸湿性指不同的物质从空气中吸收水分的性质。晶体从空气中吸收水分的程度取决于物质的化学组成、空气中水蒸气含量和晶体的比表面积。晶体的吸湿性程度可用吸湿点 h 来表示。

$$h = \frac{p_a}{p} \times 100\% \tag{10-2}$$

式中　p_a——盐类饱和溶液上的水蒸气压，MPa；
　　　p——纯水上方的水蒸气分压，MPa。

当周围空气中水蒸气压比盐类饱和溶液的水蒸气压大，则吸湿而潮解，反之盐中的水分就蒸发，如果盐类先潮解而后蒸发，将会使晶体颗粒胶粘在一起而结块。因此，结晶产品还应贮藏在干燥、密闭的容器中。

结块的化学原因是由于晶体产品中杂质的存在，使晶粒表面在接触中发生化学反应或与空气中的 O_2、CO_2 等发生化学反应，反应物因溶解度降低而析出，导致晶体结块。如果温度高可增大化学反应速度，使结块速度加快。

② 毛细管吸附理论　由于微细晶粒间毛细管吸附力的存在，使毛细管弯月面上的饱和蒸汽压低于外部的饱和蒸汽压，这就为水蒸气在晶粒间扩散造成条件，使晶体易于潮解，最后结块。

影响结块因素包括外部和晶体自身因素。外部因素主要是空气湿度及温度。晶体自身因素包括晶体的性质、化学组成、粒度和粒度分布及晶习。粒度不均匀的晶体，隙缝较少，晶粒相互接触点较多，因而易结块；均匀整齐的粒状晶体，结块倾向较小，即使发生结块，由于晶块结构疏松，单位体积的接触点少，结块易弄碎，所以晶体粒度应力求均匀一致。

另外，晶体受压，一方面使晶粒紧密接触而增大接触面，另一方面对其溶解度也有影响，因此压力增加导致结块严重。随着贮存时间的增长，结块现象也趋于严重，这是因为溶解及重结晶反复次数增多所致。因此，在产品贮藏期间要防止产品受压。为了防止晶体结块可采用如下方法。

① 加入惰性型防结块剂：这类防结块剂大多是不溶于水的固体细微粒子，甚至是气溶胶，要求它们具备良好的覆盖能力。工业上采用的物料有滑石粉、硅藻土、高岭土、硅石粉、白垩、硅酸钙、水合硅石等。

② 加入表面活性剂型防结块剂：在结晶过程中向溶液中可入少量表面活性物质，可较好地防止晶体结块。可使用表面活性剂有：硫酸烷基酯、脂肪酸、乳酸、脂肪胺，十五烷基磺酰氯等。

③ 惰性型与表面活性剂型防结块剂联合使用。

第三节 结晶的类型

一、结晶分类

按照结晶操作过程的连续性程度不同把结晶方法分为批结晶和连续结晶。而依结晶操作过程的重复性又可把结晶分为一次结晶、重结晶和分级结晶。一次结晶又分为冷却结晶、蒸发结晶、真空结晶、反应和盐析结晶。一次结晶在前面已有论述,本节主要讲述分批结晶、连续结晶、重结晶和分级结晶。

二、分批结晶

分批结晶操作的原理是选用合适的结晶设备,用孤立的方式,在全过程中进行特殊的操作,并且这个操作仅仅间接地与前面和后面的操作有关。结晶器的容积可以是 100mL 的烧杯,也可以是几百吨的结晶罐。其设备简单、操作人员的技术要求不苛刻,我国发酵产品的结晶过程目前仍以分批操作为主。

在结晶过程中,为了获得粒度较为均匀的产品,必须控制晶体的生长,防止不需要的晶核生成。工业结晶操作通常在有晶种存在的第一介稳区内的进行。随着结晶的进行,晶体不断增多,溶质浓度不断下降。因此,必须采用冷却降温或蒸发浓缩的方法,维持一定的过饱和度,使其控制在介稳区内。冷却或蒸发速度必须与结晶的生长速率相协调。

分批结晶过程是分步进行的,各步之间相互独立。一般情况下,分批结晶操作过程包括:①结晶器的清洗;②将物料加入结晶器中;③用适当的方法产生过饱和;④成核和晶体生长;⑤晶体的排出。其中③、④是结晶过程控制的核心,其控制方法和操作条件对结晶过程影响很大。下面以加入晶种进行分批冷却结晶为主进行说明。

图 10-4(a) 加晶种,迅速冷却。随温度的降低,溶液进入介稳区,晶种开始长大。由于有溶质结晶出来,在介稳区内溶液的浓度有所下降。又因冷却速度快,溶液状态很快到达过饱和曲线,于是产生大量细小的晶核。

图 10-4(b) 加晶种,缓慢冷却。溶液中有晶种存在,并且降温速率得到一定控制,使其和结晶的生长速率相协调,操作过程中过饱和浓度差 Δc 基本保持不变。这种方法可以产生预定粒度的,合乎质量要求的均匀晶体。

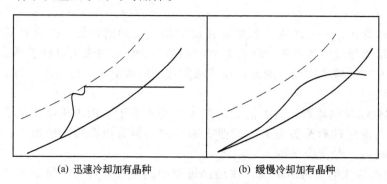

(a) 迅速冷却加有晶种　　　(b) 缓慢冷却加有晶种

图 10-4　加有晶种时降温速度对结晶的影响

总的来说,分批结晶操作最主要的优点是能生产出指定纯度,粒度分布及晶形合格的产品。缺点是操作成本较高,操作和产品质量的稳定性差。

三、连续结晶

当结晶的生产规模达到一定水平后,为了降低费用,缩短生产周期,则必须采用连续结晶。在连续结晶的操作过程中,单位时间内生成晶核的数目是相同的,并且在理想的条件下,它与单位时间内从结晶器中排出的晶体数是相等的。

在连续结晶过程中,料液不断地被送入结晶器中,首先用一定方法形成过饱和溶液,然后在结晶室内同时发生晶核形成过程和晶体生长过程,其中晶核形成速率较难控制,使晶核数量较多,晶体大小不一,需采用分级排料的方法,取出合乎质量要求的晶粒。为了保证晶浆浓度、提高收率,常将母液循环使用。因此,在连续结晶的操作中往往要采用"分级排料"、"清母液溢流"、"细晶消除"等技术,以维护连续结晶设备的稳定操作、高生产能力和低操作费用,这些因素使连续结晶设备结构比较复杂。下面介绍连续结晶工艺过程中特有的操作。

(1) **分级排料** 这种操作方法常被混合悬浮型连续结晶器所采用,以实现对晶体粒度分布的调节。含有晶体的混合液从结晶器中流出前,先使其流过一个分级排料器,分级排料器可以是淘析腿、旋液分离器或湿筛,它可将大小不同的晶粒分离,其中小于某一产品分级粒度的晶体被送回结晶器继续长大,达到产品分级粒度的晶体作为产品排出系统,因此分级排料装置是控制颗粒大小和粒度分布的关键。

(2) **清母液溢流** 清母液溢流是调节结晶器内晶浆密度的主要手段。从澄清区溢流出来的母液中,总是含有一些小于某一粒度的细小晶粒,所以实际生产中并不存在真正的清母液,为了避免流失过多的固相产品组分,一般将溢流出的带细晶的母液先经旋液分离器或湿筛分离,然后将含较少细晶的液流排出结晶系统,含较多细晶的液流经细晶消除后循环使用。

(3) **细晶消除** 在工业结晶过程中,由于成核速率难以控制,使晶体数量过多,平均粒度过小,粒度分布过宽,而且还会使结晶收率降低。因此,在连续结晶操作中常采用"细晶消除"的方法,以减少晶体数量,达到提高晶体平均粒度,控制粒度分布,提高结晶收率的目的。常用的细晶消除方法是根据淘析原理,在结晶器内部或下部建立一个澄清区,晶浆在此区域内以很低的速度上流,由于粒度大小不同的晶体具有不同的沉降速度,当晶粒的沉降速度大于晶浆上流速度时,晶粒就会沉降下来,故较大的晶粒沉降下来,回到结晶器的主体部分,重新参与晶浆循环而继续长大,最后排出结晶器进入分级排料器。而较小晶粒则随流体上流从澄清区溢流而出,进入细晶消除系统,采用加热或稀释的方法使细小晶粒溶解,然后经循环泵重新回到结晶器中。"细晶消除"有效地减少了晶核数量,从而提高了结晶产品的质量和收率。

从另一角度看,分级排料和清母液溢流的主要作用是使粒度大小不同的晶粒和液相在结晶器中具有不同的停留时间。在具有分级排料的结晶器中,粒径相近的晶体可同时排出,从而保证了粒度分布。在无清母液溢流的结晶器中,固液两相的停留时间相同,而在具有清母液溢流的结晶器中,固相的停留时间比液相长数倍,从而保证晶粒有充足的时间长大,这对于结晶这样的低速过程有重要的意义。

连续结晶过程可以有不同的产量输出,它可以从每天每人几千克到几吨间变化。与分批操作相比,连续操作具有以下优点:①生产周期短,节省劳动力;②多变的生产能力,相同的生产能力下,投资省,占地面积小;③有较好的冷却和加热装置;④产品的粒度大小和分布可控;⑤产品稳定,收率高。

但连续结晶也有缺点:①在器壁和换热面上容易产生晶垢,并不断积累使后期操作条件和产品质量逐渐恶化,清理的机会少于分批操作;②设备复杂,操作控制比分批结晶困难,要求严格;③和操作良好的分批操作相比,产品平均粒度小。

四、重结晶

结晶时,溶液中溶质因其溶解度与杂质的溶解度不同,溶质结晶而杂质留在溶液中,因而相互分离。或两者的溶解度虽然相差不大,但晶格不同,而相互分离(有些场合下可能出现混晶现象)。所以结晶出来的晶体通常是非常纯净的,但在实际中会因为吸藏、包藏或共结晶,而难免有杂质夹带其中。因此需要重结晶,重结晶常能降低杂质的浓度,提高产品的纯度。

用少量的纯热溶剂溶解不纯的晶体,然后冷却得到新的晶体,后者的纯度高于前者,但收率下降。经过不断重复这一操作,直到新晶体达到所要求的纯度为止。

简单重结晶过程见图 10-5。其中 S 为新鲜溶剂;L 代表母液;AB 为初始晶体。随着重结晶操作的进行,晶体的纯度由 X_1 提高到 X_2、X_3;母液的纯度由 L_1 提高到 L_2、L_3。

在任何情况下,杂质的含量过多都是不利的(杂质太多还会影响结晶速度,甚至妨碍结晶的生成)。一般重结晶只适用于纯化杂质含量在 5% 以下的固体混合物。

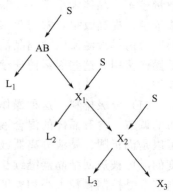

图 10-5 重结晶

进行重结晶时,选择理想的溶剂是一个关键,按"相似相溶"的原理,对于已知化合物可先从手册中查出在各种不同溶剂中的溶解度,最后要通过实验来确定使用哪种溶剂。所选溶剂必须具备如下条件:①不与被提纯物质起化学反应;②在较高温度时能溶解多量的被提纯物质,而在室温或更低温度时,只能溶解很少量的该种物质;③对杂质的溶解非常大或者非常小,前一种情况是使杂质留在母液中不随被提纯物晶体一同析出,后一种情况是使杂质在热过滤时被滤去;④容易挥发(溶剂的沸点较低),易与结晶分离除去;⑤能给出较好的晶体;⑥无毒或毒性很小,便于操作;⑦价廉易得。

经常采用试验的方法选择合适的溶剂。如果难于选择一种适宜的溶剂,可考虑选用混合溶剂。混合溶剂一般由两种能互相溶解的溶剂组成,目标物质易溶于其中之一种溶剂,而难溶于另一种溶剂。

五、分级重结晶

为了更好地利用母液,需采用分级重结晶。分级重结晶的过程如图 10-6 所示。

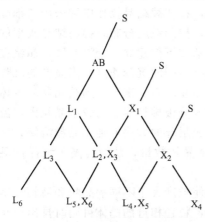

图 10-6 分级重结晶

其中 AB 表示初始混合物,A 为不易溶的溶质,B 为较易溶的物质。AB 混合物溶解于少量热溶剂中,冷却得到晶体 X_1 和母液 L_1,将晶体 X_1 从母液 L_1 中分离出来后,再溶解于少量热的新鲜溶剂中,同样得到新晶体 X_2 和母液 L_2。母液 L_1 进一步被浓缩得到结晶 X_3 和母液 L_3,将晶体 X_3 溶解于热的母液 L_2 中,从这个新形成的溶液中结晶得到另一种晶体 X_5 和母液 L_5,母液 L_3 被浓缩得到晶体 X_6 和液体 L_6。如此,经过每一步,晶体的纯度逐步向图的右边提高,而杂质则向图的左边迁移。结果溶解度小的产品 A 在图的右边得到浓缩,溶解度大的杂质(或另一种产品)B 则在图的左边被浓缩。溶解度处于两者之间的溶质富集于图的中央部分。

第四节　结晶操作控制

在结晶的过程中，影响其操作和产品质量的因素很多。目前的结晶过程理论还不能完全考虑各种因素，定量描述结晶现象。针对某种特殊的物质，需要通过充分实验确定合适的结晶操作条件。在满足产品质量要求的前提下，最大限度地提高生产效率，降低成本。因此在操作时应考虑如下因素。

一、溶液的浓度及纯度

溶质的结晶必须在超过饱和浓度时才能实现。溶液的浓度越高，溶质也越容易达到过饱和，同时溶质的结晶收率也就越高，结晶也越容易实现，但浓度太高时结晶过程不易控制，容易生成无定形沉淀。另外，溶液浓度高也会引起溶液中杂质浓度的升高，导致不能结晶，即使能够结晶，也会使晶体中杂质含量升高，对晶体的纯化不利。但溶液浓度偏低，肯定不利于结晶。因此，在结晶操作之前应控制适当的溶液浓度。

大多数情况下，结晶是同种物质分子的有序排列。当溶液中存在杂质分子时，对物质分子的排列造成空间障碍，不利于晶体的形成；另外，当杂质与结晶物质的性质较为接近时，还有可能造成共晶现象，使晶体纯度下降。因此，杂质的存在对结晶不利，应尽可能提高溶液的纯度。但溶液的纯度要求越高，其前处理越复杂，费用越高，而且当杂质的含量低于某一数值时，其对结晶过程的影响不大，甚至没有影响，某些情况下杂质的存在还有可能促进结晶，或利于形成某种晶形的晶体。因此，溶液纯度，应针对具体物质的结晶情况进行控制。

二、过饱和度

溶液的过饱和度是结晶过程的推动力，因此在较高的过饱和度下进行结晶，可提高结晶速率和收率。但是在工业生产实际中，当过饱和度（推动力）增大时，溶液黏度增高，杂质含量也增大，可能会出现如下问题：①成核速率过快，使晶体细小；②结晶生长速率过快，容易在晶体表面产生液泡，影响结晶质量；③结晶器壁易产生晶垢，给结晶操作带来困难；④产品纯度降低。因此，过饱和度与结晶速率、成核速率、晶体生长速率及结晶产品质量之间存在着一定的关系，应根据具体产品的质量要求，确定最适宜的过饱和度。

三、温度

许多物质在不同的温度下结晶，其生成的晶形和晶体大小会发生变化，而且温度对溶解度的影响也较大，可直接影响结晶收率。因此，结晶操作温度的控制很重要，一般控制较低的温度和较小的温度范围。如生物大分子的结晶，一般选择在较低温度条件下进行，以保证生物物质的活性，还可以抑制细菌的繁殖。但温度较低时，溶液的黏度增大，可能会使结晶速率变慢，因此应控制适宜的结晶温度。

利用冷却法进行结晶时，要控制降温速度。如果降温速度过快，溶液很快达到较高的过饱和度，则结晶产品细小；若降温速度缓慢，则结晶产品粒度大。蒸发结晶时，随着溶剂逐渐被蒸发，溶液浓度逐渐增大，使沸点上升，因此蒸发室内溶液温度（沸点）较高。为降低结晶温度，常采用真空绝热蒸发，或将蒸发后的溶液冷却，以控制最佳结晶温度。

四、晶浆浓度

结晶完成后,含有晶粒的混合液称为晶浆,结晶操作一般要求晶浆具有较高的浓度,有利于溶液中溶质分子间的相互碰撞聚集,以获得较高的结晶速率和结晶收率。但当晶浆浓度增高时,相应杂质的浓度及溶液黏度也增大,悬浮液的流动性降低,混合操作困难,反而不利于结晶析出;也可能造成晶体细小,使结晶产品纯度较差,甚至形成无定形沉淀;因此,晶浆浓度应在保证晶体质量的前提下尽可能取较大值。对于加晶种的分批结晶操作,晶种的添加量也应根据最终产品的要求,选择较大的晶浆浓度。只有根据结晶生产工艺和具体要求,确定或调整晶浆浓度,才能得到较好的晶体。对于生物大分子,通常选择3%~5%的晶浆浓度比较适宜,而对于小分子物质(如氨基酸类)则需要较高的晶浆浓度。

五、流速

流速对结晶操作的影响主要有以下几个方面:①较高的流速有利于过饱和度分布均匀,使结晶成核速率和生长速率分布均匀;②提高流速有利于提高热交换效率,抑制晶垢的产生;③流速过高会造成晶体的磨损破碎。

另外,如果结晶器具备分级功能,则流速需要保证正常的分级功能。

六、结晶时间

结晶时间包括过饱和溶液的形成时间、晶核的形成时间和晶体的生长时间。过饱和溶液的形成时间与其方法有关,时间长短不同。晶核的形成时间一般较短,而晶体的生长时间一般较长。在生长过程中,晶体不仅逐渐长大,而且还可达到整晶和养晶的目的。结晶时间一般要根据产品的性质、晶体质量的要求来选择和控制。

对于小分子物质,如果在适合的条件下,几小时或几分钟内便可析出结晶;对于蛋白质等生物大分子物质,由于分子量大,立体结构复杂,其结晶过程比小分子物质要困难得多。这是由于生物大分子在进行分子的有序排列时,需要消耗较多的能量,使晶核的生成及晶体的生长都很慢,而且为防止溶质分子来不及形成晶核而以无定形沉淀形式析出的现象发生,结晶过程必须缓慢进行。生产中主要控制过饱和溶液的形成时间,防止形成的晶核数量过多而造成晶粒过小。

七、溶剂与pH

结晶操作选用的溶剂与pH,都应使目标产物的溶解度较低,以提高结晶的收率。另外,溶剂的种类和pH对晶形也有影响,如普鲁卡因青霉素在水溶液中的结晶为方形晶体,而在醋酸丁酯中的结晶为长棒形。因此,需通过实验确定溶剂的种类和结晶操作的pH,以保证结晶产品质量和较高的收率。

八、晶种

加晶种进行结晶是控制结晶过程、提高结晶速率、保证产品质量的重要方法之一。工业上晶种的引入有两种方法:一种是通过蒸发或降温等方法,使溶液的过饱和状态达到不稳定区,自发成核一定数量后,迅速降低溶液浓度(如稀释法)至介稳区,这部分自发成核的晶核作为晶种;另一种是向处于介稳区的过饱和溶液中直接添加细小均匀晶种。工业生产中主要采用第二种加晶种的方法。

对于不易结晶(也就是难以形成晶核)的物质,常采用加入晶种的方法,以提高结晶速率。对于溶液黏度较高的物系，晶核产生困难，而在较高的过饱和度下进行结晶时，由于晶核形成速率较快，容易发生聚晶现象，使产品质量不易控制。因此，高黏度的物系必须采用在介稳区内添加晶种的操作方法。

九、搅拌与混合

增大搅拌速度，可提高成核速率，同时搅拌也有利于溶质的扩散而加速晶体生长；但搅拌速率过快会造成晶体的剪切破碎，影响结晶产品质量。工业生产中，为获得较好的混合状态，同时避免晶体的破碎，一般通过大量的试验，选择搅拌桨的形式，确定适宜的搅拌速度，以获得需要的晶体。搅拌速率在整个结晶过程中可以是不变的，也可以根据不同阶段选择不同的搅拌速度。也有采用直径及叶片较大的搅拌桨，降低转速，以获得较好的混合效果；也有采用气体混合方式，以防止晶体破碎。

十、操作压力

真空冷却结晶操作压力会影响结晶温度，要严格控制。一般是通过控制真空系统的排气速率来控制结晶操作真空度大小。

第五节　结晶技术的实施

一、结晶工艺及其操作

溶液结晶一般按产生过饱和的方法分类，而产生过饱和的方法又取决于物质的溶解特性。对于不同类型的物质，适于采用不同类型的结晶形式。溶解度随温度变化较大，适于冷却结晶；溶解度随温度变化较小，适于蒸发结晶；而溶解度随温度变化介于上述两类之间的物质，适于采用真空结晶方法。

1. 冷却结晶

按冷却方式分冷却结晶可分为：自然冷却、间接换热冷却与直接接触冷却结晶。

(1) 自然冷却结晶　自然冷却结晶采用的冷却结晶器是无搅拌的结晶釜。热的结晶母液置于釜中几小时甚至几天，自然冷却结晶，所得晶体纯度较差，容易发生结块现象。设备所占空间较大，生产能力较低。由于这种结晶设备造价低，安装使用条件要求不高，目前在某些产量不大、对产品纯度及粒度要求不严格的情况下仍在应用。

(2) 间接换热冷却结晶　这种方式所用的结晶器是搅拌釜。釜内装有搅拌器，釜外有夹套，设备简单，操作方便。图10-7是内循环冷却结晶器，设备顶部呈圆锥形，用以减慢上升母液的流速，避免晶粒被废母液带出，设备的直筒部分为晶体生长区，内装导流筒，在其底部装有搅拌，使晶浆循环。结晶期内可安装换热构件。图10-8为外循环冷却结晶器，通过浆液外部循环可使器内混合均匀和提高换热速率。这类结晶器可以连续或间歇操作。

(3) 直接接触冷却结晶　传统溶液结晶技术大多采用间接冷却结晶方法，当前工业熔融结晶装置也都采用间接冷却方式进行操作。间接换热冷却结晶的缺点是冷却表面结构结垢，导致换热效率下降。直接接触冷却结晶避免了这一问题的发生。它的原理是依靠结晶母液与冷却介质直接混合制冷。以乙烯、氟里昂等惰性物质为冷却介质，靠其蒸发、汽化移出热量。应注意的是结晶产品不应被冷却介质污染，以及结晶母液中溶剂与冷却介质不互溶或者易于分离。也有用惰性气体或固体以及不沸腾的液体作为冷却介质的，直接与结晶物料换热，通过相变或显热移走结晶热。直接冷却结晶具有如下特点：①节能；②无需设置换热

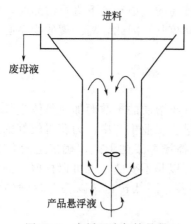

图 10-7 内循环冷却结晶器

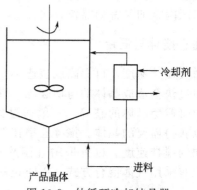

图 10-8 外循环冷却结晶器

面；③易于浆料处理；④不会引起结疤；⑤不会导致晶体破碎。目前在润滑油脱蜡、水脱盐及某些无机盐生产中采用这些方法。但由于冷却剂选择较为困难，此项技术正处于开发阶段。

2. 蒸发结晶

依靠蒸发除去一部分溶剂的结晶过程称为蒸发结晶。它是使结晶母液在加压、常压或减压下加热蒸发、浓缩而产生过饱和状态。

此种结晶工艺在工业上使用较多，精制食盐、砂糖、葡萄糖、味精、柠檬酸等产品的结晶多采用此工艺。此工艺又分为两种，一是采用真空蒸发来获得过饱和溶液，另一种是绝热蒸发（或称闪急蒸发），即利用高温的溶液进入真空状态，压力突然降低，引起溶剂的大量蒸发，并带走大量的热量而使溶液温度下降，从而获得低温过饱和溶液。目前工业上以真空蒸发的结晶工艺使用得较广。大规模的生产多采用浓缩与结晶两个步骤分开的办法，即首先采用多效蒸发的方法将物料浓缩至一定的浓度，然后再转入到带有冷却和搅拌装置的结晶设备中进行结晶。较小型的生产则采用将蒸发浓缩与结晶两个步骤在同一设备进行的方法，如采用蒸发结晶锅（器）对溶液同时进行浓缩和结晶。

结晶设备和蒸发浓缩设备的类型很多，有间歇的，也有连续的，有带搅拌的，也有强制循环的。可结合结晶的性质需要和生产规模等情况来选用。

3. 真空绝热冷却结晶

真空绝热冷却结晶是使溶剂在真空下绝热闪蒸，同时依靠浓缩与冷却两种效应来产生过饱和度，这是广泛采用的结晶方法。图 10-9 为带有导流筒和挡板的真空结晶器，简称 DTB 型结晶器。这种结晶器除

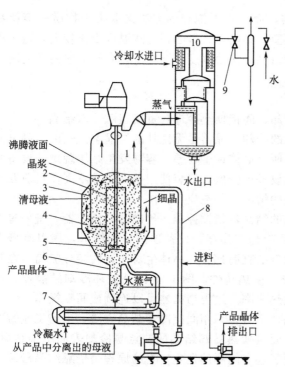

图 10-9 带有导流筒和挡板的真空结晶器

1—结晶器；2—导流筒；3—环形挡板；
4—沉降区；5—搅拌桨；6—淘析腿；7—加热器；
8—循环泵；9—喷射真空泵；10—大气冷凝器

可用于真空绝热冷却法之外，尚可用于蒸发法、直接接触冷却法以及反应结晶法等多种结晶操作。它的优点在于生产强度高，能生产粒度达 600～1200μm 的大粒结晶产品，已成为国际上连续结晶器的最主要形式之一。

生产上待结晶的料液与从结晶器溢流出的母液（含有细小的晶体颗粒）一并通过结晶器给料泵送入加热器，通过蒸汽加热使混合料液中的细小晶体溶解，同时提高料液的温度。料液经加热后送入DTB型结晶器的导流筒下方，在搅拌桨的作用下，与循环流动的晶浆经导流筒一并上升，升至结晶器上部后，由于真空作用，料浆中溶剂蒸发，使料浆浓度提高温度下降，溶液达到过饱和，晶体成长并伴有新的晶核产生，而后过饱和溶液沿导流筒与环形挡板形成的晶体生长区向下流动，过饱和度逐渐降低，晶体逐渐长大；随后溶液在环形挡板与器壁间的环隙内澄清、沉降。大颗粒的晶体向结晶器底部沉降，细小的晶体及部分母液又折转向上进入结晶器的溢流区，流出器外与待结晶的料液合并循环回结晶器。向下沉降的大颗粒晶体及母液部分经中间导流筒作用送回结晶区，部分向下沉入淘析腿，经循环回来的母液浮选后，相对较小的颗粒及母液又回到结晶区继续长大，更大的颗粒及一定的母液经晶浆泵送入固液分离器，分离晶体后，部分母液循环送入淘析腿，部分母液排出结晶系统。蒸发的溶剂经大气冷凝器冷凝回收溶剂后，不凝气体经水力真空喷射泵抽吸进入分离器，分离后放空。DTB型结晶器属于典型的晶浆内循环结晶器。由于设置了内导流筒及高效搅拌器，形成了内循环通道，内循环速率很高，可使晶浆质量密度保持至 30%～40%，并可明显地消除高饱和度区域。器内各处的过饱和度都比较均匀，而且较低，因而强化了结晶器的生产能力。DTB型结晶器还设有外循环通道，用于消除过量的细晶，以及产品粒度的淘析，保证了生产粒度分布范围较窄的结晶产品的要求。

4. 盐析结晶

盐析结晶通过向结晶体系加入添加剂（亦称媒晶剂），以降低溶质在原溶剂中的溶解度，促进溶质的析出，达到溶质从溶液中分离的目的。所加入的添加剂可以是气体、液体或固体。

例如，向盐溶液中加入甲醇则盐的溶解度发生变化，如图10-10所示。将甲醇加进盐的饱和水溶液中，经常引起盐的沉淀。

盐析结晶主要应用于热敏性物质的提纯精制，在这方面它具有得天独厚的优势。同时，它使某些大宗化工产品传统的提纯制备工艺面临着严峻的挑战。盐析结晶替

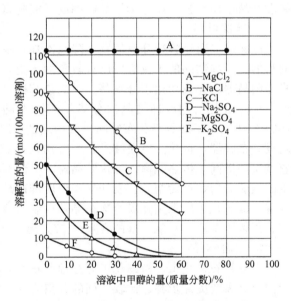

图 10-10　甲醇对盐类溶解度的影响（30℃）

代蒸发结晶生产 NaCl 是非常有前景的。另一个例子是制备无水 Na_2CO_3。无水 Na_2CO_3 的转变温度为109℃，高于其常压水溶液的沸腾温度。若采用加压蒸发结晶一步得到无水 Na_2CO_3 成品，高压设备的投资大，成本高。而采用 1-丁醇和二乙烯醇盐析结晶无水 Na_2CO_3 工艺，由于盐析剂的加入降低了无水 Na_2CO_3 的转变温度，常压下即可得到目的产物，能耗仅为 $0.4×10^{-3}$J/kg。

盐析结晶器可采用简单的搅拌釜，但需增加甲醇回收设备。甲醇的盐析作用可应用于 $Al_2(SO_4)_3$ 的结晶过程，并能降低晶浆的黏度。

盐析结晶的另一个应用是将 $(NH_4)_2SO_4$ 加到蛋白质溶液中，选择性地沉淀不同的蛋白质。工业上已使用 NaCl 加到饱和 NH_4Cl 溶液中，利用共同离子效应使母液中 NH_4Cl 尽可能多地结晶出来。

5. 反应结晶

反应结晶是指两个或多个反应物均相反应，反应产物从溶液中结晶出来的过程。它是一种同时涉及反应、传质、快速成核和成长以及可能发生二次过程（如老化、熟化、凝聚和破裂等）的复杂过程。

反应结晶过程常用于煤焦炉、制药工业和某些化肥的生产中。例如由焦炉废气中回收 NH_3，就是利用 NH_3 和 H_2SO_4 反应结晶产生 $(NH_4)_2SO_4$ 的方法。一旦反应产生了很高的过饱和度，沉淀会析出，只要仔细控制产生的过饱和度，就可以把反应沉淀过程变为反应结晶过程。

由于反应结晶过程高选择性的特点，常用于某些香料产品的分离提纯。如工业上柏木脑的生产过程，首先柏木脑与铬酸反应结晶生成铬酸柏 $(C_{15}H_{25})_2CrO_4$，再水解得粗柏木脑，然后加以精制得到高纯柏木脑。同样在柠檬醛的生产中，首先在含有柠檬醛的精油中加入亚硫酸氢钠，柠檬醛与之发生反应而结晶析出，结晶产物再水解得到醛，然后精制得到高纯柠檬醛。反应结晶过程是一个复杂的传热、传质过程。在不同的物理、化学环境中，结晶过程的控制步骤可能改变，反映不同的行为。

间歇结晶和连续结晶都适用于反应结晶过程。生产能力大于 50t/d 的应采用连续结晶。间歇结晶通用性强，而连续结晶收率高、能耗低。

6. 冷冻结晶

冷冻结晶通过将待分离的物系降温冷却，梯度形成不同的结晶顺序，从而达到分离提纯的目的。冷冻结晶的工业应用已有较长的历史，瑞士苏尔寿公司开发的降膜无溶剂结晶法和降膜结晶器已经成功用于分离萘、对二氯苯硝基氯苯、苯二胺、己内酰胺、苯甲酸等。据报道，1989 年已有用冷冻结晶法分离年产 4 万吨对二氯苯的工业化装置投产。天津大学于 1991 年研制出了参数系分布结晶法及相应的 PFC 结晶器，该结晶器每根结晶管上部外壁处均设有布膜器，传热介质在结晶管外壁均匀地布满液膜呈降膜流动，膜厚 1mm 以下，流动速度快，提高了传热速率，加快结晶速率。同时，由于滞液量小，消除了改变介质温度时发生的温变滞后，可使结晶、发汗操作温度准确地按着所需控温曲线变化，有利于产品质量的改善。株洲化工厂采用降膜冷冻结晶器精制对氯甲苯，脱除其中少量的同分异构体：间氯甲苯、邻氯甲苯后，对氯甲苯的含量由 97% 提高到 99% 以上，产品质量显著提高。

7. 熔融结晶

大多数石油化工、精细化工等过程产物都含有副产品、溶剂或其他杂质的混合物，产品均需经分离或提纯步骤。比较不同的分离方法，新型的熔融结晶技术独具特点：①低能耗，结晶相转变潜能仅是精馏的 1/7～1/3；②低操作温度；③高选择性，可制取高纯或超纯（≥99.9% 色谱纯产品）产品；④较少环境污染。

由于近 90% 的有机物化合物为低共熔型，与其余的固体溶液相比，用熔融结晶法更易于分离。70% 的化合物熔点在 0～200℃，只有 10% 左右低于 0℃。这意味着大多数有机化合物的结晶，不需使用昂贵的深度冷冻剂。在目前的有机化工领域中，新型的熔融结晶技术愈来愈多地用于分离与提取高纯有机产品，特别是难分离的同分异构体、热敏性物质、共沸物系、提取超纯组分等。在国外已广泛用于分离芳香族混合物、脂肪酸、焦油等复杂物系以及生化物质提纯等。

8. 其他结晶工艺

(1) 结晶衍生物工艺　某些物质尤其是生物体内的某些成分，在游离状态时难以结晶，可先转变成结晶衍生物，然后再利用其他方法复原。例如有机酸可与钙、钾、钠生成盐类，还有某些生物碱及胺类可与有机酸、无机酸生成盐类，之后均能形成较好的结晶衍生物。

木瓜蛋白酶与汞结合后形成汞-木瓜酶结晶衍生物，再通过透析法除去汞即可得到较纯的活性木瓜酶。

(2) 高压结晶技术　高压结晶是在高压条件下，利用物系平衡的关系，用变压操作代替变温操作，完成结晶分离过程。高压结晶过程最显著优点是生产效率高，一次处理周期可短至 2~5min。据报道，从苯-环己烷物系分离苯，利用高压结晶技术，最大结晶速率可达 13.73mm/s，而在同样系统中，冷却结晶的生长速率仅约为 3.0×10^{-4}mm/s。其次是产品纯度高，只经一次处理便可以获得高纯度（接近 100%）的精制品，例如采用高压结晶方法从苯-环己烷体系中精制苯，产品纯度超过 99.9%，而与进料组成及过饱和度以外的其他操作条件（如温度、晶种数量等）无关，这意味着采用高压结晶技术可从低浓度物系中分离得到高纯度产品而不受其他操作条件的限制。另外，高压结晶可提高目的组分回收率。当然其设备投资昂贵、系统维护也较困难。

(3) 萃取结晶技术　结合萃取和结晶两种分离技术的优缺点，研究了一种萃取结晶的新技术。萃取结晶技术作为分离沸点、挥发度等物性相近组分的有效方法及无机盐生产过程中节能的方法，已越来越受重视。它既有萃取去除杂质的优点，又有结晶分离因子高的优点，提高了分离效果，大大简化了工艺过程，具有广阔的应用前景。

(4) 升华结晶　升华指的是固体受热后直接变成蒸气，遇冷再由蒸气直接冷凝成固体。升华过程常用于将一种挥发组分从含其他不挥发组分的混合物中分离出来。工业上采用升华结晶技术分离提纯香料的例子有樟脑的生产。将富含樟脑的樟脑油或樟油经精馏或结晶后得纯度为 85%~90% 的樟脑粗品，将粗樟脑进行升华可得到 98% 以上的精制产品。如果控制得当，升华结晶法所得产品纯度较高，但不适用于热敏性香料的分离，另外还存在装置复杂、生产能力低等问题，有待进一步研究。

二、结晶设备

工业结晶器按生产操作方式分为间歇和连续式两大类，连续结晶器又可分为线性的和搅拌的两种。按照形成过饱和溶液的途径不同又可分为冷却结晶器、蒸发结晶器、真空结晶器、盐析结晶器和其他结晶器，其中前三类使用较广。

1. 冷却结晶器

冷却结晶器是采用降温来使溶液进入过饱和，并不断降温，以维持溶液一定的过饱和浓度进行育晶，常用于温度对溶解度影响比较大的物质结晶。结晶前先将溶液升温浓缩，使料液达到一定浓度。冷却结晶器的冷却比表面积较小，结晶速度较低，不适于大规模结晶操作。一般常见如下几种类型。

(1) 槽式结晶器　通常用不锈钢板制作成槽形，外部有夹套，通冷却水对溶液进行冷却降温，分为间歇操作的槽式结晶器（图 10-11）和连续操作的槽式结晶器（图 10-12）。

间歇操作的槽式结晶器通常为敞口式设备，但有些设备槽的上部设有活动顶盖，以保持槽内物料的洁净。这类设备结构简单、造价低，但传热面有限，生产能力低，而且对溶液的过饱和度难以控制。结晶操作中在把母液排出后，需人工取出晶体，劳动强度大。

连续操作的槽式结晶器为一敞式或闭式长槽，槽内装有长螺距的低速螺带搅拌器，靠近槽底，其作用是搅拌溶液、输送晶体，同时还可防止晶体聚集在冷却面上，把生成的晶体上扬，散布于溶液中，利于晶体均匀生长。此器每一单元长度一般是 3~4m，每米长度约有

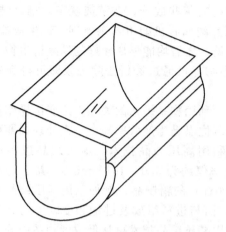
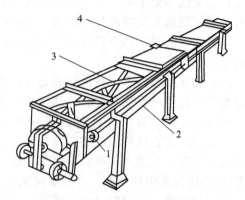

图 10-11 间歇操作的槽式结晶器

图 10-12 连续操作的槽式结晶器
1—冷却水进口；2—水冷却夹套；
3—长螺距的低速螺带搅拌器；4—两段之间接头

$0.9m^2$ 的有效传热面积。如有需要，可把若干个单元组合成所需的长度。可以把结晶器的各单元上下排列，使溶液得以逐个降流。在结晶器的末端，可装溢流口，晶体与母液一起溢流到过滤设备中去。也可在结晶器尾装设一段倾斜螺旋运输机，把晶体升离溶液，送入离心机，母液则从适当的位置溢流而出。操作时浓溶液从槽的一端加入，冷却水通常与溶液逆流流动。

(2) 搅拌结晶罐　这是一类立式带有搅拌器的罐式结晶器，见图 10-13。可采用夹套冷却或在罐内装入鼠笼冷却管，在结晶过程中冷却速度可以控制得比较缓慢。常用于间歇操作，生产能力较低，过饱和度不能精确控制。另外，由于采用夹套换热，结晶器壁的温度较低，溶液过饱和度最大，所以器壁上容易形成结晶垢，影响传热效率。为消除晶垢的影响，罐内常设有除晶垢装置。另外，为了促进料液在结晶器内形成循环，常设有导流筒，搅拌器装入导流筒内，晶浆在导流筒内可以向上流动也可以向下流动。

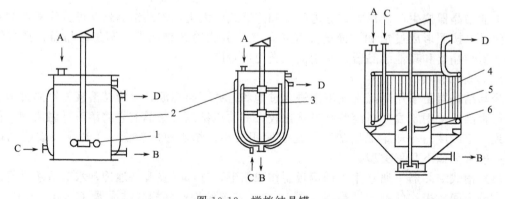

图 10-13 搅拌结晶罐
1—桨式搅拌器；2—夹套；3—刮垢器；4—鼠笼冷却管；5—导液管；6—尖底搅拌耙；
A—液料进口；B—晶浆出口；C—冷却剂入口；D—冷却剂出口

(3) 粒析式冷却结晶器　这是一种能够严格控制晶体大小的结晶器，如图 10-14。料液沿入口管进入器内，经循环管由循环泵升压后进入冷却器，于冷却器室中达到过饱和，此过饱和溶液沿中央管进入结晶室底部，由此向上流动，通过一层晶体悬浮体层，进行结晶。不同大小的晶体因沉降速度不同，大的颗粒在下、小的颗粒在上进行粒析，晶体长大，沉降速

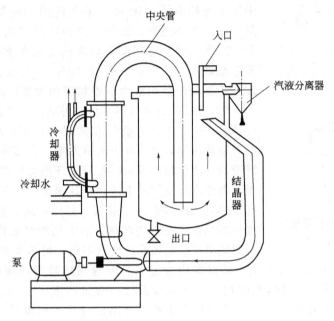

图 10-14 粒析式冷却结晶器

度大于循环液上升速度后而沉降到器底，连续或定期从出口排出，小的晶体、结晶母液与进料液一起经循环管进入循环泵。极细的颗粒浮在液面上，用汽液分离器使之分离。外部循环式冷却结晶器通过外部热交换器冷却，由于强制循环，溶液高速流过热交换器表面，通过热交换器的温差较小，热交换器表面不易形成晶垢，交换效率较高，可较长时间连续运作。这类结晶器可以连续或间歇操作。

2. 蒸发结晶器

蒸发结晶设备是采用蒸发溶剂，使浓缩溶液进入过饱和区起晶，并使溶剂不断蒸发，以维持溶液在一定的过饱和度进行育晶。蒸发结晶器是一类蒸发-结晶装置。蒸发结晶器由结晶器主体、蒸发室和外部加热器构成。较典型的设备有以下几类。

(1) Krystal-Oslo 型蒸发结晶器 图 10-15 是一种常用的 Krystal-Oslo 型常压蒸发结晶器。溶液经循环泵送入外部循环加热器，加热器采用单管程换热器，料液走管程，加热后送入蒸发室，在蒸发室内部分溶剂被蒸发，二次蒸汽经筛网分离器分离掉泡沫后排出，浓缩的料液达到饱和状态，通过中心导管下降到结晶生长槽中。在结晶生长槽中，流体向上流动，不断接触流化的晶粒，过饱和度逐渐降低而晶体不断生长，大颗粒结晶发生沉降，从底部排出产品晶浆。而细晶粒随液体从成长段上部（悬浮室）排出，经管道与原料液 G 一起吸入循环泵，进入加热室，形成外循环。

将蒸发式与真空泵相连，可进行真空绝热蒸发。与常压蒸发结晶器相比，真空蒸发结晶器不设加热设备，进料为预热的溶液，蒸发室

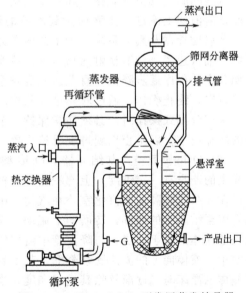

图 10-15 Krystal-Oslo 型常压蒸发结晶器

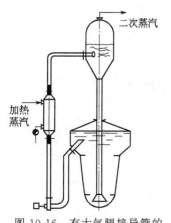

图 10-16　有大气腿接导管的奥斯陆蒸发式结晶器

中发生绝热蒸发。因此，在蒸发浓缩的同时，溶液温度下降，操作效率更高。此外，为使结晶槽内处于常压状态，便于结晶产品的排出和澄清母液的溢流在常压下进行，真空蒸发结晶器设有大气腿，如图 10-16。大气腿的长度应大于蒸发室液面与结晶槽液面位差和流动摩擦压降之和。

(2) DTB 型结晶器　另一种蒸发结晶器为 DTB 型结晶器（见图 10-9）。内设导流管和钟罩形挡板，导流管内又设螺旋桨，驱动流体向上流动进入蒸发室。在蒸发室内达到过饱和的溶液沿导流管与钟罩形挡板间的环形面积缓慢向下流动。在挡板与器壁之间流体向上流动，其间细小结晶沉积，澄清母液循环加热后从底部返回结晶器。另外，结晶器底部设有淘洗腿，细小结晶在淘洗腿内溶解，而大颗粒结晶作为产品排出回收。若对结晶产品的结晶度要求不高，可不设淘洗腿。

DTB 型结晶器的特点是：由于结晶器内设置了导流管和高效搅拌螺旋桨，形成内循环通道，内循环效率很高，过饱和度均匀，并且较低（一般过冷度<1℃）。因此，DTB 型结晶器的晶浆密度可达到 30%～40% 的水平，生产强度高，可生产粒度达 600～1200μm 的大颗粒结晶产品。

3. 真空结晶器

真空结晶器比蒸发结晶器要求有更高的操作真空度。另外，真空结晶器一般没有加热器，料液在结晶器内闪蒸浓缩并同时降低温度。因此，在产生过饱和度的机制上兼有蒸发溶剂和降低温度两种作用。由于不存在传热面积，从根本上避免了在复杂的传热表面上析出并积结晶体。下面谈几种常见的真空结晶器。

(1) 间歇式真空结晶器　图 10-17 是一台间歇式真空结晶器。器身是直立圆筒形容器，下部为锥形底，原料液在结晶室被闪蒸，蒸除部分溶剂并降低温度，以浓度的增加和温度的下降程度来调节过饱和度，二次蒸汽先经过一个直接水冷凝器，然后再接到一台双级蒸汽喷射泵，以造成较高的真空度。

有些间歇式真空结晶器，如图 10-18。内部装有导流筒，并装有下传动式螺旋桨，后者将驱动溶液向上流过导流筒而达到溶液的蒸发表面。在操作时，加入热浓溶液至指定的液位，开启搅拌器及真空系统，于是器内压力降低，溶液开始沸腾并降温，调节设备所连真空系统的抽汽速率（调节喷射的高压蒸汽量及冷却水量），使器内的压力及相应溶液的温度能按照预定的程序逐步降低，直至达到真空系统的极限。当溶液被冷却至所要求的低温，即可解除真空，终止操作，通过底阀把晶浆排放至固液分离设备。

采用分批式操作时，必须注意保持一个恒定的结晶推动力，尤其是在操作之初应避免过高的冷却速率，以防止出现过度成核现象。

(2) Oslo 型真空冷却结晶器　Oslo 型真空冷却结晶器由汽化室及结晶室两部分组成。结晶室的器身有一定锥度，上部较底部有较大截面积。循环管路中的母液与热浓原料液混合后用循环泵送到高位的汽化室，在汽化室中溶液汽化、冷却而产生过饱和，然后通过中央降液管流至结晶室的底部，转而向上流动，晶体悬浮于此液流中成为粒度分级的流化床，粒度较大的晶体富集于底层，与降液管中流出的过饱和度最大的溶液接触，得以长得更大。在结晶室中，液体向上的流速逐渐降低，其上悬浮晶体的粒度越往上越小，过饱和溶液在向上穿过晶体悬浮床时，逐渐解除其过饱和度。当溶液到达结晶室的顶层，基本上不再含有晶粒，作为澄清的母液在结晶室的顶部溢流进入循环管路。

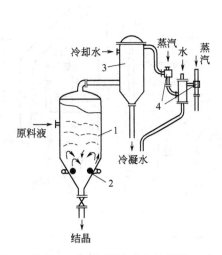

图 10-17 间歇式真空结晶器
1—结晶室；2—搅拌器；3—直接水冷凝器；
4—二级蒸汽喷射泵

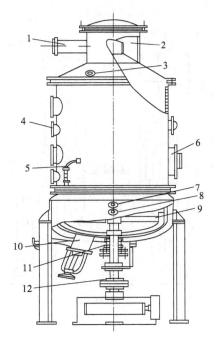

图 10-18 真空结晶器
1—二次蒸汽排出管；2—汽液分离器；3—清洗孔；
4—视镜；5—吸液孔；6—人孔；7—压力表孔；
8—蒸汽进口管；9—锚式搅拌器；10—排料阀；
11—轴封填料箱；12—搅拌轴

这种操作方式的结晶器属于典型的母液循环式，优点在于循环液中基本不含晶粒，从而避免发生叶轮与晶粒间的接触成核现象，再加上结晶室的粒度分级作用，晶体一般大而均匀，适于生产在过饱和溶液中沉降速率大于 20mm/s 的晶粒。缺点在于生产能力受到限制，因为必须限制液体的循环流量及悬浮密度，把结晶室中悬浮液的澄清界面限制在混流口之下，以防止母液中夹带明显数量的晶体。

这类结晶器有"敞式"和"闭式"[图 10-19(a)]。区别在于敞式的结晶室与大气相通，汽化室位于结晶室的上方，有足够的高度，中央循环管则同时用作大气腿，使汽化室内的过饱和溶液能从真空下流入敞口的结晶室。闭式的汽化室与结晶室则全部处于相同的真空度下，装配在同一容器中，其总高度要比敞式低得多。另外，这类结晶器也可采用晶浆循环方式进行操作，如图 10-19(b) 所示。实现的方法只需增大循环量，使结晶室溢流的不再是清母液，而是母液与晶体混合均匀的晶浆，循环到汽化室中去，结晶器各部中的晶浆密度大致相同。在汽化室中，溶液所产生的过饱和度立即被悬浮于其中的晶体所消耗，使晶体生长，所以过饱和度生成区与晶体生长区不能明确划分。这类结晶器可看成是全混型操作的结晶器，循环晶浆中的晶粒与高速叶轮的碰撞会产生大量的二次晶核，降低了产品的平均粒度，并产生较多的细晶。

(3) DP 结晶器　DP 结晶器即双螺旋桨结晶器，如图 10-20 所示。DP 结晶器是对 DTB 型结晶器的改良，内设两个同轴螺旋桨。其中之一与 DTB 型一样，设在导流管内，驱动流体向上流动，而另外一个螺旋桨比前者大一倍，设在导流管与钟罩形挡板之间，它们的安装方位与导流筒内的叶片相反，驱动环隙中的液体向下流动。内外两组桨叶共同组成一个大直径的螺旋桨，其外直径与圆形挡板的内径相近，相应的中间一段导流筒与此大螺旋桨制成一

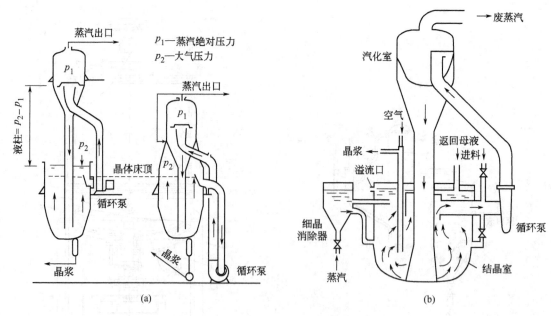

图 10-19 Oslo 型真空冷却结晶器

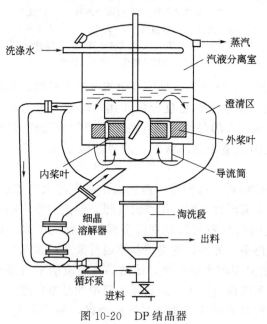

图 10-20 DP 结晶器

体而同步旋转。故导流筒分成三段,上下两段固定不动。由于是双螺旋桨驱动流体内循环,所以在低转数下即可获得较好的搅拌循环效果,功耗较 DTB 结晶器低,有利于降低结晶的机械破碎。但 DP 结晶器的缺点是大螺旋桨要求动平衡性能好、精度高,制造复杂。这种设备除可用于真空冷却结晶,也可用于蒸发结晶及外循环冷却结晶。

三、结晶的工艺问题及处理

1. 晶粒过于细小

晶粒过于细小一般与溶液的过饱和度过大、溶液的降温速率过快、搅拌强度或流速过大、晶种过多或缺少晶种、溶液中杂质浓度高等有关,应结合具体情况进行相应处理。

2. 母液在晶体表面吸藏

母液在晶体表面吸藏是指母液中的杂质吸附于晶体表面。这种现象在结晶中较为常见,一般的处理方法是在晶浆进行固液分离后,用适当的溶剂对晶体进行洗涤。溶剂的选择应使杂质的溶解度大,而结晶物质尽可能小或不溶解。生产上多采用低温溶剂进行淋洗、顶洗或淘洗。

3. 形成晶族,包藏母液

当晶体生成速率过快,结晶过程中容易形成晶族,这使得母液往往包藏其中,使产品质量下降。对于包藏的母液很难用洗涤的方法加以清除,一般采用重结晶操作。

4. 结晶系统的晶垢

结晶操作中由于操作温度不稳,升温或降温速率过快,出晶时温率过低或过高等,常会造成晶体贴壁,在结晶器壁等处产生晶垢,严重影响结晶过程的效率。一般可采用如下一些方法防止或消除晶垢的产生:①器壁内表面采用有机涂料,尽量保持壁面光滑;②提高流体流速,消除低流速区;③为防止因散热而使壁面附近温度降低而造成的过饱和度过高,可以采用夹套保温的办法,或者控制结晶设备内溶液的主体温度与冷却表面的温度差不超过10℃;④控制升降温速度平稳,使溶液过饱和度适宜,防止过多细小晶核出现;⑤适时投放晶种;⑥对于已产生的晶垢可以通过晶垢铲除装置,或用溶剂溶解进行消除。

5. 结晶产生逃液

对于真空蒸发结晶,常常由于升温过快或真空度低、抽得太快等操作因素造成逃液现象,严重影响生产。为此要严格控制升温速度及真空系统的抽气量。

6. 蒸发结晶过程的能耗大

蒸发法结晶消耗的热能较多,往往是由于工艺设计不合理,可以改进生产工艺。如使用由多个蒸发结晶器组成的多效蒸发,操作压力逐效降低,以便重复利用二次蒸汽的热能。采用自然循环及强制循环(溶液循环推动力可借助于泵、搅拌器或蒸汽鼓泡虹吸作用产生)的蒸发结晶器。也可采用减压蒸发代替常压蒸发,降低操作温度,减小热能损耗。图 10-21 为两种蒸发结晶工艺。

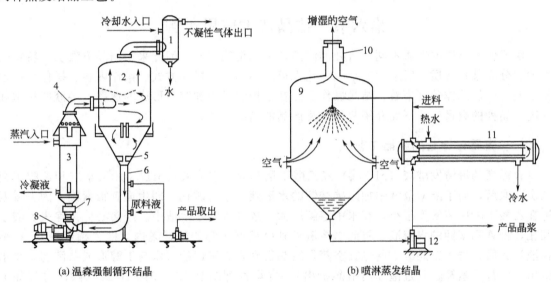

(a) 温森强制循环结晶　　(b) 喷淋蒸发结晶

图 10-21　蒸发结晶工艺

1—蒸发器;2—换热器;3—大气冷凝器;4—泵;5—漩涡破坏装置;
6—循环管;7—伸缩接头;8—循环泵;9—喷淋室;
10—鼓风机;11—加热器;12—泵

7. 结晶速率低

结晶速率是指单位时间内溶液中析出的晶体数量,主要由晶核形成速率和晶体生长速率决定,提高晶核的形成速率或晶体的生长速率,都有助于提高结晶速率。而晶核的形成速率与晶体的生长速率又是影响结晶颗粒大小的决定因素。若晶核形成的速率远大于晶体生长的速率,则晶核形成很快,而晶体生长很慢,晶体来不及长大,溶液浓度已降至饱和浓度,因此形成的结晶颗粒小而多。若晶核形成速率远小于晶体生长速率,则结晶颗粒大而少。晶核形成速率与晶体生长速率接近时,形成的结晶颗粒大小参差不齐。因此,要提高结晶速率,同时又要控制好结晶的粒度大小,主要是控制好晶核的形成速率和晶体的生长速率。但由于在结晶过程中晶核的形成与晶体的生长几乎是同时发生的,所以很难将两者彻底分开,以采取相应措施提高各自速率的同时并且保证结晶质量(晶形、大小、均匀度及纯度)。

一般而言,结晶前期主要以晶核的形成为主,结晶过程的中后期主要以晶体的生长为主。结晶速率低是由于起始阶段晶核生成速率小,而中后期晶体生长速率小。这样在保证晶体质量的前提下,结晶前期尽可能提高晶核的形成速率(如加入晶种、提高过饱和度或加强搅拌等),结晶中后期尽可能提高晶体生长速率(在保证足够的过饱和度下,提高操作温度等)。

8. 结晶产率低

结晶产率是指生成的晶体数量占原料液中这种溶质总量的百分含量。主要取决于溶液的开始浓度和结晶后母液的浓度。大多数物质,温度越低,溶解度越小,结晶后的母液浓度越小,则所得的结晶量就越多,结晶产率高。溶液的开始浓度越高,溶液中所含溶剂越少,结晶过程中越容易形成过饱和,结晶后溶液中所含溶质越少,结晶产率越高。因此,结晶产率低主要是溶液的开始浓度低或结晶后的母液浓度高。因此,可采取适当的措施提高原料液的初始浓度或降低结晶后母液的浓度。当然如果原料液中有其他杂质的影响,使结晶很难进行,也会使结晶产率偏低,这时应对原料液进行适当的除杂处理。

第六节 结晶技术应用实例

由于各种物质的性质不同,所处的溶液环境也可能不同,因此采用结晶方法从一特定的溶剂中分离某种溶质,所采用的结晶工艺也可能不同,其操作方式、操作内容、操作程序也就不同。但从总体角度来看,结晶操作重点在于控制过饱和溶液形成的速率、溶液的过饱和程度、晶种的数量等。下面介绍两种典型产品的结晶工艺。

一、青霉素钾盐的结晶工艺

青霉素的澄清发酵液(pH3.0)经乙酸丁酯萃取、水溶液(pH7.0)反萃取和乙酸丁酯二次萃取后,向丁酯萃取液中加入碳酸钾的水溶液,进行碱化,即生成青霉素钾。因青霉素钾在乙酸丁酯中溶解度很小,在水中溶解度大,故进入到水溶液中。经离心分离除去乙酸丁酯相,得青霉素钾的水溶液。将此水溶液抽到已接好丁醇的稀释罐内(即为稀释液)。将稀释液过滤后,送入结晶罐,通过真空蒸发结晶得到青霉素钾盐(水与丁醇形成共沸物,将水带出,使青霉素钾达到过饱和而结晶析出)。青霉素钾结晶工艺如图10-22,操作过程如下所述。

(1) 送料 接到碱化岗位送料通知后,先打开结晶工段除菌过滤器顶端排气阀门,再微微打开除菌过滤器进料阀门,使液体进入外壳,将外壳充满至液体从排气阀门溢出后关闭排气阀门,打开下一级过滤器排气阀门。重复以上操作,当料液进入最后一级过滤器后,缓慢打开回流阀门,回流至过滤器出液合格(无菌)后,打开过滤器出料阀门,使料进入无菌室的结晶罐,关闭回流阀门,打开过滤器进料阀门。稀释液压完后通知碱化岗位压丁醇进行顶洗,压顶洗的操作方法与压料相同。顶洗结束后,依次关闭过滤器进料阀门、出料阀门。在压料过程中要加强巡检,保证压料速度正常。

(2) 结晶前的准备 结晶罐送料前要检查结晶罐罐底阀门、蒸汽进出阀门、结晶罐盖是否全部关闭,确认关闭后,依次打开冷却水进出阀门、结晶罐排气阀门、进料阀门,接入过滤的无菌料。

(3) 共沸结晶 检查并拧紧结晶罐罐盖,依次关闭排气阀门和冷却水进、出阀门,通知

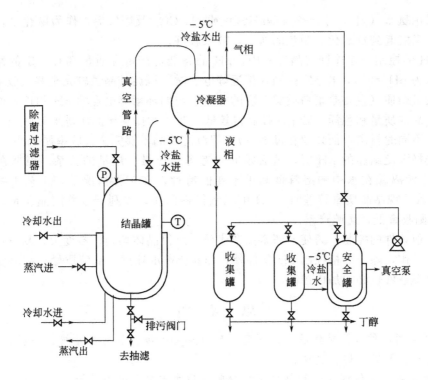

图 10-22 青霉素钾结晶工艺

真空泵人员启动结晶真空泵,待真空度≥0.090MPa 后,打开并调节结晶罐空气泄漏阀门,让一定量的空气进入结晶罐使罐内料液翻腾均匀。一段时间后,依次打开加热蒸汽进、出阀门,对结晶罐进行加热,使结晶罐内料液沸腾。蒸出溶剂(水与丁醇的共沸物)。

共沸过程中每隔一段时间巡检一次,观察结晶罐上真空度及气相温度应正常,液面低于加热面时补加丁醇(少量多次,以控制溶剂水的带出速度,进而控制过饱和度的大小)。料液快出晶时通过视镜进行不间断观察,发现出晶,立即调小蒸汽量,开始养晶,养晶时间大约在半小时,青霉素钾结晶析出,出晶温度控制在 30℃左右。养完晶后,调大蒸汽量,补加一定量丁醇,然后每隔半小时补加一次,终点前半小时不补加,共沸终点气相温度控制在≤42℃。

共沸结束后,先停真空泵,再关闭结晶罐上蒸汽进出阀门。依次打开冷却水进出阀门、结晶罐排气阀门。真空表指示为零后,静止 15min,搞好结晶罐体表面卫生,再打开罐体罐盖,将清洗干净的不锈钢临时罐盖盖住罐口,通知抽滤人员放料。料液快放完时,结晶人员用丁醇冲结晶罐底及罐壁粉子。放料过程中,抽滤人员取母液样送化验室测水分、效价。当抽滤人员放完料后,对结晶罐清洗灭菌,完毕,通知抽滤人员关闭结晶罐底阀。

二、四环素碱的结晶工艺

四环素碱的结晶工艺流程如下:

四环素发酵液经过预处理后,即可在酸性滤液中用碱化剂调节 pH 至等电点,使四环素直接从滤液中沉淀结晶出来。在结晶过程中应注意以下几点。

(1)碱化剂的选择 碱化剂一般采用氢氧化钠、氢氧化铵、碳酸钠、亚硫酸钠等。目前生产上多采用氨水（内含 2‰～3‰ $NaHSO_3$ 或 Na_2CO_3 及尿素等）作为碱化剂，这样既能节约成本，又能起到抗氧化、脱色的作用，效果较好。

(2) pH 的控制　在连续结晶过程中，pH 的高低对产量和质量都有一定的影响。四环素的等电点为 pH=5.4，若 pH 控制在接近等电点时，沉淀结晶虽较完全些，收率亦高，但此时会有大量杂质（主要是蛋白质类杂质的等电点与四环素等电点的 pH 相近）同时沉淀析出，影响产品的质量和色泽；若 pH 控制得较低一些，对提高产品质量虽有好处（即上述蛋白质等杂质不同时析出，而残留在母液中），但沉淀结晶不够完全，收率要低些，影响产量。因此，在选择沉淀结晶的 pH 时，就必须同时考虑到产量、质量的关系。根据在 pH4.5～7.5，四环素游离碱在水中的溶解度几乎不变的特性，在正常情况下，工艺上控制 pH 在 4.8 左右。若发现结晶质量较差时，pH 可控制得稍低些，以利于改善结晶质量，但不能低于 4.5，否则收率低，影响产量。

(3) 其他条件的控制　为使四环素高产优质，所得晶体均匀，粒度大，易分离，便于过滤和洗涤等操作，除了严格控制 pH 条件外，加碱化剂的速度、滤液质量、结晶温度、时间和搅拌转速等条件也必须加以控制。

思 考 题

1. 解释名词：结晶、重结晶、溶解度、超溶解度曲线、晶习、晶核、晶种、过饱和度、初级均相成核、初级非均相成核。
2. 试述第一超溶解度曲线和第二超溶解度曲线的定义和影响因素。
3. 什么是二次成核？二次成核的机理是什么？分析接触成核的影响因素。
4. 晶体洗涤目的是什么？如何选择洗涤剂及洗涤方法？
5. 晶体结块的原因是什么？如何防止？
6. 温度快速降低和缓慢降低对结晶过程有何影响？
7. 工业操作中，结晶过程主要控制哪些因素？如何控制？
8. 影响晶体质量因素有哪些？如何保证产品的质量？
9. 简述冷却结晶器、蒸发结晶器、真空结晶器、盐析结晶器的结构及其适用范围。
10. 简述冷却结晶、蒸发结晶、真空绝热冷却结晶、盐析结晶工艺。
11. 结晶速率低是什么原因造成的？如何解决？
12. 造成结晶产率低的因素有哪些？如何提高结晶产率？
13. 以青霉素钾结晶为例，简述其结晶操作过程。
14. 结晶系统的晶垢是如何形成的？怎样消除？
15. 如何解决溶液在晶体内或表面吸藏？
16. 真空结晶系统的真空度对结晶有何影响？如何控制真空度？

第十一章 蒸发与干燥技术

【学习目标】
① 了解蒸发及干燥单元的主要任务；
② 掌握结合水分、非结合水分、喷雾干燥、冷冻干燥等基本概念；
③ 理解蒸发与干燥的基本原理，能够分析影响蒸发与干燥的相关因素；
④ 熟悉蒸发及干燥设备的主要结构及其适用范围；
⑤ 熟悉各种蒸发与干燥工艺；
⑥ 能够正确进行蒸发与干燥工艺操作，会处理蒸发与干燥过程中相关工艺问题。

在生化反应过程结束时得到的培养液中一般含有 0.1%～5% 的干物质，如青霉素为 3.0%，L-异亮氨酸为 2.4%。从中提取有用的产物（如抗生素、酶制剂、氨基酸、蛋白质和其他生物活性物质）之前，一般需要对其进行一个初步的浓缩，以便于分离提纯工作的进行。而大多数生物合成产品，要想以干物质的形式出厂，还需通过干燥来实现。悬浮液或溶液的浓缩可用如下两个方法来实现。

① 机械方法　其特点为不发生相的变化，即通过过滤、离心等方法除去悬浮液中的大部分的水分。

② 蒸发法　其特点为通过相的变化即从液体或固体物料中经汽化脱水。

蒸发是使含有不易挥发溶质的溶液沸腾汽化并移出溶剂蒸气，从而使溶液中溶质浓度提高的过程。蒸发所采用的设备称为蒸发器。被蒸发的溶液通常由不挥发的溶质和具有挥发性的溶剂所组成，所以蒸发亦是此类溶液溶剂与溶质分离的过程。蒸发浓缩的主要目的有三个：一是进行浓缩，增加溶质浓度，减少溶液体积，以便进一步分离提纯，例如稀碱液、果汁及蔗汁等的蒸发浓缩；二是溶液浓缩到接近饱和状态，然后将溶液冷却，使溶质结晶分离，制得纯固体产品，例如蔗糖的生产、食盐的精制；三是蒸发得到的溶剂较为纯净，可以再利用或无污染排放，如海水淡化的蒸发过程则是为了脱除杂质，制取可饮用的淡水。

干燥是指利用热能使湿物料中湿分（水分或有机溶剂）汽化并排除蒸汽，从而得到较干物料的过程。干燥所采用的设备称为干燥器。干燥的主要目的是：一是产品便于包装贮存运输；二是许多生物制品在湿分含量较低的状态下较为稳定，从而使生物制品有较长的保质期。

第一节　蒸发技术

一、蒸发单元的主要任务

蒸发单元是实现物料浓缩的工艺操作单元，包括加热器、分离器、冷凝器和抽气泵等设备，以及连接设备的管路及其上的各种管件（如三通等）、阀门、仪表（温度表、流量计、压力表等）。

蒸发单元的主要任务有以下几个方面：其一，将前一工段送来的物料打入蒸发装置，控制工艺参数在规定的范围内，浓缩物料至一定浓度后送入下一工序；其二，操作中要处理生产工艺异常问题（温度、压力不正常，汽液夹带，堵塞黏壁等），确保生产系统稳定；其三，控制真空系统抽汽量，并对蒸发分离出的蒸汽进行冷却，控制冷凝器内液位高度，将冷凝液打入贮槽。

二、蒸发的基本原理

1. 蒸发的机理

蒸发是溶液中的溶剂挥发进入气相中的过程。其实质是溶液中的溶剂由液态变成气态，进而与溶液中的溶质实现分离的过程。溶剂在挥发过程中需从溶液中吸收热量，溶液中的热量可来自环境，外界换热介质（通常为蒸汽）供给溶液足够的热量；也可来自溶液内部，溶剂挥发后，使溶液温度降低。溶剂之所以能够挥发进入气相，是由于溶液上方气相中溶剂的分压低于气相温度下溶剂的饱和分压。溶剂挥发直至达到气液两相间的平衡：包括热量传递平衡与传质平衡。热量传递平衡是指气液两相间不存在温度差，存在温度差将会有热量从高温一侧向低温一侧流动，直到达到温差为零；传质平衡是指溶剂从液相向气向传递，直至其在气相中的分压达到平衡温度下的饱和分压。

为了使溶液中的溶剂尽可能多地移除，最好实现溶液的沸腾，沸点下溶剂的饱和蒸气压最大，传质推动力最大。溶液的沸点主要取决于溶液的浓度及操作压力。溶液的浓度越高，溶液的沸点越高，当然不同溶质所对应的溶液具有不同的沸点，同一溶质溶解在不同的溶剂中也具有不同的沸点；溶液上方溶剂的分压越高，溶液的沸点也就越高。因此，提高溶液的浓度就要提高操作温度或降低操作压力。降低操作压力有助于降低溶液的沸点，进而降低加热介质的操作温度，但温度降低也会使溶液的黏度增大，不利于溶液的流动；提高操作温度，可降低液体黏度，同时要提高加热介质的温度，但会使热敏性溶质受到破坏。

2. 蒸发体系的基本构成

蒸发的根本目的是使溶剂与溶质分离。从蒸发过程的机理可以看出，溶剂的分离是靠供给溶剂汽化需要的热量使溶剂变成蒸气，而从溶液中分离出来，同时要尽可能使气相中溶剂的分压低于其饱和分压。因此，蒸发过程的两个必要组成部分是加热使溶液沸腾汽化和不断排除水蒸气。与此相应的蒸发系统是由蒸发器和冷凝器两部分组成的。蒸发器实质上是一个换热器，它由加热室和气液分离器两部分组成。加热室通过加热介质的放热，实现室内溶液温度的升高，进而达到沸点温度，使溶剂沸腾进入气相。如果溶剂为水，则产生的蒸汽称为二次蒸汽［与加热所用的蒸汽（一次蒸汽）区分］。挥发进入气相的溶剂蒸气经气液分离器分离后引出。为了防止液滴随蒸气带出，一般在蒸发器的顶部设有气液分离用的除沫装置。

冷凝器实际上也是换热器，它有直接接触式和间接式两种类型。直接接触式是二次蒸汽冷却水从冷凝器顶加入，与上行的水蒸气直接接触，将它冷凝成水从下部排出。间接式是通过间壁式换热器，通过冷却介质冷却使蒸汽冷凝。二次蒸汽中含有的不凝性气体从冷凝器顶部排出。不凝性气体的来源有以下两方面：料液中溶解的空气和当系统减压操作时从周围环境中漏入的空气。蒸发系统总的蒸发速度是由蒸发器的蒸发速度和冷凝器的冷凝速度共同决定的，蒸发速度或冷凝速度发生变化，则系统总的蒸发速度也相应发生变化。因此，操作时必须保证蒸发器和冷凝器均工作正常。汽化的溶剂之所以能够进入分离器与冷凝器，是由于气相的压力高于环境的压力，当其压力低于环境压力时，通常采用抽吸的原理来实现气体的流动。抽吸可以采用喷射泵（蒸汽喷射或水力喷射），也可采用真空泵或引风机。

料液在蒸发器中蒸发到要求的浓度后，称为完成液，从蒸发器底部放出，是蒸发过程的产品。如果溶液的沸点很高，不能用饱和水蒸气加热，可以采用其他的加热方法，如高温载热体加热、熔盐加热、烟道气直接加热或电加热等。

3. 蒸发过程应考虑的因素

液体在任何温度下都可以蒸发，而且蒸发现象只发生于液体表面。因此蒸发过程中应该考虑以下一些因素。

（1）液体蒸发面的面积　在一定温度下，单位时间内一定量蒸汽蒸发速度与蒸发面的大小成正比，即蒸发的表面积愈大，蒸发速度愈快。故常压蒸发时应采用直径大、锅底浅的广口蒸发锅。

（2）加热温度与液体温度应有一定的温度差　根据热传导与分子动力学理论，汽化是由于分子受热后振动能力超过分子间内聚力而产生的。因此要使蒸发速度加快，必须使加热温度与液体温度间有一定的温度差，以使溶媒分子获得足够能量而不断汽化。

（3）搅拌　液体的汽化在液面总是最大的。由于热量的损失，液体的温度下降最快，加之液体的挥发，浓度的增加也较快。液面温度下降和浓度升高造成液面黏滞度增加，因而液面往往产生结膜现象。结膜后不利于传热及蒸发，通过经常搅拌可以克服结膜现象，使蒸汽发散加快，提高蒸发速度。

（4）液面外蒸汽的浓度　在温度、液面压力，蒸发面积等因素不变的前提下，蒸发速度与蒸发时液面上大气中的蒸汽浓度成反比。蒸汽浓度大，分子不易逸出，蒸发速度就慢，反之则快。故在蒸发浓缩的车间里应使用电扇、排风扇等通风设备，及时排除液面的蒸汽，以加速蒸发的进行。

（5）液面外蒸汽的温度　蒸发速度可随着蒸发温度的增加而加快，例如15℃时1m³充分饱和的空气含12g水蒸气，50℃时可含82g，75℃时则可含234g，即温度愈高，在单位体积的空气内可能含有的水蒸气愈多；反之，如将较高的温度下降或使已饱和的蒸汽重新冷却，则一部分蒸汽又重新冷凝为液体。因此，在蒸发液上部通入热风可促进蒸发。如片剂包糖衣时鼓入热风，即可加速水分的蒸发。

（6）液体表面的压力　液体表面压力越大，蒸发速度越慢。所以，有条件者可以采用减压蒸发，即可加速蒸发，又可避免药物受高温而破坏。

三、蒸发的操作方法

1. 常压蒸发、加压蒸发与减压蒸发

根据操作压力的不同，蒸发过程可分为常压蒸发、加压蒸发和减压蒸发（真空蒸发）。常压蒸发是指冷凝器和蒸发器溶液侧的操作压力为大气压或略高于大气压，此时系统中不凝性气体依靠本身的压力从冷凝器中排出；或者不用冷凝器，所用的分离室与大气相通，蒸发产生的二次蒸汽直接排放到大气中。加压蒸发是指操作压力高于大气压的操作，通常用于黏性较大的溶液，产生的二次蒸汽可作为其他加热设备的热源。减压蒸发时冷凝器和蒸发器溶液侧的操作压力低于大气压，此时系统中的不凝性气体必须用真空泵抽出。

采用真空蒸发的基本目的是降低溶液的沸点。与常压蒸发相比，它有以下优点。

① 溶液沸点低，可以用温度较低的低压蒸汽或废蒸汽作加热蒸汽。

② 溶液沸点低，采用同样的加热蒸汽，蒸发器传热的平均温度差大，所需的传热面小。

③ 溶液沸点低，有利于处理热敏性物料，即高温下易分解和变质的物料。

④ 减压蒸发由于溶液的沸点降低，可增大传热温度差，即增加了蒸发器的生产能力。

⑤ 蒸发器的操作温度低，系统的热损失小。

真空蒸发的缺点如下。

① 溶液温度低，黏度大，沸腾的传热数小，蒸发器的传热系数小。

② 蒸发器和冷凝器的内压力低于大气压，完成液和冷凝水需用泵或大气腿排出。

③ 需用真空泵抽出不凝性气体，以保持一定的真空度，因而需多耗能量。

真空蒸发的操作压力（真空度）取决于冷凝器中水的冷凝温度和真空泵的能力。冷凝器操作压力的最低极限是冷凝水的饱和蒸汽压，所以它取决于冷凝水的温度。真空泵的作用是抽走系统中的不凝性气体，真空泵的能力越大，冷凝器内的操作压力可以越接近冷凝水的饱和蒸汽压。一般真空蒸发时，冷凝器的压力为 10~20kPa。

2. 单效蒸发和多效蒸发

根据二次蒸汽是否用来作为另一蒸发器的加热蒸汽，蒸发过程可分为单效蒸发和多效蒸发。单效蒸发所生产的二次蒸汽不再利用，因此蒸发利用率差，适用于小批量、间歇生产的场合。多效蒸发是将生产的二次蒸汽通到另一压力较低的蒸发器作为加热蒸汽，使多个蒸发器串联起来的操作。多效蒸发由于多次利用蒸发的二次蒸汽，因而加热蒸汽（生蒸汽）的利用率大大提高，但是整个系统流程复杂，设备费用提高。大规模的、连续性的生产一般都采用多效蒸发。

单效蒸发的流程如图 11-1 所示，二次蒸汽在冷凝器中用水冷却，冷凝成水而排出，二次蒸汽所含的热能没有利用，而是随冷却水直接排放至环境中。因为蒸发器中依靠加热蒸汽冷凝放出热量使溶液中的水汽化。

多效蒸发中，第一个蒸发器（称为第一效）中蒸出的二次蒸汽用作第二个蒸发器（第二效）的加热蒸汽，第二个蒸发器蒸出的二次蒸汽用作第三个蒸发器（第三效）的加热蒸汽，如此类推。二次蒸汽利用次数可根据具体情况而定，系统中串联的蒸发器的数目称为效数。由于各效所产生的二次蒸汽的压力和温度都比该效加热蒸汽的压力和温度低，而此二次蒸汽又作为下一效的加热蒸汽，所以后一效的蒸发室的操作压力都应比前一效蒸发室的操作压力低，而各效又应保证有一定传热温度差（有效温度差），故生产中的多效蒸发器的最后一效都和真空装置连接。多效蒸发操作中，蒸发室的操作压力是逐效降低的，溶液的沸点也是逐效降低的，而各效完成液的浓度是逐效增加的。

多效蒸发的目的是为了节省加热蒸汽的消耗量，即提高加热蒸汽的利用率（又称经济性）。当由单效改为双效时，加热蒸汽大约可节省 50%，而由四效改为五效时，加热蒸汽只能节省 10%，而设备费用是随着效数的增加而增加的。可见当效数增加到一定程度后，由于增加效数而节省的蒸汽费用与增加效数而增加的设备费用相比，可能得不偿失，所以多效蒸发的效数是有限度的，并不是效数越高越好。

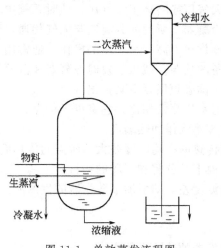

图 11-1　单效蒸发流程图

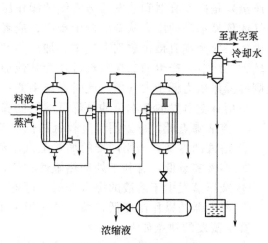

图 11-2　三效蒸发流程图

图 11-2 所示为三效蒸发的流程图。多效蒸发的优点是可以节省加热蒸汽的消耗量。如果按 1kg 蒸汽冷凝可以从溶液中蒸发出 1kg 水估算，二效蒸发中 1kg 加热蒸汽可以从溶液中蒸出 2kg 水，即蒸出 1kg 水需消耗 0.5kg 加热蒸汽，n 效蒸发中，1kg 加热蒸汽可以蒸出 $n$kg 水，即蒸出 1kg 水，需要 $1/n$kg 加热蒸汽。可见效数愈多，每蒸出 1kg 水所需要的加热蒸汽量愈少。

3. 间歇蒸发与连续蒸发

间歇蒸发是指料液分批次送入蒸发器，完成浓缩后，将完成液排出后再加入需浓缩的料液。蒸发过程中溶液的沸点和浓度随时间不断改变，是一个非定态的蒸发过程，它适用于小批量、多品种的场合。连续蒸发是指料液连续地加入蒸发器，完成液也连续地从分离器内排出，是一个连续的、定态的蒸发过程，适用于大批量生产。

四、蒸发设备

物料蒸发设备种类很多，可以根据物料特性和工艺要求，选择合适的蒸发设备。下面介绍几种典型蒸发设备。

1. 管式薄膜蒸发器

这类蒸发器的特点是液体沿加热管壁成膜而进行蒸发。按液体的流动方向可分为升膜式、降膜式、升降膜式等。

（1）升膜式蒸发器　升膜式蒸发器由蒸发加热管（一般为列管）、分离器组成，如图 11-3 所示。原料液由加热管的下部进料管进入，在正常工作时，液相只达加热管高度 $1/5\sim1/4$，加热器管外通入蒸汽加热。物料在加热管内被加热蒸发拉成液膜，浓缩液在二次蒸汽带动下一起上升，从加热器上端沿汽液分离器筒体的切线方向进入分离器，浓缩液从分离器底部排出，二次蒸汽进入冷凝器。

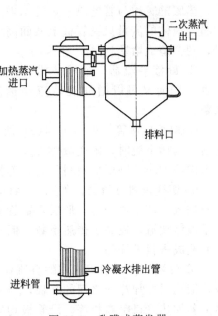

图 11-3　升膜式蒸发器

这类蒸发器由于物料在器内停留时间短，对热敏性物料的影响相对较小，适用于发泡性强、强度较小的热敏性物料。但不适用于强度较大、受热后易产生积垢或浓缩时有晶体析出的物料。

（2）降膜式蒸发器　降膜式蒸发器与升膜式蒸发器结构相似，也是由蒸发加热管（列管）、分离器组成。只是降膜式蒸发器中，物料溶液从加热管上部进入，经分配器导流管进入加热管，沿管壁成膜状向下流，再经分离器分离成汽液两相。液体的运动是靠本身的重力和二次蒸汽运动的拖带力的作用，其下降的速度比较快，因此成膜的二次蒸汽流速可以较小，对黏度较高的液体也较易成膜。但关键的问题是液料的分配，当分配不够均匀时，则会出现有些管子的液量很多，液膜很厚，溶液蒸发的浓缩比很小；有些管子的液量很小，浓缩比就很大，甚至没有液体流过而造成局部或大部分干壁现象，影响蒸发器的传热或蒸发能力。为了使液体均匀分布于各加热管中，可采用不同的分配器，常用的有：齿形溢流口、导流棒、旋液导流器、分液筛板等，如图 11-4 所示。

① 齿形溢流口。在加热管的上方管口，周边切成锯齿形，如图 11-4(a) 所示，以增加液体的溢流周边。当液面稍高于管口时，则可以沿周边均匀地溢流而下。由于加热管管口高度一致，溢流周边比较大，致使各管子间或管子的各向溢流比较均匀。

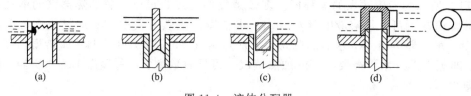

图 11-4 液体分配器

② 导流棒。在每根加热管的上端管口内插入一根呈人字形的导流棒，如图 11-4(b) 所示。棒底的宽边与管壁成一定的均匀间距，液体在均匀环形间距中流入加热管内周边，形成薄膜。液体的流量只受管板上液面高度变化的影响，分布比较均匀，但如果液体物料带颗粒时，则会造成堵塞。

③ 旋液导流器。使液体沿管壁周边旋转向下，这样可以减少管内各向物料的不均匀性，同时又可以增加液体流动速度，减薄加热表面的边界层，降低热阻，提高传热系数。

a. 螺纹导流管。如图 11-4(c) 所示，在加热管口插入刻有螺旋形沟槽的导流管，当液体沿着沟槽下流时，则使液体形成一个旋转的运动方向。沟槽的大小根据液料的性质而定，但若沟槽太小，则增加液料阻力，容易造成堵塞。

b. 切线进料旋流器。如图 11-4(d) 所示，旋流器插放在各加热管口上方，液体从切线方向进入，产生离心力，形成靠壁旋流。在重力作用下，液体成薄膜状沿管壁旋流而下，增加了液体湍流，提高了传热系数，但是设计时要注意各切线进口的均匀分布，否则会互相影响而造成进料不均匀。

④ 分液筛板。利用液体的自流作用进行分配，在管板上方一定距离水平安装一块筛孔板，筛孔对准加热管之间的管板，当筛板上保持一定液层时，液体从筛孔淋洒到管板上，液体离各加热管口距离相等，沿管板均匀流散到各管子的边沿，成薄膜状沿管壁下流。为保证液流的分布均匀，可采用两层或三层筛板，多次分配。这种分配设备简单，但只宜用作稀薄溶液的分配，对黏稠物料难以分配均匀。

降膜式真空蒸发浓缩设备由于传热系数大，蒸发速度快，物料与加热蒸汽之间的温度差可以降到很小，物料可以浓缩到较高的浓度。

(3) 升降膜式蒸发器　升降膜式蒸发器是在一个加热器内安装两组加热管，一组作升膜式，另一组作降膜式，如图 11-5 所示。物料溶液先进入升膜加热管，沸腾蒸发后，汽液混合物上升至顶部，然后转入另一半加热管，再进行降膜蒸发，浓缩液从下部进入汽液分离器分离，二次蒸汽从分离器上部排入冷凝器，浓缩液从分离器下部出料。这种蒸发器物料经升膜蒸发后的汽液混合物进入降膜蒸发，有利于降膜的液体均匀分布，同时也加速物料的湍流和搅动，以进一步提高降膜蒸发的传热系数。另外，用升膜来控制降膜的进料分配，有利于操作控制。

2. 刮板式蒸发器

刮板式蒸发器是通过旋转的刮板使液料形成液膜的蒸发设备，蒸发器的结构如图 11-6 所示。它是由转动轴、物料分配盘、刮板、轴承、轴封、蒸发室和夹套加热室等部分构成。蒸发室（夹套加热室）是一个夹套圆筒，加热夹套设计可根据工艺要求与加工条件而定。当浓缩比较大时，加热蒸发室长度较大，可造成分段加热区，采用不同的加热温度来蒸发不同的液料，以保证产品质量。

蒸发物料时，液料从进料管以稳定的流量进入随轴旋转的分配盘中，在离心力的作用下，通过盘壁小孔被抛向器壁，受重力作用沿器壁下沉，同时被旋转的刮板刮成薄膜，薄液

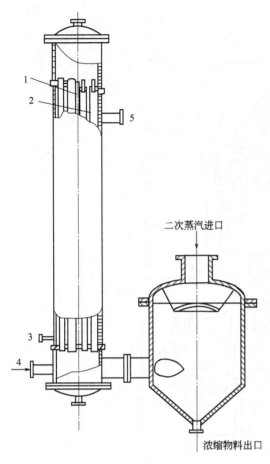 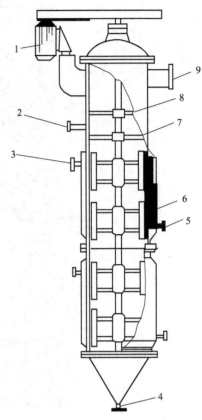

图 11-5 升降膜式蒸发器
1—升膜管；2—降膜管；3—冷凝水排出管；
4—进料管；5—加热蒸汽管

图 11-6 刮板式蒸发器
1—电动机；2—进料管；3—加热蒸汽管；
4—排料口；5—冷凝水排出孔；6—刮板；
7—分配盘；8—除沫器；9—二次蒸汽排出管

在加热区受热，蒸发浓缩，同时受重力作用下流，瞬间，另一块刮板将浓缩液料翻动下推，并更新薄膜，这样物料不断形成新液膜蒸发浓缩，直至液料离开加热室，流到蒸发器底部，完成浓缩过程。浓缩过程所产生的二次蒸汽可与浓缩液并流进入汽液分离器排除，或以逆流形式向上到蒸发器顶部，由旋转的带孔叶板把二次蒸汽所夹带的液抹甩向加热面，除沫后的二次蒸汽从蒸发器顶部排出。此设备适用于浓缩高黏度物料或含有悬浮颗粒的液料，而不致出现结焦、结垢等现象。

3. 离心式薄膜蒸发器

这种设备是利用旋转的离心盘所产生的离心力对溶液的周边分布作用而形成薄膜，设备的结构如图 11-7 所示。杯形的离心转鼓内部叠放着几组梯形离心碟，每组离心碟由两片不同锥形的、上下底都是空的碟片和套环组成，两碟片上底在弯角处紧贴密封，下底分别固定在套环的上端和中部，构成一个三角形的碟片间隙，它起加热夹套的作用。加热蒸汽由套环的小孔从转鼓通入，冷凝水受离心力的作用，从小孔甩出流到转鼓底部。离心碟组相隔的空间是蒸发空间，它上大下小，并能与套环的孔道垂直连通，作为液料的通道，各离心碟组套环叠合面用 O 形垫圈密封，上加压紧环将碟组压紧。压紧环上焊有挡板，它与离心碟片构成环形液槽。

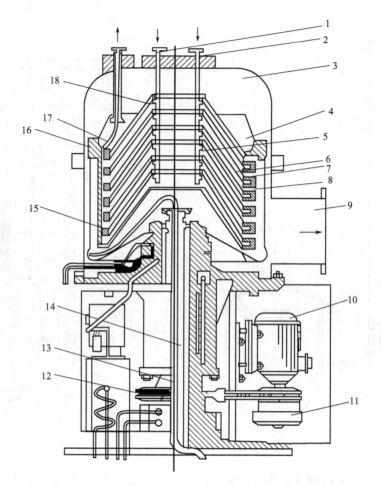

图 11-7 离心式薄膜蒸发器

1—清洗管；2—进料管；3—蒸发器外壳；4—浓缩液槽；5—物料喷嘴；6—上碟片；
7—下碟片；8—蒸汽通道；9—二次蒸汽排出管；10—电动机；11—液力联轴器；12—皮带轮；
13—排冷凝水管；14—进蒸汽管；15—溶液通道；16—离心转鼓；17—浓缩液吸管；18—清洗喷嘴

运转时稀物料从进料管进入，由各个喷嘴分别向各碟片组下表面，即下碟片的外表面喷出，均匀分布于碟片锥顶的表面，液体受离心力的作用向周边运动扩散形成液膜，液膜在碟片表面受热蒸发浓缩，浓溶液到碟片周边就沿套环的垂直通道上升到环形液槽，由吸料管抽出到浓缩液贮罐，并由螺杆泵抽送到下一工序。从碟片表面蒸发出的二次蒸汽通过碟片中部大孔上升，汇集进入冷凝器。加热蒸汽由旋转的空心轴通入，并由小通道进入碟片组间隙加热室，冷凝水受离心作用迅速离开冷凝表面，从小通道甩出落到转鼓的最低位置，而从固定的中心管排出。这种蒸发器在离心力场的作用下具有很高的传热系数。

4. 中央循环管式蒸发器

中央循环管式蒸发器如图 11-8 所示。其加热室由一垂直的加热管束（沸腾管束）构成，在管束中央有一根直径较大的管子，称为中央循环管，其截面积一般为加热管束总截面积的 40%～100%。当加热介质通入管间加热时，由于加热管内单位体积液体的受热面积大于中央循环管内液体的受热面积，因此加热管内液体的相对密度小，从而造成加热管与中央循环管内液体之间的密度差，同时由于沸腾管内蒸汽上升的抽吸作用，使得溶液自中央循环管下降，再由加热管上升的自然循环流动。溶液的循环速度取决于溶液产生的密度差以及管的长度，其密度差越大，管子越长，溶液的循环速度越大。

中央循环管式蒸发器在工业上的应用十分广泛，有所谓"标准蒸发器"之称。但实际上，由于结构上的限制，其循环速度较低（一般在 0.5m/s 以下）；而且由于溶液在加热管内不断循环，使其浓度始终接近完成液的浓度，因而溶液的沸点高、有效温度差减小。此外，设备的清洗和检修也不够方便。

5. 悬筐式蒸发器

悬筐式蒸发器如图 11-9 所示。这种蒸发器在结构上是中央循环管式蒸发器的改进。其加热室像个悬筐，悬挂在蒸发器壳体的下部，可由顶部取出，便于清洗与更换。加热介质由中央蒸汽管进入加热室，而在加热室外壁与蒸发器壳体的内壁之间有环隙通道，其作用类似于中央循环管。操作时，溶液沿环隙下降而沿加热管上升，形成自然循环。一般环隙截面积约为加热管总面积的 100%～150%，因而溶液循环速度较高（为 1～1.5m/s）。由于与蒸发器外壳接触的是温度较低的沸腾液体，故其热损失较小。悬筐式蒸发器适用于蒸发易结垢或有晶体析出的溶液。

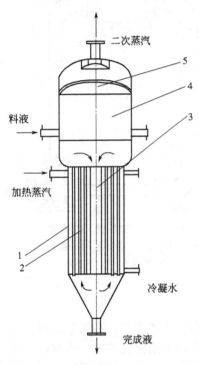

图 11-8 中央循环管式蒸发器
1—外壳；2—加热室；3—中央循环管；
4—蒸发室；5—除沫器

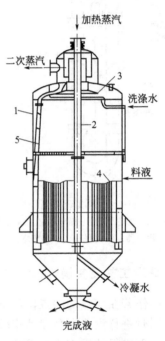

图 11-9 悬筐式蒸发器
1—外壳；2—加热蒸汽管；3—除沫器；
4—加热室；5—除沫回流管

6. 列文蒸发器

列文蒸发器如图 11-10。主要由加热室、沸腾室、循环管和分离室构成。沸腾室设在加热室上部，这样，加热室内的溶液由于受到这一段附加液柱的作用，使溶液不在加热管中沸腾，只有上升到沸腾室时因压力降低才能汽化。在沸腾室上方装有纵向隔板，其作用是防止气泡长大。此外，因循环管不被加热，使溶液循环的推动力较大。循环管的高度一般为 7～8m，其截面积约为加热管总截面积的 200%～350%。因而循环管内的流动阻力较小，循环速度可高达 2～3m/s。

列文蒸发器的优点是循环速度大，传热效果好，由于溶液在加热管中不沸腾，可以避免在加热管中析出晶体,故适用于处理有晶体析出或易结垢的溶液。其缺点是设备庞大,需要的厂房高。此外,由于液层静压力大,故要求加热蒸汽的压力较高。

7. 强制循环蒸发器

这种蒸发器是利用外加动力(循环泵)使溶液沿一定方向做高速循环流动,如图 11-11 所示。循环速度的大小可通过调节泵的流量来控制。一般循环速度在 2.5m/s 以上。这种蒸发器的优点是传热系数大,对于黏度较大或易结晶、易结垢的物料,适应性较好,但其动力消耗较大。

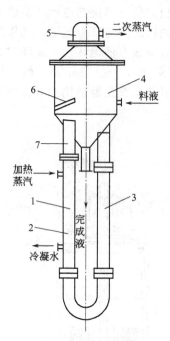

图 11-10 列文蒸发器
1—加热室;2—加热管;3—循环管;4—蒸发室;
5—除沫器;6—挡板;7—沸腾室

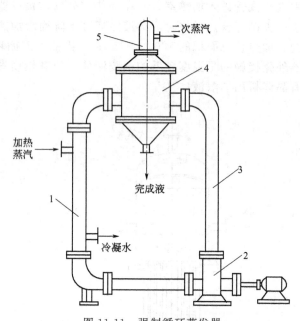

图 11-11 强制循环蒸发器
1—加热室;2—循环泵;3—循环管;
4—蒸发室;5—除沫器

五、蒸发工艺及其操作

蒸发操作若在溶液的沸点温度下进行,这种蒸发称为沸腾蒸发。沸腾蒸发时,溶液的表面和内部同时进行汽化,蒸发速率较大,在工业中几乎都采用沸腾蒸发。溶剂的汽化在低于溶液的沸点下进行的操作为自然蒸发操作,如海盐的晒制过程。自然蒸发时,溶剂的汽化只是在溶液的表面进行,蒸发速度慢,生产效率低,工业上很少使用。工业中,蒸发操作的热源通常用饱和水蒸气,蒸发设备也多为间壁式加热设备。

1. 多效蒸发工艺及操作

根据原料液的加入方法不同,多效蒸发的流程可分为四种情况,即并流、逆流、平流和错流。现以三效为例加以说明。

(1) 并流加料 又称顺流加料,其流程如图 11-2 所示。

这种加料法是原料液和加热蒸汽都加入第一效,料液顺次流过第一效、第二效、第三效,由第三效出来的浓缩的溶液即为完成液,进入成品贮罐。而加热蒸汽在第一效加热室中放热冷凝后,经冷凝水排除器排出;由第一效溶液中蒸发出来的二次蒸汽作为第二效的加热蒸汽,进入第二效的加热室,冷凝后,经冷凝水排除器排出;第二效溶液中蒸发出来的二次蒸汽进入第三效的加热室作为加热蒸汽；而第三效的二次蒸汽进入混合冷凝器冷凝后排出。由于多效蒸发时，后一效的操作压力总是比前一效的低，所以并流加料有以下特点。

① 料液由前一效送入到后一效，可利用相邻两效之间操作压力差，即可自动送料，而不必用泵输送。

② 由于前一效溶液的沸点比后一效溶液的沸点高，所以当料液进入后一效时是过热状态，即进料温度高于该效溶液的沸点，这样就会有一部分水分自然蒸发，称为自蒸发过程，其结果可使该效产生的二次蒸汽多些。

③ 加料时，由于后一效溶液的浓度比前一效大，而沸点又比前一效低，所以溶液的黏度逐效增高，这种情况对传热不利，致使传热系数逐效减小。这对处理黏度随浓度的增加较快的溶液不适宜。

(2) 逆流加料　逆流加料的流程如图 11-12 所示。料液自末效（第三效）加入，各效料液用泵送入前一效，自第一效排出完成液。加热蒸汽的走向同并流加料。

逆流加料的主要优点是浓度最高的溶液在第一效中蒸发，而第一效的操作温度最高，又因在物料的流向中，浓度增加而操作温度也提高，所以各效的黏度也相差不大，从而使各效的传热系数也不会像并流加料时那样相差较大。

逆流加料的主要缺点是，在效与效之间必须用泵输送料液，这样不仅增加了操作费用，而且还使设备复杂。另一不足之处是由于进到后一效的料液温度较该效的溶液沸点低，还需多消耗一些热量将料液加热至沸点，所以热量消耗也比并流加料时多。

一般逆流加料法对料液的黏度随温度变化较大者适宜，而对热敏性物料的蒸发则不宜采用。

(3) 平流加料　平流加料的流程如图 11-13 所示。

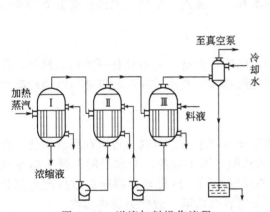

图 11-12　逆流加料操作流程

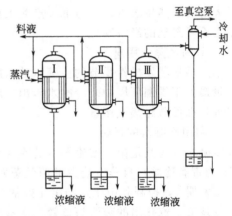

图 11-13　平流加料操作流程

其特点是每一效皆有新料液进入，每一效皆有完成液排出，各效溶液的流向相互平行。这种加料法主要用于在蒸发过程中有结晶析出的过程。如食盐水溶液的蒸发，它在较低浓度下即有结晶析出。为了避免在各效间输送带有大量结晶的溶液，常采用平流加料法。

(4) 错流流程　溶液与蒸汽在各效间有些采用并流，有些采用逆流。如溶液流向为 3 效→1 效→2 效 或 2 效→3 效→1 效，蒸汽流向为 1 效→2 效→3 效。错流操作吸收了并流操作和逆流操作两种方法的优点，但操作较复杂。

2. 真空蒸发工艺及操作

真空蒸发又称减压蒸发。采用这种操作是基于：液体与溶液的沸点取决于操作压力。压力越高,沸点亦越高;反之,压力愈小,沸点愈低。而真空蒸发就是使蒸发器内形成一定的真空度(即负压),这样可降低溶液的沸点。图11-14即为一真空蒸发流程图。加热蒸汽在加热室内冷凝后,冷凝液经冷凝水排除器2排出。原料进入蒸发室3,经蒸发浓缩后,放入浓缩液贮槽4中。为了保持蒸发室的真空度,将产生的二次蒸汽送入冷凝器5中,二次蒸汽冷凝后凝液流入贮液槽6。对冷凝蒸汽中所含有的少量空气和其他不凝性气体,由真空泵7从冷凝器中抽出,这样即可保证冷凝器和蒸发器中有一定的负压。

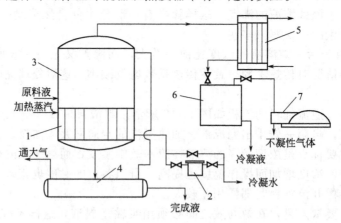

图 11-14 真空蒸发流程图
1—加热室;2—冷凝水排除器;3—蒸发室;4—浓缩液贮槽;5—冷凝器;6—贮液槽;7—真空泵

六、蒸发工艺问题及处理

蒸发操作是单元操作耗热最多的操作之一,但它有别于其他操作,在蒸发操作中一方面消耗大量的加热生蒸汽,一方面又产生大量冷凝水和二次蒸汽,所以蒸发操作的节能和废热利用是不可忽视的经济问题。

1. 节约生蒸汽用量

采用多效蒸发操作是节约生蒸汽的措施之一。此外,设备外应包扎良好的绝热材料,防止热量损失于周围环境中。冷凝水排出口应装有阻汽器(冷凝水排除器)以防蒸汽随冷凝水逸出等,都可节约蒸汽用量。

2. 利用冷凝水的显热

冷凝水(尤其是第1效生蒸汽的冷凝水)的温度(或压强)较高,可以利用其加热。图11-15为带有冷凝水自蒸发装置的两效蒸发流程示意图。第1效的冷凝水经阻汽器1送往减压自蒸发器2,控制其中压强与第1效的二次蒸汽压强相同。冷凝水因减压而过热产生部分自蒸发现象,汽化出的蒸汽与该效二次蒸汽相汇合然后送到第2效作为加热蒸汽。

3. 利用二次蒸汽的汽化热

一般采用图11-16的流程利用二次蒸汽的汽化热,使二次蒸汽通过压缩机(或蒸汽喷射泵)经绝热压缩将其温度提高到与加热蒸汽温度相同,即可作为加热蒸汽用,这种蒸发称为热泵蒸发,只有在开工时要用生蒸汽,操作稳定后就用经过压缩后的二次蒸汽作为热源,不但利用了二次蒸汽的全部汽化热,而且节省冷却水。

通常蒸发系统中将单效的或多效中末效的二次蒸汽冷凝后而排弃,不但损失了二次蒸汽中全部热量,而且要消耗大量冷却水。利用热泵蒸发可以克服上述缺点,但二次蒸汽在压缩机内温度提高得越高消耗的功越多,抵消了一部分或大部分因利用二次蒸汽而节省的费用。因此热泵蒸发不宜用于温度差损失较大溶液的蒸发,这就是热泵蒸发广泛用于食品工业而在

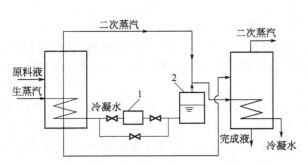
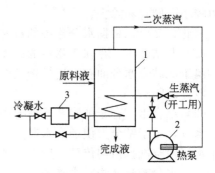

图 11-15 利用冷凝水显热的流程示意图
1—阻汽器（冷凝水排除器）；2—减压自蒸发器

图 11-16 热泵蒸发
1—蒸发器；2—压缩机；3—阻汽器

化学工业受到一定限制的原因。

4. 抽出额外蒸汽

在多效蒸发系统中常将一个效或更多效（末效除外）的部分二次蒸汽抽出送往与本系统无关的设备作为热源，抽出的蒸汽称为额外蒸汽。抽出额外蒸汽显然要多消耗第 1 效的加热蒸汽，但可以证明多消耗的蒸汽费用要小于用额外蒸汽做热源获得的效益，越从后面抽出额外蒸汽这种现象越显著。因此为了提高全厂经济效益，在多效系统中引出额外蒸汽是值得考虑的，目前在制糖工业中广泛采用这种方法。

第二节 干燥技术

一、干燥单元的主要任务

干燥在产品生产中是不可缺少的一个单元操作过程，往往是一个工艺过程中的最后一步，它直接影响出厂产品的质量，在生化产品生产中占有重要地位。干燥单元的主要任务有以下几个方面。

① 将被干燥的物料送入干燥设备，通入干燥介质或控制好相应的操作条件，使物料中的水分挥发进入气相，被干燥的物料达到相应的含水指标后，将其输送到包装或筛分等工段。干燥过程中要保证物料的质量及化学稳定性。

② 从干燥设备导出的气相进行处理。对于真空干燥可将气体冷凝除去水分；对于气流干燥要回收气相中所夹带的固体物料，除去气相中所夹带粉尘，最终将气体排入大气。

二、干燥的基本原理

干燥是指通过汽化而使湿物料中水分除去的方法。物料的干燥程度与物料中水分的存在状态有关。湿物料中水分与物料的结合有如下三种方式。

（1）化学结合水 如晶体中的结晶水，这种水分不能用干燥方法去除。化学结合水的解离不应视为干燥过程。

（2）物化结合水 如吸附水分、渗透水分和结构水分。其中以吸附水分与物料的结合力最强。

（3）机械结合水 如毛细管水分，孔隙中水分和表面润湿水分。其中以润湿水分与物料的结合力最弱。

物料中水分与物料的结合力愈强，水分的活度即愈小，水分也就愈难除去。反之，如结合力较小，则较易除去。

因此，又可以根据水分除去的难易，将水分大体分为非结合水分和结合水分。

(1) 非结合水　存在于物料的表面或物料间隙的水分，此种水分与物料的结合力为机械力。属于非结合水分的有上述机械结合水中的表面润湿水分和孔隙中的水分，结合较弱，易用一般方法除去。

(2) 结合水　存于细胞及毛细臂中的水分，主要是指物化结合的水分及机械结合中的毛细管水分，由于结合力使结合水所产生的蒸汽压低于同温度下纯水所产生的蒸汽压，所以降低了水汽向空气扩散的传质推动力。此水分与物料的结合力为物理化学的结合力，由于结合力较强，水分较难从物料中除去。

当湿物料与湿空气接触时，如空气中的水蒸气分压低于湿物料的平衡水蒸气压，则湿物料中的水分将汽化，物料被干燥，这一过程进行到湿物料的含水量降低到其水蒸气压等于空气中的水蒸气分压为止，这时湿物料的含水量称为平衡水含量。湿物料中高于平衡水含量的水称为自由水含量。可见，自由水含量是用一定温度和湿度的空气干燥湿物料时，可以从湿物料除去的水分的最大量。平衡水分的数值不仅与物料的性质有关还受空气湿度的影响。湿空气的相对湿度愈大，或温度愈低，则平衡水分的数值愈大。

由此可见，在一定条件下，无限制地延长干燥时间也不能改变物料的湿度。此外，干燥的物料应密封保存，否则物料将吸收湿空气中的水分，使平衡水分的数值增大。

1. 干燥速率

干燥速度是指单位时间内被干燥物料所能汽化的水分量，而干燥速率 U 则是指单位时间内于单位干燥面积 A 上所能汽化的水分量。干燥速率受以下几方面因素的影响。

(1) 物料的性质、结构和形状　物料的性质和结构不同，物料与水分的结合方式以及结合水与非结合水的界线也不同，因此其干燥速率也不同。物料的形状、大小以及堆置方式不仅影响干燥面积，而且影响干燥速率。

(2) 物料的湿度和温度　物料中水分的活度与湿度有关，因而影响干燥速率。而物料温度与物料中水分的蒸汽压有关，并且也与水分的扩散系数有关，一般温度愈高，则干燥速率愈大。

(3) 干燥介质的温度和湿度　干燥介质的温度越高，湿度越低，干燥速率越大。但干燥介质的温度过高、最初干燥速率过快，不仅会损坏物料，还会造成临界含水量的增加，反而会使后期的干燥速率降低。

(4) 干燥操作条件　干燥操作条件主要是干燥介质与物料的接触方式，以及干燥介质与物料的相对运动方向和流动状况。介质的流动速度影响干燥过程的对流传热和对流传质，一般介质流动速度愈大，干燥速率愈大，特别是在干燥的初期。介质与物料的接触状况，主要是指流动方向。流动方向与物料汽化表面垂直时，干燥速率最大，平行时最差。凡是对介质流动造成较强烈的湍动，使气-固边界层变薄的因素，均可提高干燥速率。例如块状或粒状物料堆成一层一层的，或在半悬浮或悬浮状态下干燥时，均可提高干燥速率。

(5) 干燥器的结构型式　烘箱、烘房等因为物料处于静态，物料暴露面小，水蒸气散失慢，干燥效率差，干燥速率慢。沸腾干燥器、喷雾干燥器属流化操作，被干燥物料在动态情况下，粉粒彼此分开，不停地跳动，与干燥介质接触面大，干燥效率高，干燥的速率大。

需要指出，由于影响干燥的因素很多，所以物料的干燥速率与湿度的关系必须通过具体的实验来测定。

2. 干燥过程

干燥过程是指水分从湿物料内部借扩散作用到达表面，并从物料表面受热汽化的过程。

带走汽化水分的气体叫干燥介质。通常为空气。大多数情况下干燥介质除带走水蒸气外，还供给水分汽化所需要的能量。

在一般情况下，干燥速率曲线是随湿物料与水分结合情况的不同而不同的，图 11-17 所示为恒定干燥条件下物料干燥速率曲线的一种类型。在此种情况下，依据干燥速度的变化，干燥过程可分为预热阶段、恒速阶段、降速阶段和平衡阶段。

(1) **预热阶段** 当湿物料与干燥介质接触时，干燥介质首先将热量传给湿物料，使湿物料及其所带水的温度升高，由于受热水分开始汽化，干燥速率由零增加到最大值。湿物料中的水分则因汽化而减少。此阶段仅占全过程的 5% 左右，其特点是干燥速率由零升到最大值，热量主要消耗在湿物料加温和少量水分汽化上，因此水分降低很少。

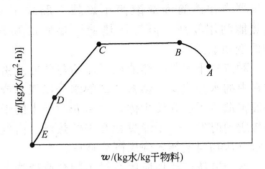

图 11-17 恒定干燥条件下物料干燥速率曲线的一种类型

(2) **恒速阶段** 干燥速率达最大值后，由于物料表面水蒸气分压大于该温度下空气中水蒸气分压，水分从物料表面汽化并进入热空气，物料内部的水分不断向表面扩散，使其表面保持润湿状态。只要物料表面均有水分时，汽化速度可保持不变，故称恒速阶段。恒速阶段，当物料在恒定的干燥条件（热空气的温度、湿度、速度及气固的接触方式一定）下进行干燥时，物料表面的温度等于该空气的湿球温度。该阶段的特点是物料表面非常湿润，干燥速度达最大值并保持不变，BC 线平行于横坐标，物料的含水量迅速下降，如果热空气传给湿物料的热量等于物料表面水分汽化所需热量，则物料表面湿度保持不变。该阶段时间长，占整个干燥过程的 80% 左右，是主要的干燥脱水阶段。预热阶段和恒速阶段脱除的是非结合水分，即自由水和部分毛细管水。恒速阶段结束时的物料含水量 w 称为第一临界含水量，常简称为临界含水量，以 w_0 表示。

(3) **降速阶段** 达到临界含水量以后，随着干燥时间的增长，水分由物料内部向表面扩散的速度降低，并且低于表面水分汽化的速度，干燥速率也随之下降，称为降速阶段。在降速阶段中，根据水分汽化方式的不同又分为两个阶段，即部分表面汽化阶段和内部汽化阶段。

① 部分表面汽化阶段 进入降速阶段以后，由于内部水分向表面的扩散速度小于表面水分汽化的速度而使湿物料表面出现干燥部分，但水分仍从湿物料表面汽化，故称部分表面汽化阶段。这一阶段的特点是，干燥速率均匀下降，且潮湿的表面逐渐减少、干燥部分越来越多，由于汽化水量降低，需要的汽化热减少，故使物料温度升高。

② 内部汽化阶段 随物料表面干燥部分增加温度越来越高，热量向内部传递而使蒸发面向内部移动，水分在物料内部汽化成水蒸气后再向表面扩散流动，直到物料中所含水分与热空气的湿度平衡时为止，称内部汽化阶段。这一阶段的特点是，物料含水量越来越少，水分流动阻力增加，干燥速率甚低，物料温度继续升高。

(4) **平衡阶段** 当物料中水分达到平衡水分时，物料中水分不再汽化的阶段。

三、干燥的操作方法

按照供能特征即供热的方式可将干燥分为接触式（传导式）、对流式、辐射式干燥与介电加热干燥。

在接触干燥时，热量通过加热的表面（金属方板、辊子）的导热性传给需干燥的湿物料，使其中的水分汽化，然后，所产生的蒸汽被干燥介质带走，或用真空泵抽走的干燥操作过程，称为接触干燥。根据这一方法建立起来的，并且用于微生物合成产品干燥的干燥器有单滚筒和双滚筒干燥器、厢式干燥器、耙式干燥器、真空冷冻干燥器等。该法热能利用较高，但与传热壁面接触的物料在干燥时，如果接触面温度较高易局部过热而变质。

对流式干燥是指热能以对流给热的方式由热干燥介质（通常是热空气）传给湿物料，使物料中的水分汽化，物料内部的水分以气态或液态形式扩散至物料表面，然后汽化的蒸汽从表面扩散至干燥介质主体，再由介质带走的干燥过程称为对流干燥。对流干燥过程中，传热和传质同时发生。干燥过程必需的热量，由气体干燥介质传送，它起热载体和介质的作用，将水分从物料上转入到周围介质中。

这个方法广泛地应用在微生物合成产物上，主要有转筒干燥器、洞道式干燥器、气流干燥器、空气喷射干燥器、喷雾干燥器和沸腾床干燥器等。

辐射干燥是指热能以电磁波的形式由辐射器发射至湿物料表面后，被物料所吸收转化为热能，而将水分加热汽化，达到干燥的目的。红外辐射干燥比热传导干燥和对流干燥的生产强度大几十倍，且设备紧凑，干燥时间短，产品干燥均匀而洁净，但能耗大，适用于干燥表面积大而薄的物料。有电能辐射器（如专供发射红外线的灯泡）和热能辐射器，在辐射干燥时，即红外线干燥时，热从能源（辐射源）以电磁波形式传入。辐射源的温度通常在700～2200℃，这个加热方法应用在微生物合成产物的升华干燥上。

介电加热干燥（包括高频干燥、微波干燥）：将湿物料置于高频电场内，利用高频电场的交变作用使物料分子发生频繁的转动，物料从内到外都同时产生热效应使其中水分汽化。这种干燥的特点是，物料中水分含量愈高的部位获得的热量愈多，故加热特别均匀。这是由于水分的介电常数比固体物料要大得多，而一般物料内部的含水量比表面高，因此介电加热干燥时物料内部的温度比表面要高，与其他加热方式不同，介电加热干燥时传热的方向与水分扩散方向是一致的，这样可以加快水由物料内部向表面的扩散和汽化，缩短干燥时间，得到的干燥产品质量均匀，自动化程度很高。尤其适用于当加热不匀时易引起变形、表面结壳或变质的物料，或内部水分较难除去的物料。但是，其电能消耗量大，设备和操作费用都很高，目前主要用食品、医药、生物制品等贵重物料的干燥。

目前，对于干燥微生物合成产物，最广泛应用的干燥方法主要是对流给热的干燥方式（气流、空气喷射、沸腾床、喷雾等），对于活的菌体、各种形式的酶和其他热不稳定产物的干燥，可使用冷冻干燥。

四、干燥设备

在工业生产中，根据被干燥物料的形状和性质、生产能力和干燥产品的要求来选用干燥器形式。通常，按加热方式干燥器分成如表11-1所示的类型。

表11-1 常用干燥器的分类

类 型	干 燥 器 名 称
对流干燥器	厢式干燥器，气流干燥器，沸腾干燥器，转筒干燥器，喷雾干燥器
传导干燥器	滚筒干燥器，真空盘架式干燥器
辐射干燥器	红外线干燥器
介电加热干燥器	微波干燥器

1. 厢式干燥器

厢式干燥器是间歇式常压干燥器的一种。通常小型的称为烘箱，大型的称为烘房。按气体流动的方式，又可分为并流式、穿流式和真空式三种。

并流式干燥器的基本结构如图11-18所示，四壁用绝缘材料保温，以减少热量损失。器内有多层框架，湿物料装在盘内，置于框架上。以热风通过湿物料的表面，使物料得到干燥。干燥所用空气经过一组加热管预热后，依箭头方向横经框架，在盘间和盘上流动，温度降低后经过另一组加热管重新预热，再流过干燥器的中部，这样重复进行，直到最后由右上角排出。空气的入口处和出口处各装风门，以调节温度和流量。这种干燥器的浅盘也可放在能移动的小车盘架上，用来方便物料的装卸，减轻劳动强度。

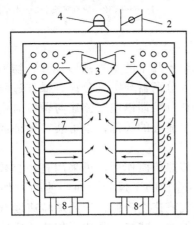

图 11-18 厢式干燥器
1—空气入口；2—空气出口；3—风扇；4—电动机；
5—加热器；6—挡板；7—盘架；8—移动轮

厢式干燥器可以在真空下操作，称为厢式真空干燥器。干燥厢是密封的，将浅盘架制成中空结构，加热蒸汽从中空结构中通过，以传导方式加热物料，使盘中物料所含水分或溶剂汽化，汽化出的水汽或溶剂蒸气用真空泵抽出，以维持厢内的真空度。

厢式干燥器构造简单，设备投资少；适应性强，物料损失小，干燥盘易清洗。但干燥时间长，若物料量大，所需的设备容积也大，工人劳动强度大，热利用率低，产品质量不均匀。一般适用于需要经常更换产品或小批量物料的干燥。

2. 带式真空干燥器

带式真空干燥设备主要用于液状和浆状物料的干燥，图11-19所示为一带式真空干燥器简图。由封闭的不锈钢料带、加热滚筒、冷却滚筒、加热装置及抽真空系统组成。不锈钢带在真空室内绕过一加热滚筒和一冷却滚筒。湿物料加在下方钢带上，由加热滚筒和辐射加热器一起加热。当不锈钢带绕过冷却滚筒时，干燥后的制品被冷却，并由刮刀刮下。

3. 耙式真空干燥器

耙式真空干燥器是一种间歇操作的干燥器，结构如图11-20所示。在一个带有蒸汽夹套的圆筒中装有水平搅拌轴，轴上有许多叶片以不断翻动物料。蒸发的水蒸气和不凝性气体由真空系统排除，干燥结束后，切断真空并停止加热，使干燥器与大气相通，然后将物料由底部卸料口卸出。这种真空干燥器是通过间壁传导供热，密闭操作，对糊状物料适应性强，物料的原始含水量可在很宽的范围内波动，但生产能力较低。

4. 气流干燥器

气流干燥器是一种连续操作的干燥器，可以采用管式或旋风分离器形式。

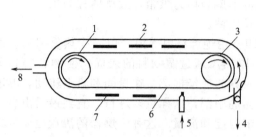

图 11-19 带式真空干燥器
1—加热滚筒；2—真空室；3—冷却滚筒；
4—制品出口；5—原料进口；6—不锈钢带；
7—辐射加热器；8—至真空系统

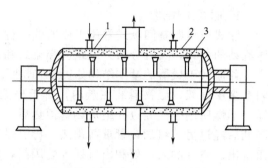

图 11-20 耙式真空干燥器
1—外壳；2—蒸汽夹套；3—水平搅拌器

(1) 干燥管　典型的气流干燥器是一根几米至十几米的垂直圆形长管。物料及热空气从管的下端进入，干燥后的物料则从顶端排出，进入分离器与空气分离。操作过程中，热空气的流速应大于物料颗粒的自由沉降速度，此时物料颗粒即以空气流速与颗粒自由沉降速度的差速上升。用于输送空气的鼓风机可以安装在整个流程的头部，也可装在尾部或中部，这样就可使干燥过程分别在正压、负压情况下进行。

为了充分利用气流干燥中颗粒加速段较强的传热传质作用，可采用管径交替缩小与扩大的脉冲式气流干燥管（图 11-21）。当颗粒进入小管径的干燥管段时，使颗粒加速运动；加速终了时，颗粒又接着进入大管径的干燥管内，气流速度降低，导致颗粒速度减慢，直至减速终了时，如此重复交替地进行，使颗粒不断地加速、减速，强化了传热传质速率。

(2) 旋风式干燥器　旋风式干燥器其结构与旋风分离器结构相近，具有一个圆筒形的筒身，带有物料的气流（湿物料在旋风干燥器前的风管中加入）在上部以切线方向进入干燥器，在干燥器内呈螺旋状向下至底部后再折向中央排气管排出（图 11-22）。筒身处必要时可附有蒸汽夹套。气体在中央排气管中的流速一般为 20m/s 左右，而在环管中的流速约 3m/s，即筒身直径 D_1 与中央管直径 D 之比约为 2.77。旋风式干燥器的进口管常做成矩形，高宽之比为 1.7~3.0。为了使气流在干燥器下部加速运动，圆筒形截面自上而下可逐渐收缩，其底部直径 $D_2 = D_1 - 0.05H$。排气管的入口制成喇叭形，有利于气体的进入减速，从而强化了传热传质速率。

气流干燥器的气、固间传递表面积大，干燥速率高，接触时间短。另外，气流干燥器结构相对简单，占地面积小，运动部件少，易于维修，成本费用低。但系统必须有高效能的粉尘收集装置，否则尾气携带的粉尘将造成很大的浪费，也会造成对环境的污染；对结块、不易分散的物料，需要性能好的加料装置，有时还需附加粉碎过程；气流干燥系统的动力消耗较大。

气流干燥器适宜于处理含非结合水及结块不严重又不怕磨损的粒状物料，尤其适宜于干燥热敏性物料或临界含水量低的细粒或粉末物料。对黏性和膏状物料，采用干料返混方法和适宜的加料装置，如螺旋加料器等，也可正常操作。

5. 喷雾干燥塔

(1) 气流喷雾干燥塔　气流喷雾干燥塔的结构如图 11-23 所示。上部为圆柱形，下部为圆锥形，塔直径与高度之比为 1:(2.4~3)，直径与锥体高度之比为 1.3~1.6，空塔时的气流速度 0.15~0.2m/s，回风管空气流速为 10~12m/s。干燥室由 1mm 左右厚度的不锈钢衬里焊接而成，外部有保温层，塔顶部装有空气分配盘，塔内设有气流喷雾器，塔的下部有螺

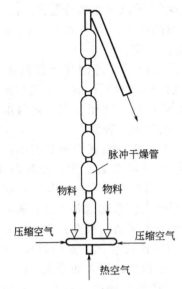

图 11-21 脉冲式气流干燥管

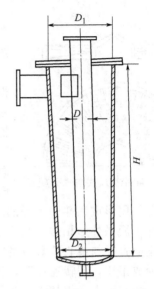

图 11-22 旋风式干燥器

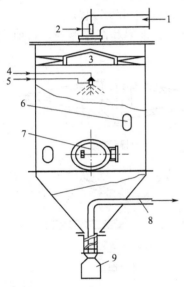

图 11-23 气流喷雾干燥塔
1—热空气入口；2—温度计；3—扩散盘；
4—物料入口；5—压缩空气入口；6—视镜；
7—人孔；8—废气出口；9—成品罐

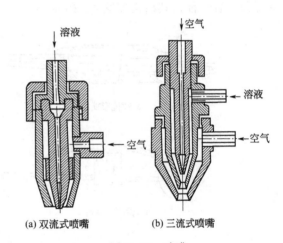

图 11-24 喷嘴

旋排风管。

气流喷雾有两种形式，一种为内部混合式，即压缩空气高速通过喷嘴时将料液吸入，气体与料液在喷嘴内部混合后喷出，喷出雾滴比较均匀；另一种是外部混合式，即气体与料液在喷嘴外面混合后喷成雾滴。常用的是内部混合式，其结构如图 11-24 所示。喷嘴上有螺旋槽，空气经螺旋槽时以切线方向进入形成湍流，将料液喷成雾状。由于气流式喷雾是利用高速气流对料液产生摩擦分裂作用而把液滴拉成细雾的，所以，气流式喷雾某些高黏度的溶液时所得到的产品往往不是粉状而是絮状。

分配盘的形式有旋风扩散式、叶片旋风式，其作用是使空气形成旋流与雾滴接触，提高

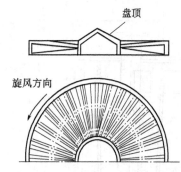

图 11-25 叶片旋风式空气分配盘

干燥效率。图 11-25 是叶片旋风式空气分配盘。由 30 个叶片均匀焊接于分配盘顶的周边，并与水平方向成 30°角，热风排出方向依旋风方向而定。

螺旋排风管是在回风管下部外侧焊上螺旋形的导风板，使气流沿螺旋导风板旋转向下，增大了气流阻力，使密度较大的产品向下沉降，气固两相分离，而密度较小的粉末状产品随废气沿回风管导入袋滤器。

（2）离心喷雾干燥塔　离心喷雾干燥是利用在水平方向做高速旋转的圆盘给予料液以离心力，使其高速甩出，形成薄膜、细丝或液滴，同时又受到周围空气的摩擦、阻碍与撕裂等作用形成细雾而干燥的过程，目前酶制剂的干燥大多采用这种方法。离心喷雾干燥塔与喷雾干燥塔外形相似，其顶部有热风盘，塔内有离心喷雾机（喷盘）等。

喷雾室的直径与离心喷雾机的转速有关，液滴直径与转速成反比，液滴射程（即喷矩）与液滴直径成正比，即转速小时，液滴射程大，而塔径是随射程的增大而增大，因此，喷盘转速越小，喷雾室直径就越大。喷矩的定义是，在某一半径的圆周内，有 90%～95% 液滴下落，不再具有水平速度，这个半径距离即称喷矩。显然，只要干燥塔半径大于喷矩时，绝大部分液滴就不会碰壁。喷雾室内的截面风速一般以 0.1～0.4m/s 为宜。

喷盘的形式有平板形、皿形、碗形、多翼形、喷枪形、锥形和圆帽形等。目前生物工业主要采用后三种，其结构如图 11-26 所示。

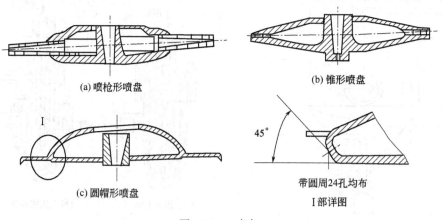

图 11-26　喷盘

热风盘的作用是使进塔后的热风分配均匀，否则会造成塔内局部粘壁。除部分热风从塔顶外风道方形进风口进入塔内之外，大部分的热风是从热风盘（即内风道）通过风向调节板进入塔内。风向调节板向下倾斜的角度是可调的。进入塔内的热风风向与喷盘甩出的料液方向可以相同，也可以相反。为了使热风在热风盘进入塔内的流速相等，热风盘常做成蜗壳形（图 11-27）。热风分配盘应与喷盘配合安装，尽可能使热风进口与喷盘靠近，使热风均匀分配进入雾化室。

喷雾干燥器干燥过程极快，处理物料种类（溶液、悬浮液、浆状物料等）广泛，可直接获得干燥产品，如速溶的粉末或空心细颗粒等，过程易于连续化、自动化。但其热效率低，设备占地面积大，成本费高，粉尘回收麻烦，回收设备投资大，固体颗粒易黏壁等。主要适用于各类细粉、超细粉、无粉尘粉剂及空心颗粒剂、热敏性药物及微囊制备。

6. 流化床干燥器

流化床干燥器又称沸腾床干燥器，是流态化原理在干燥技术中的应用。流化床干燥器种类很多，大致可分为：单层流化床干燥器、多层流化床干燥器、卧式多室流化床干燥器、喷动床干燥器、旋转快速干燥器、振动流化床干燥器、离心流化床干燥器和内热式流化床干燥器等。

图 11-28 为几种沸腾床干燥器。在单层圆筒沸腾床干燥器中，散物料从床侧加料口加入，热空气由多孔板的底部送入，使其均匀地与物料接触，颗粒在热气流中上下翻动，彼此碰撞和混合，气、固间进行传热、传质，最终在干燥器底部得到干燥产品。废气由干燥器顶部排出，经旋风分离器分出细小颗粒后放空。由于在单层圆筒沸腾床干燥器中颗粒的不规则运动，可能有一部分物料未经充分干燥就离开干燥器，而另一部分物料又会因停留时间过长而产生过度干燥现象，使得产品质量不均匀。多层圆筒沸腾床干燥器则有效解决了这个问题。多层圆筒沸腾床干燥器中物料由最

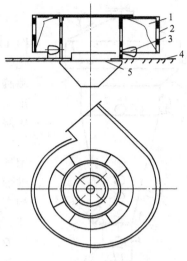

图 11-27 热风盘
1—热风盘；2—保温层；3—风向调节板；
4—塔顶壁；5—喷雾机座

上层加入，热风由底层吹入，在床内进行逆流接触。多室流化床干燥器具有长方形的横截面，底部为多孔金属网板，开孔率为 4%～13%，网板上方有若干（一般为 4～7）块竖立的挡板把流化床隔成若干室，挡板可上下移动以调节与网板间的距离。每一小室下方有热空气进口支管，各支管热空气流量可根据不同要求用阀门控制。操作时，湿物料由第一室开始逐步向下一室移动，已干燥的物料在最后一室经出料口排出。

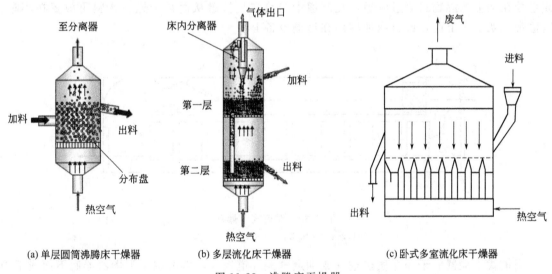

(a) 单层圆筒沸腾床干燥器　　(b) 多层流化床干燥器　　(c) 卧式多室流化床干燥器

图 11-28 沸腾床干燥器

流化床干燥器传热、传质速率和热效率高。由于气体可迅速降温，可采用更高的气体入口温度（700～800℃），而产品温度不超过 70～90℃。设备操作控制容易，成本费用低。但由于流速大，压力损失大，物料颗粒容易受到磨损，对晶体有一定要求的物料不适用。单层沸腾床干燥器仅适用于易干燥、处理量较大而对干燥产品的要求又不太高的场合。对于干燥要求较高或所需干燥时间较长的物料，一般可采用多层（或多室）流化床干燥器。

7. 沸腾造粒干燥器

这类干燥器的几何形状为一倒圆锥形，锥角30°结构如图11-29所示。由于是锥形流化床，沿床层气体流速不断变化，致使不同大小的颗粒能在不同的截面上达到均匀良好的沸腾，并使颗粒在床中发生分级，增大的颗粒先从下部排出，以免继续长大，而较小的颗粒在上面继续长大，并留在床层内以保持一定的粒度分布。

操作时，料液与压缩空气一起经喷嘴喷入流化床（即采用气流式喷嘴），喷入的位置一般多采用侧喷，直径较大的锥形流化床可用3～6个喷嘴，同时沿器壁周围喷入。喷嘴结构有二流式和三流式的，中心管走压缩空气，内环隙走料液，外管走压缩空气。内管与外管间的环隙有螺旋线，形成压缩空气的导向装置，这种喷嘴雾化效果好。热风从干燥器底部的风帽上升，与雾化的液体相遇进行传热传质。废气从上部由排风机经旋风分离器排至大气中。料液一边雾化，一边加入晶核，在操作上称为返料，开始操作时必须预先在干燥器内加入一定量的晶核（称底料）才能喷入料液，以防止喷入的料液黏壁。加入晶核颗粒大小与产品粒度有关，晶核大者，产品颗粒大，返料量小时，则产品颗粒大，因此，可用调节返料量来控制床层的粒度分布。

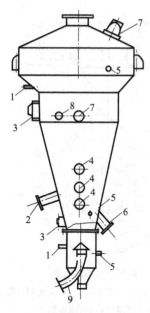

图11-29 沸腾造粒干燥器
1—测压器；2—喷嘴；3—人孔；
4—窥镜；5—测温口；6—出料口；
7—灯孔；8—加料口；9—热空气入口

8. 洞道式干燥器

洞道式干燥器（图11-30）的器身为狭长的洞道，内部设有铁轨，小车载着盛在浅盘中或悬挂在架上的湿物料通过洞道，在洞道中与热空气接触从而被干燥。物料可放置在小车、运输带、架子等上面，或自由地堆列在运输设备上。

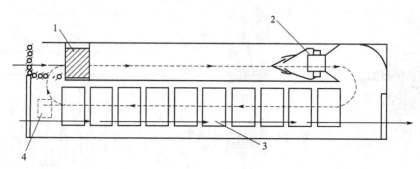

图11-30 洞道式干燥器
1—加热器；2—风扇；3—装料车；4—排气口

洞道式干燥器的干燥介质热空气或烟道气经气道送入，再由位于干燥器底下面或干燥器顶板上的气道抽出。洞道式干燥器容积大、结构简单、能耗低。但物料干燥时间较长、干燥不均匀。适用于处理量大、干燥时间长的物料。

9. 带式干燥器

带式干燥器是连续式常压干燥器的一种，如图11-31。在长方形干燥室中，有一根运输带（单带式）或几根运输带（多带式）运送被干燥物料。多带式干燥器运输带由帆布、橡胶、涂胶布、金属网等制成，由传动装置带动，同时使干燥介质（通常是热空气）经

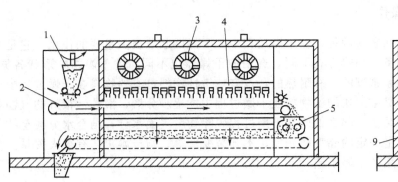 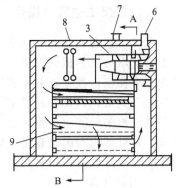

图 11-31 带式干燥器
1—加料器；2—传送带；3—风机；4—热空气喷嘴；5—压碎机；
6—空气入口；7—空气出口；8—加热器；9—空气再分配器

预热器后与物料成逆流或错流（适用于金属带）方向流动，将湿分汽化后带出干燥器外。湿物料由进料器卷入小圆滚而掉落在最上一根运输带上，自左端被运送至右端后，掉落在下一根运输带上。由于下一根运输带运动方向同上一根带相反，所以物料从右端被输送至左端。这样反复输送并与热空气接触，不断进行干燥，从最下一根运输带进入卸料室内。

带式干燥器基本可保持物料原状，也可以同时连续干燥多种固体物料。但物料的堆积厚度、装载密度必须均匀，否则干燥不均匀，致使产品质量下降。适用于颗粒状、块状和纤维状的物料。

10. 转筒式干燥器

如图 11-32 所示，湿物料从转筒较高的一端加入，热空气由较低端进入，在干燥器内与物料进行逆流接触。一般转筒内壁上装有许多块抄板，作用是把物料抄起来又洒下，使物料与气流接触的表面积增大，以提高干燥速率，同时还促使物料向前运行。

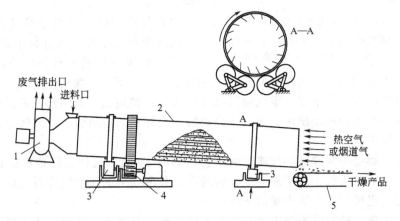

图 11-32 热空气或烟道气直接加热的逆流操作转筒式干燥器
1—风机；2—转筒；3—支承托轮；4—传动齿轮；5—输送带

转筒式干燥器生产能力大，操作稳定可靠，机械化程度较高。但设备笨重，一次性投资大；结构复杂，物料在干燥器内停留时间长，且物料颗粒之间的停留时间差异较大。主要用于散粒状物料干燥，不适合对温度有严格要求的物料。

五、干燥工艺及其操作

干燥工艺有连续式和间歇式两种。在干燥过程中,干燥器起着至关重要的作用,它是实现物料干燥过程的机械设备。加热方式不同,选用的干燥器也不同。被干燥物料形状各异,结构有多孔疏松型,也有紧密型的,有耐热的,也有热敏性物料,有的物料在干燥过程中也会发生一些变化,比如易黏结成块的湿物料在干燥过程中能逐步分散,散粒性很好的湿物料在干燥过程中可能会严重结块。那么如何在干燥过程脱除物料表面水分,结合水分甚至结晶水分,并且使物料的外观呈一定的晶型和光泽,不开裂变形等,与干燥工艺有很大关系。下面介绍工业干燥过程中常用的干燥工艺。

1. 对流干燥

对流干燥器根据操作方式的不同分为三种:并流干燥、逆流干燥和错流干燥。

并流干燥操作中高湿含量物料在进口与高温低湿气体接触,传热传质推动力大,干燥速度很快。低湿含量物料在出口与低温高湿气体接触,推动力小,干燥速度较慢。适用于湿物料能承受强烈干燥而不发生龟裂、变形或表面结硬壳,而干物料又不能耐高温,且产品湿含量较高的情况。

逆流干燥操作中进口端湿物料与低温高湿的气体接触,出口端干物料与高温低湿的气体接触,各处干燥推动力和干燥速度比较均匀,适用于湿物料不允许强烈干燥,而干物料又可以耐高温,产品湿含量很低的场合。

错流干燥操作中干燥介质垂直穿过物料层,气体进入和流出物料层时,其温度和湿度均有较大变化,要求物料能耐高温,并能承受快速干燥。

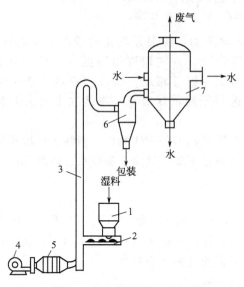

图 11-33 气流干燥工艺流程
1—加料斗;2—螺旋加料器;3—干燥管;4—风机;
5—预热器;6—旋风分离器;7—湿式除尘器

(1) 气流干燥 气流干燥是指利用湿热干燥气流或单纯的干燥气流进行干燥的一种方法。气流干燥的原理是通过控制气流的温度、湿度和流速来达到干燥的目的。气流干燥工艺流程如图 11-33 所示。物料由加料斗 1 经螺旋加料器 2 送入气流干燥管 3 的下部。空气由风机 4 吸入,经预热器 5 加热到一定温度后送入干燥管。达到干燥要求的物料经旋风分离器 6 分离后,由卸料口排出包装,废气通过湿式除尘器除尘后排入大气中。

双级气流干燥是一种改进的气流干燥工艺,如图 11-34。这种工艺是将湿物料的干燥分为两步完成,原料先进行一级干燥,干燥后的半成品由新鲜的热空气进行二级干燥,使用过的高温低湿尾气也可用作一级干燥的干燥介质。

(2) 喷雾干燥 喷雾干燥是以单一工序,将溶液、乳浊液、悬浮液或膏糊状物料加工成粉状、颗粒状干制品的一种干燥方法。它是液体通过雾化器的作用,喷洒成极细的雾状液滴,并依靠干燥介质与雾滴均匀混合,进行热交换和质交换,使水分(或溶剂)汽化的过程。

图 11-35 是一个典型的喷雾干燥装置流程。由图可知,原料由泵送至雾化器,空气经加热器加热后,作为干燥介质送到干燥室。经雾化器雾化的液滴与热空气接触,将大部分水分

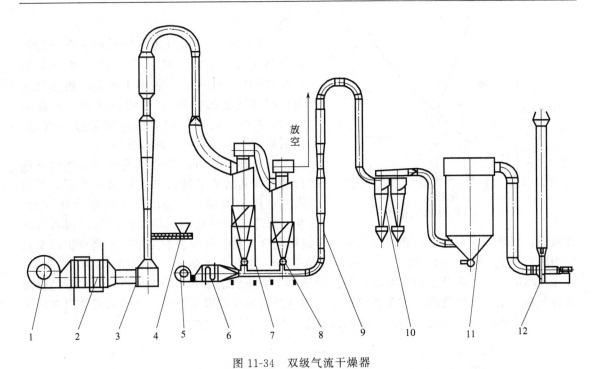

图 11-34 双级气流干燥器
1—鼓风机；2—加热器；3——级干燥主管；4—螺旋进料机；5—鼓风机；6—加热器；
7—热风收集器；8—星形出料机；9—二级干燥主管；10—旋风收集器；
11—布袋除尘器；12—引风机

汽化掉，作为干燥产品从底部收集。空气经旋风分离器回收产品粉末后排入大气。

喷雾干燥过程可分为 4 个阶段：料液雾化为雾滴；雾滴与空气接触（混合和流动）；雾滴干燥（水分蒸发）；干燥产品与空气分离。

2. 冷冻干燥

冷冻干燥是将被干燥物料冷冻成固体，在低温减压条件下利用冰的升华性能，使物料低温脱水而达到干燥目的的一种方法，所以又称升华干燥。冷冻干燥的原理可以由水的相图来说明，如图 11-36 所示。图中 OA 线是固液平衡曲线；OC 是液气平衡曲线（表示水在不同温度下的蒸汽压曲线）；OB 是固气平衡曲线（即冰的升华曲线）；O 为三相点。凡是三相点 O 以上的压力和温度下，物质可由固相变为液相，最后变为气相；在三相点 O 以下的压力和温度下，物质可由固相不经过液相直接变成气相，这个过程即为升华。例如冰的蒸汽压在 $-40℃$ 时为 13.33Pa，在 $-60℃$ 时为 1.33Pa，若将 $-40℃$ 冰面上的压力降低至 1.33Pa，则固态的冰直接变为水蒸气，并在 $-60℃$ 的冷却面上复变为冰。同理，如果将 $-40℃$ 的冰在 13.33Pa 时加热至 $-20℃$，也能发生升华现象。

图 11-37 为冷冻干燥系统构成简图。制品的冷冻干燥过程包括冻结、升华和再干燥三个

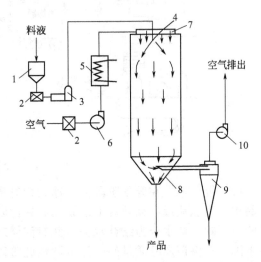

图 11-35 喷雾干燥流程图
1—料液槽；2—过滤器；3—泵；4—雾化器；
5—空气加热器；6—风机；7—空气分布器；
8—干燥室；9—旋风分离器；10—排风机

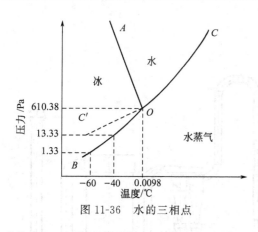

图 11-36 水的三相点

阶段。

(1) 冻结　先将欲冻干物料用适宜冷却设备冷却至 2℃ 左右，然后置于冷至约 -40℃ (13.33Pa) 冻干箱内。关闭干燥箱，迅速通入制冷剂（氟里昂、氨），使物料冷冻，并保持 2~3h 或更长时间，以克服溶液的过冷现象，使制品完全冻结，即可进行升华。

(2) 升华　制品的升华是在高度真空下进行的，冻结结束后即可开动机械真空泵，并利用真空阀的控制，缓慢降低干燥箱中的压力，在压力降低的过程中，必须保持箱内物品的冰冷状态，以防溢出容器。待箱内压力降至一定程度后，再打开罗茨真空泵（或真空扩散泵），压力降至 1.33Pa，-60℃ 以下时，冰即开始升华，升华的水蒸气，在冷凝器内结成冰晶。为保证冰的升华，应开启加热系统，将搁板加热，不断供给冰升华所需的热量，热量的供给需控制在一定的范围之内。过多的热量会使冻结产品本身的温度上升，使产品可能出现局部融化甚至全部融化，引起产品的干缩起泡现象，整个干燥就会失败。

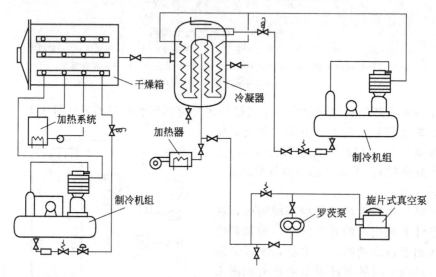

图 11-37　冷冻干燥系统简图

(3) 再干燥　在升华阶段内，冰大量升华，此时制品的温度不宜超过最低共熔点，以防产品中产生僵块或产品外观上的缺损，在此阶段内搁板温度通常控制在 ±10℃。制品的再干燥阶段所除去的水分为结合水分，此时固体表面的水蒸气压呈不同程度的降低，干燥速度明显下降。在保证产品质量的前提下，在此阶段内应适当提高搁板温度，以利于水分的蒸发，一般是将搁板加热至 30~35℃，实际操作应按制品的冻干曲线（事先经多次试验绘制的温度、时间、真空度曲线）进行，直至制品温度与搁板温度重合达到干燥为止。

冷冻干燥有如下特点。

① 因物料处于冷冻状态下干燥，水分以冰的状态直接升华成水蒸气，故物料的物理结构和分子结构变化极小。

② 由于物料在低温真空条件下进行干燥操作，故对热敏感的物料，也能在不丧失其活力或生物试样原来性质的条件下长期保存，故干燥产品十分稳定。

③ 因为干燥后的物料在被除去水分后，其原组织的多孔性能不变，所以冷冻制品复水后易于恢复原来的性质和形状。

④ 干燥后物料的残存水分很低，如果防湿包装效果优良，产品可在常温条件下长期贮存。

⑤ 因物料处于冷冻的状态，升华所需的热量可采用常温或温度稍高的液体或气体为加热剂，所以热量利用经济。干燥设备往往无需绝热，甚至希望以导热性较好的材料制成，以利用外界的热量。

六、干燥工艺问题及处理

1. 气流干燥器的工艺问题及处理

气流干燥器在干燥时，物料停留时间短，只适合干燥非结合水分的干燥，故常被用作物料的预干燥；其在干燥过程中颗粒破碎现象比较严重，颗粒之间以及颗粒与器壁之间的碰撞与摩擦频繁。故不适合干燥晶形不允许破坏的物料；由于干燥时间短，造成气固两相接触时间短，传热不充分，气体放空损失大，热效率较低；另外，气体通过干燥系统的流动阻力较大，因而风机的动力消耗较高，故总能耗较高。

在气流干燥器中，加速运动段是气流干燥器最有效的干燥区段，一根 10m 长的气流管，80%左右的水分量是在长 2m 左右的加速段汽化干燥的。因此强化气流干燥器的传热是解决问题的关键。可以采用以下几种干燥器来解决这些问题。

（1）多级气流干燥器　将多台气流干燥串联使用，总管长相同的情况下，加速段增加。且各干燥器可选择合适的气体条件，有利于热能的回收和合理利用。在淀粉、奶粉生产中被广泛采用。

（2）脉冲式气流干燥器　脉冲管内气速随管径变化而交替地增大和减小。由于惯性的作用，颗粒运动速度滞后气体，使气固两相的相对速度增加。

（3）旋风式气流干燥器　类似于旋风分离器，但更长，气流携带固体颗粒沿切线方向进入后做螺旋运动，使物料在瞬间得到干燥。适用于允许磨损的热敏性物料（如制药行业）。

2. 流化床干燥器工艺问题及解决办法

流化床干燥器在干燥过程中易出现物料停留时间不均匀的问题，可采用以下几种方法来加以解决。

（1）多层流化床　固体在每一层完全混合，但层与层之间不相混。改善了物料停留时间的分布，层数越多，产品湿含量越均匀。国内使用五层流化床干燥涤纶切片，效果很好。气固两相逆流流动，有利于降低产品的湿含量，且可使热量的利用更加充分。多层流化床特别适合于产品湿含量较低、冷物料不能承受强烈干燥而干物料可以耐高温的场合。多层床其结构复杂，气体的流动阻力也较大，因而限制了多层流化床的应用。

（2）卧式多室流化床　可按需将床层分隔成 3~6 室，最多可达 12 室（如聚丙烯流化床干燥器）。物料依次通过各室，最后翻过堰板卸出。多个全混室串联的结果使物料的停留时间分布接近活塞流。各室气体流速、温度可灵活调节，以形成最佳流化状态和干燥条件，气体压降比多层床低，操作稳定性也好，但热效率不及多层床高。

3. 喷雾干燥器工艺问题及处理

喷雾干燥器在使用过程中有一个明显的问题就是体积传热系数很低，为 $30 \sim 90 W/(m^3 \cdot K)$，水分汽化强度仅为 $10 \sim 20 kg/(m^3 \cdot h)$，故干燥器体积庞大，热效率较低，动力消耗较大。为了提高其生产能力，采用过热料液，在加压下将料液预热至 $200 \sim 300℃$ 进入雾化器，液滴通过吸收自身的显热而使部分水分汽化。

七、干燥过程应用实例

由于生物技术产品多是热敏性物料,某些产品还具有生物活性,因此,在干燥过程中控制干燥温度和干燥时间特别重要。物料停留时间短、温度较低的干燥技术在生物制品的干燥中特别适用。而对于某些特殊的生物制品,只有采用冷冻干燥才能保证制品的品质,如某些酶制剂等。

1. 人参的冷冻干燥法研究

人参在加工过程中经过长时间的日晒、水蒸气蒸、高温干燥等受到影响而大大降低其有效成分含量,并影响其外观色泽以及成品率等。为了改变这种情况,提高人参的加工质量,王贵华研究了用真空冷冻干燥法加工人参的方法,为商品人参提供了一个新的加工工艺。

(1) 材料、设备、仪器 试验用人参均采用黑龙江省6年生鲜园参。冷冻加工设备为NY-I型真空冷冻干燥机、紫外分析仪、显微镜、紫外扫描仪、721型分光光度计等。

(2) 加工工艺

① 刷洗整形 将起收后的鲜园参用冷水迅速刷洗干净,分个、整形、称重,将称重后的人参置于-5~-3℃的条件下贮存。

② 降温冷冻 将贮存的人参置于真空冷冻干燥机中,进行降温冷冻,从20℃降至-20℃需2.5~3.5h。真空干燥,减压至真空度达60Pa,并以每小时2℃的速度升温。每隔1h记录一次板温和样品温度,并分别绘制板温和样品温度曲线,在同一坐标上,当两条曲线重叠时再保持3~5h(温度在45~50℃)取出即为"冻干参"(为区别生晒参、红参而命名冻干参)。

③ 包装 将冻干参称重,用蒸馏水将其打潮(使其柔软防断)后包装。

(3) 工艺条件考查 所用人参系用佳木斯药材站提供的6年生大小相似的园参。根据一般冷冻加工原则,选择几个不同的降温冷冻点(-5℃、-10℃、-20℃、-30℃),观察在不同冷冻温度下加工后的冻干参外形变化。结果其皱缩程度以-5℃的较大,-10℃的次之,-20℃和-30℃的最小,符合外观要求,较为美观。测定其后两种参的总皂苷含量分别为4.78%、4.89%,比生晒参皂苷含量高(生晒参总皂苷含量为4.06%)。大规模生产时为节省机械、水电、工时的消耗,可选择-20℃为最好。

(4) 结论 用本法加工的冻干参优于生晒参,冻干参外表颜色鲜浅、美观,主根饱满,无皱似鲜参,香气浓郁;断面、粉末颜色均浅;易粉碎,易浸渍而有利于制备制剂;断面荧光亮蓝、明显而均匀;总皂苷含量比生晒参略高,收率也高。

2. 喷雾干燥法生产田七粉

王士俊等采用武汉制药机械厂生产的PZ2.8-3.5喷雾干燥机组进行浸膏液喷雾干燥,干燥塔直径1270mm,设备总高3600mm,采用气流式喷嘴进行喷雾,试验的工艺流程如图11-38所示。

空气经滤过器除尘后,至蒸汽加热器和电加热器升温至150~200℃后,经干燥塔顶部空气分布器进入塔内,物料借喷头压缩空气喷入塔内,雾状的液滴与热空气接触,完成了瞬间干燥。干粉和尾气从塔底抽出进旋风分离器,干粉收集于底部桶内,尾气经抽风机排至系统外。为避免塔内干粉粘壁,塔内设置了气刷,定时用压缩空气喷吹;试验采用了20%的田七浸膏溶液(相对密度1.08),以3kgf/cm²❶压力压缩空气为动力喷入塔内,热空气进风温度为170℃,进料速度为30kg/h,出风温度92℃,风量1740m³/h,喷头压缩空气量

---

❶ $1kgf/cm^2 = 98.0665kPa$。

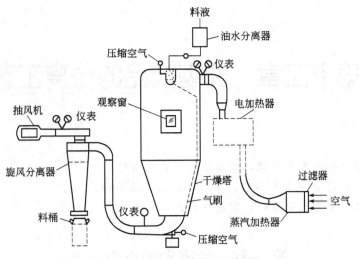

图 11-38 田七浸膏粉喷雾干燥

1.2m²/min，干燥水分 22.5kg/h，干粉生产能力 7.5kg/h，成品含水量低于 5%，喷雾干燥避免了原工艺中熬膏和烘房干燥造成的结焦现象。

思 考 题

1. 蒸发与干燥单元的主要任务是什么？
2. 蒸发和干燥技术用于生物技术产品时应着重注意哪些问题？
3. 试述常用干燥方法的种类及特点。
4. 采取哪些措施可以加快蒸发速度？采用哪些措施可以提高物料的干燥速度？
5. 简述常用蒸发设备的结构特点及适用范围。
6. 常用的蒸发方法有哪些？基本原理是什么？
7. 影响干燥的因素有哪些？
8. 简述气流干燥、沸腾干燥及喷雾干燥设备结构特点。
9. 冷冻干燥的基本原理是什么？冷冻干燥的基本过程是什么？
10. 如何降低干燥与蒸发过程中的能耗？

第十二章 典型产品的分离工艺

【学习目标】
① 理解青霉素分离基本原理，掌握分离工艺及操作；
② 理解维生素C分离基本原理，掌握分离工艺及操作；
③ 理解谷氨酸分离基本原理，掌握分离工艺及操作。

第一节 青霉素的分离工艺

青霉素本身是一种游离酸，能与碱金属或碱土金属及有机氨类结合成盐类。青霉素游离酸易溶于醇类、酮类、醚类和酯类，但在水溶液中溶解度很小；青霉素钾、钠盐则易溶于水和甲醇、微溶于乙醇、丙醇、丙酮、乙醚、氯仿，在醋酸丁酯或醋酸戊酯中难溶或不溶。青霉素是产黄青霉菌株在一定的培养条件下发酵产生、分泌至细胞外的一种次级代谢产物。青霉素发酵液成分很复杂，其中含有菌体蛋白质等固体成分；含有培养基的残余成分及无机盐；除产物外，还会有微量的副产物及色素类杂质。因此，必须从发酵液中将青霉素分离提取出来，才能制备合乎药典规定的抗生素成品。

一、青霉素的分离原理

1. 预处理和过滤

青霉素发酵液中杂质很多，其中对青霉素提纯影响最大的是高价无机离子（Ca^{2+}、Mg^{2+}、Fe^{3+}）和蛋白质。用离子交换法提纯时，高价无机离子和蛋白质的存在，会影响树脂对抗生素的吸附量。用溶剂萃取时，蛋白质的存在会产生乳化，使溶剂相和水相分层困难。因此，应根据所采用的提纯方法进行预处理除去无机离子或蛋白质。

经过预处理的发酵液便可进行过滤去除菌丝体及沉淀的蛋白质。青霉素发酵液过滤宜采用鼓式真空过滤机，如采用板框过滤机则菌丝因流入下水道而影响废水治理，并对环境卫生不利。因为青霉素在低温时比较稳定，同时细菌繁殖也较慢，可避免青霉素迅速被破坏，所以发酵液放罐后，一般要先冷却再过滤。过滤后的滤液需经酸处理除蛋白质，同时加入少量溴代十五烷吡啶（PPB）。由于发酵液中含有过剩的碳酸钙，在酸化除蛋白质时会有部分溶解，使 Ca^{2+} 呈游离状态，在酸化萃取时，遇大量 SO_4^{2-} 形成 $CaSO_4$ 沉淀。因此，预处理除蛋白质时 pH 值适当高些。

不同菌种的发酵液过滤难易不同。如过滤较困难可对过滤料液进行适当处理以改善过滤性能。青霉素发酵液菌丝粗长，直径达 $10\mu m$，其滤渣成紧密饼状，很易从滤布上刮下来，无需改善过滤性能。但除蛋白质进行二次过滤时，为了提高滤速应加硅藻土作助滤剂，或将部分发酵液不经一次过滤处理而直接进入二次过滤，利用发酵液中的菌体作助滤介质。生产上一般将不超过发酵液体积 1/3 的发酵液与一次滤液一起进行二次过滤。

2. 青霉素的提取

青霉素发酵液经过预处理和过滤后得到的滤液,滤液中含有不到4%的青霉素及一些与水亲和的杂质存在,因此需经提取和精制加以去除。提取要达到提纯和浓缩两个目的。生产上采用的方法主要有:吸附法、溶媒萃取法、离子交换法和沉淀法。究竟采用哪一种方法,要视产品的性质。青霉素的提取一般采用溶媒萃取法。这种方法主要基于青霉素游离酸易溶于有机溶剂,不易溶于水;青霉盐易溶于水,不易溶于有机溶剂的特性,利用工艺条件的改变,使青霉素存在的形式发生改变,采用水溶液与有机溶剂进行萃取,实现青霉素的反复转移而达到提纯和浓缩。采用溶媒时要考虑对青霉素有较高的分配系数,另外在水中的溶解度要小,不和青霉素起作用,在5～30℃间的蒸汽压较低,回收时温度不超过120～140℃。生产上采用的溶媒主要是醋酸丁酯和醋酸戊酯。

由于发酵液中青霉素浓度很低,而杂质(包括无机盐、残糖、脂肪、各种蛋白质及降解产物、色素、热原物质或有毒物质等)浓度相对较高。另外,青霉素水溶液也不稳定,且发酵液易被污染,故提取时要时间短、温度低,pH值宜选择在对青霉素较稳定的范围,勤清洗消毒(包括厂房、设备、容器,并注意消灭死角)。

青霉素在酸性条件下以游离酸的形式存在,易溶于醋酸丁酯;碱性条件下以盐的形式存在,易溶于水,所以生产上采用萃取(酸性条件)及反萃取(碱性条件)的方法对含青霉素的滤液进行提取。当青霉素自发酵滤液萃取到醋酸丁酯中时,大部分有机酸(杂酸)也转移到溶剂中。无机杂质、大部分含氮化合物等碱性物质及大部分酸性较青霉素强的有机酸,在从滤液萃取到醋酸丁酯时,则留在水相。如酸性强弱和青霉素相差悬殊的也可以和青霉素分离,但对于酸性较青霉素弱的有机酸,在从醋酸丁酯反萃取到水中时,大部分留在醋酸丁酯中。只有酸性和青霉素相近的有机酸随着青霉素转移,很难除去。杂酸的含量可用污染数表示,污染数表示醋酸丁酯萃取液中杂酸和青霉素含量之比。总酸量可用NaOH滴定求得。青霉素含量可用旋光法或碘量法测定,两者之差即表示杂酸含量。

青霉素在酸性条件下极易水解破坏,生成青霉素酸,但要使青霉素在萃取时转入有机相,又一定要在酸性条件下,这一矛盾要求在萃取时选择合理的pH及适当浓度的酸化液。而从有机相转入水相中时,由于青霉素在碱性较强的条件下极易碱解破坏,生成青霉噻唑酸,但要使青霉素在反萃取时转入水相,又一定要在碱性条件下,这一矛盾要求在萃取时选择合理的pH及适当浓度的碱性缓冲液。

多级逆流萃取有助于提高青霉素的收率。生产上一般采用二级逆流萃取。浓缩比选择很重要,因为醋酸丁酯的用量与收率和质量都有关系。如果醋酸丁酯用量太多,虽然萃取较完全,收率高,但达不到结晶浓度要求,反而增加溶媒的用量;如果醋酸丁酯用量太少,则萃取不完全,影响收率。发酵滤液与醋酸丁酯的体积比一般为(1.5～2):1,即一次醋酸丁酯萃取液的浓缩倍数为1.5～2。从醋酸丁酯相反萃取时为避免pH波动,常用缓冲液。可用磷酸盐缓冲液、碳酸氢钠或碳酸钠溶液等。反萃取时,因分配系数之值较大,浓缩倍数可以较高,一般3～4倍。从缓冲液再萃取到醋酸丁酯中的二次醋酸丁酯萃取液,浓缩倍数一般为2～2.5。故几次萃取后共约浓缩10～12倍,浓度已合乎结晶要求。

在一次萃取醋酸丁酯中,由于滤液中有大量蛋白质等表面活性物质存在,易发生乳化,这时可加入去乳化剂。通常用PPB,加入量为0.05%～0.1%。关于乳化和去乳化的机理可简述如下:由于蛋白质的憎水性,故形成W/O型乳浊液,即在醋酸丁酯相乳化,加入PPB

后，由于其亲水性较大，乳浊液发生转型而破坏，同时使蛋白质表面成为亲水性，而被拉入水相，同时 PPB 是碱性物质，在酸性下留在水相，这样可使醋酸丁酯相含杂质较少。考虑温度对青霉素稳定性的影响，整个萃取过程应在低温下进行（10℃以下），各种贮罐都以蛇管或夹层通冷冻盐水冷却，在保证萃取效率的前提下，尽量缩短操作时间，可减少青霉素的破坏，青霉素不仅在水溶液中不稳定，而且在醋酸丁酯中也被破坏。从实验结果得知青霉素在醋酸丁酯中 0～15℃ 放置 24h 不致损失效价，在室温放置 2h 损失 1.96%，4h 损失 2.32%。

萃取操作，包括混合和分离两个步骤：混合是将料液与萃取剂在混合设备中充分混合，使抗生素从料液中转移到萃取剂中；分离是将混合液通过离心分离设备或其他形式分成萃取液和萃余液。混合与分离操作有的是分开进行的，即料液与萃取剂首先在混合装置内充分混合后再经分离机分离；有的是在一台设备中同时进行，即所谓离心萃取机。离心萃取机萃取过程中，重液由鼓中心进入，逐层向外缘流出。轻液则是由鼓的外缘进入，逐层向内流动，最后在鼓中心处收集流出。轻重两相在逆向流动过程中完成混合，并在出口处由于所受离心力不同而实现分离。

3. 青霉素的精制及烘干

对产品精制、烘干和包装的阶段要符合 GMP 的规定。精制包括脱色和去热原、结晶和重结晶等。重结晶可制备高纯度成品。热原是在生产过程中由于被污染后由杂菌所产生的一种内毒素，各种杂菌所产生的热原反应有所不同，革兰阴性菌产生的热原反应一般比革兰阳性菌的为强。热原注入体内引起恶寒高热，严重的引起休克。它是多糖磷类脂质和蛋白质的结合体，为大分子有机物质，能溶于水，在 120℃ 加热 4h，才能被破坏 90%；180～200℃ 加热 0.5h 或 150℃ 加热 2h 能彻底被破坏；它也能被强酸、强碱、氧化剂等所破坏；它能通过一般过滤器，但能被活性炭、石棉滤板等吸附。生产中常用活性炭脱色去除热原，但须注意脱色时 pH、温度、炭用量及脱色时间等因素，以及对抗生素的吸附问题，某些产品也可用超微过滤办法除去热原。一般生产上是在萃取液中加活性炭，过滤除去活性炭得精制的滤液。滤液采用蒸馏或直接冷却结晶，晶体经过滤、洗涤、烘干得成品。烘干一般是在一定的真空度下进行，以利于在较低的温度下实现产品的干燥脱水。

青霉素是热敏性物质，不能用蒸馏或升华等方法精制。目前，常用的有分子筛法、色谱分离法、结晶或重结晶、中间体转化法、洗涤法等几种精制方法。结晶法又有：等电结晶、加成盐剂结晶、改变温度结晶、加入不同的溶剂结晶等。青霉素的生产中一般采用结晶及洗涤法进行精制，不同要求的青霉素盐产品其处理方式不同，现分述如下。

（1）青霉素普鲁卡因盐　普鲁卡因青霉素 G 在水中和醋酸丁酯中溶解度都很小，因此，可以在青霉素盐的水溶液中加盐酸普鲁卡因，或在青霉素游离酸的醋酸丁酯萃取液中加普鲁卡因碱的醋酸丁酯溶液而制得。下面以青霉素钠盐溶液结晶青霉素普鲁卡因为例来说明其工艺要点。

普鲁卡因青霉素是一种混悬剂，可直接注射到人体中去。因此，晶体形态及颗粒细度对临床使用关系很大。用颗粒大的晶体制成混悬剂，会在注射时发生针头阻塞、抽不出、打不进，或注射后产生局部红肿疼痛，甚至发热现象。如果用颗粒过细和形态不适的晶体制成大油剂时，则将稠厚如牙膏状，更不能使用。为了能达到符合药典规定的质量标准，生产上均采用微粒结晶法。即在青霉素盐溶液中以适当温度，在搅拌情况下，先加入晶种以控制晶体的形态，然后滴加一定浓度的盐酸普鲁卡因水溶液逐步结晶而成，反应如下：

$$\left(\begin{array}{c}\text{—CH}_2\text{CONH—CH—CH}\text{S}\text{C}\text{CH}_3\\ ||\text{CH}_3\\ \text{O=C—N—CH—COONa}\end{array}\right) + \text{H}_2\text{N—}\text{—OCOCH}_2\text{CH}_2\text{N(C}_2\text{H}_5)_2 \cdot \text{HCl} \xrightarrow{+\text{H}_2\text{O}}$$

$$\left(\begin{array}{c}\text{—CH}_2\text{CONH—CH—CH}\text{S}\text{C}\text{CH}_3\\ ||\text{CH}_3\\ \text{O=C—N—CH—COO}^-\end{array}\cdot (\text{C}_2\text{H}_5)_2\text{NH(CH)}_2\text{OCO—}\text{—NH}_2\right) \cdot \text{H}_2\text{O} + \text{NaCl}$$

（2）青霉素钾盐

① 醋酸钾-乙醇溶液饱和盐析结晶　青霉素钾盐在醋酸丁酯中溶解度很小，因此，在二次醋酸丁酯萃取液中加入醋酸钾-乙醇溶液，使青霉素游离酸与高浓度醋酸钾溶液反应生成青霉素钾，然后溶解于过量的醋酸钾-乙醇溶液中呈浓缩液状态存在于结晶液中，当醋酸钾加到一定量时，近饱和状态的醋酸钾又起到盐析作用，使青霉素钾盐结晶析出，反应如下：

$$\text{—CH}_2\text{CONH—CH—CH}\text{S}\text{C}\text{CH}_3 + \text{CH}_3\text{COOK} \rightleftharpoons$$
$$\text{O=C—N—CH—COOH}$$

$$\text{—CH}_2\text{CONH—CH—CH}\text{S}\text{C}\text{CH}_3 + \text{CH}_3\text{COOH}$$
$$\text{O=C—N—CH—COOH}$$

② 青霉素醋酸丁酯提取液减压共沸结晶　与饱和盐析结晶法一样也是由青霉素游离酸与醋酸钾反应，生成青霉素钾。所不同的是控制结晶前提取液的初始水分，使反应剂加入后，不能像饱和盐析结晶那样立即产生晶体，而是使反应生成的青霉素钾先溶于反应液的水组分中，而后随着减压共沸蒸馏脱水的进行，使反应液中水分不断降低，形成过饱和溶液，晶核产生并逐渐成长并在反应液中析出，得到青霉素钾。

③ 青霉素水溶液-丁醇减压共沸结晶　将青霉素游离酸的醋酸丁酯提取液用碱（碳酸氢钾或氢氧化钾）水溶液抽提至水相中，形成青霉素钾盐水溶液，调节pH后加入丁醇进行减压共沸蒸馏。蒸馏是利用丁醇-水二组分能够形成共沸物，使溶液沸点下降，且二组分在较宽的液相组成范围内，蒸馏温度稳定等特点。进行减压共沸蒸馏是为了进一步降低溶液沸点，减少对青霉素钾盐的破坏。在共沸蒸馏过程中以补加丁醇的方法将水分分离，使溶液逐步达到过饱和状态而结晶析出。

（3）青霉素钠盐　青霉素的钠盐生产方法有多种，现举例如下。

① 从二次醋酸丁酯萃取液直接结晶　在二次丁酯萃取液中加醋酸钠-乙醇溶液反应，直接结晶得钠盐。

② 从钾盐转钠盐　在二次醋酸丁酯中先结晶出钾盐，然后将钾盐溶于水，再加酸将青霉素提取至醋酸丁酯中，加醋酸钠-乙醇溶液结晶出钠盐。

③ 从普鲁卡因盐转钠盐　一次醋酸丁酯萃取液加普鲁卡因醋酸丁酯溶液反应，结晶出青霉素普鲁卡因盐。然后将此盐悬浮于水中，加醋酸丁酯再以硫酸调pH至2.0，则普鲁卡因盐分解成青霉素游离酸而转入醋酸丁酯中，加醋酸钠-乙醇溶液结晶出钠盐。

④ 青霉素水溶液-丁醇减压共沸结晶　同该法青霉素钾盐的生产，只是在水溶液抽提时用碳酸氢钠或氢氧化钠。

二、青霉素的分离工艺及操作

1. 工艺流程

(1) 工业钾盐生产工艺流程

① 饱和盐析法生产工艺流程

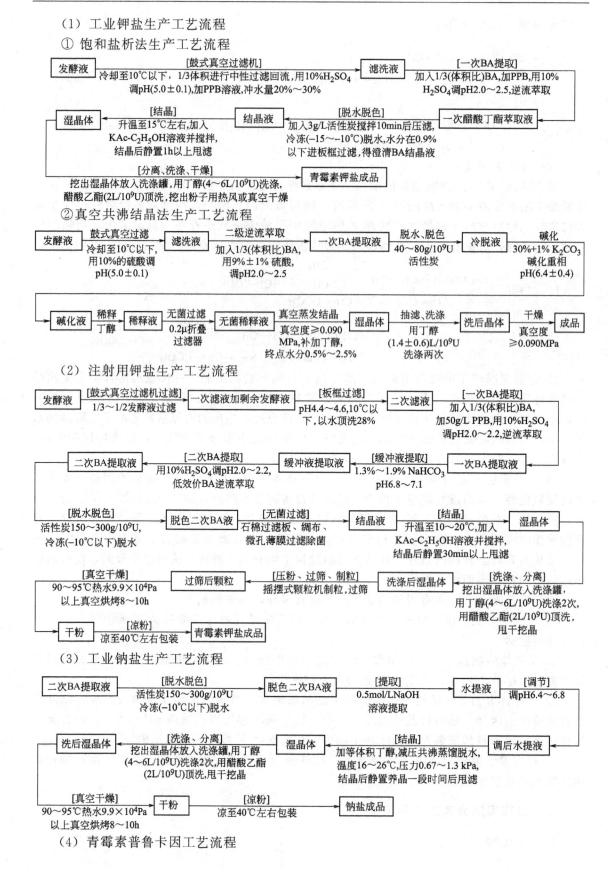

(2) 注射用钾盐生产工艺流程

(3) 工业钠盐生产工艺流程

(4) 青霉素普鲁卡因工艺流程

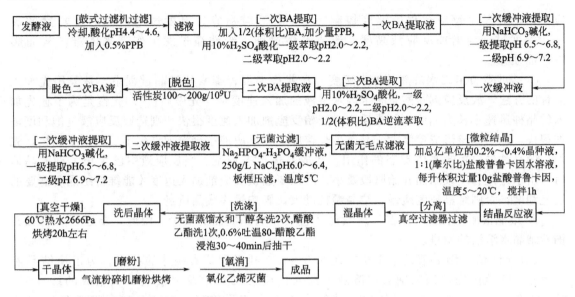

2. 工艺操作控制要点

（1）预处理及过滤　发酵液放罐后需冷却至10℃后，经鼓式真空过滤机过滤。从鼓式真空过滤机得到青霉素滤液pH在6.27～7.2，蛋白质含量一般在0.05%～0.2%。这些蛋白质的存在对后面提取有很大影响，必须加以除去。除去蛋白质通常采用10%硫酸调节pH4.5～5.0，加入0.5g/L（0.05%）左右的溴代十五烷吡啶（PPB）的方法，同时再加入0.7%硅藻土作助滤剂，再通过板框过滤机过滤。经过第二次过滤的滤液一般澄清透明，可进行萃取。目前，也有许多企业采取转鼓过滤后，用微滤、超滤膜进一步过滤，再进行萃取的工艺，省去了加入絮凝剂再经板框过滤的操作避免絮凝剂对后序药品质量影响。

（2）提取　结合青霉素在各种pH下的稳定性，一般从发酵液中萃取到醋酸丁酯时，pH选择在1.8～2.2范围内，而从醋酸丁酯相反萃取到水相时，pH选择在6.3～6.9对提取有利。生产上一般将发酵滤液酸化至pH等于2.5，加1/3体积的醋酸丁酯（简称BA）混合后以卧式离心机（POD机）分离得一次BA萃取液，然后以$NaHCO_3$在pH为6.3～6.8条件下将青霉素从BA中萃取到缓冲液中，再用10%H_2SO_4调节pH等于2.6，将青霉素从缓冲液再次转入到BA中（方法同前面所述），得二次BA萃取液。萃取与反萃取要防止局部过酸与过碱，操作中所用酸浓度、碱浓度不要过大，同时加酸、加碱速度以缓慢为宜，加酸加碱方式以喷淋方式或喷射混合方式为佳。

（3）脱色　在二次BA萃取液中加入活性炭150～300g/10^9U，进行脱色，石棉过滤板过滤。

（4）结晶　不同产品结晶条件控制不同。

① 青霉素普鲁卡因盐的结晶控制　结晶过程中应注意控制晶体大小、形态、纯度等。

a. 晶种　在结晶开始时加入一定量的晶种，以便在大量结晶前预先增加很多晶核，在结晶过程中这些晶核相应地成长为晶体，这样成长速度快，而每颗晶核上成长的量并不多，从而得到微细的晶粒，同时形态也得到了保证。晶种的质量（大小、均匀度、形态等）好坏，对晶体形态控制有着关键作用。工艺上要求晶种的形态应椭圆形，直径在2μm左右。如果晶种直径过大，则结晶后生成的晶体相应也大。

b. 温度　温度高能加强分子运动，反应速度快，晶体生长快，形成的晶体颗粒较大；温度低，晶体生长较慢，晶体颗粒细小。但普鲁卡因青霉素盐结晶过程是放热反应，因此在整个反应过程中温度控制在 5~20℃ 较适宜。温度过高造成对青霉素的破坏；温度过低会增加反应液黏度，造成晶体过细，给洗涤过滤工作带来困难，从而影响产品质量。

c. 盐酸普鲁卡因水溶液的加入速度　在普鲁卡因青霉素盐结晶过程中，是采用先加入晶种的方法，故反应剂盐酸普鲁卡因水溶液的加入速度是"先慢后快"。先慢是为了让先加入的晶种迅速生长为晶体。如果反应一开始反应剂加入速度很快，则造成反应液过饱和度增加很快，此时晶核形成速度大于晶体生长速度，在反应液中会增加许多不规则的小晶核，先加入的晶种失去控制晶体形态的作用，造成晶体形态混乱。当反应液中已生长了许多晶体后，由于过饱和度较结晶开始阶段要小，所以要加快反应剂加入速度才能维持结晶所需要的过饱和度，否则结晶速度缓慢，结晶颗粒过大，影响最终成品质量。

d. 结晶液质量控制　结晶液质量好坏直接影响到成品的质量。因此，要控制好青霉素钠盐结晶水溶液的质量。

(a) pH 值　结晶液的 pH 控制在 6.5~7.0 利于青霉素钠盐的稳定。为了使结晶液在上述 pH 范围内，须在钠盐水溶液中加入由磷酸二氢钠及磷酸氢二钠组成的缓冲液，其 pH 在 6.8~7.0。缓冲液同时还能结合重金属离子使青霉素钠盐结晶液放置时尽量减少破坏。

(b) 浓度　浓度过高，杂质浓度也高，对成品质量有影响；浓度过低，则设备利用率低及结晶收率低，母液量大。工艺要求青霉素钠盐结晶液浓度在 10 万~20 万 U/mL 较适宜。

(c) 色泽　要求结晶液为浅黄色透明液体。结晶液颜色不好，会影响到成品的色级。

(d) 温度　二次青霉素钠盐水溶液在低温下稳定。因此，一般在 5℃ 左右存放。

(e) 醋酸丁酯含量　如果二次青霉素钠盐水溶液中含有过多的醋酸丁酯，则将使结晶不易控制，容易使晶形长乱，影响洗涤效果，使成品品质下降，同时也影响收率。

② 醋酸钾-乙醇溶液饱和盐析钾盐的结晶控制　在结晶过程中溶液中的水分、酸度和温度对青霉素钾盐的溶解度有很大影响，因而应控制好。

a. 水分的影响　二次醋酸丁酯萃取液中的水分可以溶去一部分杂质，可提高晶体质量，但水分含量高，青霉素钾盐溶解度增大，使产品收率下降。因此，水分应控制在 0.9% 以下，对收率影响较小。但如果二次醋酸丁酯提取液水分含量低于 0.75% 以下，加之醋酸钾溶液水分也低，会使晶体包含色素多而色深，影响晶体色泽。同时要求乙醇-醋酸钾溶液配制的水分含量应控制在 9.5%~11%，醋酸钾浓度在 46%~51%，应注意醋酸钾浓度高低与水分含量成正比较好。如果醋酸钾浓度高，而水分含量低，则醋酸钾在配制过程中易析出结晶，或者加入到醋酸丁酯萃取液中后会有一部分醋酸钾以结晶形式析出，降低了醋酸钾参加反应的浓度，也使两种晶体混杂在一起降低产品纯度。如果配制醋酸钾水分过高（在12%~12.5%），再加上二次醋酸丁酯提取液中水分含量，整个反应母液中总水量增高，就会影响结晶收率。

b. 温度影响　温度低时反应慢，晶体细而黏，不易过滤，甩不干，并影响洗涤效果；温度高，反应速度快，晶体颗粒粗大，但溶解度高，结晶产量下降，且易造成青霉素降解。另外，反应温度也应根据污染数高低进行调控。一般污染数在 0.5% 以下，结晶温度控制在 10~15℃，污染数在 0.5% 以上，则结晶温度控制在 15~20℃。

c. 污染数高低对结晶的影响　污染数高会使反应速度降低，生成晶体略大，但结晶收率低；污染数低反应速度快，但晶体细小，且杂酸污染晶体。一般要求污染数在 0.5% 左右。

d. 青霉素与醋酸钾的配比　根据前面的反应式知道，1mol 醋酸钾可以生成 1mol 青霉素钾盐。但由于反应是可逆的，故采取过量 0.1mol 醋酸钾，使反应利于向青霉素钾盐的方向进行，另外，醋酸丁酯萃取液中杂酸的存在，要消耗一部分醋酸钾。因此，结晶过程中要根据污染数多少而决定醋酸钾的加入量，以保证反应能完全进行。如污染数在 0.5% 左右，则反应时加入醋酸钾摩尔比为 1∶1.6。

③ **青霉素水溶液-丁醇减压共沸生产钠盐的结晶控制**　二次醋酸丁酯萃取液以 0.5mol/L NaOH 溶液萃取，在 pH6.4～6.8 下得到钠盐水浓缩液，浓度为 $(15～25)×10^4$ U/mL，加 2.5～3 倍体积的丁醇，在 16～26℃、0.67～1.3kPa 下共沸蒸馏。一般开始共沸结晶时，先加水液相同体积的丁醇作为基础料，其他 1.5～2 倍丁醇随蒸馏过程分 5～6 次补加入罐内。蒸馏时水分与丁醇成共沸物蒸出，当浓缩到原来水浓缩液体积，气相中含水量达到 2%～4% 时停止蒸馏，钠盐则结晶析出。在钠盐结晶析出过程中要注意养晶，以利于晶体粗大，利于过滤，且纯净度高、杂质少。生产上养晶一般补加第三次丁醇后，亦即蒸馏 3h 后，此时料液变黏，有泡沫产生，同时溶液温度有所下降，此即达到过饱和状态，是即将出现晶体析出的象征，这个时候要采取措施减缓其蒸发速度，使过饱和度逐渐形成，使晶核慢慢产生，以利晶体成长，待大量晶核出现 30～60min 后，再加大蒸发速度和脱水，使结晶完全。结晶后的钠盐经过滤，洗涤后干燥得工业品钠盐。

3. 生产工艺过程简述

青霉素的提取和精制工艺很多，下面仅以共沸结晶生产青霉素工业钾盐为例。

发酵液在发酵液贮罐内经冷却，加水稀释，搅拌，加酸调节 pH，加入絮凝剂后，经转鼓真空过滤机过滤（或经微滤膜过滤）分离菌体后，送滤液贮罐。来自过滤液贮罐的青霉素滤液经过流量计与破乳剂混合后，通过增压泵加压进入硫酸喷射器，与稀硫酸充分混合调整至萃取所应达到的 pH 后进入离心萃取机。在离心萃取机内与低单位醋酸丁酯（来自二级萃取）或空白醋酸丁酯进行混合、萃取、分离得一次醋酸丁酯萃取液及重液（一阶段）。一次醋酸丁酯萃取液和水分别进入混合器混合后，实现萃取液的洗涤，混合液进入离心机进行分离，得轻液和重液。水洗后的丁酯提取液（轻液）进入萃取液贮罐交冷脱岗位，水洗液（重液）回重液贮罐。一阶段重液和水洗液、破乳剂和空白醋酸丁酯、稀硫酸经混合器混合后进入二阶段离心机进行分离，得轻液（低单位醋酸丁酯）和重液（二阶段），二阶段重液（废酸水）经稀碱中和后放入废酸水池交给回收岗位进行处理，低单位醋酸丁酯回到一阶段套用。

水洗后的醋酸丁酯提取液进入冷冻脱色罐后，加入活性炭粉末，冷冻降温并进行搅拌，经活性炭吸附脱色及去除热原后，经板框过滤机除冰碴和炭粉后，进入碱化罐，交碱化岗位。

向碱化罐内加入纯化水，对碱化罐内的醋酸丁酯溶液进行水洗、搅拌、静置，将重相放到提炼岗位（或回收岗位）。开动搅拌加入碱化剂，调节 pH，静置分层，得一次碱化液及一次碱化上清液。将碱化液抽到已装入一定量丁醇的稀释罐内，开动搅拌进行稀释（即为稀释液）。和结晶岗位交接后，稀释液经膜过滤器过滤后进入结晶罐，滤完后用加水丁醇对滤饼进行顶洗，顶洗液送入结晶罐。一次碱化上清液再加入碱化剂，使青霉素反应完全，搅拌、静置、分层，将下层碱化液抽到二次碱化液贮罐，供下批套用（可加入至丁醇稀释罐），上层空白醋酸丁酯放到回收岗位进行精馏，回收醋酸丁酯。

稀释液接入结晶罐后，启动真空泵及搅拌，开蒸汽加热进行蒸馏。出晶后关水蒸气，调小搅拌，维持温度稳定，养晶。养晶完毕后，继续开大蒸汽蒸馏。在结晶过程中根据料液蒸出情况，分次补加丁醇。关蒸汽，停真空泵，停止蒸馏。取样测定水分和效价，合格后料液交下工序。结晶岗位蒸出的丁醇送回收岗位进行回收。

结晶完毕后,可放抽滤器进行抽滤,抽滤所得滤饼,用丁醇进行洗涤。抽干后将湿粉挖出,湿粉装入双锥回转干燥器。真空状态下,开蒸汽加热干燥。结晶完毕的料液也可放罐式三合一进行抽滤,将母液抽干,加入丁醇进行洗涤。洗涤结束后,抽干。在真空状态下,开蒸汽加热,并开机械搅拌进行干燥。

干燥后的青霉素钾盐按规定装量分装,双层塑料袋,外套纸桶,得青霉素钾工业盐。

第二节 维生素 C 的分离工艺

维生素 C(vitamin C,VC)又名抗坏血酸,化学名称为 L-2,3,5,6-四羟基-2-己烯酸-γ-内酯。是一种白色或略带淡黄色的结晶或粉末,无臭、味酸、遇光色泽渐变深,水溶液显酸性。结晶体在干燥空气中较稳定,但其水溶液能被空气中氧和其他氧化剂所破坏,所以贮藏时要阴凉干燥,密闭避光。熔点为 190~192℃,熔融时同时分解。

维生素 C 易溶于水,略溶于乙醇,不溶于乙醚、氯仿和石油醚等有机溶剂。水溶液在 pH5~6 稳定,若 pH 值过高或过低,并在空气、光线和温度的影响下,可促使内酯环水解,并可进一步发生脱羧反应而生成糠醛,聚合易变色。目前维生素 C 的生产主要采用两步发酵法。即以葡萄糖为原料,经高压催化氢化制备山梨醇,然后以山梨醇为原料经两步微生物(黑醋菌、假单胞杆菌和氧化葡萄糖酸杆菌的混合菌株)发酵制备 2-酮基-L-古龙酸,再将 2-酮基-L-古龙酸经酸(或碱)转化等工序制得粗品维生素 C,粗品维生素 C 经精制得成品维生素 C。下面重点介绍发酵工序后的分离工艺过程。

一、维生素 C 的分离原理

1. 2-酮基-L-古龙酸的分离

山梨醇经两步微生物发酵主要生成 2-酮基-L-古龙酸,使发酵液酸度提高,为了保证产酸正常进行,必须定期滴加灭菌的碳酸钠溶液调 pH 值,使 pH 值保持 7.0 左右,这样发酵终点所得溶液是含古龙酸钠及少量古龙酸的发酵液。在发酵终点时,用于发酵的芽孢杆菌菌体已逐步自溶成碎片,使大量的菌体蛋白溶入发酵液中。因此,发酵液中除了含有一定量的 2-酮基-L-古龙酸钠及 2-酮基-L-古龙酸外,还含有大量的菌体蛋白。要将 2-酮基-L-古龙酸钠从发酵液中分离提取出来,必须先除去菌体蛋白。除去菌体蛋白,可将发酵液用盐酸酸化,调至菌体蛋白等电点,使菌体蛋白沉淀,静置数小时后去掉菌体蛋白。除去菌体蛋白的发酵液中含 2-酮基-L-古龙酸钠及 2-酮基-L-古龙酸,由于 2-酮基-L-古龙酸钠能解离为阴、阳离子,用 732 阳离子交换树脂进行交换可去掉其中 Na^+ 而得 2-酮基-L-古龙酸稀液。高温下 2-酮基-L-古龙酸不稳定,所以为了浓缩古龙酸溶液使其达到一定浓度,可采用减压浓缩的方法。由于低温下 2-酮基-L-古龙酸溶解度较小,所以可经冷却结晶得 2-酮基-L-古龙酸晶体,从而实现了从发酵液中提取分离 2-酮基-L-古龙酸的操作过程。

2. 粗品维生素 C 的分离

分离得到的 2-酮基-L-古龙酸,采取适当的方法可转化为维生素 C,将维生素 C 的溶液进行减压蒸发浓缩,然后冷却进行结晶,离心分离,得粗品维生素 C。转化方法有酸转化、碱转化与酶转化,其中前两种方法使用较为普遍。

(1) 酸转化 2-酮基-L-古龙酸在酸性条件下,可转化为维生素 C,反应方程如下:

（2）碱转化　先将古龙酸与甲醇进行酯化反应，再用碳酸氢钠将2-酮基-L-古龙酸甲酯转化成钠盐，最后用硫酸酸化或氢型离子交换树脂酸化得粗维生素C。反应过程如下：

3. 粗维生素C的精制

粗品维生素C经真空干燥后，再溶解、脱色，进行重结晶，对晶体再一次进行真空干燥，便可得到精制维生素C。

二、维生素C的分离工艺及操作

1. 2-酮基-L-古龙酸的分离工艺及操作

（1）2-酮基-L-古龙酸的分离工艺

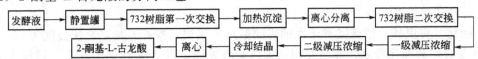

① 将发酵液冷却后用盐酸酸化，调至菌体蛋白等电点，使菌体蛋白沉淀。静置数小时后去掉菌体蛋白，将酸化上清液以2～3m³/h的流速压入一次阳离子交换柱进行离子交换。或将发酵液加入至循环槽，经冷却调节pH值后，用泵打入微滤膜、超滤膜过滤器内除去菌体及蛋白类物质后，将滤液压入阳离子交换柱内进行离子交换。当回流到pH3.5时，开始收集交换液，控制流出液的pH值，以防树脂饱和，发酵液交换完后，用纯水洗柱，至流出

液古龙酸含量低于 1mg/mL 以下为止。当流出液达到一定 pH 值时,则更换树脂进行交换,对原树脂进行再生处理。

② 将经过一次交换后的流出液和洗液合并,在加热罐内调 pH 至蛋白质等电点,然后加热至 70℃ 左右,加 0.3% 左右的活性炭,升温至 90~95℃ 后再保温 10~15min,使菌体蛋白凝结。停搅拌,快速冷却,高速离心过滤得清液。

③ 将酸性过滤清液打入二次交换柱进行离子交换,至流出液达到 pH1.5 时,开始收集交换液,控制流出液 pH1.5~1.7,交换完毕,洗柱至流出液古龙酸含量在 1mg/mL 以下为止。若 pH>1.7 时,需更换交换柱。

④ 将二次交换液进行一级真空浓缩,温度 45℃,至浓缩液的相对密度达 1.2 左右,即可出料。接着,又在同样条件下进行二级浓缩,然后加入少量乙醇,冷却结晶,甩滤并用冰乙醇洗涤,得 2-酮基-L-古龙酸。

如果以后工序使用碱转化,则需将 2-酮基-L-古龙酸进行真空干燥,以除去部分水分。

(2) 工艺控制及影响因素

① pH 值　发酵液在上柱之前 pH 值非常重要,因为调好等电点是凝聚菌体蛋白的重要因素。pH 偏高偏低都会使上柱发酵液中的蛋白含量升高,进而污染交换树脂,使离子交换效率下降。

② 交换液流速　交换液流速过小,树脂处理能力下降,流速过快,交换效率会下降,因此交换液流速的确定要保证有较高的交换率的前提下,提高树脂层的处理能力,生产上一般维持在 2~3m^3/h。

③ 树脂的再生程度　树脂再生的好坏直接影响 2-酮基-L-古龙酸的提取,标准为进出酸差小于 1%、无 Cl$^-$。

④ 浓缩温度　浓缩温度取决于真空度,真空度高浓缩温度低,但动力消耗大,汽化量大容易跑料;真空度低时,浓缩温度高,料液易炭化。生产上一般控制在 45℃ 左右较好。

2. 酸转化工艺及操作

① 工艺过程　按配料比为 2-酮基-L-古龙酸:38%盐酸:丙酮=1:0.4:0.3(质量比)进行工艺配置。先将丙酮及一半古龙酸加入转化罐搅拌,再加入盐酸和余下的古龙酸。待罐夹层满水后开蒸汽阀,缓慢升温至 30~38℃ 关汽,自然升温至 52~54℃,保温约 5h,反应到达高潮,结晶析出,罐内温度稍有上升,最高可达 59℃,严格控制温度不能超过 60℃。反应过程中为防止泡沫过多引起冒罐,可在投料时加入一定量的泡敌作消泡剂。剧烈反应期后,维持温度在 50~52℃,至总保温时间为 20h。开冷却水降温 1h,加入适量乙醇,冷却至 -2℃,放料。甩滤 0.5h 后用冰乙醇洗涤,甩干,再洗涤,甩干 3h 左右,干燥后得粗维生素 C。

② 影响因素　盐酸浓度低,转化不完全;浓度过高,则分解生成许多杂质,使反应物色深,一般盐酸浓度为 38%。转化反应中需加入一定量丙酮,以溶解反应中生成的糠醛,避免其聚合,保持物料中有一定浓度的糠醛,从而防止抗坏血酸的进一步分解生成更多的糠醛。

3. 碱转化工艺及操作

① 酯化　将甲醇、浓硫酸和干燥的古龙酸加入罐内,搅拌并加热,使温度为 66~68℃,反应 4h 左右即为酯化终点。然后冷却,加入碳酸氢钠,再升温至 66℃ 左右,回流 10h 后即为转化终点。再冷却至 0℃,离心分离,取出维生素 C 钠盐,结晶母液经过滤后送往精馏岗位回收甲醇。

② 酸化　酸化有两种工艺。

其一,将维生素 C 钠盐和一次母液干品、甲醇加入罐内,搅拌,用硫酸调至反应液 pH 为 2.2~2.4,并在 40℃ 左右保温 1.5h,然后冷却,离心分离,弃去硫酸钠得含维生素 C 滤液。将滤液加少量活性炭，冷却压滤，然后真空减压浓缩，蒸出甲醇，浓缩液冷却结晶，离心分离得粗维生素 C。回收母液成干品，继续投料套用。

其二，将维生素 C 钠盐溶于水（或交换洗液、精制岗位的结晶母液）配成溶液，注入装填有磺酸型树脂的离子交换柱进行酸化，所得的交换液需经活性炭脱色，双效升膜蒸发器减压浓缩，再用强制外循环蒸发器进一步减压浓缩，然后降温使维生素 C 结晶析出，最后经离心分离后即可得粗维生素 C。整个操作过程如下。

a. 酸化　计算好每根离子交换柱可交换的维生素 C 钠溶液量，用泵将此维生素 C 钠溶液注入离子交换柱，控制其流速在 $9\sim12m^3/h$，当交换液的 pH 值降至 4 时开始出料，所得交换液即为维生素 C 溶液，控制出液质量。当维生素 C 钠溶液进完后，用上批洗水顶料以充分回收柱内残存的维生素 C。

b. 水洗　用无盐水冲洗离子交换柱，以除去残留在树脂上的物料，直到洗水中维生素 C 的含量小于 $1mg/mL$ 为止，此洗水可用于下批顶料或配料用。

c. 再生　为了使交换完的树脂恢复交换能力，需用酸对其进行再生。为了减少酸用量，首先用收集的含杂质少的废酸、洗酸水反洗交换柱 $2\sim3h$，再用水正洗 $0.5\sim1.5h$，接着用回收酸逆流再生，最后用 5%～7% 稀盐酸进行逆流再生。

d. 淋洗　为了除去残留在树脂上的氯离子，需用无盐水对其进行正向淋洗，直到用 $AgNO_3$ 溶液在出口处不能检测出氯离子为止，这样一个交换循环结束，可进行下一次交换循环过程。

4. 维生素 C 的精制工艺及操作

(1) 工艺过程　配料比为粗维生素 C：蒸馏水：活性炭：晶种 = 1：1.1：0.58：0.00023（质量比）。将粗维生素 C 真空干燥，加蒸馏水搅拌溶解后，加入活性炭，搅拌 5～10min，压滤。滤液至结晶罐，向罐中加 50L 左右的乙醇，搅拌后降温，加晶种使其结晶。将晶体离心甩滤，用冰乙醇洗涤，再甩滤，至干燥器中干燥，即得精制维生素 C。

(2) 注意事项　①结晶时，结晶罐中最高温度不得高于 45℃，最低不得低于 -4℃，不能在高温下加晶种；②回转干燥要严格控制循环水温和时间，夏天循环水温高，可用冷凝器降温；③压滤时遇停电，应立即关空压阀保压。

5. 改进的生产工艺

上述分离工艺，发酵液静置沉降后直接进入树脂柱，易使树脂表面污染严重，交换容量下降。另外，加热沉淀法除蛋白质，即消耗了能量，又由于升温造成古龙酸水解的损失。为此，有些企业直接采用超滤膜过滤发酵液，滤液进行树脂脱盐，再进行浓缩结晶生产古龙酸的工艺。这种工艺一步去除了发酵液中残留的菌丝体、蛋白质和其他悬浮微粒等物质，省略了发酵液预处理、加热、离心分离等工序，既节约了能耗，又提高了古龙酸的收率。

第三节　谷氨酸的分离工艺

谷氨酸是一种酸性氨基酸。分子内含两个羧基，化学名称为 α-氨基戊二酸。为无色晶体，有鲜味，微溶于水，溶于盐酸溶液，等电点 3.22。大量存在于谷类蛋白质中，动物脑中含量也较多。谷氨酸在生物体内的蛋白质代谢过程中占重要地位，参与动物、植物和微生物中的许多重要化学反应，L-谷氨酸是蛋白质的主要构成成分。医学上谷氨酸主要用于治疗肝性昏迷，还用于改善儿童智力发育。食品工业上，味精是常用的增鲜剂，其主要成分是谷氨酸钠盐。

L-谷氨酸又名"麸酸"或写作"夫酸"。目前，工业上主要通过微生物发酵法来进行大规模生产。发酵法制造 L-谷氨酸是以糖质为原料，经过生物合成、分离而得。其生产工艺主要由四部分组成，即淀粉水解糖的制备、谷氨酸发酵、谷氨酸的提取和谷氨酸的精制。

一、谷氨酸的分离原理

由糖质原料转化为氨基酸的发酵过程，是个复杂的生物化学反应过程。在发酵液中，除含有溶解的氨基酸外，还存在着菌体、残糖、色素、胶体物质及其他发酵副产物。氨基酸的分离提纯，通常利用它的两性电解质性质、氨基酸的溶解度、分子大小、吸附剂的作用以及氨基酸的成盐作用等，把发酵液中的氨基酸提取出来。提取氨基酸常用方法有等电点法、离子交换法、锌盐法等。目前，提取氨基酸的新技术有电渗析和反渗透法、浓缩等电点法、离子硅藻土过滤等电点法等。

1. 谷氨酸的提取

从谷氨酸发酵液中提取谷氨酸的方法，一般有等电点法、离子交换法、金属盐沉淀法、盐酸盐法和电渗析法，以及将上述某些方法结合使用的方法。其中以等电点法和离子交换法较普遍。

(1) 等电点法 谷氨酸分子中有两个酸性羧基和一个碱性氨基，$pK_1 = 2.91 (\alpha\text{-COOH})$、$pK_2 = 4.25 (\gamma\text{-COOH})$、$pK_3 = 9.67 (\alpha\text{-NH}_3^+)$，其等电点为 $pH = 3.22$，故将发酵液用盐酸调节到 $pH = 3.22$，谷氨酸就可沉淀析出。此法操作方便，设备简单，一次收率达 60% 左右，缺点是周期长，占地面积大。

(2) 离子交换法 当发酵液的 pH 值低于 3.22 时，谷氨酸以阳离子状态存在，可用阳离子交换树脂来提取，吸附在树脂上的谷氨酸阳离子再用碱洗脱下来，收集谷氨酸洗脱液，经冷却，加盐酸调 $pH = 3.0 \sim 3.2$ 进行结晶，再用离心分离机即可得谷氨酸结晶。此法过程简单、周期短、设备省、占地少，提取总收率可达 80%~90%，缺点是酸碱用量大，废液污染环境。

2. 谷氨酸的中和、精制

经过提取得到的谷氨酸湿晶体，可进行溶解、脱色、重结晶、干燥，最终制备谷氨酸精品。也可以对溶解的谷氨酸晶体进行中和、脱色、浓缩、结晶制备味精（谷氨酸单钠的商品名称）。后一过程更为复杂，下面介绍谷氨酸单钠盐的生产分离原理。

(1) 谷氨酸的中和 谷氨酸的饱和溶液加碱进行中和，反应方程式为：

$$2\text{H}_3\text{N}^+\!\!-\!\!\underset{\underset{\underset{\text{COOH}}{|}}{\underset{\text{CH}_2}{|}}}{\overset{\text{COO}^-}{\underset{|}{\text{CH}}}}\!\!-\!\!\text{CH}_2 \ + \ \text{NaCO}_3 \longrightarrow 2\text{H}_3\text{N}^+\!\!-\!\!\underset{\underset{\underset{\text{COO}^-}{|}}{\underset{\text{CH}_2}{|}}}{\overset{\text{COO}^-\text{Na}^+}{\underset{|}{\text{CH}}}}\!\!-\!\!\text{CH}_2 \ + \ \text{CO}_2\!\!\uparrow + \text{H}_2\text{O}$$

谷氨酸中和反应的 pH 值应控制在谷氨酸第二等电点 $pH = 6.96$。当 pH 值太高时，生成的谷氨酸二钠增多，而谷氨酸二钠没有鲜味。

(2) 中和液的除铁、除锌 由于生产原料不纯、生产设备腐蚀及生产工艺等原因，使中和液中铁、锌离子超标，必须将其除去。目前除铁、锌离子的方法主要有硫化钠和树脂法两种。硫化钠可与 Fe^{2+}、Zn^{2+} 反应生成沉淀而除去。树脂法是利用弱酸性阳离子交换树脂吸附铁或锌得以除去。此法除铁（或锌），不但解决了硫化除铁、锌引起的环境污染问题，改善了操作条件，而且提高了味精品质，是一种较为理想的除铁、锌方法。

(3) 谷氨酸中和液的脱色 一般谷氨酸中和液都具有深浅不同的褐色色素，必须在结晶前将其脱色，常用脱色方法有活性炭脱色法和离子交换树脂法两种。活性炭脱色主要是粉末状的药用炭和 GH-15 颗粒活性炭两种。粉末活性炭脱色，一种方法是在中和过程中加炭脱色后除去铁,另一种方法是中和液洗涤除铁,用谷氨酸回调 pH=6.2~6.4,蒸汽加热 60℃,使谷氨酸全部溶解,再加入适量的活性炭脱色。经粉末活性炭脱色后,往往透光率达不到要求,需进入 GH-15 活性炭柱进行最后一步脱色工序。离子交换树脂的脱色主要靠树脂的多孔隙表面对色素进行吸附,主要是树脂的基团与色素的某些基团形成共价键,因而对杂质起到吸附与交换作用,一般选用弱碱性阴离子交换树脂。

(4) 中和液的浓缩和结晶　谷氨酸钠在水中的溶解度很大,要想从溶液中析出结晶,必须除去大量的水分,使溶液达到过饱和状态。工业上为了避免因温度太高,谷氨酸钠脱水变成焦谷氨酸钠,都采用减压蒸发法来进行中和液的浓缩和结晶,真空度一般在 80kPa 以上,温度为 65~70℃。为了使味精的结晶颗粒整齐,一般采用投晶种结晶法,完成结晶后,经离心机分离,振动床干燥、筛分,再经过包装,即成成品味精。

二、谷氨酸的分离工艺及操作

1. 等电法分离谷氨酸的工艺及操作

图 12-1 表示等电点法提取谷氨酸的工艺流程。

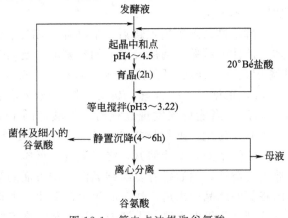

图 12-1　等电点法提取谷氨酸

(1) 影响因素　由于发酵液成分复杂,影响等电结晶因素很多,下面重点谈几方面因素。

① 谷氨酸含量　发酵液中谷氨酸含量在 4% 以上时,易于等电结晶。当其含量低于 3.5% 时,在一般温度下不易达到饱和状态,直接等电提取困难,收率低。但当谷氨酸含量高于 8% 时,等电提取时则易出现 β 型结晶,造成晶体分离困难,谷氨酸纯度下降。

② 温度和降温速度　温度越低,谷氨酸的析出量越大,而当温度超过 30℃ 以上时,β 型结晶将增加较多。结晶过程中,降温速度过快,易析出细小结晶使分离困难,特别是降温后温度又回升,往往引起结晶细小,α 型结晶向 β 型结晶转变,也使分离困难。等电结晶过程终点温度越低越好,结晶过程应缓慢降温且维持温度持续下降。

③ 加酸及终点 pH　加酸速度过快,容易形成局部过饱和,晶核形成过多,结晶细小,不易沉淀分离,甚至会出现 β 型结晶,收率低;缓慢加酸,使谷氨酸溶解度逐渐降低,可控制一定数量的晶核,不致在短期内生成大量晶核,使析出的晶体颗粒大而饱满,易于分离。考虑生产能力,生产操作上前期加酸稍快,中期(晶核形成前)加酸要缓,后期加酸要慢,直至 pH 缓慢降到等电点为止。

④ 晶种与养晶时间　晶核形成之前加入一定量的晶种有助于晶体的结晶析出,同时可控制晶形,易于得到粗大的晶体。晶种投入一般在介稳区,过早投入晶种易溶化,过晚投入

会刺激更多细小的晶核形成。生产上晶种的加入可根据谷氨酸的含量和 pH 来确定投种时间。谷氨酸含量在 5% 左右时,在 pH4.0~4.5 投晶种,谷氨酸含量在 3.5%~4.0% 时,在 pH3.5~4.0 投晶种,晶种加入量一般为发酵液加入量的 0.2%~0.3%。当晶核出现后应停止加酸,搅拌养晶有助于晶核长壮大,形成较大的晶粒。养晶时间一般 2h 左右,时间短,晶体颗粒度不够,养晶时间过长,生产能力下降。

⑤ 搅拌　在不搅拌的情况下起晶,结晶的颗粒度不均匀,适当搅拌有助于使料液内部温度及过饱和度分布均匀,同时有助于晶核的生成,避免晶族的生成。但搅拌太快,液体运转过于剧烈,容易产生大量的晶核使结晶细小,搅拌太慢溶液内部温度及过饱和度分布不均,结晶颗粒不均,结晶速度低,甚至出现 β 型结晶。搅拌速度的控制与设备大小、搅拌器型式及尺寸有关,一般生产上采用桨式二挡交叉安装的搅拌器,转速 24~26r/min。

⑥ 残糖　发酵液中残糖高,谷氨酸溶解度大,容易产生 β 型结晶,残糖低有助于 α 型结晶,且结晶收率高。若残糖高时可增加高流分,扩大谷氨酸与残糖的比例。

⑦ 染菌　发酵液污染噬菌体,易形成轻麸酸,还往往在晶体内包藏母液,降低了谷氨酸的纯度和收率。因此,要严防发酵染菌,另外也要注重等电罐的清洁灭菌工作,发酵液要及时处理,保证新鲜不腐败、不染菌。

(2) 生产操作过程　发酵液排入到等电点罐后,取样测其温度、pH 和谷氨酸含量,然后开搅拌器和冷却管,加入菌体细麸酸(菌体及细小的谷氨酸)及离子交换的高流分,待温度降至 30℃ 以下,加酸调 pH。前期加酸可稍快,1h 左右将 pH 调至 5.0,中期可慢些,约 2h 左右将 pH 调至 4.0~4.5,根据谷氨酸含量,观察晶核生成情况(产酸较低时可投入晶种,其量按谷氨酸量的 5% 计)。当能目视发现晶核时,停酸育晶 1~2h,此后加酸速度要慢,直至调到 pH3.0~3.2 不变为止,继续搅拌 20h 左右,停止搅拌,静置 6h,使谷氨酸结晶沉降。整个过程温度要缓慢下降,不能回升,终点温度越低越好。

等点静置结束后,放出上清液,然后把谷氨酸结晶沉淀层表面的菌体细麸酸清除,放另一罐中回收利用。底部的谷氨酸结晶取出后,送离心机分离脱水,所得湿谷氨酸供下面精制用。至于离心母液和水洗液则并入等电点罐的上清液,送往离子交换柱上柱。

2. 离子交换法分离谷氨酸工艺及操作

离子交换法提取谷氨酸工艺流程如图 12-2 所示。从理论上来讲,上柱发酵液的 pH 值应低于 3.22,但实际生产上发酵液的 pH 值并不低于 3.22,而是在 5.0~5.5 就可上柱,这是因为发酵液中含有一定数量的 NH_4^+、Na^+,这些离子优先与树脂进行交换反应,放出

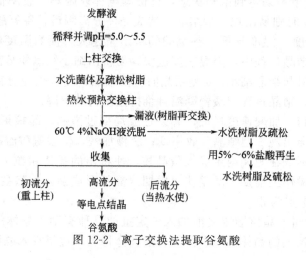

图 12-2　离子交换法提取谷氨酸

H^+，使溶液的pH值降低，谷氨酸带正电荷成为阳离子而被吸附，上柱时应控制溶液的pH值不高于6.0。上柱交换可以采用单柱法，也可用双柱法。单柱法操作简便，但由于发酵液中含有较多的NH_4^+和金属离子，这些离子随着谷氨酸阳离子一起被交换，被洗脱。因此，减少了树脂交换量，还影响洗脱液中谷氨酸的纯度。为了改善提取效果，可采用由弱酸性阳离子树脂与强酸性阳离子交换树脂双柱串联操作。

(1) 影响因素　影响离子交接的主要因素有以下几方面。

① 离子交换树脂　树脂颗粒越小，孔径越大越有利于交换，但树脂过小床层阻力增大，不利于交换。树脂交联度越小，孔径越大，利于交换，但机械强度低，使用寿命短。

② 温度　温度高扩散速度快，但温度高易引起树脂颗粒变形不利于交换，同时柱上交换杂质的量也增大，不利于谷氨酸的提纯。

③ 离子的化合价和离子的浓度　在常温稀溶液中，离子的化合价越高，电荷效应越强，就越易被树脂吸附。离子交换法提取谷氨酸常采用732强酸型阳离子交换树脂，在一定浓度下谷氨酸发酵液中各阳离子被树脂先后吸附交换，其顺序为：$Ca^{2+}>Mg^{2+}>K^+>NH_4^+>Na^+>$腺嘌呤$>$亮氨酸$>$丙氨酸$>$谷氨酸$>$天冬氨酸。但当溶液中某种离子浓度较高时，则优先吸附这种离子，离子浓度越高其吸附量越大，但对于一般料液，浓度过高往往造成杂质浓度也高，杂质被吸附交换量也提高，对纯化产品不利。另外过高离子浓度容易造成树脂交换层过厚，穿透点提前到达，不利于树脂的利用。因此，进柱前要确定合理的交换浓度。

④ 流速　流速愈大，液膜的厚度愈薄，外部扩散速度愈高，利于交换，但流速增大到一定程度后，影响逐渐减小。另外流速过大也容易造成树脂交换层过厚，穿透点提前到达，不利于树脂的利用。因此，进柱前要确定合理的料液流速。

⑤ 树脂被污染的情况　如果树脂不可逆吸附一些物质，离子交换容量会下降，交换速度就会下降；或者一些不溶性的物质堵塞在交换柱内或树脂孔隙中，也会引起交换速度下降。如果树脂柱堵塞，柱压会升高，流速会变慢。树脂使用一段时间要进行再生或更新。

⑥ 树脂的交换容量　树脂的交换容量越高越利于交换，但交换容量受树脂本身的性质影响，树脂在使用一段时间后交换容量变小，应进行再生。

⑦ 洗脱液流速　一般洗脱液流速比上柱速度慢，目的是使谷氨酸洗脱集中，拖尾小。但由于谷氨酸的溶解度小，从树脂上先洗脱下来的谷氨酸，容易在柱中析出晶体，因此，洗脱速度不宜过慢。一旦发现有谷氨酸在柱中析出，就应加快洗脱速度。

⑧ 洗脱剂浓度　洗脱剂浓度是根据被洗脱离子与树脂亲和力的大小等情况来决定的。一般洗脱剂浓度高些洗脱效果好，被洗脱下来的离子比较集中。但洗脱剂浓度过高，一则洗脱剂消耗大，二则容易造成谷氨酸在柱中结晶析出。一般洗脱液中NaOH质量分数为6%～8%（谷氨酸等电点上柱，洗脱碱液浓度高些）、4%（谷氨酸发酵液上柱，浓度可低些）。

(2) 生产操作过程　发酵液排入到调节罐，用水（或前流分）稀释并用盐酸调节pH至5.0～5.5，然后用泵打入离子交换柱进行反交换，在进柱前经流量计调节流量[一般为2～3$m^3/(m^3 \cdot h)$]，计算好交换时间，当达到交换时间后，停止进液，发酵液可改用其他再生后的交换柱进行交换，本柱进行洗脱处理。采用碱液洗脱前用清水反洗交换柱，使交换柱疏松，并用清水带走柱间菌体及其他杂质，直至流出液中不再有菌体等杂质为止。反洗液流入废液贮罐进行相应处理。反洗后用60℃左右热水进行正洗，使树脂层恢复高度并预热交换柱，正洗合格后用60℃左右、0.6～2mol/L NaOH溶液进行正洗脱，控制好流速，洗脱流速比交换流速小，计算洗脱时间，洗脱时间到，停止向柱内加碱。洗脱过程中收集不同的流分去相应贮槽。前流分（pH2.0～2.5流分）作反洗水或供重配上柱液，高流分（pH2.5～9.0流分）用于加盐酸调节制备谷氨酸（同等电点法），后流分（pH9.0～11.0流分）一般处理后供配上柱液用,废料液(pH11.0~12.0流分)主要含铵离子用作肥料。洗脱完后用热水正洗交换柱,洗液可用于配置碱液,正洗完毕用热水反洗交换柱使柱松动,洗毕降柱内液面加5%~6%盐酸进行反洗再生,再生完毕用水进行反洗,洗净树脂内残存的酸并松动树脂,然后降液面可进行第二次交换发酵液。

3. 谷氨酸中和、精制工艺及操作

中和操作是在中和罐内进行。首先在罐内放入一定量的70℃热水,开动搅拌,控制转速在36~60r/min,然后投入湿谷氨酸,热水与谷氨酸配比大致在1:1(质量比),投料后当晶体完全溶解后,可加碱进行中和。投碱不能一次大量投入,应均匀酌量加入,以免泡沫大量产生造成"冒罐"事故,同时也避免二钠盐的生成或造成L-谷氨酸向D-谷氨酸转变,终点控制在pH6.9左右。由于中和反应放热,整个中和反应过程要通入冷却水降温使中和反应温度不超过75℃。

在中和罐内加入活性炭,活性炭粉按1%~3%用量加入中和液中,搅拌30~60min,取少量溶液过滤检查脱色情况,滤液透光度应大小90%。当合格后,升温至80℃,趁热过滤。然后用热水洗涤滤渣,洗液用于中和用水。

脱色过滤结束后,开动真空泵,将脱色液吸入真空浓缩罐内,约占罐容积的60%,开浓缩罐夹套蒸汽进行加热,控制真空度保持在80kPa,温度在65℃以下,当罐内料液密度达1.255~1.266g/mL时,开动搅拌,并打开吸种管路,吸入预先称量的晶种,加晶种30min左右如料液中出现混浊或有少量微晶生成(新晶核生成),可吸入少量蒸馏水稍加稀释,使其溶解或使不规则的晶型得到修复而整齐(整晶),加水可从上、中、下三层加入,随着时间的推移,浓缩罐内晶体逐渐生成并长大,当晶浆浓度变稀应及时向浓缩罐内进行补料,控制补料速度及补料量,避免大量晶核出现,当晶体大小已接近产品要求时,可准备放罐。

放罐前可稍提罐温和稍加同温度的水,溶解微晶,使晶浆稍加稀释,便于放罐。放罐时停蒸汽、去除真空,将晶浆放入助晶槽。在助晶槽内,继续保持搅拌让晶体进一步长大,但要控制搅拌速度不要太大,使晶体能够浮起即可,温度保持在65℃左右,当晶体达到要求后放入离心机进行分离,晶体用50℃左右热水洗涤。分离后的晶体在70~80℃干燥,使水分降到0.15%以下,结晶母液与洗涤液可作进一步结晶处理。

思 考 题

1. 青霉素发酵液预处理的目的是什么?生产中采用的方法是什么?
2. 如何利用青霉酸(盐)的性质进行提取精制?多级萃取与反萃取的目的是什么?影响青霉素稳定性的因素有哪些?生产过程中如何避免青霉素水解?
3. 试述青霉素钾盐结晶的方法有哪些?各自特点是什么?并分析水分、酸度、温度及醋酸钾用量对生产有何影响?
4. 在青霉普鲁卡因盐结晶时应如何控制晶体的纯度、颗粒的大小及形态等。
5. 采用共沸精馏生产青霉素钠盐应注意什么才有利于生产?
6. 两步发酵法生产维生素C,分离提取2-酮基-L-古龙酸的基本原理是什么?
7. 两步发酵法所得发酵液为什么要经离子交换树脂处理?影响交换的因素有哪些?
8. 维生素C生产中,酸转化与碱转化比较,二者有何差异?其转化原理是什么?
9. 维生素C精制时应注意哪些问题?
10. 提取谷氨酸常用的方法有哪些?各自的原理是什么?
11. 简述离子交换法提取谷氨酸的基本工艺过程?
12. 分析影响离子交换法提取谷氨酸的有关因素。

附录一 室温（25℃）达到预定饱和度时每升硫酸铵原始水溶液应加入固体硫酸铵的质量（g）

		达到预定的硫酸铵饱和度/%															
		10	20	25	30	33	35	40	45	50	55	60	65	70	75	80	90	100
		每升硫酸铵原始水溶液应加入固体硫酸铵的质量/g																
硫酸铵溶液的原始饱和度/%	0	56	114	144	176	196	209	243	277	313	351	390	430	472	516	561	662	767
	10		57	86	118	137	150	183	216	251	288	326	365	406	449	494	592	694
	20			29	59	78	91	123	155	189	225	262	300	340	340	382	424	520
	25				30	49	61	93	125	158	193	230	267	307	348	390	485	583
	30					19	30	62	94	127	162	198	235	273	314	356	449	546
	33						12	43	74	107	142	177	214	252	292	333	426	522
	35							31	63	94	129	164	200	238	278	319	411	506
	40								31	63	97	132	168	205	245	285	375	496
	45									32	65	99	134	171	210	250	339	431
	50										33	66	101	137	176	214	302	392
	55											33	67	103	141	179	264	353
	60												34	69	105	143	227	314
	65													34	70	107	190	275
	70														35	72	153	237
	75															36	115	198
	80																77	157
	90																	79

附录二　0℃下达到预定饱和度时每100mL硫酸铵原始水溶液应加入固体硫酸铵的质量（g）

	达到预定的硫酸铵饱和度/%															
	20	25	30	35	40	45	50	55	60	65	70	75	80	85	90	95	100
硫酸铵溶液的原始饱和度/%	每100mL硫酸铵原始水溶液应加入固体硫酸铵的质量/g															
0	10.6	13.4	16.4	19.4	22.6	25.8	29.1	32.6	36.1	39.8	43.6	47.6	51.6	55.9	60.3	65.0	69.7
5	7.9	10.8	13.7	16.6	19.7	22.9	26.2	29.6	33.1	36.8	40.5	44.4	48.4	52.6	57.0	61.5	66.2
10	5.3	8.1	10.9	13.9	16.9	20.0	23.3	26.6	30.1	33.7	37.4	41.2	45.2	49.3	53.6	58.1	62.7
15	2.6	5.4	8.2	11.1	14.1	17.2	20.4	23.7	27.1	30.6	34.3	38.1	42.0	46.0	50.3	54.7	59.2
20	0	2.7	5.5	8.3	11.3	14.3	17.5	20.7	24.1	27.6	312	34.9	38.7	42.7	46.9	51.2	55.7
25		0	2.7	5.6	8.4	11.5	14.6	17.9	21.1	24.5	28.0	31.7	35.5	39.5	43.6	47.8	52.2
30			0	2.8	5.6	8.6	11.7	14.8	18.1	21.4	24.9	28.5	32.2	36.2	40.2	44.5	48.8
35				0	2.8	5.7	8.7	11.8	15.1	18.4	21.8	25.4	29.1	32.9	36.9	41.0	45.3
40					0	2.9	5.8	8.9	12.0	15.3	18.7	22.2	25.8	29.6	33.5	37.6	41.8
45						0	2.9	5.9	9.0	12.3	15.6	19.0	22.6	26.3	30.2	34.2	38.3
50							0	3.0	6.0	9.2	12.5	15.9	19.4	23.0	26.8	30.8	34.4
55								0	3.0	6.1	9.3	12.7	16.1	19.7	23.5	27.3	31.3
60									0	3.1	6.2	9.5	12.9	16.4	20.1	23.1	27.9
65										0	3.1	6.3	9.7	13.2	16.8	20.5	24.4
70											0	3.2	6.5	9.9	13.4	17.1	20.9
75												0	3.2	6.6	10.1	13.7	17.4
80													0	3.3	6.7	10.3	13.9
85														0	3.4	6.8	10.5
90															0	3.4	7.0
95																0	3.5
100																	0

参 考 文 献

[1] 顾觉奋. 分离纯化工艺原理. 北京：中国医药科技出版社，2002.
[2] 袁惠新. 分离工程. 北京：中国石化出版社，2002.
[3] 曹军卫，马辉文. 微生物工程. 北京：科学出版社，2002.
[4] 毛忠贵. 生物工业下游技术. 北京：中国轻工业出版社，1999.
[5] 孙彦编著. 生物分离工程. 北京：化学工业出版社，1998.
[6] 俞俊堂，唐孝宣等. 新编生物工艺学（上、下册）. 北京：化学工业出版社，2003.
[7] 李津，俞霆等. 生物制药设备和分离纯化技术. 北京：化学工业出版社，2003.
[8] 陆美娟. 化工原理（下册）. 北京：化学工业出版社，2001.
[9] 吴松刚. 微生物工程. 北京：科学出版社，2002.
[10] 俞文和. 新编抗生素工艺学. 北京：中国建材工业出版社，1996.
[11] 李淑芬，姜忠义. 高等制药分离工程. 北京：化学工业出版社，2004.
[12] 周立雪等. 传质与分离技术. 北京：化学工业出版社，2002.
[13] 蒋维钧. 新型传质分离技术. 北京：化学工业出版社，1992.
[14] 化工设备设计全书编辑委员会，金国淼等. 干燥设备. 北京：化学工业出版社，2002.
[15] 陆九芳，李总成，包铁竹编著. 分离过程化学. 北京：清华大学出版社，1993.
[16] 朱长乐，刘茉娥等. 膜科学技术. 杭州：浙江大学出版社，1992.
[17] 王学松. 膜分离技术及应用. 北京：科学出版社，1994.
[18] 高以恒，叶凌碧. 膜分离技术基础. 北京：科学出版社，1989.
[19] 张颖等译. 液膜分离技术. 北京：原子能出版社，1983.
[20] 许景文，严忠译. 膜学入门. 上海：科学技术文献出版社，1984.
[21] 陈来同，唐运. 生物化学品制备技术. 北京：科学技术文献出版社，2003.
[22] 刘国诠. 生物工程下游技术. 北京：化学工业出版社，2003.
[23] 欧阳平凯，胡永红编著. 生物分离原理及技术. 北京：化学工业出版社，1999.
[24] 于文国. 微生物制药工艺及反应器. 北京：化学工业版社，2008.
[25] 严希康. 生化分离工程. 北京：化学工业版社，2001.
[26] 苏拔贤. 生物化学制备技术. 北京：科学出版社，1998.
[27] 郑裕国，薛亚平，金利群. 生物加工过程与设备. 北京：化学工业出版社，2004.
[28] 朱宝泉. 生物制药技术. 北京：化学工业版社，2004.
[29] 陈来同. 生化工艺学. 北京：科学出版社，2004.
[30] 褚志义. 生物合成药物学. 北京：化学工业出版社，2000.
[31] 郑怀礼等编著. 生物絮凝剂与絮凝技术. 北京：化学工业出版社，2004.
[32] 蒋维钧，雷良恒，刘茂林. 化工原理. 北京：清华大学出版社，1993.
[33] 刘茉娥等编著. 膜分离技术. 北京：化学工业出版社，2000.
[34] 陈立功，张卫红等. 精细化学品的现代分离与分析. 北京：化学工业出版社，2000.
[35] 曹学君. 现代生物分离工程. 上海：华东理工大学出版社，2007.
[36] 伍钦，钟理等. 传质与分离工程. 上海：华东理工大学出版社，2005.
[37] 田瑞华. 生物分离工程. 北京：科学出版社，2008.
[38] 田亚平. 生化分离技术. 北京：化学工业出版社，2006.
[39] 于文国，陶秀娥. 包涵体蛋白复性及其影响因素. 河北工业科技，2007，(5)：314-316.
[40] 郝少莉，仇农学. 沉淀分离技术在蛋白质处理方面的应用. 粮食与食品工业，2007，14 (1)：20-22.
[41] 李冬梅，张锦茹等. 蛋白质沉淀分离. 粮食与油脂，2007，(7)：9-11.
[42] 朱洪涛. 工业结晶分离技术研究新进展. 石油化工，1999，28 (7)：494-504.

[43] 黎常宏, 万真. 结晶工艺及设备的最新进展. 江西化工, 2006, (1): 37-29.
[44] 张海德, 李琳等. 结晶分离技术新进展. 现代化工, 2001, 21 (5): 13-16.
[45] 刘宝河. 间歇结晶分离技术的若干研究. 南京工业大学, 2003, 5.
[46] 伍川, 岳云平等. 溶液结晶研究进展. 江西化工, 2003, (4): 7-12.
[47] 闫红, 王维等. 干燥设备的最新进展. 化工装备技术, 1999, 20 (6): 13-17.
[48] 高孔荣, 黄惠华, 梁照为等. 食品分离技术. 广州: 华南理工大学出版社, 1998.
[49] 梁世中. 生物分离技术. 广州: 华南理工大学出版社, 1995.
[50] 吴龙琴, 李克. 微波萃取原理及其在中草药有效成分提取中的应用. 中国药业, 2012, 21 (12): 110-112.
[51] 姬宏深, 范正. 凝胶萃取分离技术研究进展. 化工冶金, 1995, 16 (4): 362-368.
[52] 姜忠义, 李多, 彭福兵. 渗透蒸发传质理论与模型. 膜科学与技术, 2003, 23 (2): 37-47.
[53] 平郑骅. 渗透蒸发的原理及应用. 上海化工, 1995, 20 (5): 4-6; 20 (6): 3-5.
[54] 朱圣东, 吴迎. 渗透蒸馏. 膜科学与技术, 2000, 20 (5): 42-48.
[55] 李炜, 殷宁. 新型膜分离技术——渗透蒸馏. 精细与专用化学品, 2005, 13 (17): 13-16.
[56] 严希康. 生物物质分离工程. 北京: 化学工业出版社, 2010.
[57] 梁世中. 生物工程设备. 北京: 中国轻工业出版社, 2011.
[58] 蒋作良. 药厂反应设备及车间工艺设计. 北京: 中国医药科技出版社, 1998.